Laravel 啟動與運行 第三版

現代 PHP App 建構框架

THIRD EDITION

Laravel: Up & Running
A Framework for Building Modern PHP Apps

Matt Stauffer　著

賴屹民　譯

謹將此書獻給我的家族和社群，包括我的原生家庭、我的小家庭、
我的非血緣家庭（*chosen family*）、*Tighten* 團隊及合作過的夥伴、
Laravel 社群、*Dexter*、*Ann Arbor*、*Gainesville*、*Chicago*、
Decatur 與 *Atlanta*。獻給你們。

目錄

第六章　前端組件 **173**

第七章　收集與處理用戶資料 **197**

前言

我選擇 Laravel 的故事和很多人一樣：我已經寫了好幾年的 PHP，但我還在追求 Rails 與其他現代 web 框架的強大功能。特別是 Rails 有活躍的社群、完美地結合主觀的預設值與彈性，並且可以透過強大的 Ruby-Gems 來利用包裝好的共用程式碼。

雖然因為某些因素，我沒有放棄已經採用的技術，但 Laravel 的出現讓我非常開心，因為它提供了 Rails 吸引我的一切，但它並非只是 Rails 的山寨版，而是一種創新的框架，擁有詳實的文件、熱情的社群，以及許多語言與框架的精神。

從那一天起，我就開始在部落格、Podcast、會議上分享學習 Laravel 的過程。我用 Laravel 編寫了數十個工作專案和業餘專案，並且在網路和實體活動中，和上千位 Laravel 開發者交流。雖然我有不少開發工具，但坦白說，在命令列輸入 `laravel new projectName` 是我最開心的時刻。

本書的主題

這不是有史以來第一本關於 Laravel 的書籍，也不會是最後一本。我不想在書中解說每一行程式或每一個實作模式，也不想讓這本書是那種在新版的 Laravel 發表時立即失效的書，而是試圖透過它來提供高階的概述與具體的範例，進而讓開發人員知道在任何一個 Laravel 碼庫（codebase）中工作時，如何使用 Laravel 的所有功能和子系統。我希望教導 Laravel 背後的基本概念，而非只是按照文件照本宣科。

Laravel 是一種強大且靈活的 PHP 框架。它有繁榮的社群與廣泛的工具生態系統，因此它的吸引力與影響力也日益廣大。本書的對象是已經知道如何製作網站與應用程式，並且想要快速使用 Laravel 來進行設計的開發者。

Laravel 的文件既詳盡且出色。如果你認為我對任何主題的介紹不夠深入,你可以參考線上文件(*https://laravel.com/docs*)來更深入地瞭解該主題。

你應該可以感受到本書在高階的介紹與具體的應用之間取得一個舒適的平衡點,在看完這本書之後,你應該可以輕鬆地從零開始使用 Laravel 來編寫完整的應用程式。而且,如果我做得夠好,你將迫不及待地開始嘗試。

本書對象

本書假設你具備基本的物件導向實務知識、PHP(或至少知道 C 家族的一般語法),與 Model-View-Controller(MVC)模式及模板設計的基本概念^{譯註}。如果你從未做過網站,或許你會一片茫然,但只要你稍具程式設計經驗,在閱讀這本書之前就不需要具備關於 Laravel 的任何知識,我們會從最簡單的「Hello, world!」開始介紹所有需要知道的事情。

Laravel 可以在任何作業系統上執行,但本書有一些 bash(殼層)命令在 Linux/macOS 執行比較簡單。Windows 用戶比較難以使用這些命令來進行現代 PHP 開發,但如果你按照指示來啟動 Homestead(Linux 虛擬機器),你就可以在那裡執行所有的命令。

本書的架構

這本書的結構是按照我所想的時間順序來安排的,如果你想要使用 Laravel 來建構你的第一個 web app,前面幾章將介紹你必須瞭解的基本元素,後面的章節則介紹比較進階或比較複雜的功能。

本書的每一個部分都可以視為獨立的單元來閱讀,但我也試著為沒有用過框架的讀者合理地安排章節,所以從頭開始讀到最後也是正確的做法。

如果情況適合,每一章的結尾都有兩個小節:「測試」與「TL;DR(要點概述)」。以防你不明白,「TL;DR」的意思是「too long; didn't read」。這兩個最終的小節將告訴你如何為各章介紹的功能編寫測試程式,並以高層次的角度來回顧該章的內容。

本書是為 Laravel 10 而寫的。

譯註 本書大量引用 MVC 模式的概念,為了強調 model、view、controller 來自 MVC 模式,三者皆引用原文,不予翻譯。

關於第三版

《*Laravel: Up & Running*》第一版是在 2016 年 12 月出版的，涵蓋了 Laravel 的 5.1 至 5.3 版。第二版於 2019 年 4 月出版，涵蓋了 5.4 至 5.8 版，以及 Laravel Dusk 和 Horizon 的介紹，並加入第 18 章，以補充前面的 17 章未討論的社群資源和其他的非核心 Laravel 程式包。第三版更新至 Laravel 10，並加入 Breeze、Jetstream、Fortify、Vite⋯等。

本書編排方式

本書使用下列的編排規則：

斜體字（*Italic*）

　　代表新的術語、URL、電子郵件地址、檔案名稱及副檔名。中文以楷體表示。

定寬字（`Constant width`）

　　代表程式，也在文章中代表程式元素，例如變數或函式名稱、資料庫、資料型態、環境變數、陳述式與關鍵字。

定寬粗體字（**`Constant width`**）

　　代表應由用戶逐字輸入的指令或其他文字。

定寬斜體字（*`Constant width italic`*）

　　代表應換成用戶所提供的值，或應換成由前後文決定的值。

{ 大括號內的斜體字 }

　　代表應改為用戶所提供（或由前後文決定）的檔名或檔案路徑。

這個圖示代表提示或建議。

這個圖示代表一般注意事項。

這個圖示代表警告或小心。

致謝

在進行這個專案的過程中,我承蒙很多人支持,甚至不知道該從何感謝起。

我的伴侶 Imani 和我一起慶祝每一場勝利,盡其全力鼓勵我,坐在我旁邊打開筆電專心地打字,一起奮力在最後期限之前完成工作。我的兒子 Malachi 和女兒 Mia 在整個過程中充分包容和理解。我的 Tighten 團隊從第一天起就支持並鼓勵我。我的好友 Trent 和 Tevin 創造了一個支持藝術和藝術家的環境,我非常感激能成為他們小家庭的一部分。

如果沒有研究助理們的幫助,忙碌的我根本不可能寫出第二和第三版,謝謝 Wilbur Powery、Brittany Jones Dumas、Reeka Maharaj 與 Ana Lisboa。

在 Laravel 社群裡有太多值得感謝的人,容我無法在此一一唱名。感謝付出愛、奉獻、關懷和技藝的人們,你們讓這個社群成為一個卓越的環境;感謝那麼多人在我當爸爸時、離婚時、疫情期間、悶悶不樂,以及其他各種狀況下,主動鼓勵我。你們都太好了。

我也想要感謝 Laravel 的創造者 Taylor Otwell——他也因此創造許多工作機會,並協助許多開發者更享受人生。他之所以值得嘉許,是因為他關注開發者的福祉,對開發者有同理心,進而創造一個正面、激勵人心的社群。但我也想要感謝他扮演一位親切、願意激勵和挑戰我的朋友。Taylor,你是真正的領袖!

感謝我的所有技術校閱!包括第 1 版的 Keith Damiani、Michael Dyrynda、Adam Fairholm 與 Myles Hyson。 第 2 版的 Tate Peñaranda、Andy Swick、Mohamed Said 與 Samantha Geitz。第 3 版的 Anthony Clark、Ben Holmen、Jake Bathman 與 Tony Messias。

當然,我們還要感謝其他家人和朋友,他們在這個過程中直接或間接地支持我,包括我的父母和兄弟姐妹,Chicago、Gainesville、Decatur 和 Atlanta 的社群,其他企業主和作者、會議演講者、有共同經歷的其他父母,以及我有幸認識和互動的許多優秀人士。

## 第一章

為何選擇 Laravel？

在動態 web 時代的早期，編寫 web 應用程式的方法與現今略有不同。當時的開發者除了必須編寫各種應用程式特有的商業邏輯之外，也要編寫網站之間常見的元素，包括用戶身分驗證、輸入驗證、資料庫存取、模板…等。

如今，程式設計師可以輕鬆地取得並使用數十種應用程式開發框架，以及上千種組件與程式庫。在程式設計師之間流傳一種說法：「當你學會一種框架時，就會有三種更新的（而且聲稱是更好的）框架出現並企圖取代它」。

「Because it's there」或許是征服珠穆朗瑪峰的理由[譯註]，但是在選擇特定的框架，甚至完全使用某框架之前需要更好的理由。我們必須問問自己：為什麼要使用那個框架？或更具體地，為什麼要選擇 Laravel？

為什麼要使用框架？

對 PHP 開發者來說，使用各種既有的組件或程式包有顯而易見的好處。如果使用程式包，我們可以讓別人負責開發與維護一段獨立的、定義完善的程式碼，而且在理論上，那些人對該組件的理解程度將比你花時間所學到的更加透徹。

諸如 Laravel，以及 Symfony、Lumen 與 Slim 這類的框架，都已預先封裝一組第三方組件，並且附帶自訂的框架「黏膠」，例如組態檔、服務供應器、預先定義的目錄結構，及應用程式 bootstrap（引導程序）。所以一般來說，使用框架的好處在於，不僅有人為你做了關於單一組件的決策，也為你決定了這些組件該如何互相組合。

譯註 英格蘭探險家 George Mallory 被問到為何決定攀登珠峰時說出「Because it's there.」這句名言。

「但我就是想要自己來」

如果你不想要利用框架帶來的好處，而是想要寫一個新的 web app，你該從何開始？嗯，它或許需要轉傳 HTTP 請求，所以你必須評估所有的「HTTP 請求/回應」程式庫，再從中做出選擇。然後你要選擇一種路由器（router）。噢，對了，你可能還要設定路由組態檔。它使用哪種語法？它該前往哪裡？controller 呢？它們位於何處？如何載入它們？還有，你可能也需要一種依賴注入容器，來解析 controllers 和它們彼此間的依賴關係，但該使用哪一種？

此外，如果你花了時間回答所有問題，並成功地寫出應用程式，它對下一位開發者有什麼影響？如果你用了好幾個不同的自製框架來設計四個或十來個應用程式，該如何記得 controller 在各個應用程式中的位置，以及它們的路由語法分別是什麼？

一致性與靈活性

框架解決這類問題的做法，就是為「我們該在此處使用哪一種組件？」這個問題提出一個深思熟慮的答案，並確保選出來的組件可以正確地協作。框架也可以減少新開發者需要瞭解的程式量，打個比方，一旦你瞭解某個 Laravel 專案裡的路由如何運作之後，你就知道它在所有的 Laravel 專案中如何運作。

當有人要求你為每一個新專案自製框架時，他們實際上是為了掌握哪些元素應納入或不應納入基礎架構的選擇權。這意味著，最優秀的框架不僅提供穩固的基礎，也賦予充分的自由，讓你可以量身打造你期望的成果。正如你即將在本書中看到的，它正是 Laravel 如此特別的因素。

web 與 PHP 框架簡史

在回答「為何選擇 Laravel？」這個問題之前，我們必須瞭解 Laravel 的歷史，以及它問世之前的情況。在 Laravel 流行之前，PHP 與其他 web 開發領域有各式各樣的框架及其他活動。

Ruby on Rails

自從 David Heinemeier Hansson 在 2004 年發表第一版的 Ruby on Rails 以來，我們很難找到未受 Rails 影響的 web 應用程式框架。

Rails 將很多概念普及化，包括 MVC、RESTful JSON API、約定優於配置（convention over configuration）、ActiveRecord 與許多其他工具及約定，它們都深深地影響了 web 開發者製作應用程式的方式，尤其是快速開發應用程式的方式。

大量出現的 PHP 框架

多數開發者都知道 Rails 及類似的 web 應用程式框架是未來的潮流，所以 PHP 框架開始如雨後春筍般迅速地出現，包括模仿 Rails 的框架。

最早出現的是 2005 年的 CakePHP，很快地，接下來有 Symfony、CodeIgniter、Zend Framework 與 Kohana（CodeIgniter 的分支）。Yii 在 2008 年問世，然後是 2010 年推出的 Aura 與 Slim。在 2011 年，FuelPHP 與 Laravel 出現了，兩者都不是 CodeIgniter 的分支，而是企圖取代它。

在上述的框架中，有些框架比較類似 Rails，它們把重心放在資料庫物件關聯對映（ORMs）、MVC 結構，與其他協助快速開發的工具上。其他的框架則更著重企業設計模式與電子商務，例如 Symfony 與 Zend。

CodeIgniter 的優與劣

CakePHP 與 CodeIgniter 是早期公開承認參考 Rails 的 PHP 框架。CodeIgniter 的人氣迅速上升，在 2010 年，可謂是獨立 PHP 框架的當紅炸子雞。

CodeIgniter 簡單、易用，有出色的文件和強大的社群支援。但是，它採用現代技術和模式的速度相對緩慢，而且隨著框架領域的發展與 PHP 工具的進步，CodeIgniter 在技術的進展和開箱即用的功能這兩個層面逐漸落後其他框架。和許多框架不同的是，CodeIgniter 是由一間公司管理的。它沒有迅速跟上 PHP 5.3 的新功能，例如名稱空間，也沒有迅速遷移至 GitHub 及後來的 Composer。在 2010 年，Laravel 的創造者 Taylor Otwell 對 CodeIgniter 的不滿累積到了一定程度，決定開始自行設計框架。

Laravel 1、2 與 3

Laravel 1 的第一個 beta 版本在 2011 年 6 月發表，它是徹底從零寫起的。它有自訂的 ORM（Eloquent）、基於 closure 的路由（受 Ruby Sinatra 的啟發）、擴充模組系統，及表單、驗證、身分驗證的輔助程式，以及其他功能。

早期的 Laravel 開發得很快，Laravel 2 與 3 分別在 2011 年 11 月與 2012 年 2 月公布，它們引入 controller、單元測試、命令列工具、控制反轉（IoC）容器、Eloquent 關係，與 migration。

Laravel 4

在 Laravel 4 中，Taylor 徹底重寫了整個框架。當今無處不在的 PHP 程式包管理器 Composer 在當時已經展露即將成為業界標準的跡象，Taylor 看到將框架改寫成一群組件的價值，於是使用 Composer 來打包並發布它們。

Taylor 使用代號 *Illuminate* 來開發一套組件，並在 2013 年 5 月發表具備全新架構的 Laravel 4。現在的 Laravel 不再將程式碼包為可供下載的檔案，而是從 Symfony（另一種發表自己的組件供他人使用的框架）匯入其主要組件，並透過 Composer 來匯入 Illuminate 組件。

Laravel 4 也引入佇列、郵件組件、facade（靜態介面）與資料庫種子。由於現在的 Laravel 依賴 Symfony 的組件，Laravel 宣布它將按照 Symfony 的節奏，每六個月發表一次（不完全在同一天，但不會相隔太久）。

Laravel 5

Laravel 4.3 原定於 2014 年 11 月發布，但是在開發過程中，開發團隊發現他們所做的變動值得使用主要（major）版本來發布，於是 Laravel 5 於 2015 年 2 月發表。

Laravel 5 重新整理了目錄結構，移除表單與 HTML 輔助程式，加入合約（contract）介面、一系列新的 view、進行社交媒體身分驗證的 Socialite、用於資產匯編（asset compilation）的 Elixir、簡化 cron 的 Scheduler、簡化環境管理的 dotenv、表單請求，與全新的 REPL（read-evaluate-print loop，「讀取 – 算值 – 輸出」循環）。此時，它的功能及成熟度皆有所成長，但接下來就沒有像之前版本那樣的重大變化了。

Laravel 6

Laravel 6 在 2019 年 9 月推出，它有兩項主要變動：首先，它移除 Laravel 提供的字串和陣列全域輔助函式（以靜態介面（facade）取代），其次，它轉而使用 SemVer（語意版本管理）進行版本編號。這個變化實際上意味著，在 Laravel 5 之後，主要（major，6、7…等）和次要（minor，6.1、6.2…等）版本將更頻繁地發布。

在 SemVer 新世界裡的 Laravel 版本（6+）

從版本 6 開始，由於新的 SemVer 發布計畫，Laravel 的版本發布不再像過去那樣具有里程碑意義。因此，未來的版本比較傾向時間週期意義，而不再是為了發表非常具體的全新重大功能。

Laravel 有何特殊之處？

Laravel 脫穎而出的原因到底是什麼？為何同一時間值得擁有不只一個 PHP 框架？它們不是都使用 Symfony 的組件嗎？我們來談談 Laravel 的特點。

Laravel 的哲學

你只要閱讀 Laravel 的行銷資料與 README 就可以知道它的價值觀了。Taylor 使用與光有關的字眼，例如「Illuminate（照亮）」與「Spark（火花）」。此外還有：「Artisans（工匠）」、「優雅（Elegant）」，以及：「Breath of fresh air（新鮮空氣）」、「Fresh start（新的開始）」，最後還有：「Rapid（快速）」、「Warp speed（極速）」。

在這個框架傳達的價值觀中，最核心的是提升開發者的速度和幸福感。Taylor 說「Artisan」是刻意和功利價值觀打對臺的語言。你可以從他在 2011 年於 StackExchange 回答問題的說法看到這種思想的起源（*https://oreil.ly/q0tgM*），他說：「有時我會用很誇張的時間（好幾個小時）來思考如何讓程式碼看起來更『優美』」，僅僅是為了讓程式碼本身提供更好的閱讀體驗。他也經常談到讓開發者更輕鬆、更快速地實現想法，為他們排除非必要的障礙，幫助他們創造偉大產品的價值。

Laravel 的核心精神就是為開發者提供所需的工具和能力。它的目標是提供簡潔、優美的程式碼與功能，協助開發者快速學習、動工、開發，並寫出簡潔且持久的程式碼。

這種為開發者設想的概念在 Laravel 的文件中顯而易見。文件寫道「幸福的開發者能夠寫出最棒的程式碼」。「Developer happiness from download to deploy」曾經是 Laravel 的非官方口號。當然，任何工具或框架都聲稱它希望讓開發者更開心，但是將「讓開發者更幸福」當成主要而非次要的關注點深深地影響了 Laravel 的風格與決策過程。其他框架的主要目標可能是架構的純粹性，或是滿足企業開發團隊的目標和價值觀，但 Laravel 的主要目標是服務個人開發者。但這不是說 Laravel 不能用來編寫純粹的結構或企業級的應用程式，而是說，Laravel 不會犧牲碼庫（codebase）的易讀性和易理解性。

Laravel 如何讓開發者更幸福？

說要讓開發者更幸福是一回事，做又是另一回事，你必須找出框架有哪些因素可能讓開發者不開心，以及哪些可能討他們歡喜。Laravel 透過幾種方式來讓開發者更輕鬆。

首先，Laravel 是一種快速的應用程式開發框架。這意味著，它專注於淺化（簡化）學習曲線，以及將「從開始編寫新 app 到發布它」之間的步驟最小化。Laravel 的組件簡化了建構 web 應用程式時的常見任務，包括資料庫互動、身分驗證、佇列、email、快取。但 Laravel 出色之處不僅僅是組件本身，它也在整個框架中提供一致的 API，以及可預測的結構。這意味著，當你在 Laravel 中嘗試新功能時，最後都總是會告訴自己：「…它確實可行」。

但 Laravel 出色之處不是只有框架本身。Laravel 提供了建構與啟動應用程式的完整工具生態系統。你可以使用 Sail、Valet 與 Homestead 來進行本地開發、使用 Forge 來管理伺服器、使用 Envoyer 與 Vapor 來進行進階部署。Laravel 還附加了一套程式包：用於付款與訂閱的 Cashier、用於 WebSocket 的 Echo、用於搜尋的 Scout、用於 API 身分驗證的 Sanctum 與 Passport、用於社群登入的 Socialite、用於監控佇列的 Horizon、用於建構管理面板的 Nova，以及用來啟動 SaaS 的 Spark。Laravel 試圖為開發者排除重複的工作，讓他們可以做一些特別的事情。

然後，Laravel 重視「約定優於配置」，也就是說，使用 Laravel 的預設配置的話，你的工作量比使用其他框架（需要宣告所有配置）還要少，即使你僅僅採用它建議的配置。使用 Laravel 來建構專案所花費的時間通常比使用多數其他 PHP 框架更少。

Laravel 也非常重視簡單性。你可以視需求在 Laravel 中使用依賴注入、mocking（模擬）、Data Mapper 模式、儲存體、命令查詢責任分離，以及各種複雜的結構模式。其他框架可能建議在每一個專案裡都使用這些工具與結構，但 Laravel 及其文件與社群傾向從最簡單的實作開始——在這裡應使用全域函式，在那裡應使用靜態介面，另一邊使用 ActiveRecord。這可讓開發者建立滿足需求的最簡易應用程式，卻又不侷限它在複雜環境裡的可用性。

Laravel 和其他 PHP 框架之所以不同，有一項有趣原因在於，它的創造者及社群和 Ruby and Rails 及泛函程式語言（而非 Java）有較深的淵源，也從中獲得很多靈感。現代 PHP 有一股傾向冗長及複雜的強烈潮流，他們擁護 PHP 中較具 Java 風格的特點。但 Laravel 傾向另一邊，擁抱富表現力、動態與簡潔的撰寫慣例及語言特性。

Laravel 社群

如果你透過這本書初次接觸 Laravel 社群，那麼你可以期待一些特別的事情。Laravel 有一個獨特的元素 —— 圍繞著它的熱情、教學導向的社群，這也是它得以成長和成功的因素。Laravel 擁有豐富且充滿活力的社群，包括 Jeffrey Way 的 Laracasts 視訊課程（*https://laracasts.com*）、Laravel News（*https://laravel-news.com*）、Slack 與 IRC 及 Discord 頻道，而且從 Twitter 好友到部落客、Podcast、Laracon 會議，有打從一開始就參與其中的人，也有很多人正在開始他們的「第一天」。這絕非偶然：

> 從創造 Laravel 的一開始，我就有這樣的想法，即所有人都希望自己是某事物的一部分。渴望歸屬感以及被一群志同道合的人接受是人類的天性。在網頁框架中注入個人風格，並與社群頻繁互動，可以讓這種感受在社群中生長。
>
> ——Taylor Otwell，*Product and Support interview*

Taylor 在 Laravel 早期階段就認為，成功的開源專案有兩個要素：良好的文件，以及熱情的社群。這兩件事已成為 Laravel 的象徵。

它如何運作？

截至目前為止，我所分享的一切都是百分之百抽象的。你會問，那程式碼呢？接下來要透過一個簡單的應用程式（範例 1-1），來讓你看看在日常生活中使用 Laravel 是什麼情況。

範例 *1-1*　位於 *routes/web.php* 的「*Hello, World*」

```php
<?php

Route::get('/', function () {
    return 'Hello, World!';
});
```

在 Laravel 應用程式中，最簡單的動作就是定義一個路由，並在該路由被造訪時回傳一個結果。你只要在電腦中設定一個全新的 Laravel 應用程式，定義範例 1-1 的路由，然後從 *public* 目錄提供網站，即可完成一個正確運作的「Hello, World」範例（見圖 1-1）。

```
Hello, World!
```

圖 1-1　使用 Laravel 來執行「Hello, World!」

使用 controller 來完成同一件事的程式看起來很相似，如範例 1-2 所示（如果你想要立即測試它，你要先執行 php artisan make:controller Welcome Controller 來建立 controller）

範例 1-2　使用 *controller* 的「*Hello, World*」

```php
// 檔案：routes/web.php
<?php

use App\Http\Controllers\WelcomeController;

Route::get('/', [WelcomeController::class, 'index']);
// 檔案：app/Http/Controllers/WelcomeController.php
<?php

namespace App\Http\Controllers;

class WelcomeController extends Controller
{
    public function index()
    {
        return 'Hello, World!';
    }
}
```

如果你將問候語存入資料庫，程式也很相似（見範例 1-3）。

範例 1-3　藉著讀取資料庫發出多個「*Hello, World*」

```php
// 檔案：routes/web.php
<?php

use App\Greeting;

Route::get('create-greeting', function () {
    $greeting = new Greeting;
```

```php
    $greeting->body = 'Hello, World!';
    $greeting->save();
});

Route::get('first-greeting', function () {
    return Greeting::first()->body;
});
// 檔案：app/Models/Greeting.php
<?php

namespace App\Models;

use Illuminate\Database\Eloquent\Factories\HasFactory;
use Illuminate\Database\Eloquent\Model;

class Greeting extends Model
{
    use HasFactory;
}
// 檔案：database/migrations/2023_03_12_192110_create_greetings_table.php
<?php

use Illuminate\Database\Migrations\Migration;
use Illuminate\Database\Schema\Blueprint;
use Illuminate\Support\Facades\Schema;

return new class extends Migration
{
    /**
     * 執行 migration。
     */
    public function up(): void
    {
        Schema::create('greetings', function (Blueprint $table) {
            $table->id();
            $table->string('body');
            $table->timestamps();
        });
    }

    /**
     * 撤銷 migration。
     */
    public function down(): void
    {
        Schema::dropIfExists('greetings');
```

```
        }
    };
```

範例 1-3 對你來說可能有點複雜，若是如此，你可以先跳過它，之後的章節會教你一切，但是從這個例子可以看到，你只要使用少數幾行程式就可以設定資料庫 migration（遷移）與 model，並拉出紀錄，真的如此簡單。

為何選擇 Laravel ？

那麼，為何選擇 Laravel ？

因為 Laravel 可避免你用累贅的程式來實現想法、讓你遵循現代程式編寫標準、參與充滿活力的社群，擁有強大的工具生態系統。

也因為你值得更幸福，親愛的開發者。

## 第二章

設置 Laravel 開發環境

PHP 之所以如此成功，部分的原因在於我們很難找到一台不提供 PHP 的 web 伺服器。但是，現代的 PHP 工具對環境的要求比過往的工具更嚴格。開發 Laravel 的最佳方式是確保對你的程式碼而言，本地和遠端伺服器環境是一致的，幸運的是，Laravel 生態系統有幾個工具可以做到這一點。

系統需求

本章討論的程式都可以在 Windows 機器上執行，但你要閱讀好幾十頁的自訂指令與注意事項。我將這些指令與注意事項留給實際使用 Windows 的讀者自行研究，本書的例子主要針對 Unix/Linux/macOS 開發者。

無論你是在本地機器上安裝 PHP 及其他工具來提供網站服務，還是透過 Vagrant 或 Docker 從虛擬機器提供開發環境服務，或是使用 MAMP/WAMP/XAMPP 等工具，你的開發環境都需要依序安裝以下元件才能運行 Laravel 網站：

- PHP >= 8.1
- OpenSSL PHP 擴充功能
- PDO PHP 擴充功能
- Mbstring PHP 擴充功能
- Tokenizer PHP 擴充功能
- XML PHP 擴充功能
- Ctype PHP 擴充功能
- JSON PHP 擴充功能
- BCMath PHP 擴充功能

Composer

無論你使用哪一種電腦來開發，你都要全域性地安裝 Composer（*https://getcomposer.org*）。*Composer* 是多數現代 PHP 開發工作的基本工具。它是 PHP 的依賴項目管理器，很像 Node 的 NPM（Node Package Manager），及 Ruby 的 RubyGems。與 NPM 一樣的是，Composer 也是我們進行許多測試、載入本地腳本、安裝腳本，以及許多其他工作的基礎。你要用 Composer 來安裝、更新 Laravel，以及匯入外部依賴項目。

本地開發環境

許多專案只要使用簡單的工具組來運行開發環境即可。如果你的系統安裝了 MAMP 或 WAMP 或 XAMPP，你應該可以立刻開始執行 Laravel。

你也可以使用 PHP 的內建網頁伺服器來運行 Laravel，只要在 Laravel 網站的根目錄執行 `php -S localhost: 8000 -t public`，PHP 的內建的 web 伺服器就會在 *http://localhost:8000/* 運行你的網站。

然而，如果你想讓開發環境更強大一些（讓不同的專案有不同的本地域名、像 MySQL 一樣管理依賴關係…等），你可能要尋找比 PHP 的內建伺服器更強大的工具。

Laravel 提供五個本地開發工具：`Artisan serve`、Sail、Valet、Herd 和 Homestead。我們將分別簡要地介紹它們。如果你不知道該使用哪一個，我個人推薦 Mac 用戶使用 Valet，其他人使用 Sail。

Artisan Serve

當你設置好 Laravel 應用程式之後執行 `php artisan serve` 時，應用程式會在 *http://localhost:8000* 上運行，就像我們之前使用 PHP 的內建 web 伺服器那樣。這種做法無法讓你免費獲得其他好處，唯一有意義的好處只有它比較容易記住。

Laravel Sail

要進行本地 Laravel 開發，使用 Sail 是最簡單的起點，而且這種方法在不同的作業系統上都相同。它自帶 PHP 網頁伺服器、資料庫，以及其他一些便利功能，讓專案的每一位開發者都可以一致地執行單一 Laravel 安裝，無論專案的依賴項目或開發者的工作環境如何設置。

為什麼我不採用 Sail？因為它使用 Docker，但 Docker 在 macOS 上太慢了，所以我寧可使用 Valet。但如果你是 Laravel 新手，特別是當你不是 Mac 用戶時，Sail 是專門為了讓你輕鬆地建立 Laravel app 而設計的。

Laravel Valet

如果你是 macOS 用戶（Windows 和 Linux 也有非官方的分支版本），Laravel Valet 可讓你在不同的本地域名上輕鬆地運行每一個本地 Laravel 應用程式（以及大多數的靜態和 PHP 應用程式）。

你必須使用 Homebrew 來安裝一些工具，它有一些引導你完成這個過程的文件，從初始安裝到執行你的應用程式之間，只需要少量的步驟。

你要安裝 Valet（最新的安裝指南請參考 Valet 文件（*https://laravel.com/docs/valet*）），並將它指向存放你的網站的一或多個目錄。我個人把所有開發中的 app 放在 *~/Sites* 目錄內，並在那裡執行 `valet park`。現在，你可以在目錄名稱結尾加上 *.test*，並用瀏覽器來造訪它。

Valet 可以讓你輕鬆地運行 Laravel 應用程式。我們可以使用 `valet park` 來運行特定資料夾內的所有子資料夾，使用 *{foldername}.test* 來提供它們的服務；使用 `valet link` 來運行單一資料夾；使用 `valet open` 來打開瀏覽器，並顯示 Valet 為該資料夾提供的域名；使用 `valet secure` 來透過 HTTPS 提供 Valet 網站服務，以及使用 `valet share` 來打開一個 ngrok 或 Expose 通道來共享你的網站。

Laravel Herd

Herd 是原生的 macOS 應用程式，它將 Valet 和所有依賴項目打包成單一的安裝程序。雖然 Herd 的自訂自由度不像 Valet CLI 那麼高，但它免去使用 Homebrew、Docker 或任何其他依賴關係管理工具的需求，並提供不錯的圖形介面，來讓你和 Valet 的核心功能互動。

Laravel Homestead

Homestead 也是用來設定本地開發環境的工具。它是基於 Vagrant（用來管理虛擬機器的工具）的組態配置工具，提供了預先設置的虛擬機器映像，這個映像是專門為了 Laravel 開發而設定的，並且反映了最常見的生產環境（許多 Laravel 網站都在這種環境上運行）。

Homestead 的文件（*https://laravel.com/docs/homestead*）很完整，且經常更新，所以如果你想要瞭解它如何運作，以及如何設定它，建議你參考那些文件。

建立 Laravel 新專案

建立 Laravel 新專案的方法有兩種，它們都必須在命令列上執行。第一種方法是全域安裝 Laravel 安裝工具（使用 Composer），第二種是使用 Composer 的 `create-project` 功能。

你可以在 Installation 文件網頁上瞭解這兩種做法的細節（*https://laravel.com/docs/installation*），但我推薦 Laravel 安裝工具。

使用 Laravel 安裝工具來安裝 Laravel

如果你已經全域安裝 Composer 了，執行以下的命令即可安裝 Laravel 安裝工具：

```
composer global require "laravel/installer"
```

安裝了 Laravel 安裝工具之後，啟動新的 Laravel 專案很簡單，只要在命令列執行這個命令：

```
laravel new projectName
```

它就會在當下的目錄內建立一個新的子目錄，稱為 *{projectName}*，並在裡面安裝一個最簡單的 Laravel 專案。

使用 Composer 的 create-project 功能來安裝 Laravel

Composer 也提供一種稱為 `create-project` 的功能，讓你可用特定的骨架來建立新專案。執行以下的命令即可使用這個工具來建立新的 Laravel 專案：

```
composer create-project laravel/laravel projectName
```

如同安裝工具，它會在你當下的目錄內建立一個子目錄，稱為 *{projectName}*，裡面有一個準備讓你開發的 Laravel 骨架。

使用 Sail 來安裝 Laravel

如果你打算使用 Laravel Sail，你可以同時安裝 Laravel 應用程式並啟動其 Sail 安裝程序。在電腦安裝 Docker 後，執行以下命令，將 *example-app* 換成你的應用程式的名稱：

```
curl -s "https://laravel.build/example-app" | bash
```

這會在當下的資料夾下的 *example-app* 資料夾內安裝 Laravel，然後開始執行 Sail 安裝程序。

安裝完成後，切換到你的新目錄，並啟動 Sail：

```
cd example-app
./vendor/bin/sail up
```

 第一次執行 `sail up` 時，它的執行時間會比其他安裝程序更長，因為它需要建立初始的 Docker 映像。

Laravel 的目錄結構

打開包含 Laravel 應用程式骨架的目錄之後，你會看到以下的檔案與目錄：

```
app/
bootstrap/
config/
database/
public/
resources/
routes/
storage/
tests/
vendor/
.editorconfig
.env
.env.example
.gitattributes
.gitignore
artisan
composer.json
composer.lock
package.json
phpunit.xml
readme.md
vite.config.js
```

我們來一一介紹它們。

資料夾

在預設情況下，根目錄有以下的資料夾：

app

大部分的應用程式都會被放在這裡。model、controller、命令，和你的 PHP 域碼（domain code）都放在這裡。

bootstrap/

儲存 Laravel 框架在每次執行時用來啟動的檔案。

config

放置所有組態檔的地方。

database

放置資料庫 migration（遷移）、種子與工廠的地方。

public

當伺服器提供網站服務時會指向這個目錄，裡面有 *index.php*，它是啟動 bootstrap 程序及指引所有請求的前端 controller。這個目錄也保存所有公眾可見檔案，例如圖像、樣式表、腳本與下載檔案。

resources

保存其他腳本所需檔案之處。view、原始 CSS 與原始 JavaScript 檔都在這裡。

routes

存放所有的路由定義，包括 HTTP 路由與「主控台路由」或 Artisan 命令。

storage

保存快取、日誌（log）與編譯後的系統檔案。

tests

保存單元測試與整合測試。

vendor

> Composer 安裝其依賴項目之處。此目錄會被 Git 忽略（它會被標記成「被版本管理系統忽略」），因為 Composer 是讓你在部署至遠端伺服器的過程中執行的。

零散檔案

根目錄也有以下的檔案：

.editorconfig

> 讓你的 IDE 或文字編輯器參考的 Laravel 編寫標準（例如縮排大小、字元集、是否移除尾部空格）。

.env 與 *.env.example*

> 決定環境變數（變數在各個環境之下應該不一樣，因此不會被提交至版本管理系統）。*.env.example* 是個模板，每一個環境都應該複製它，並建立它們自己的 *.env* 檔，Git 會忽略它。

.gitignore 與 *.gitattributes*

> Git 組態檔。

artisan

> 可讓你在命令列上執行 Artisan 命令的檔案（見第 8 章）。

composer.json 與 *composer.lock*

> Composer 的組態檔；*composer.json* 是用戶可以編輯的，*composer.lock* 不是。這些檔案共享關於專案的基本資訊，它們也定義其 PHP 依賴關係。

package.json

> 很像 *composer.json*，但用於前端資源與組建系統的依賴項目；它會指示 NPM 應拉取哪些基於 JavaScript 的依賴項目。

phpunit.xml

> PHPUnit 的組態檔，PHPUnit 是 Laravel 內建的測試工具。

readme.md

    這是一個 Markdown 檔，提供 Laravel 的基本介紹。當你使用 Laravel 安裝器時看不到這個檔案。

vite.config.js

    （選用的）Vite 組態檔案。這個檔案指示你的組建系統該如何編譯和處理前端資源。

組態設定

Laravel 應用程式的核心設定（包括資料庫連結設定、佇列與郵件設定…等）都位於 *config* 資料夾內的檔案中。這些檔案都會回傳一個 PHP 陣列，在陣列內的每一個值都可以透過一個組態鍵（config key）來存取，組態鍵由檔名及其底下的鍵組成，之間以句點（.）分隔。

所以，如果你在 *config/services.php* 裡面建立這種內容：

```
// config/services.php
<?php
return [
    'sparkpost' => [
        'secret' => 'abcdefg',
    ],
];
```

你可以使用 config('services.sparkpost.secret') 來讀取那一個組態變數。

因環境而異的組態變數（所以不會被提交到版本管理系統）都位於 *.env* 檔案內。假如你要在各個環境中使用不同的 Bugsnag API 鍵，你要設定組態檔，從 *.env* 將它拉入：

```
// config/services.php
<?php
return [
    'bugsnag' => [
        'api_key' => env('BUGSNAG_API_KEY'),
    ],
];
```

這個 env() 輔助函式會從你的 *.env* 檔案拉出同一個鍵的值。接下來，將那個鍵加入你的 *.env*（這個環境的設定）與 *.env.example*（所有環境的模板）檔案：

```
# 在 .env 內
BUGSNAG_API_KEY=oinfp9813410942
```

```
# 在 .env.example 內
BUGSNAG_API_KEY=
```

在你的 *.env* 檔案裡面會有框架需要的環境專屬變數，例如你想要使用的郵件驅動程式，以及基本資料庫設定。

在組態檔外面使用 *env()*

當你在組態檔之外的任何地方呼叫 env() 時，有些 Laravel 功能將無法使用，包括一些快取與最佳化功能。

拉入環境變數的最佳手段就是為特定環境專用的任何事物設定組態項目，並讓那些組態項目讀取環境變數，然後在 app 裡的任意地方引用組態變數：

```
// config/services.php
return [
    'bugsnag' => [
        'key' => env('BUGSNAG_API_KEY'),
    ],
];

// 在 controller 或其他地方
$bugsnag = new Bugsnag(config('services.bugsnag.key'));
```

.env 檔

我們來簡單地看一下 *.env* 檔的預設內容。確切的鍵將取決於你所使用的 Laravel 版本，範例 2-1 是它們的樣子。

範例 2-1　Laravel 的預設環境變數

```
APP_NAME=Laravel
APP_ENV=local
APP_KEY=
APP_DEBUG=true
APP_URL=http://localhost

LOG_CHANNEL=stack
LOG_DEPRECATIONS_CHANNEL=null
LOG_LEVEL=debug

DB_CONNECTION=mysql
DB_HOST=127.0.0.1
```

```
DB_PORT=3306
DB_DATABASE=laravel
DB_USERNAME=root
DB_PASSWORD=

BROADCAST_DRIVER=log
CACHE_DRIVER=file
FILESYSTEM_DISK=local
QUEUE_CONNECTION=sync
SESSION_DRIVER=file
SESSION_LIFETIME=120

MEMCACHED_HOST=127.0.0.1

REDIS_HOST=127.0.0.1
REDIS_PASSWORD=null
REDIS_PORT=6379

MAIL_MAILER=smtp
MAIL_HOST=mailpit
MAIL_PORT=1025
MAIL_USERNAME=null
MAIL_PASSWORD=null
MAIL_ENCRYPTION=null
MAIL_FROM_ADDRESS="hello@example.com"
MAIL_FROM_NAME="${APP_NAME}"

AWS_ACCESS_KEY_ID=
AWS_SECRET_ACCESS_KEY=
AWS_DEFAULT_REGION=us-east-1
AWS_BUCKET=
AWS_USE_PATH_STYLE_ENDPOINT=false

PUSHER_APP_ID=
PUSHER_APP_KEY=
PUSHER_APP_SECRET=
PUSHER_HOST=
PUSHER_PORT=443
PUSHER_SCHEME=https
PUSHER_APP_CLUSTER=mt1

VITE_PUSHER_APP_KEY="${PUSHER_APP_KEY}"
VITE_PUSHER_HOST="${PUSHER_HOST}"
VITE_PUSHER_PORT="${PUSHER_PORT}"
VITE_PUSHER_SCHEME="${PUSHER_SCHEME}"
VITE_PUSHER_APP_CLUSTER="${PUSHER_APP_CLUSTER}"
```

在此就不一一介紹它們了,因為裡面有一些只是各種服務(Pusher、Redis、DB、Mail)的身分驗證資訊群組。但是有兩個重要的環境變數必須認識:

APP_KEY

用來加密資料的隨機生成字串。如果它是空的,你可能會看到錯誤訊息「No application encryption key has been specified」。此時只要執行 php artisan key:generate,Laravel 就會幫你產生一個。

APP_DEBUG

這是一個布林值,決定這一個應用程式實例的用戶能否看到 debug 錯誤。很適合在本地和待命(staging)環境中打開,但在生產環境中打開它會帶來一場災難。

其餘的非身分驗證設定(BROADCAST_DRIVER、QUEUE_CONNECTION…等)都被設為預設值,那些預設值都盡可能地不依賴外部服務,非常適合初學者使用。

對大多數專案來說,當你啟動第一個 Laravel app 時,你會做的唯一改變應該是設定資料庫組態。我使用 Laravel Valet,所以我將 DB_DATABASE 改成我的專案名稱,將 DB_USERNAME 改成 root,將 DB_PASSWORD 改成空字串:

```
DB_DATABASE=myProject
DB_USERNAME=root
DB_PASSWORD=
```

然後,我在我最喜歡的 MySQL 用戶端裡面,用我的專案名稱建立一個資料庫,這樣就一切就緒了。

啟動與運行

接下來要啟動並運行一個最簡單的 Laravel 版本,執行 git init,使用 git add . 與 git commit 來提交基本檔案即可開始編寫程式。好了!如果你使用 Valet,執行以下的命令就可以立刻在瀏覽器中看到網站開始運行:

```
laravel new myProject && cd myProject && valet open
```

每當我開始進行新專案時,我都會執行以下的步驟:

```
laravel new myProject
cd myProject
git init
git add .
git commit -m "Initial commit"
```

我將所有網站放在 *~/Sites* 資料夾內，將它設為主 Valet 目錄，所以在這個例子中，我可以立刻在瀏覽器裡造訪 *myProject.test*，無須額外操作。我可以編輯 *.env*，將它指向特定的資料庫，然後將該資料庫加入我的 MySQL 應用程式裡，接著就可以開始設計程式了。

測試

接下來，各章結尾的「測試」小節都會介紹如何編寫測試程式來測試該章討論的功能。因為本章未介紹可供測試的功能，所以我們簡單地說明一下測試（要進一步瞭解如何在 Laravel 中編寫與執行測試，可參考第 12 章）。

Laravel 預設匯入 PHPUnit 依賴項目，並讓它針對 *tests* 目錄內名稱結尾為 *Test.php* 的任何檔案進行測試（例如 *tests/UserTest.php*）。

所以，編寫測試最快的方式，就是在 *tests* 目錄內建立一個名稱結尾為 *Test.php* 的檔案。要執行它們，最簡單的做法是在命令列執行 `./vendor/bin/phpunit`（在專案根目錄裡）。

如果有任何測試需要存取資料庫，務必在運行資料庫的機器上執行測試，所以，如果你在 Vagrant 裡安裝資料庫，務必 `ssh` 到你的 Vagrant box，並在那裡執行測試。你同樣可以在第 12 章進一步瞭解這個部分。

此外，如果你第一次閱讀這本書，有一些測試小節將使用你不熟悉的測試語法及功能，如果你看不懂那些測試小節裡的程式，可先跳過它，等你看完測試章節之後，再回來閱讀。

TL;DR

Laravel 是一種 PHP 框架，所以在本地運行它很方便。Laravel 提供了三個工具來管理本地開發：Sail（一種 Docker 設置）、Valet（一種較簡單的 macOS 基礎工具）和 Homestead（一種預先配置的 Vagrant 設置）。Laravel 依賴 Composer，且可以使用 Composer 來安裝，它附帶一系列的資料夾與檔案，它們依循 Laravel 的慣例，以及它和其他開源工具之間的關係。

## 第三章

路由與 controller

web 應用程式框架的基本功能都是接收用戶的請求並提供回應,通常是透過 HTTP(S)。
這意味著,當你學習 web 框架時,定義應用程式的路由是首要且最重要的工作。沒有路
由就沒有和最終用戶互動的能力。

在這一章,我們要來看看 Laravel 的路由,並認識如何定義它們、如何將它們指向它們
應該執行的程式碼,及如何使用 Laravel 的路由工具來處理進行路由所需的各種陣列。

MVC、HTTP 動詞與 REST 簡介

本章的內容大都參考 Model–View–Controller(MVC)應用程式的結構,接下來的許多
範例都使用 REST 風格的路由名稱與動詞,所以我們先來簡單地介紹兩者。

什麼是 MVC?

MVC 有三個主要概念:

model(模型)

> 代表單一資料庫資料表(或資料庫的一筆紀錄)—— 可以想成「Company」或
> 「Dog」。

view(視圖)

> 代表將資料輸出給最終用戶看的模板 —— 可以想成「使用一組特定的 HTML、CSS
> 與 JavaScript 的登入網頁模板」。

controller（控制器）

　　它就像交通警察，會從瀏覽器接收 HTTP 請求，並從資料庫及其他儲存機制取出正確的資料，驗證用戶輸入，最後將回應送回去給用戶。

在圖 3-1 中，你可以看到最終用戶會先跟 controller 互動，使用瀏覽器來傳送 HTTP 請求。為了回應請求，controller 可能將資料寫入 model（資料庫）或從資料庫讀出資料，可能將資料傳給 view，接著 view 被回傳給最終用戶，在他們的瀏覽器上顯示出來。

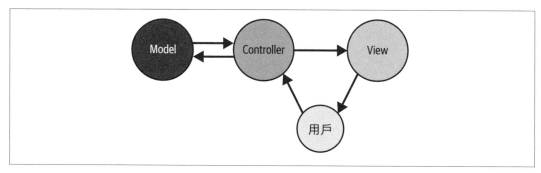

圖 3-1　MVC 的基本說明

等一下會討論一些不符合這種相對簡單的應用程式架構的 Laravel 用例（use case），所以先不必過度糾結於 MVC，但這些介紹至少可以幫助你理解接下來要討論的 view 和 controller。

HTTP 動詞

最常見的 HTTP 動詞是 GET 與 POST，然後是 PUT 與 DELETE。此外還有 HEAD、OPTIONS 與 PATCH，以及幾乎不會在一般的 web 開發中使用的 TRACE 及 CONNECT。

簡單地介紹如下：

GET

　　請求一項資源（或一系列資源）。

HEAD

　　請求只有 header（標頭）的 GET 回應。

POST

> 建立資源。

PUT

> 覆寫資源。

PATCH

> 修改資源。

DELETE

> 刪除資源。

OPTIONS

> 詢問伺服器此 URL 可用的動詞有哪些。

表 3-1 是資源 controller 提供的動作（第 46 頁的「資源 controller」會深入介紹）。在執行每一項動作時，你都要使用特定的動詞來呼叫特定的 URL 格式，你可以先大致瞭解每一個動詞的用途。

表 3-1　Laravel 資源 controller 的方法

動詞	URL	controller 方法	名稱	說明
GET	tasks	index()	tasks.index	顯示所有任務
GET	tasks/create	create()	tasks.create	顯示「建立任務表單」
POST	tasks	store()	tasks.store	從建立任務表單接收表單提交
GET	tasks/{task}	show()	tasks.show	顯示一項任務
GET	tasks/{task}/edit	edit()	tasks.edit	編輯一項任務
PUT/PATCH	tasks/{task}	update()	tasks.update	從「編輯任務表單」接收表單提交
DELETE	tasks/{task}	destroy()	tasks.destroy	刪除一項任務

什麼是 REST？

我們會在第 363 頁的「類 REST JSON API 基本知識」詳細說明 REST，簡單來說，它是在建構 API 時使用的一種架構風格。本書提到的 REST 主要有以下特徵：

- 一次圍繞著一項主要資源來建構（例如 tasks）

- 由許多互動組成，那些互動使用可預測的 URL 結構和 HTTP 動詞（表 3-1 所列的）
  來進行。

- 回傳 JSON，且通常使用 JSON 來請求

此外還有其他特徵，但是在本書中的「RESTful」通常是指「按照這些基於 URL 的結構
來發出可預測的呼叫，例如用於編輯頁面的 GET /tasks/14/edit 」。這一點很重要（即
使不是在建立 API 時），因為 Laravel 的路由是基於「類 REST」結構來建構的，正如你
在表 3-1 中看到的那樣。

REST-baed API 大致依循相同的結構，只是它們沒有建立（*create*）路由和編輯（*edit*）
路由，因為 API 僅代表動作（action），而不是支援動作的網頁。

路由定義

在 Laravel 應用程式中，你要在 *routes/web.php* 裡定義 web 路由，以及在 *routes/api.php*
裡定義 API 路由。*web* 路由是最終用戶造訪的路由，而 *API* 路由是 API 使用的路由（如
果有的話）。目前，我們把注意力放在 *routes/web.php* 內的路由。

定義路由最簡單的方法是為路徑（例如 / ）指定 closure，如範例 3-1 所示。

範例 *3-1　基本的路由定義*

```php
// routes/web.php
Route::get('/', function () {
    return 'Hello, World!';
});
```

何謂 **closure**？

closure 是 PHP 版本的匿名函式，它是可以當成物件來傳遞的函式，它也可以當成
參數來傳給其他的函式或方法，甚至可以序列化。

你定義了：若有任何人造訪 / （你的網域的根目錄），Laravel 的 router 就執行為它定義
的 closure，並回傳結果。注意，我們 return 內容，而不是 echo 或 print 內容。

中介層簡介

你或許在想:「為什麼是 return 『Hello, World!』,而不是 echo 它?」。

這個問題的答案不只一個,其中最簡單的答案是:Laravel 的請求與回應循環被很多包裝層(wrapper)包覆,其中包含一種稱為中介層(*middleware*)的東西。當路由 closure 或 controller 方法完成工作時,還不是將輸出傳給瀏覽器的時機,return 內容會讓內容繼續流經回應堆疊和中介層,最終回傳給用戶。

許多簡單的網站都可以全部在 web 路由檔案裡面定義。如範例 3-2 所示,只要使用一些簡單的 GET 路由,並結合一些模板,就可以輕鬆地運行一個典型的網站了。

範例 3-2　網站範例

```
Route::get('/', function () {
    return view('welcome');
});

Route::get('about', function () {
    return view('about');
});

Route::get('products', function () {
    return view('products');
});

Route::get('services', function () {
    return view('services');
});
```

靜態呼叫

如果你有豐富的 PHP 開發經驗,在 Route 類別裡看到靜態呼叫可能會讓你驚訝,它其實不是真正的靜態方法,而是使用 Laravel 的靜態介面(facade)來定位服務,第 11 章會介紹它。

如果你不想使用靜態介面,你也可以使用這個相同的定義:

```
$router->get('/', function () {
    return 'Hello, World!';
});
```

路由動詞

也許你已經發現，我們在路由定義裡使用 `Route::get()`，意思是我們要求 Laravel 在 HTTP 請求使用 GET 動作時才比對這些路由。但如果它是表單 POST，或是 JavaScript 傳送的 PUT 或 DELETE 請求呢？你也可以在路由定義中呼叫其他的方法，如範例 3-3 所示。

範例 3-3　路由動詞

```
Route::get('/', function () {
    return 'Hello, World!';
});

Route::post('/', function () {
    // 處理 POST 請求被傳到這個路由的情況
});

Route::put('/', function () {
    // 處理 PUT 請求被傳到這個路由的情況
});

Route::delete('/', function () {
    // 處理 DELETE 請求被傳到這個路由的情況
});

Route::any('/', function () {
    // 處理被傳到這個路由的任何動詞請求
});

Route::match(['get', 'post'], '/', function () {
    // 處理被傳到這個路由的 GET 或 POST 請求
});
```

路由處理

你應該已經猜到，除了將 closure 傳給路由定義之外，你也可以用其他方式來指示它該如何解析路由。closure 既快速且簡單，但隨著應用程式越來越大，將所有路由邏輯放入同一個檔案會顯得非常臃腫。此外，使用路由 closure 的應用程式將無法利用 Laravel 的路由快取（稍後會進一步說明），它可以讓每一個請求減少上百毫秒的時間。

另一種常見的做法是用字串來傳遞 controller 的名稱與方法，而非傳遞 closure，如範例 3-4 所示。

範例 3-4　*呼叫 controller 方法的路由*

```
use App\Http\Controllers\WelcomeController;

Route::get('/', [WelcomeController::class, 'index']);
```

這要求 Laravel 將那個路徑收到的請求，傳給 App\Http\Controllers\WelcomeController controller 的 index() 方法，該方法收到的參數與 closure 收到的一樣，並受到相同的對待。

Laravel 的 controller / 方法參考語法

Laravel 規範了如何引用特定的 controller 裡的特定方法：*[ControllerName::class, methodName]*。這種語法稱為 *tuple* 語法，或可呼叫陣列語法（*callable array syntax*）。有時這只是非正式的溝通慣例，但它會在實際的綁定中使用，就像範例 3-4 那樣。陣列的第一個項目指定 controller，第二個項目指定方法。

Laravel 也支援舊的「字串」語法（`Route::get('/', 'WelcomeController@index')`），在文字溝通裡，它仍然經常被用來描述方法。

路由參數

如果你想定義的路由有參數（在 URL 結構裡的可變區段），那麼在路由裡定義它們並將它們傳入 closure 很簡單（見範例 3-5）。

範例 3-5　*路由參數*

```
Route::get('users/{id}/friends', function ($id) {
    //
});
```

你也可以在參數名稱後面加上一個問號（?）來將它設成選用的，如範例 3-6 所示。此時，你也要為路由對應的變數提供預設值。

範例 3-6　*選用的路由參數*

```
Route::get('users/{id?}', function ($id = 'fallbackId') {
    //
});
```

你也可以使用正規表達式（regexes），來指定路由只在某個參數符合特定條件時才相符，如範例 3-7 所示。

範例 3-7　使用正規表達式來定義路由的限制

```
Route::get('users/{id}', function ($id) {
    //
})->where('id', '[0-9]+');

Route::get('users/{username}', function ($username) {
    //
})->where('username', '[A-Za-z]+');

Route::get('posts/{id}/{slug}', function ($id, $slug) {
    //
})->where(['id' => '[0-9]+', 'slug' => '[A-Za-z]+']);
```

你應該猜到了，如果你訪問的路徑與路由字串相符，但 regex 與參數不相符，該路徑就不相符。由於路由是由上而下比對的，**users/abc** 會跳過範例 3-7 的第一個 closure，但它對中第二個 closure，所以它會被引導至那裡。另一方面，**posts/abc/123** 無法對中任何 closure，所以它會回傳 404 (Not Found) 錯誤。

Laravel 也提供一些方法來方便你使用常見的正規表達式比對模式，如範例 3-8 所示。

範例 3-8　正規表達式路由條件輔助函式

```
Route::get('users/{id}/friends/{friendname}', function ($id, $friendname) {
    //
})->whereNumber('id')->whereAlpha('friendname');

Route::get('users/{name}', function ($name) {
    //
})->whereAlphaNumeric('name');

Route::get('users/{id}', function ($id) {
    //
})->whereUuid('id');

Route::get('users/{id}', function ($id) {
    //
})->whereUlid('id');

Route::get('friends/types/{type}', function ($type) {
    //
})->whereIn('type', ['acquaintance', 'bestie', 'frenemy']);
```

路由參數的名稱
與 Closure / Controller 方法參數的名稱之間的關係

從範例 3-5 可以看到，路由參數的名稱（{id}），與將其注入路由定義時使用的方法參數的名稱（function ($id)）相同，一定要這樣嗎？

除非你使用本章稍後介紹的路由 model 綁定，否則不一定要如此。哪一個路由參數對應到哪一個方法參數，純粹由它們的順序決定（從左到右），例如：

```
Route::get('users/{userId}/comments/{commentId}', function (
    $thisIsActuallyTheUserId,
    $thisIsReallyTheCommentId
) {
    //
});
```

不過，能夠使用不同的名稱並不代表你就要這樣做。為了替將來的開發人員著想，建議你使用相同的名稱，否則不一致的名稱可能令人煩惱。

路由名稱

若要在應用程式的其他地方引用這些路由，最簡單的做法是直接使用它們的路徑。你可以在 view 裡使用 url() 輔助函式來簡化那些連結，見範例 3-9。這個輔助函式會在路由的前面加上網站的完整網域。

範例 3-9 url() 輔助函式

```
<a href="<?php echo url('/'); ?>">
// 輸出 <a href="http://myapp.com/">
```

但是，Laravel 也可以讓你為每一個路由命名，如此一來不需要明確地引用 URL 即可使用它。這是很方便的功能，因為你可以幫複雜的路由取一個簡單的暱稱，而且，用名稱來連接它們的話，當路徑改變時，你就不需要改寫前端連結（見範例 3-10）。

範例 3-10 定義路由名稱

```
// 在 routes/web.php 中，用 name() 來定義路由：
Route::get('members/{id}', [\App\Http\Controller\MemberController::class, 'show'])
    ->name('members.show');
```

```
// 在 view 中使用 route() 輔助函式來連接路由：
<a href="<?php echo route('members.show', ['id' => 14]); ?>">
```

在這個範例裡面有一些新概念。首先，我們在 get() 方法後面串接 name() 方法，這是用流利路由定義（fluent route definition）來添加名稱。這樣可以為路由命名，給它一個簡短的別名，以便在別處參考它。

在這個範例中，我們將路由命名為 members.show；Laravel 習慣將路由與 view 命名為 *resourcePlural.action*。

路由命名慣例

你可以幫路由取任何名稱，但一般的做法是使用複數的資源名稱，加上一個句點，再加上動作。所以，以下是名為 photo 的資源的常見路由：

```
photos.index
photos.create
photos.store
photos.show
photos.edit
photos.update
photos.destroy
```

若要進一步瞭解慣例，可參考第 46 頁的「資源 controller」。

這個範例也使用了 route() 輔助函式。如同 url()，它的用途是在 view 中簡化具名路由的連結。如果路由沒有參數，你可以直接傳遞路由名稱（route('members.index')），並接收一個路由字串（"http://myapp.com/members"）。如果它有參數，那就像範例 3-10 那樣，用第二個參數以字串來傳遞它們。

我建議使用路由名稱來指定路由，而非使用路徑，所以你應該使用 route() 輔助函式，而非 url() 輔助函式。有時它顯得笨拙不便（例如在處理多個子網域時），但它提供驚人的靈活性，可在改變應用程式的路由結構時避免太多麻煩。

傳遞路由參數給 route() 輔助函式

如果你的路由有參數（例如 users/*id*），那麼當你使用 route() 輔助函式來產生路由的連結時，你必須定義這些參數。

傳遞這些參數的方法不只一種。假設有一個路由被定義為 users/*userId*/comments/
commentId。如果 user ID 是 1，comment ID 是 2，可以選擇的做法包括：

選項 **1**：

```
route('users.comments.show', [1, 2])
// http://myapp.com/users/1/comments/2
```

選項 **2**：

```
route('users.comments.show', ['userId' => 1, 'commentId' => 2])
// http://myapp.com/users/1/comments/2
```

選項 **3**：

```
route('users.comments.show', ['commentId' => 2, 'userId' => 1])
// http://myapp.com/users/1/comments/2
```

選項 **4**：

```
route('users.comments.show', ['userId' => 1, 'commentId' => 2, 'opt' => 'a'])
// http://myapp.com/users/1/comments/2?opt=a
```

如你所見，無鍵陣列的值會被依序指派，有鍵陣列的值會被指派給符合鍵的路由
參數，所有其他值都會被當成查詢參數加入。

路由群組

路由群組通常有共同的特徵，例如它們都有某種身分驗證需求、路徑前綴，或 controller
名稱空間。在每一個路由裡反覆定義這些共同的特徵很麻煩，也會混亂路由檔案的組織
方式，遮蔽應用程式的結構。

使用路由群組可將幾條路由分成一組，一次對整個群組套用任何共享的組態設定，從而
降低這種重複性。此外，路由群組可以在視覺上暗示未來的開發者（及你自己的大腦）
那些路由屬於同一組。

要將兩個以上的路由分成一組，你要用路由群組將路由定義「括起來」，如範例 3-11 所
示。實際上，你將一個 closure 傳給群組定義，並在那個 closure 裡定義一組路由。

範例 3-11　定義路由群組

```
Route::group(function () {
    Route::get('hello', function () {
        return 'Hello';
    });
    Route::get('world', function () {
        return 'World';
    });
});
```

在預設情況下，路由群組不做任何事情。使用範例 3-11 的群組與使用程式注釋來分開一段路由沒什麼不同。

中介層

路由群組最常見的用法應該是將中介層套用到一組路由。Laravel 使用中介層來驗證用戶的身分，並限制訪客使用網站的某些部分，第 10 章會進一步介紹中介層。

在範例 3-12 中，我們為 dashboard 與 account 這兩個 view 建立一個路由群組，並對兩者套用 auth 中介層。這個範例的意思是：用戶要先登入應用程式，才能看到儀表板或帳號網頁。

範例 3-12　將一組路由限制為僅供已登入的用戶使用

```
Route::middleware('auth')->group(function() {
    Route::get('dashboard', function () {
        return view('dashboard');
    });
    Route::get('account', function () {
        return view('account');
    });
});
```

通常在 controller 裡面將中介層附加至路由比較清楚且直覺，而不是在定義路由時附加。你可以在 controller 的建構式內呼叫 middleware() 方法來做同一件事。被傳給 middleware() 的字串是中介層的名稱，你也可以串連修飾方法（modifier method）only() 與 except()，來定義要讓哪些方法接收該中介層：

```
class DashboardController extends Controller
{
    public function __construct()
    {
```

```
        $this->middleware('auth');

        $this->middleware('admin-auth')
            ->only('editUsers');

        $this->middleware('team-member')
            ->except('editUsers');
    }
}
```

注意，如果你自訂許多「only」與「except」，這可能意味著你應該為例外路由分出一個新的 controller。

Eloquent 簡介

我們將在第 5 章深入說明 Eloquent、資料庫存取及 Laravel 的查詢建構器（query builder），但在那之前，瞭解一些基本知識可以協助理解。

Eloquent 是 Laravel 的 ActiveRecord 資料庫物件關係對映器（ORM），它可以輕鬆地建立 Post 類別（model）和 posts 資料庫表格之間的關聯，並使用 Post::all() 之類的呼叫式來取得所有紀錄。

查詢建構器可讓你發出 Post::where('active', true)->get()、甚至是 DB::table ('users')->all() 這樣的呼叫。建立查詢的做法是在一個方法後面串連另一個方法。

路徑前綴

如果你有一組路由都有某個路徑區段，例如，如果網站儀表板的開頭是 /dashboard，你可以使用路由群組來簡化這個結構（見範例 3-13）。

範例 3-13　為一組路由加上前綴

```
Route::prefix('dashboard')->group(function () {
    Route::get('/', function () {
        // 處理路徑 /dashboard
    });
    Route::get('users', function () {
        // 處理路徑 /dashboard/users
    });
});
```

注意，每一個使用前綴的群組也有一個 / 路由，代表前綴的根目錄，在範例 3-13 中，它是 /dashboard。

子網域路由

子網域路由與路由前綴一樣，但它的作用域是由子網域定義，而不是由路由前綴定義。它有兩種主要的用途。首先，你可能想要在不同的子網域顯示應用程式的不同部分（或完全不同的應用程式），範例 3-14 示範怎麼做。

範例 3-14　子網域路由

```
Route::domain('api.myapp.com')->group(function () {
    Route::get('/', function () {
        //
    });
});
```

其次，也許你想要將子網域的一部分設為參數，如範例 3-15 所示。這種情況經常在多租戶（multitenancy）的情況看到（想想 Slack 或 Harvest，在裡面，每一家公司都有自己的子網域，例如 *tighten.slack.co*）。

範例 3-15　參數化的子網域路由

```
Route::domain('{account}.myapp.com')->group(function () {
    Route::get('/', function ($account) {
        //
    });
    Route::get('users/{id}', function ($account, $id) {
        //
    });
});
```

注意，群組的任何參數都會被當成第一個參數（或前幾個參數），來傳入群組化路由的方法。

名稱前綴

路由名稱通常展示路徑元素的繼承鏈，所以 users/comments/5 以名為 users.comments.show 的路由來提供服務。在這種情況下，我們通常將 users.comments 資源下的所有路由設成同一個路由群組。

正如我們可以前綴 URL 區段一樣，我們也可以在路由名稱前面加上字串。我們可以使用路由群組名稱前綴，來定義群組內的每一個路由的名稱都必須前綴一個指定的字串。在這個案例中，我們為每一個路由名稱前綴 "users."，然後是 "comments."（見範例 3-16）。

範例 3-16　路由群組名稱前綴

```
Route::name('users.')->prefix('users')->group(function () {
    Route::name('comments.')->prefix('comments')->group(function () {
        Route::get('{id}', function () {
            // ...
        })->name('show'); // 名為 'users.comments.show' 的路由

        Route::destroy('{id}', function () {})->name('destroy');
    });
});
```

路由群組 controller

當你為同一個 controller 負責的路由進行分組時，例如在顯示、編輯和刪除用戶時，你可以使用路由群組的 controller() 方法，以免為每一個路由定義完整的 tuple，如範例 3-17 所示。

範例 3-17　路由群組 controller

```
use App\Http\Controllers\UserController;

Route::controller(UserController::class)->group(function () {
    Route::get('/', 'index');
    Route::get('{id}', 'show');
});
```

後備路由

在 Laravel 中，你可以定義一個「後備路由」（必須在路由檔案的結尾定義），以一網打盡所有沒有對中的請求：

```
Route::fallback(function () {
    //
});
```

簽署路由

許多應用程式會定期傳送一次性的操作通知（重設密碼、接受邀請…等），並提供簡單的連結來執行這些操作。假設我們想發送一封 email 來確認收件者願意加入郵寄名單。

傳送該連結的做法有三種：

- 將那個核准 URL 公開，希望沒有人發現它或修改自己的核准 URL 來核准別人。

- 將這個操作放在身分驗證之後，連接至這個操作，若用戶尚未登入則要求他們登入（在這個例子裡不可能這樣做，因為收件者應該還沒有帳戶）。

- 「簽署」連結，讓它可以證明該用戶確實透過你的 email 收到連結，而不需要讓他們登入，類似 *http://myapp.com/invitations/5816/yes?signature=030ab0ef6a8237bd86a8b8*。

要實現最後一種做法，有一種簡單的方法是使用 *signed URLs* 這種功能，它可以建立一個簽署驗證系統，以寄出經過認證的連結。這些連結包含一般的路由連結，以及一個「簽章」，以證明該 URL 被送出去之後都沒有被修改（因此沒有人修改 URL 以取得別人的資訊）。

簽署路由

為了建立一個訪問特定路由的簽署 URL，路由必須有個名稱：

```
Route::get('invitations/{invitation}/{answer}', InvitationController::class)
    ->name('invitations');
```

如前所述，你可以使用 route() 來產生這個路由的一般連結，但你也可以使用 URL 靜態介面來做同一件事：URL::route('invitations', ['invitation' => 12345, 'answer' => 'yes'])。你只要使用 signedRoute() 方法即可產生前往這個路由的簽署連結。你也可以使用 temporarySignedRoute() 來產生一個有「有效期限」的簽署路由：

```
// 產生一般的連結
URL::route('invitations', ['invitation' => 12345, 'answer' => 'yes']);

// 產生簽署連結
URL::signedRoute('invitations', ['invitation' => 12345, 'answer' => 'yes']);

// 產生有有效期限（暫時性）的簽署連結
URL::temporarySignedRoute(
    'invitations',
```

```
    now()->addHours(4),
    ['invitation' => 12345, 'answer' => 'yes']
);
```

使用 *now()* 輔助函式

Laravel 有一個 now( ) 輔助函數，它等同於 Carbon::now( )，會回傳一個代表此時此刻的 Carbon 物件。

Carbon 是 Laravel 內建的日期時間程式庫。

修改路由來允許簽署連結

產生前往簽署路由的連結之後，你必須阻止任何未經簽署的訪問。最簡單的做法是使用 signed 中介層：

```
Route::get('invitations/{invitation}/{answer}', InvitationController::class)
    ->name('invitations')
    ->middleware('signed');
```

喜歡的話，你可以使用 Request 物件的 hasValidSignature( ) 來手動驗證，而不是使用 signed 中介層：

```
class InvitationController
{
    public function __invoke(Invitation $invitation, $answer, Request $request)
    {
        if (! $request->hasValidSignature()) {
            abort(403);
        }

        //
    }
}
```

View

在之前展示的路由 closure 裡，我們看到 return view('account') 之類的程式碼，為什麼要使用它們？

在 MVC 模式中（圖 3-1），*view*（或模板）是描述特定輸出應該長怎樣的檔案。你可能有輸出 JSON 或 XML 或 email 的 view，但在 web 框架中，view 通常輸出 HTML。

在 Laravel 中，你可以直接使用兩種 view 格式：純 PHP 和 Blade 模板（見第 4 章），兩者的區別在於檔名：*about.php* 以 PHP 引擎來算繪，而 *about.blade.php* 以 Blade 引擎來算繪。

載入 *view* 的三種方式

回傳 view 的方法有三種。現在你只要關注 view() 即可，但如果你看到 View::make() 的話，它是同一個東西，或者，喜歡的話，你也可以注入 Illuminate\View\ViewFactory。

使用 view() 輔助函式來「載入」view 之後，你可以直接回傳它（如同範例 3-18 的做法），如果 view 不依賴 controller 的任何變數，這是可行的做法。

範例 3-18　簡單的 *view()* 用法

```
Route::get('/', function () {
    return view('home');
});
```

這 段 程 式 會 在 *resources/views/home.blade.php* 或 *resources/views/home.php* 裡 面 尋 找 view、載入它的內容，及解析所有行內 PHP 或控制結構，直到只剩下 view 的輸出。當你回傳它時，它會經過其餘的回應堆疊，最終回傳給用戶。

但如果你需要傳入變數呢？見範例 3-19。

範例 3-19　將變數傳給 *view*

```
Route::get('tasks', function () {
    return view('tasks.index')
        ->with('tasks', Task::all());
});
```

這 個 closure 載 入 *resources/views/tasks/index.blade.php* 或 *resources/views/tasks/index.php* view，並將一個名為 **tasks** 的變數傳給它，該變數包含 Task::all() 方法的執行結果。Task::all() 是一種 Eloquent 資料庫查詢，第 5 章會介紹它。

用 Route::view() 來直接回傳簡單的路由

由於很多路由只回傳一個沒有自訂資料的 view，Laravel 可讓你將路由定義成「view」路由，甚至不需要傳遞 closure 或 controller 或方法參考給路由定義，如範例 3-20 所示。

範例 3-20　Route::view()

```
// 回傳 resources/views/welcome.blade.php
Route::view('/', 'welcome');

// 傳遞簡單的資料給 Route::view()
Route::view('/', 'welcome', ['User' => 'Michael']);
```

使用 view composer 來讓所有 view 共用變數

有時不斷傳遞相同的變數是很麻煩的事情。你可能有一個變數想讓網站的每一個 view 使用（或某一類 view，或某些被 include 的子 view），例如與任務（task）或 header 有關的所有 view。

你可以讓每一個模板或某些模板共用某些變數，例如：

```
view()->share('variableName', 'variableValue');
```

若要瞭解詳情，可參考第 78 頁的「view composer 與服務注入」。

controller

我已經多次提到 controller 了，但截至目前為止的範例幾乎都只展示路由 closure。在 MVC 模式中，controller 基本上是將一個或多個路由的邏輯放在同一處的類別。controller 通常將相似的路由放在一起，特別是採用傳統的 CRUD 格式來建構 app 時，在這種情況下，controller 應該會處理能夠操作特定資源的所有動作。

什麼是 CRUD？

CRUD 是指建立（*create*）、讀取（*read*）、更新（*update*）、刪除（*delete*），它們是 web 應用程式經常提供的四種操作資源的做法。例如，你可以建立一個新的部落格文章、讀取該文章、更新它，或刪除它。

開發者有時會企圖將 app 的邏輯都塞入 controller 裡，但更好的做法是將 controller 當成交通警察，讓它們在你的應用程式中指揮 HTTP 請求。因為請求還有其他管道可以進入你的 app（cron job、Artisan 命令列呼叫、佇列 job 等），因此使用 controller 來實作太多行為是不聰明的做法。controller 的主要工作是瞭解 HTTP 請求的意圖，並將它傳給app 的其餘部分。

要建立 controller，有一種簡單的做法是使用 Artisan 命令，請在命令列執行以下命令：

```
php artisan make:controller TaskController
```

Artisan 與 Artisan 產生器

Laravel 內建名為 Artisan 的命令列工具。Artisan 可用來執行遷移（migration）、手動建立用戶與其他資料庫紀錄，以及執行許多手動的、一次性的工作。

Artisan 在 make 名稱空間底下提供一些工具來產生各種系統檔案的骨架檔案，這就是你可以執行 php artisan make:controller 的原因。

若要進一步瞭解 Artisan 的這項功能與其他功能，請參考第 8 章。

這會在 *app/Http/Controllers* 裡面建立一個名為 *TaskController.php* 的新檔案，其內容如範例 3-21 所示。

範例 3-21　預設生成的 *controller*

```php
<?php

namespace App\Http\Controllers;

use Illuminate\Http\Request;

class TaskController extends Controller
{
    //
}
```

像範例 3-22 一樣修改這個檔案，建立一個名為 index() 的新公用方法，這裡只回傳一些文字。

範例 3-22　簡單的 *controller* 範例

```php
<?php

namespace App\Http\Controllers;

class TaskController extends Controller
{
    public function index()
    {
        return 'Hello, World!';
    }
}
```

然後，如前所述，我們為它配置一個路由，如範例 3-23 所示。

範例 3-23　簡單 *controller* 的路由

```php
// routes/web.php
<?php

use Illuminate\Support\Facades\Route;
use App\Http\Controllers\TaskController;

Route::get('/', [TaskController::class, 'index']);
```

這樣就好了。造訪 / 路由會看到「Hello, World!」。

所以，controller 方法最常見的用法就像範例 3-24 那樣，它的功能與範例 3-19 的路由 closure 一樣。

範例 3-24　常見的 *controller* 方法案例

```php
// TaskController.php
...
public function index()
{
    return view('tasks.index')
        ->with('tasks', Task::all());
}
```

這個 controller 方法會載入 *resources/views/tasks/index.blade.php* 或 *resources/views/tasks/index.php* view，並對它傳入 tasks 變數，此變數存有 Task::all() Eloquent 方法的結果。

產生資源 controller

資源 controller 裡面有自動生成的方法可供基本資源路由使用，例如
create() 與 update()，你可以在使用 php artisan make:controller 時傳
遞 --resource 旗標：

```
php artisan make:controller TaskController --resource
```

取得用戶輸入

在 controller 方法裡的第二種常見操作是接收用戶的輸入，並對它進行操作。這帶來一
些新概念，我們用一些範例來說明這些新主題。

首先，我們綁定路由，見範例 3-25。

範例 3-25　綁定基本的表單動作

```
// routes/web.php
Route::get('tasks/create', [TaskController::class, 'create']);
Route::post('tasks', [TaskController::class, 'store']);
```

注意，我們綁定了 tasks/create 的 GET 動作（顯示建立新工作的表單），及 tasks 的
POST 動作（建立新工作時，表單會被 POST 到那裡）。我們假設 controller 內的 create()
方法僅僅顯示表單，接著來看一下範例 3-26 的 store() 方法。

範例 3-26　常用的表單輸入 controller 方法

```
// TaskController.php
...
public function store()
{
    Task::create(request()->only(['title', 'description']));

    return redirect('tasks');
}
```

這個範例使用 Eloquent model 與 redirect() 功能，稍後會更深入介紹它們，現在先簡單
地談談如何取得我們的資料。

我們用 request() 輔助函式來表示 HTTP 請求（稍後詳述），並使用它的 only() 方法來
拉出用戶提交的 title 與 description 欄位。

然後，我們將那筆資料傳入 Task model 的 create() 方法，它建立一個 Task 的新實例，將 title 設為被傳入的標題，將 description 設為被傳入的說明。最後，我們轉址回去顯示所有任務的網頁。

此例涉及一些抽象層，稍後會討論它們，現在你要知道的是，用 only() 方法取得的資料來自 Request 物件所有常見方法的資料源，那些方法包括 all() 和 get()。這些方法取得的資料包含所有用戶提供的資料，無論那些資料來自於查詢參數，還是 POST 值。所以，我們的用戶在「add task」網頁內的兩個欄位中填入值：「title」與「description」。

我們來稍微解析一下抽象層面，request()->only() 接收輸入名稱的關聯陣列並回傳它們：

```
request()->only(['title', 'description']);
// 回傳：
[
    'title' => 'Whatever title the user typed on the previous page',
    'description' => 'Whatever description the user typed on the previous page',
]
```

而 Task::create() 接收一個關聯陣列，並用它來建立一個新工作：

```
Task::create([
    'title' => 'Buy milk',
    'description' => 'Remember to check the expiration date this time, Norbert!',
]);
```

將它們結合起來可以使用用戶所提供的「title」和「description」欄位來建立一個任務。

將依賴項目注入 controller

Laravel 的靜態介面與全域輔助函式，為 Laravel 碼庫中最有用的類別提供了簡單的介面。你可以取得當下的請求、用戶輸入、session、快取…等資訊。

但如果你想要注入自己的依賴項目，或想要使用未提供靜態介面或輔助函式的服務，你就必須使用其他方法來將這些類別注入你的 controller 裡。

這是我們第一次接觸 Laravel 的服務容器。如果你對它還很陌生，你可以將它視為一種 Laravel 小魔法，或者，如果你想要進一步瞭解它如何運作，可以直接跳到第 11 章。

所有的 controller 方法（包括建構式）都是透過 Laravel 的容器來解析的，這意味著被你 typehint（型態提示）且容器知道如何解析的任何東西都會被自動注入。

PHP 的 typehint

在 PHP 中，*typehinting* 是指在方法簽章裡，將類別或介面的名稱寫在變數的前面：

```
public function __construct(Logger $logger) {}
```

這個 typehint 指示 PHP：被傳入這個方法的東西都必須是 Logger 型態，它可以是介面或類別。

舉個例子，如果你想要使用 Request 物件的實例，而不是使用全域輔助函式，該怎麼做？你只要在方法參數中 typehint Illuminate\Http\Request 即可，如範例 3-27 所示。

範例 3-27 用 typehinting 來注入 controller 方法

```
// TaskController.php
...
public function store(\Illuminate\Http\Request $request)
{
    Task::create($request->only(['title', 'description']));

    return redirect('tasks');
}
```

如此一來，你就已定義一個必須傳給 store() 方法的參數了。因為你 typehint 它，也因為 Laravel 知道如何解析那個類別名稱，所以在你的方法裡有一個 Request 物件供你使用，你不需要做任何工作。你不需要明確地綁定，也不需要做任何其他事情，它就以 $request 變數的形式在那裡供你使用。

而且，比較範例 3-26 與範例 3-27 可以知道，request() 輔助函式與 Request 物件的行為一模一樣。

資源 controller

在編寫 controller 時，有時為 controller 裡面的方法命名是最麻煩的部分。幸好，Laravel 為傳統的 REST/CRUD controller（在 Laravel 中稱為資源 *controller*）的所有路由定義了一些慣例，它也有現成的產生器與一種方便的路由定義，可讓你一次綁定整個資源 controller。

為了觀察 Laravel 期望資源 controller 有哪些方法，我們在命令列製作一個新的 controller：

```
php artisan make:controller MySampleResourceController --resource
```

打開 *app/Http/Controllers/MySampleResourceController.php*，可以看到它裡面已經有一些方法。我們來看看它們分別代表什麼，以 Task 為例。

Laravel 資源 controller 的方法

還記得之前的那張表格嗎？表 3-1 展示了 HTTP 動詞、URL、controller 方法名稱，以及 Laravel 在資源 controller 內生成的預設方法的名稱。

綁定資源 controller

我們已經看過那些在 Laravel 中使用的傳統路由名稱，也知道生成一個帶有這些預設路由方法的資源 controller 有多麼容易。幸運的是，如果你不想親自編寫每一個 controller 方法的路由，你可以改用一種小技巧，稱為資源 *controller* 綁定。見範例 3-28。

範例 3-28　資源 *controller* 綁定

```
// routes/web.php
Route::resource('tasks', TaskController::class);
```

這會將表 3-1 中的所有路由，自動綁定至所指定的 controller 裡的適當方法名稱。它也會適當地命名這些路由，例如，tasks 資源 controller 的 index() 方法會被命名為 tasks.index。

> *artisan route:list*
>
> 如果你不知道你的應用程式有哪些路由可用，有一種工具可以提供協助：在命令列上執行 php artisan route:list 之後，你會看到一份清單，列出所有可用的路由。我喜歡使用 php artisan route:list --except-vendor，它會隱藏我的依賴項目賴以運作的奇怪路由（見圖 3-2）。

```
mattstauffer at LaunchpdMcQuack in ~/RealSites/book-up-and-running
o php artisan route:list --except-vendor

   GET|HEAD  / ............................................................
   GET|HEAD  api/user ...................................................
   GET|HEAD  dogs ................................. DogsController@index
   GET|HEAD  dogs/create .................... DogsController@create
   POST      dogs/store ...................... DogsController@store
   GET|HEAD  dogs/{dog} ...................... DogsController@show
   PUT       dogs/{dog} ...................... DogsController@update
   DELETE    dogs/{dog} ...................... DogsController@destroy
   GET|HEAD  dogs/{dog}/edit ................. DogsController@edit

                                             Showing [9] routes
```

圖 3-2　artisan route:list

API 資源 controller

使用 RESTful API 時，可以針對資源執行的操作與使用 HTML 資源 controller 時不一樣。例如，雖然你可以傳送 POST 請求給 API 來建立資源，但無法在 API 裡「顯示一個建立表單」。

API 資源 controller 與資源 controller 有相同的結構，但不含 *create* 和 *edit* 操作，若要建立它，請加上 --api 旗標：

```
php artisan make:controller MySampleResourceController --api
```

若要綁定 API 資源 controller，你要使用 apiResource() 方法，而非 resource() 方法，見範例 3-29。

範例 3-29　*API 資源 controller 綁定*

```
// routes/web.php
Route::apiResource('tasks', TaskController::class);
```

單一操作 controller

有時在應用程式裡的一個 controller 只服務單一路由。你可能不知道如何為該路由的 controller 方法命名。幸運的是，你可以將單一路由指向單一 controller，而不必煩惱該如何命名。

或許你已經知道，__invoke() 這個 PHP 魔術方法可以讓你「調用」類別的一個實例，把它當成函式來呼叫。

它是 Laravel 的單一操作 *controller* 所使用的工具，可讓你將一個路由指向單一 controller，如範例 3-30 所示。

範例 3-30　使用 __*invoke()* 方法

```
// \App\Http\Controllers\UpdateUserAvatar.php
public function __invoke(User $user)
{
    // 更新用戶的頭像
}

// routes/web.php
Route::post('users/{user}/update-avatar', UpdateUserAvatar::class);
```

路由 model 綁定

我們經常看到一種路由寫法：在每一個 controller 方法的第一行都試著找出具有特定 ID 的資源，如範例 3-31 所示。

範例 3-31　為每一個路由取得資源

```
Route::get('conferences/{id}', function ($id) {
    $conference = Conference::findOrFail($id);
});
```

Laravel 提供一種簡化這種模式的功能，稱為路由 *model* 綁定。這種功能可讓你定義一個具體的參數名稱（例如 {conference}）來表示這個路由解析器應找出具有該 ID 的 Eloquent 資料庫紀錄，然後將它當成第一個參數來傳遞，而不是直接傳遞 ID。

路由 model 綁定有兩種形式：隱性的，與自訂的（又稱為顯性的）。

隱性的路由 model 綁定

要使用路由 model 綁定，最簡單的方法是將路由參數命名為該 model 裡的唯一名稱（例如命名為 $conference 而非 $id），然後在 closure/controller 方法裡 typehint 該參數，並且在那裡使用同一個變數名稱。用範例來解說比較清楚，見範例 3-32。

範例 3-32　使用隱性的路由 model 綁定

```
Route::get('conferences/{conference}', function (Conference $conference) {
    return view('conferences.show')->with('conference', $conference);
});
```

因為路由參數（{conference}）與方法參數（$conference）相同，而且方法參數使用 Conference model 來做 typehint（`Conference $conference`），所以 Laravel 將之視為路由 model 綁定。每當這一個路由被訪問時，應用程式就假設在 URL 裡的 {conference} 位置傳入的東西是一個 ID，且應該用它來尋找 Conference，然後將找到的 model 實例傳入 closure 或 controller 方法。

自訂 *Eloquent model* 的路由鍵

每次使用 URL 區段來尋找 Eloquent model 時（通常是由於路由 model 綁定），在預設情況下，Eloquent 會在主鍵（ID）欄位裡尋找 model。

若要讓所有路由使用 URL 在不同的欄位查詢 Eloquent model，你可以在 model 中加入一個名為 getRouteKeyName() 的方法：

```
public function getRouteKeyName()
{
    return 'slug';
}
```

如此一來，像 conferences/{conference} 這樣的 URL 在預設情況下會從 slug 欄位取得項目，而非 ID，並將執行相應的尋找。

在特定路由中自訂路由鍵

在 Laravel 裡，你也可以為特定路由改變路由鍵，而不是進行全域性的改變，做法是在路由定義裡附加一個冒號與欄位名稱：

```
Route::get(
    'conferences/{conference:slug}',
    function (Conference $conference) {
        return view('conferences.show')
            ->with('conference', $conference);
    });
```

如果你的 URL 有兩個動態區段（例如：organizers/{organizer}/conferences/{conference:slug}），Laravel 會自動試著將第二個 model 的查詢範圍控制在第一個的範圍之內。因此，它會檢查 Organizer model 是否有 conferences 關係，若有，則只回傳與使用第一個區段找到的 Organizer 相關的 Conferences。

```
use App\Models\Conference;
use App\Models\Organizer;

Route::get(
    'organizers/{organizer}/conferences/{conference:slug}',
    function (Organizer $organizer, Conference $conference) {
        return $conference;
    });
```

自訂路由 model 綁定

若要手動設置路由 model 綁定，可在 App\Providers\RouteServiceProvider 的 boot() 方法中加入範例 3-33 這樣的程式。

範例 3-33 加入路由 model 綁定

```
public function boot()
{
    // 執行綁定
    Route::model('event', Conference::class);
}
```

如範例 3-34 所示，你指定了：當路由的定義有名為 {event} 的參數時，路由解析器將回傳 Conference 類別的實例，且其 ID 為該 URL 參數。

範例 3-34 明確地進行路由 model 綁定

```
Route::get('events/{event}', function (Conference $event) {
    return view('events.show')->with('event', $event);
});
```

路由快取

如果你想要節省載入時間的每一毫秒，你可以瞭解一下路由快取。Laravel 的 bootstrap 可能需要使用幾十毫秒到幾百毫秒的時間來解析 *routes/** 檔案，路由快取可以顯著加快這個過程。

要快取路由檔案，你要使用所有的 controller、轉址、view 與資源路由（沒有路由 closure）。如果你的 app 沒有任何路由 closure，執行 php artisan route:cache 之後，Laravel 就會將 *routes/** 檔案的結果序列化。執行 php artisan route:clear 可刪除快取。

這種做法的缺點是 Laravel 會拿路由來與被快取的檔案進行比對，而不是與實際的 *routes/** 檔案。無論你如何修改路由檔案，它們都不會產生任何效果，除非你再次執行 route:cache。這意味著，每當你進行修改，你就必須重新執行快取，這可能令人困惑。

我的建議是：由於 Git 在預設情況下會忽略路由快取檔案，所以路由快取只應該在產品伺服器上使用，而且每次部署新程式時都要執行 php artisan route:cache 命令（無論是透過 Git post-deploy hook、Forge 部署命令，作為其他部署系統的步驟之一）。如此一來，你就不會遇到令人疑惑的本地開發問題，同時，遠端的環境仍然可以獲得快取的好處。

表單方法偽裝

有時你需要手動定義表單應發送的 HTTP 動詞。HTML 表單只允許 GET 或 POST，所以如果你想要使用任何其他動詞，你就必須自行指定它們。

Laravel 的 HTTP 動詞

前面說過，你可以在路由定義中使用 Route::get()、Route::post()、Route::any() 或 Route::match() 來定義路由將匹配哪些動詞。你也可以和 Route::patch()、Route::put() 與 Route::delete() 匹配。

但是如果瀏覽器送來 GET 之外的請求呢？首先，在 HTML 表單內的 method 屬性定義了它的 HTTP 動詞，如果表單的 method 設為 "GET"，它會用查詢參數與 GET 方法來提交；如果表單的 method 設為 "POST"，它會用 post 主體與 POST 方法來提交。

JavaScript 框架可以方便你傳送其他請求，例如 DELETE 與 PATCH。但是如果你需要在 Laravel 中使用 GET 或 POST 之外的動詞來提交 HTML 表單，你就要使用表單方法偽裝，也就是在 HTML 表單裡偽裝 HTTP 方法。

在 HTML 表單裡偽裝 HTTP 方法

為了通知 Laravel 應將你所提交的表單視為 POST 之外的東西，你可以加入一個隱藏變數 _method，並將它的值設為 "PUT"、"PATCH" 或 "DELETE"，Laravel 將比對並路由那個表單提交，彷彿它真的使用該動詞來請求一般。

因為範例 3-35 的表單傳遞 "DELETE" 方法給 Laravel，它會對中以 Route::delete() 定義的路由，而非以 Route::post() 定義的。

範例 3-35　表單方法偽裝

```
<form action="/tasks/5" method="POST">
    <input type="hidden" name="_method" value="DELETE">
    <!-- 或：  -->
    @method('DELETE')
</form>
```

CSRF 保護

如果你曾經在 Laravel app 中建立與提交表單，包括範例 3-35 的表單，你可能遇過可怕的 TokenMismatchException。

在預設情況下，除了「唯讀」路由（使用 GET、HEAD 或 OPTIONS 的路由）之外，所有的路由都會要求一個名為 _token 的權杖來避免遭受跨站請求偽造（CSRF）攻擊，_token 必須與每一個請求一起傳送。這個權杖是在每一個 session 開頭生成的，每一個非唯讀的路由都會比較 _token 與 session 權杖。

什麼是 CSRF？

跨站請求偽造就是攻擊者用一個網站來仿冒另一個網站，他們透過已登入的用戶的瀏覽器，從他們自己的網站提交表單到你的網站，企圖奪取你的用戶對於你的網站的訪問權限。

對付 CSRF 攻擊的最佳方法是使用權杖來保護所有入站路由，包括 POST、DELETE…等，這是 Laravel 現成的做法。

你可以用兩種方式處理這種 CSRF 錯誤。第一種做法也是最佳做法，就是在每一次提交中加入 _token 輸入。在 HTML 表單中，有一個簡單的方法可以做到，如範例 3-36 所示。

範例 3-36 *CSRF 權杖*

```
<form action="/tasks/5" method="POST">
    @csrf
</form>
```

在 JavaScript 應用程式中需要多做一點點事情。對於使用 JavaScript 框架的網站來說,最常見的解決方案是在每一個網頁的 <meta> 標籤中儲存權杖,例如:

```
<meta name="csrf-token" content="<?php echo csrf_token(); ?>">
```

在 <meta> 標籤中儲存權杖可以方便你將它綁定正確的 HTTP header,你可以全域性地為 JavaScript 框架的所有請求做這件事,如範例 3-37 所示。

範例 3-37 *全域性地綁定 header,以預防 CSRF*

```
// 在 jQuery 裡:
$.ajaxSetup({
    headers: {
        'X-CSRF-TOKEN': $('meta[name="csrf-token"]').attr('content')
    }
});

// 使用 Axios 時:它會自動從 cookie 取出它,不需要做任何事!
```

Laravel 會檢查每一個請求的 X-CSRF-TOKEN(與 X-XSRF-TOKEN,Axios 和 Angular 等其他的 JavaScript 框架皆使用它),且看到有效的權杖時會將「CSRF 保護」的狀態設為「已滿足」。

> **用 *Vue Resource* 來綁定 *CSRF* 權杖**
>
> 將 CSRF 權杖導入 Vue Resource 的做法與導入 Laravel 略有不同,請參考 Vue Resource 文件中的範例(*https://oreil.ly/YT0Nb*)。

轉址

到目前為止,在我們的討論中,在 controller 方法或路由定義裡明確回傳的東西只有 view,但我們也可以回傳其他的結構來指示瀏覽器該有什麼行為。

首先,我們來討論轉址。你已經在其他例子中看到一些轉址了。產生轉址的方法主要有兩種,我們在此使用 redirect() 全域輔助函式,但你可能比較喜歡使用靜態介面。它們都會創造 Illuminate\Http\RedirectResponse 的實例,對它執行一些方便的方法,接著回傳它。你也可以親自做這件事,但需要多費一些工夫。範例 3-38 列出一些回傳轉址的方式。

範例 3-38　各種回傳轉址的方式

```
// 使用全域輔助函式來產生轉址回應
Route::get('redirect-with-helper', function () {
    return redirect()->to('login');
});

// 使用全域輔助捷徑
Route::get('redirect-with-helper-shortcut', function () {
    return redirect('login');
});

// 使用靜態介面來產生轉址回應
Route::get('redirect-with-facade', function () {
    return Redirect::to('login');
});

// 使用 Route::redirect 捷徑
Route::redirect('redirect-by-route', 'login');
```

注意,redirect() 輔助函式公開的方法與 Redirect 靜態介面公開的方法相同,但 redirect() 也有一種捷徑:當你將參數直接傳給它,而不是在它後面串連方法時,它就是 to() 轉址方法的捷徑。

注意,Route::redirect() 路由輔助函式的(選用的)第三個參數,可以設成轉址的狀態碼(例如 302)。

redirect()->to()

用來轉址的 to() 方法的簽章是:

```
function to($to = null, $status = 302, $headers = [], $secure = null)
```

$to 是有效的內部路徑;$status 是 HTTP 狀態(預設為 302),$headers 可用來定義有哪些 HTTP header 要與轉址一起傳送,$secure 可讓你改寫 http vs. https 的預設選項(通常取決於當下的請求 URL)。範例 3-39 是它的用法。

範例 3-39　*redirect()->to()*

```
Route::get('redirect', function () {
    return redirect()->to('home');

    // 或使用捷徑

    return redirect('home');
});
```

redirect()->route()

route() 方法與 to() 方法相同，但它不是指向特定的路徑，而是指向特定的路由名稱（見範例 3-40）。

範例 3-40　*redirect()->route()*

```
Route::get('redirect', function () {
    return redirect()->route('conferences.index');
});
```

注意，因為有一些路由名稱需要參數，所以這個方法的參數順序有些不同。route() 有第二個選用的參數，用於路由參數：

```
function route($to = null, $parameters = [], $status = 302, $headers = [])
```

它的用法如範例 3-41 所示。

範例 3-41　*使用參數的 redirect()->route()*

```
Route::get('redirect', function () {
    return to_route('conferences.show', [
        'conference' => 99,
    ];
});
```

> ### *Redirect to_route() 輔助函式*
>
> 你可以將 to_route() 輔助函式當成 redirect()->route() 方法的別名。兩者的簽章相同：
>
> ```
> Route::get('redirect', function () {
>     return to_route('conferences.show', ['conference' => 99]);
> });
> ```

redirect()->back()

由於 Laravel 的 session 實作有一些內建的方便功能，你的應用程式知道用戶造訪過哪些網頁。這讓 redirect()->back() 轉址有發揮功效的機會，這個方法會將用戶轉址回去上一個網頁。它也有一個全域的捷徑：back()。

其他的轉址方法

轉址服務有一些較不常見的方法可供使用：

refresh()

轉址到用戶當下的同一個網頁。

away()

可轉址至外部 URL 而不做預設的 URL 驗證。

secure()

如同 to()，但將 secure 參數設為 "true"。

action()

可讓你用兩種方式之一連接至 controller 與方法：使用字串（redirect()->action('MyController@myMethod')）或 tuple（redirect()\->action([MyController::class, 'myMethod'])）。

guest()

身分驗證系統（第 9 章會介紹）在內部使用這個方法；當用戶造訪一個未通過身分驗證的路由時，這個方法會先捕捉「原本打算訪問」的路由，再將他轉址（通常讓他回去登入網頁）。

intended()

這也是身分驗證系統內部使用的方法，當用戶成功通過身分驗證之後，它會捕捉 guest() 方法儲存的「原本打算訪問」的 URL，並將用戶轉址到那裡。

redirect()->with()

雖然 with() 的結構類似可以對著 redirect() 呼叫的其他方法,但它的特別之處在於它並非定義你將轉址到哪裡,而是定義隨著轉址一起傳送的資料。當你將用戶轉址到不同的網頁時,通常會一併傳遞一些資料,雖然你可以自行將資料送至 session,但 Laravel 提供一些方便的方法來協助你。

最常見的做法是使用 with() 來一併傳遞一個包含鍵與值的陣列,或一對鍵與值,見範例 3-42。這可以將你的 with() 資料存入 session,僅在下次網頁載入時使用。

範例 3-42 帶資料的轉址

```
Route::get('redirect-with-key-value', function () {
    return redirect('dashboard')
        ->with('error', true);
});

Route::get('redirect-with-array', function () {
    return redirect('dashboard')
        ->with(['error' => true, 'message' => 'Whoops!']);
});
```

在轉址後面串接方法

如同許多其他的靜態介面,針對 Redirect 靜態介面的呼叫通常可以採用流利方法串接,就像範例 3-42 中的 with() 那樣。第 114 頁的「什麼是流利介面?」將解說何謂流利(fluency)。

你也可以像範例 3-43 一樣,使用 withInput() 來連同已被儲存的用戶表單輸入資料一起轉址,這種做法通常在身分驗證錯誤時用來將用戶送回之前的表單。

範例 3-43 連同表單輸入一起轉址

```
Route::get('form', function () {
    return view('form');
});

Route::post('form', function () {
    return redirect('form')
        ->withInput()
        ->with(['error' => true, 'message' => 'Whoops!']);
});
```

要取得連同 withInput() 一起傳遞的輸入，最簡單的方法是使用 old() 輔助函式，它可以用來取得所有的舊輸入（old()），或某鍵對映的值，就像之前的範例一樣，若無舊值，則將第二個參數當成預設值。你會經常在 view 裡看到這種用法，它可以讓你在表單的「create」和「edit」view 中使用這段 HTML：

```
<input name="username" value="<?=
    old('username', 'Default username instructions here');
?>">
```

說到身分驗證，有一種好用的方法可以連同轉址回應一起傳遞錯誤：withErrors()。你可以將錯誤的任何「提供者（provider）」傳給它，它可能是個錯誤字串、錯誤陣列，或最常見的 Illuminate Validator 實例，我們將在第 10 章討論它。範例 3-44 是它的用法。

範例 3-44　連同錯誤一起轉址

```
Route::post('form', function (Illuminate\Http\Request $request) {
    $validator = Validator::make($request->all(), $this->validationRules);

    if ($validator->fails()) {
        return back()
            ->withErrors($validator)
            ->withInput();
    }
});
```

withErrors() 會自動與轉址的目的網頁的 view 共享 $errors 變數，方便你處理事情。

請求的 *validate()* 方法

不喜歡範例 3-44 的樣子嗎？有一種既簡單且強大的工具可以讓你輕鬆地整理那段程式。詳情請見第 208 頁的「Request 物件的 validate()」。

中止請求

除了回傳 view 與轉址之外，要退出一個路由，最常見的做法是使用中止操作（abort）。你可以使用一些全域的方法（abort()、abort_if() 與 abort_unless()），它們可以接收 HTTP 狀態碼、訊息與 header 陣列…等參數。

如範例 3-45 所示，abort_if() 與 abort_unless() 會確認第一個參數是否為 true，然後根據結果來執行中止。

範例 3-45　403 禁止中止

```
Route::post('something-you-cant-do', function (Illuminate\Http\Request $request) {
    abort(403, 'You cannot do that!');
    abort_unless($request->has('magicToken'), 403);
    abort_if($request->user()->isBanned, 403);
});
```

自訂回應

除了 view、轉址及中止之外，我們還有其他的回傳選項可用，我們來看看最常見的回應選項還有哪些。如同轉址，你可以對著 response() 輔助函式或 Response 靜態介面執行以下的方法。

response()->make()

如果你想要自己建立 HTTP 回應，你只要將資料傳入 response()->make() 的第一個參數即可，例如 return response()->make(*Hello,World!*)。第二個參數同樣是 HTTP 狀態碼，第三個參數是你的 header。

response()->json() 與 ->jsonp()

若要手動建立 JSON 編碼的 HTTP 回應，你可以將能夠轉為 JSON 的內容（陣列、集合…等）傳給 json() 方法：例如 return response()->json(User::all())。它很像 make()，但它會 json_encodes 你的內容，並設定適當的 header。

response()->download()、->streamDownload() 與 ->file()

若要傳送檔案供最終用戶下載，你可以將一個 SplFileInfo 實例或字串檔名傳給 download()，並視情況傳入第二個下載檔名參數，例如 return response()->download ('file501751.pdf', 'myFile.pdf') 會傳送 *file501751.pdf* 檔案，並在傳送後，將它的名稱改為 *myFile.pdf*。

若要在瀏覽器顯示同一個檔案（如果它是 PDF 或圖像或瀏覽器可以處理的其他東西），你可以改用 response()->file()，它接收的參數與 response->download() 相同。

如果你想讓外部服務的某些內容可供下載，但不想將它直接寫入伺服器的磁碟，你可以使用 `response()->streamDownload()` 來提供串流下載。這個方法的參數包括一個 echo 字串的 closure、一個檔名，以及一個選用的 header 陣列，見範例 3-46。

範例 3-46　從外部伺服器串流下載

```
return response()->streamDownload(function () {
    echo DocumentService::file('myFile')->getContent();
}, 'myFile.pdf');
```

測試

在一些其他社群中，對 controller 方法進行單元測試的概念很常見，但 Laravel（以及大部分的 PHP 社群）通常使用應用測試（*application testing*）來檢查路由的功能。

例如，為了確認一個 POST 路由是否正常動作，你可以寫一個類似範例 3-47 的測試程式。

範例 3-47　寫一個簡單的 *POST* 路由測試

```
// tests/Feature/AssignmentTest.php
public function test_post_creates_new_assignment()
{
    $this->post('/assignments', [
        'title' => 'My great assignment',
    ]);

    $this->assertDatabaseHas('assignments', [
        'title' => 'My great assignment',
    ]);
}
```

我們有直接呼叫 controller 方法嗎？沒有，但是我們確定了這個路由的目標被實現了，也就是接收一個 POST，並將它的重要資訊存入資料庫。

你也可以使用類似的語法來造訪路由並驗證某些文字確實顯示在網頁上，或者，按下某個按鈕確實可以做某些事情（見範例 3-48）。

範例 3-48　編寫簡單的 *GET* 路由測試

```php
// AssignmentTest.php
public function test_list_page_shows_all_assignments()
{
    $assignment = Assignment::create([
        'title' => 'My great assignment',
    ]);

    $this->get('/assignments')
        ->assertSee('My great assignment');
}
```

TL;DR

Laravel 的路由是在 *routes/web.php* 與 *routes/api.php* 裡面定義的。你可以為每條路由定義預期的路徑、哪些區段是靜態的，哪些又是參數、哪些 HTTP 動詞可以造訪該路由，以及如何解析它。你也可以為路由附加中介層、將它們分組，及為它們命名。

路由 closure 或 controller 方法回傳的東西決定了 Laravel 如何回應用戶。如果它是個字串或 view，它會被顯示出來給用戶看，如果它是其他種類的資料，它會被轉換成 JSON 並顯示給用戶看，如果它是轉址，則執行轉址。

Laravel 提供一系列的工具與方便的功能來簡化常見的路由相關任務與結構，包括資源 controller、路由 model 綁定，與表單方法偽裝。

## 第四章

Blade 模板

與大多數的後端語言相較之下，模板語言 PHP 有相對不錯的功能，但它也有缺點，且到處使用 <?php 不太美觀，所以大多數的現代框架都提供模板語言。

Laravel 提供一種稱為 *Blade* 的自訂模板引擎，其靈感來自 .NET 的 Razor 引擎，它有簡明的語法、淺顯易懂的學習曲線、強大且直覺的繼承模型，以及方便的擴充性。

範例 4-1 簡單地展示使用 Blade 寫出來的程式長怎樣。

範例 4-1 Blade 範例

```
<h1>{{ $group->title }}</h1>
{!! $group->heroImageHtml() !!}

@forelse ($users as $user)
    • {{ $user->first_name }} {{ $user->last_name }}<br>
@empty
    No users in this group.
@endforelse
```

如你所見，Blade 使用大括號來表示它的「echo」，並在它的自訂標籤（稱為「指令（directive）」）之前使用 @。你將使用指令來實現所有的控制結構、繼承以及你想添加的任何自訂功能。

Blade 的語法很簡潔，所以基本上，它用起來比其他選項都要方便。但是在模板中使用複雜的結構時（嵌套的繼承、複雜的條件或遞迴），你才會看到 Blade 的真本事，如同最佳的 Laravel 組件，它可以將複雜的應用需求變成小事一樁。

此外，因為 Blade 語法會被編譯成一般的 PHP 程式碼，並存入快取，所以它的速度飛快，必要時，你可在 Blade 檔案內使用原生的 PHP。不過，建議盡量不要使用 PHP——無法使用 Blade 或自訂 Blade 指令完成的事情通常不應該用模板來做。

> **一起使用 *Laravel* 與 *Twig***
>
> 和許多以 Symfony 為基礎的框架不同的是，Laravel 並未預設使用 Twig。但如果你喜歡 Twig，TwigBridge 程式包（*https://oreil.ly/9z_3t*）可以讓你用 Twig 來取代 Blade。

echo 資料

如範例 4-1 所示，{{ 與 }} 用來括住你想要 echo 的 PHP 段落。{{ $variable }} 類似一般 PHP 裡的 <?= $variable ?>。

但它有一個差異，你可能已經猜到了：在預設情況下，Blade 使用 PHP 的 htmlentities() 來轉義所有的 echo，以保護用戶免受惡意腳本插入的威脅。這意味著，{{ $variable }} 的效果相當於 <?= htmlentities($variable) ?>。如果你想要 echo 未轉義的結果，可改用 {!! 與 !!}。

使用前端模板框架時的 {{ 與 }}

你應該已經發現，Blade 的 echo 語法（{{ }}）類似許多前端框架的 echo 語法。那麼，Laravel 如何判斷你寫的是 Blade 還是 Handlebars？

Blade 會忽略前綴 @ 的任何 {{。所以在下面的例子中，它會解析第一行，但會直接 echo 第二行：

```
// 以 Blade 來解析；$bladeVariable 的值會被 echo 到 view
{{ $bladeVariable }}

// @ 會被移除，且 "{{ handlebarsVariable }}" 會被直接 echo 到 view
@{{ handlebarsVariable }}
```

你也可以用 @verbatim 指令來括住任何長腳本段落（*https://oreil.ly/Xgx0A*）。

控制結構

大多數的 Blade 控制結構都是你非常熟悉的。許多結構會直接 echo PHP 的同一標籤的名稱與結構。

Blade 也有一些方便的輔助函式，但整體而言，它們的控制結構看起來比 PHP 的還要簡潔。

條件邏輯

我們先來看看邏輯控制結構有哪些。

@if

Blade 的 @if (*$condition*) 會被編譯成 <?php if (*$condition*): ?>。@else、@elseif 與 @endif 也會被自動編譯成 PHP 中完全相同風格的語法。見範例 4-2 的一些例子。

範例 4-2　@if、@else、@elseif 與 @endif

```
@if (count($talks) === 1)
    There is one talk at this time period.
@elseif (count($talks) === 0)
    There are no talks at this time period.
@else
    There are {{ count($talks) }} talks at this time period.
@endif
```

如同原生的 PHP 條件式，你可以隨意地混合與搭配它們。它們沒有任何特殊的邏輯，解析器會尋找 @if (*$condition*) 這類的程式碼，並將它替換為適當的 PHP 碼。

@unless 與 @endunless

另一方面，@unless 是一種新語法，它不直接對應到 PHP 裡的東西。它是 @if 的相反。@unless (*$condition*) 等同於 <?php if (!*$condition*)。範例 4-3 是它的用法。

範例 4-3　@unless 與 @endunless

```
@unless ($user->hasPaid())
    You can complete your payment by switching to the payment tab.
@endunless
```

迴圈

接著來看看迴圈。

@for、@foreach 與 @while

@for、@foreach 與 @while 在 Blade 裡的工作方式與它們在 PHP 裡的相同，見範例 4-4、4-5 與 4-6。

範例 4-4 @for 與 @endfor

```
@for ($i = 0; $i < $talk->slotsCount(); $i++)
    The number is {{ $i }}<br>
@endfor
```

範例 4-5 @foreach 與 @endforeach

```
@foreach ($talks as $talk)
    • {{ $talk->title }} ({{ $talk->length }} minutes)<br>
@endforeach
```

範例 4-6 @while 與 @endwhile

```
@while ($item = array_pop($items))
    {{ $item->orSomething() }}<br>
@endwhile
```

@forelse 與 @endforelse

@forelse 是可以在被迭代的物件是空的時提供後備方案的 @foreach。我們曾經在本章開頭看過它的應用，範例 4-7 是另一個例子。

範例 4-7 @forelse

```
@forelse ($talks as $talk)
    • {{ $talk->title }} ({{ $talk->length }} minutes)<br>
@empty
    No talks this day.
@endforelse
```

在 @foreach 與 @forelse 內的 $loop

@foreach 與 @forelse 指令加入一個 PHP 的 foreach 迴圈未提供的功能：$loop 變數。當你在 @foreach 或 @forelse 迴圈內使用這個變數時，它會回傳一個具有以下特性的 stdClass 物件：

index

　　當下項目在迴圈中的索引，索引從 0 算起，0 代表「第一個項目」。

iteration

　　當下項目在迴圈中的索引，索引從 1 算起，1 代表「第一個項目」。

remaining

　　在迴圈中還有多少項目。

count

　　在迴圈中有多少個項目。

first 與 last

　　指出此項目是否為迴圈的第一個或最後一個項目的布林值。

even 與 odd

　　指出此次迭代是否為偶數次迭代或奇數次迭代的布林值。

depth

　　這個迴圈有幾「層」深：1 代表一個迴圈，2 代表在迴圈裡嵌套了另一個迴圈，以此類推。

parent

　　如果這個迴圈在另一個 @foreach 迴圈之內，那麼它是指向父迴圈項目的 $loop 變數的參考；否則為 null。

以下是它的使用範例：

```
@foreach ($pages as $page)
    <li>{{ $loop->iteration }}: {{ $page->title }}
        @if ($page->hasChildren())
```

```
            <ul>
            @foreach ($page->children() as $child)
                <li>{{ $loop->parent->iteration }}
                    .{{ $loop->iteration }}:
                    {{ $child->title }}</li>
            @endforeach
            </ul>
            @endif
        </li>
    @endforeach
    </ul>
```

模板繼承

Blade 提供一種模板繼承結構，可用來擴展、修改 view，以及納入其他的 view。

我們來看看 Blade 的繼承結構。

使用 @section/@show 與 @yield 來定義區段

我們從頂層的 Blade 佈局開始，見範例 4-8。它是通用網頁容器的定義，以後會放入網頁專屬的內容。

範例 4-8　*Blade 佈局*

```
<!-- resources/views/layouts/master.blade.php -->
<html>
    <head>
        <title>My Site | @yield('title', 'Home Page')</title>
    </head>
    <body>
        <div class="container">
            @yield('content')
        </div>
        @section('footerScripts')
            <script src="app.js"></script>
        @show
    </body>
</html>
```

這看起來類似一般的 HTML 網頁，但我們在兩個地方使用了 *yield*（title 與 content），並在第三個地方定義了一個區段（*section*）（footerScripts）。這裡有三個 Blade 指令：@yield('content')、定義了預設值的 @yield('title', 'Home Page')，與包含實際內容的 @section/@show。

雖然這三個指令看起來不同，但實質上它們有相同的功能。它們都定義一個具有指定名稱（第一個參數）而且可以擴展的區段，也都定義了當區段未被擴展時該怎麼做，有的提供後備字串（('Home Page')）、有的不提供後備機制（如果未擴展，直接不顯示任何東西）或整個後備區塊（在這個例子裡是 <script src="app.js"></script>））。

有什麼區別？顯然 @yield('content') 沒有預設的內容。但除此之外，@yield('title') 的預設內容僅在它未被擴展時顯示。如果它被擴展了，它的子區段無法透過程式取得預設值。另一方面，@section/@show 定義預設內容，並且讓它的後代可以透過 @parent 取得預設內容。

有了這樣的父佈局之後，你可以像範例 4-9 一樣擴展它。

範例 4-9　擴展 Blade 佈局

```
<!-- resources/views/dashboard.blade.php -->
@extends('layouts.master')

@section('title', 'Dashboard')

@section('content')
    Welcome to your application dashboard!
@endsection

@section('footerScripts')
    @parent
    <script src="dashboard.js"></script>
@endsection
```

@show vs. @endsection

你應該已經發現範例 4-8 使用了 @section/@show，範例 4-9 卻使用 @section/@endsection，它們有何差異？

當你在父模板內定義區段的位置時，應使用 @show，在子模板內定義模板的內容時，則應使用 @endsection。

這個子 view 可讓我們瞭解關於 Blade 繼承的一些新概念。

@extends

我們在範例 4-9 裡使用 @extends('layouts.master') 來定義這個 view 不能獨立算繪,而是要擴展另一個 view。也就是說,它的功能是定義各區段的內容,而不是單獨存在。它比較像一系列的內容貯體,而不是 HTML 網頁。這一行也定義了它所擴展的 view 位於 *resources/views/layouts/master.blade.php*。

每一個檔案都只能擴展一個別的檔案,而且 @extends 必須寫在檔案的第一行。

@section 與 @endsection

我們使用 @section('title', 'Dashboard') 來提供第一個區段 title 的內容。因為這段內容很短,我們使用簡寫,而不是使用 @section 與 @endsection,所以我們可以使用 @section 的第二個參數傳入內容並繼續處理。如果你覺得只有 @section 卻沒有 @endsection 怪怪的,你也可以使用正常的語法。

我們使用 @section('content') 及後續程式碼,以正常的語法來定義 content 區段的內容,我們現在只丟出簡短的問候。但注意,當你在子 view 中使用 @section 時,你要用 @endsection 來結束它(或它的別名 @stop),而不是 @show,@show 是在父 view 中定義區段用的。

@parent

最後,在 @section('footerScripts') 之後,我們用一般的語法定義 footerScripts 區段的內容。

但切記,我們實際上已經在主佈局中定義該內容了(至少是它的「預設值」)。所以這一次我們有兩個選項,我們可以覆寫父 view 的內容,或增加內容。

你可以看到,我們可以在區段中使用 @parent 指令來加入父 view 的內容。如果沒有這麼做,這個區段的內容將完全覆寫在父 view 的這個區段裡定義的任何東西。

加入 view partial(部分視圖)

知道繼承的基本概念之後,你可以運用許多技巧。

@include

如何在一個 view 裡面拉入另一個 view？假設我們有一個呼籲行動的「註冊（Sign up）」按鈕，並且想要在網站裡重複使用它，在每次使用它時需要自訂按鈕文字。見範例 4-10。

範例 4-10　使用 @include 來加入 view partial

```
<!-- resources/views/home.blade.php -->
<div class="content" data-page-name="{{ $pageName }}">
    <p>Here's why you should sign up for our app: <strong>It's Great.</strong></p>

    @include('sign-up-button', ['text' => 'See just how great it is'])
</div>

<!-- resources/views/sign-up-button.blade.php -->
<a class="button button--callout" data-page-name="{{ $pageName }}">
    <i class="exclamation-icon"></i> {{ $text }}
</a>
```

@include 可拉入 view partial，並且對它傳入資料。注意，你不但可以明確地透過 @include 的第二個參數來將資料傳入 include，你也可以參考被 include 的檔案裡的任何變數，只要它們可以被執行 include 的 view（此例為 $pageName）處理即可。雖然你可以做你想做的任何事情，但為了讓程式更清楚，建議你明確地傳遞每一個想使用的變數。

你也可以使用 @includeIf、@includeWhen 與 @includeFirst 指令，見範例 4-11。

範例 4-11　有條件地 include view

```
{{-- 當 view 存在時 include 它 --}}
@includeIf('sidebars.admin', ['some' => 'data'])

{{-- 當被傳入的變數為真時，include 一個 view --}}
@includeWhen($user->isAdmin(), 'sidebars.admin', ['some' => 'data'])

{{-- include view 陣列裡第一個存在的 view --}}
@includeFirst(['customs.header', 'header'], ['some' => 'data'])
```

@each

你可能需要使用迴圈來遍歷陣列或集合，並 @include 每一個項目的部分內容，此時可以使用 @each 指令。

假設我們有一個側邊欄，它由幾個模組組成，我們想要 include 多個模組，每個模組分別有不同的標題。見範例 4-12。

範例 4-12　以 *@each* 迴圈來使用 *view partial*

```
<!-- resources/views/sidebar.blade.php -->
<div class="sidebar">
    @each('partials.module', $modules, 'module', 'partials.empty-module')
</div>

<!-- resources/views/partials/module.blade.php -->
<div class="sidebar-module">
    <h1>{{ $module->title }}</h1>
</div>

<!-- resources/views/partials/empty-module.blade.php -->
<div class="sidebar-module">
    No modules :(
</div>
```

考慮 @each 的語法，它的第一個參數是 view partial 的名稱。第二個參數是要迭代的陣列或集合。第三個參數是將每一個項目（在此是 $modules 陣列的每一個元素）傳給 view 的變數名稱。選用的第四個參數是在陣列或集合為空時顯示的 view（你也可以在此傳入一個字串，它會被當成你的模板來使用）。

使用 component

Laravel 提供另一種在 view 之間 include 內容的模式：*component*。component 很適合在使用變數來對 view partial 傳入大量內容時使用。範例 4-13 是一個模態框（modal）或彈出框（popover），它們會在發生錯誤或其他操作時提醒用戶。

範例 4-13　用彆扭的 *view partial* 來實作的模態框

```
<!-- resources/views/partials/modal.blade.php -->
<div class="modal">
    <h2>{{ $title }}</h2>
    <div>{!! $content !!}</div>
    <div class="close button etc">...</div>
</div>

<!-- 在另一個模板內 -->
@include('partials.modal', [
    'title' => 'Insecure password',
    'content' => '<p>The password you have provided is not valid. Here are the rules
```

```
    for valid passwords: [...]</p><p><a href="#">...</a></p>'
])
```

這些可憐的變數承載太多資訊了，這種情況很適合使用 component。

Laravel 的 component 是建構 view partial 的另一種手段，它的工作方式與 Vue 等前端框架裡的 component 非常相似。或許前端開發者比較熟悉它們，但它們與 view partial 相比有一些明顯的好處，包括將大量的模板程式碼傳入它們比較方便。

範例 4-14 說明如何用 component 來重構範例 4-13。

範例 4-14　用較適當的 component 來建立模態框

```
<!-- resources/views/components/modal.blade.php -->
<div class="modal">
    <h2>{{ $title }}</h2>
    <div>{{ $slot }}</div>
    <div class="close button etc">...</div>
</div>

<!-- 在另一個模板內 -->
<x-modal title="Insecure password">
    <p>The password you have provided is not valid.
    Here are the rules for valid passwords: [...]</p>

    <p><a href="#">...</a></p>
</x-modal>
```

如範例 4-14 所示，使用 component 可將 HTML 從擁擠的變數字串中拉出來並放入模板空間。

我們來深入瞭解 component 的更多功能、它們的結構，以及如何編寫它們。

建立 component

component 可以是純粹的 Blade 模板（匿名 *component*），或底層是 PHP 類別（已被注入資料與功能）的 Blade 模板（基於類別的 *component*）。

如果你只需要一個模板，你可以使用 --view 旗標來產生你的 component：

```
php artisan make:component modal --view
```

如果你還想生成 PHP 類別，那就移除該旗標：

```
php artisan make:component modal
```

如果你想將 component 分組到資料夾下，你可以使用 . 分隔符號：

```
# 若要建立它：
php artisan make:component modals.cancellation
// 若要使用它：
<x-modals.cancellation />
```

將資料傳入 component

將資料傳給 component 的方法有四種：使用字串屬性、PHP 屬性、預設 slot（槽），和具名 slot。

用屬性來將資料傳入 component　我們從屬性談起。你可以藉著傳遞不帶前綴的屬性來將字串直接傳給 component，或者，你可以使用冒號前綴來傳遞 PHP 變數和表達式，如範例 4-15 所示。

範例 4-15　用屬性來將資料傳給 component

```
<!-- 傳入資料 -->
<x-modal title="Title here yay" :width="$width" />

<!-- 存取模板內的資料 -->
<div style="width: {{ $width }}">
    <h1>{{ $title }}</h1>
</div>
```

對於「基於類別的 component」，你要在 PHP 類別裡定義每一個屬性（attribute），並將它們設為類別的公用特性（property），如範例 4-16 所示。

範例 4-16　將 component 類別的屬性定義成公用的

```
class Modal extends Component
{
    public function __construct(
        public string $title,
        public string $width,
    ) {}
}
```

對於匿名 component，你要在模板最上面的 props 陣列內定義屬性：

```
@props([
    'width',
    'title',
])
```

```
<div style="width: {{ $width }}">
    <h1>{{ $title }}</h1>
</div>
```

透過 slot 來將資料傳入 component　在範例 4-14 中，你應該已經注意到，modal 的內容是以一個變數來引用的，即 $slot。但這個變數是從哪裡來的？

在預設情況下，在引用時具有開始和結束標籤的 component 都有一個 $slot 變數，裡面有這兩個標籤之間的所有 HTML。在範例 4-14 中，$slot 變數包含兩個 <p> 標籤以及它們內部（和之間）的所有內容。

但如果你需要兩個以上的 slot 呢？除了預設的 slot 之外，你可以加入其他 slot，並且讓每個 slot 有它自己的名字和變數。假設我們想在一個 slot 中定義標題，我們來改寫範例 4-14，如範例 4-17 所示。

範例 4-17　定義多個 slot

```
<x-modal>
    <x-slot:title>
        <h2 class="uppercase">Password requirements not met</h2>
    </x-slot>

    <p>The password you have provided is not valid.
    Here are the rules for valid passwords: [...]</p>

    <p><a href="#">...</a></p>
</x-modal>
```

component 模板可以用 $title 變數來讀取這個新的 $slot 變數的內容，就像之前的屬性一樣。

component 方法

有時在 component 裡面使用輔助函式來執行某些邏輯很方便。有一種常見的模式是使用這些方法，來進行你不想在模板內執行的複雜邏輯檢查。

component 可讓你在模板中呼叫 PHP 類別的任何公用方法，做法是在方法名稱前加上 $，如範例 4-18 所示。

範例 4-18　定義與呼叫 component 方法

```php
// 於 component 定義內
public function isPromoted($item)
{
    return $item->promoted_at !== null && ! $item->promoted_at->isPast();
}
<!-- 在模板裡 -->
<div>
    @if ($isPromoted($item))
        <!-- 顯示推廣徽章 -->
    @endif
    <!-- ... -->
</div>
```

屬性一把抓

被傳入 component 的屬性幾乎都有具體的名稱，很像傳遞參數給 PHP 函式。

但有時我們只想傳遞一些零散的 HTML 屬性，通常是為了指派給模板的根元素。

component 可以讓你使用 $attributes 變數來一次獲得所有這類屬性。這個變數會抓取所有未定義為特性（property）的屬性（attribute），並可讓你將它們 echo 出來（將它視為字串）或與它的方法進行互動，以抓取或檢查資料。

你可以閱讀文件（*https://oreil.ly/JWEjK*）來瞭解與 $attributes 物件互動的所有方法，但以下有一個非常好用的技巧：

```html
<!-- 將預設類別與傳入的類別合併 -->
<!-- 定義 -->
<div {{ $attributes->merge(['class' => 'p-4 m-4']) }}>
    {{ $message }}
</div>

<!-- 使用 -->
<x-notice class="text-blue-200">
    Message here
</x-notice>

<!-- 輸出： -->
<div class="p-4 m-4 text-blue-200">
    Message here
</div>
```

使用堆疊

有一種常見的模式很難使用基本的 Blade include 來處理：當 Blade include 階層內的 view 都需要將某個東西加入某個區段時（很像將一個項目加入一個陣列）。

這種情況經常在網頁（有時更廣泛：網站的某些部分）有具體、獨特的 CSS 與 JavaScript 檔案需要載入時發生。想像你有一個作用域涵蓋整個網站的「global」CSS 檔、一個「jobs section」CSS 檔，以及一個「apply for a job」網頁的 CSS 檔。

Blade 堆疊正是為這種情況而設計的。你可以在父模板定義一個堆疊，將它當成一個預留空間，然後，每一個子模板內，使用 @push/@endpush 來將項目「推」入那個堆疊，這會在最終的算繪中，將它們加入堆疊的最下層。你也可以使用 @prepend/@endprepend 來將它們加入堆疊的最上層，如範例 4-19 所示。

範例 4-19　使用 Blade 堆疊

```
<!-- resources/views/layouts/app.blade.php -->
<html>
<head>
    <link href="/css/global.css">
    <!-- 將放入堆疊內容的預留位置 -->
    @stack('styles')
</head>
<body>
    <!-- // -->
</body>
</html>

<!-- resources/views/jobs.blade.php -->
@extends('layouts.app')

@push('styles')
    <!-- 將某物推至堆疊最下層 -->
    <link href="/css/jobs.css">
@endpush

<!-- resources/views/jobs/apply.blade.php -->
@extends('jobs')

@prepend('styles')
    <!-- 將某物推至堆疊最上層 -->
    <link href="/css/jobs--apply.css">
@endprepend
```

它們會產生以下的結果：

```
<html>
<head>
    <link href="/css/global.css">
    <!-- 將放入堆疊內容的預留位置 -->
    <!-- 將某物推至堆疊最上層 -->
    <link href="/css/jobs--apply.css">
    <!-- 將某物推至堆疊最下層 -->
    <link href="/css/jobs.css">
</head>
<body>
    <!-- // -->
</body>
</html>
```

view composer 與服務注入

第 3 章說過，從路由定義傳遞資料給 view 很簡單（見範例 4-20）。

範例 4-20　複習如何將資料傳給 view

```
Route::get('passing-data-to-views', function () {
    return view('dashboard')
        ->with('key', 'value');
});
```

然而，有時你需要反覆地將相同的資料傳給多個 view，或使用 header partial 或需要資料的元素，在這種情況下，非得在載入那個 header partial 的每一個路由定義中傳遞那筆資料不可嗎？

使用 view composer 來將資料綁定 view

還好，我們有比較簡單的做法，這個解決方案稱為 *view composer*，它可以讓你定義無論何時，只要特定 *view* 被載入時，它都應該收到某些資料，以免在路由定義裡明確地傳遞該筆資料。

假設你的每一個網頁都有側邊欄，它被定義在一個名為 partials.sidebar 的 partial 內（*resources/views/partials/sidebar.blade.php*），而且每一個網頁都會 include 它。這個側邊欄會展示用戶在網站上發表的七篇最新貼文。如果每一個網頁都有這個側邊欄，通常每一個路由定義都要抓取那份清單並傳入它，如範例 4-21 所示。

範例 4-21　從每一個路由傳入側邊欄資料

```
Route::get('home', function () {
    return view('home')
        ->with('posts', Post::recent());
});

Route::get('about', function () {
    return view('about')
        ->with('posts', Post::recent());
});
```

這種寫法很繁瑣，所以我們要用 view composer 來讓一組 view「共享」該變數，有幾種寫法可以做到，我們從最簡單的看起。

全域地共享變數

首先是最簡單的選項：直接讓應用程式裡的每一個 view「共享」一個變數，如範例 4-22 所示。

範例 4-22　全域地共享變數

```
// 某個伺服器供應器
public function boot()
{
    ...
    view()->share('recentPosts', Post::recent());
}
```

如果你要使用 view()->share()，為了讓這個綁定可在每次載入網頁時執行，最好把它放在服務供應器的 boot() 方法內。你可以建立一個自訂的 ViewComposerServiceProvider（詳情見第 271 頁的「服務供應器」），但現在只要將它放入 boot() 方法內的 App\Providers\AppServiceProvider 之中即可。

view()->share() 可讓變數被整個應用程式的每一個 view 使用，但這樣做可能有點激進。

使用 view composer 以及 closure

下一個選項是使用 view composer 及 closure 來與單一 view 分享變數，如範例 4-23 所示。

範例 4-23　使用 *closure* 來建立 *view composer*

```
view()->composer('partials.sidebar', function ($view) {
    $view->with('recentPosts', Post::recent());
});
```

如你所見，我們在第一個參數（partials.sidebar）定義分享變數的 view 名稱，然後在第二個參數傳入 closure；在 closure 中，我們使用 $view->with() 來共享變數，但只與一個特定的 view 共享。

使用 view composer 來與多個 view 共享

在綁定 view composer 與特定 view 的任何地方（例如在範例 4-23 內，它綁定了 partials.sidebar），你都可以改成傳遞一個 view 名稱陣列來綁定多個 view。

你也可以在 view 路徑中使用星號，例如 partials.* 或 tasks.*：

```
view()->composer(
    ['partials.header', 'partials.footer'],
    function ($view) {
        $view->with('recentPosts', Post::recent());
    }
);

view()->composer('partials.*', function ($view) {
    $view->with('recentPosts', Post::recent());
});
```

使用類別來建立讓有限的 view 共享的 view composer

最後一種寫法最靈活但也最複雜：為 view composer 建立一個專屬的類別。

我們先建立 view composer 類別。view composer 沒有定義正式的保存位置，但文件建議使用 App\Http\ViewComposers。我們來建立 App\Http\ViewComposers\RecentPostsComposer，如範例 4-24 所示。

範例 4-24　*view composer*

```
<?php

namespace App\Http\ViewComposers;
```

```
use App\Post;
use Illuminate\Contracts\View\View;

class RecentPostsComposer
{
    public function compose(View $view)
    {
        $view->with('recentPosts', Post::recent());
    }
}
```

你可以看到，當這個 composer 被呼叫時，它會執行 compose() 方法，我們在那裡將 recentPosts 變數綁定 Post model 的 recent() 方法的執行結果。

如同其他共享變數的方法，這個 view composer 必須在某地方進行綁定。也許你會建立一個自訂的 ViewComposerServiceProvider，但現在，如範例 4-25 所示，我們將它放入 App\Providers\AppServiceProvider 的 boot() 方法中。

範例 4-25　在 AppServiceProvider 內註冊一個 view composer

```
public function boot(): void
{
    view()->composer(
        'partials.sidebar',
        \App\Http\ViewComposers\RecentPostsComposer::class
    );
}
```

留意，這個綁定與使用 closure 的 view composer 相同，但我們並非傳遞 closure，而是傳遞 view composer 的類別名稱。每當 Blade 算繪 partials.sidebar view 時，它都會自動執行我們的 provider，並將 recentPosts 變數設為 Post model 的 recent() 方法的執行結果傳給 view。

Blade 服務注入

最有可能被注入 view 的三種主要資料類型是：要迭代的資料集合、要在網頁上顯示的單一物件，以及產生資料或 view 的服務。

注入服務的模式類似範例 4-26。在這個例子裡，我們注入一個分析服務的實例，注入的方法是在路由的方法簽章裡 typehint 分析服務，然後將它傳給 view。

範例 4-26　透過路由定義建構式將服務注入 *view*

```
Route::get('backend/sales', function (AnalyticsService $analytics) {
    return view('backend.sales-graphs')
        ->with('analytics', $analytics);
});
```

就像 view composer 一樣，Blade 的服務注入提供一個捷徑來減少路由定義內的重複程式碼。一般來說，使用此分析服務的 view 的內容看起來像範例 4-27。

範例 4-27　在 *view* 中使用被注入的巡覽服務

```
<div class="finances-display">
    {{ $analytics->getBalance() }} / {{ $analytics->getBudget() }}
</div>
```

Blade 服務注入可讓我們直接從容器將類別的實例注入 view 裡，如範例 4-28 所示。

範例 4-28　將服務直接注入 *view*

```
@inject('analytics', 'App\Services\Analytics')

<div class="finances-display">
    {{ $analytics->getBalance() }} / {{ $analytics->getBudget() }}
</div>
```

如你所見，這個 @inject 指令實際上讓 $analytics 變數可被使用，我們將在 view 裡使用它。

@inject 的第一個參數是你所注入的變數名稱，第二個參數是你要注入的實例的類別或介面。這個解析過程就像在 Laravel 的其他建構式裡面 typehint 一個依賴項目一樣，如果你還不熟悉那是怎麼做的，請參考第 11 章。

如同 view composer，你可以利用 Blade 服務注入來讓某些資料或功能被一個 view 的每一個實例使用，以免每次都要透過路由定義來注入它。

自訂 Blade 指令

截至目前為止討論的 Blade 內建語法（@if、@unless…等）都稱為指令（*directive*）。每一個 Blade 指令都將一個模式（例如 @if (*$condition*)）對映至一個 PHP 輸出（例如 <?php if (*$condition*): ?>）。

指令並非核心專用的,你也可以創造自己的指令。也許你認為指令適合用來製作大段程式碼的小捷徑,例如,使用 @button('buttonName') 並讓它展開成較大的一組按鈕 HTML。雖然這不是多麼糟糕的想法,但是要做這種簡單的程式碼展開的話,更好的做法或許是加入 view partial。

自訂指令最好的用途是簡化重複的邏輯。比如說,我們厭倦了使用 @if (auth()->guest())(檢查用戶是否登入)來括住程式碼,想要自訂一個 @ifGuest 指令。如同 view composer,也許我們可以使用自訂的服務供應器來註冊它們,但現在我們直接將它放入 App\Providers\AppServiceProvider 的 boot() 方法內。範例 4-29 示範這種綁定。

範例 4-29 在服務供應器中綁定一個自訂的 Blade 指令

```php
public function boot(): void
{
    Blade::directive('ifGuest', function () {
        return "<?php if (auth()->guest()): ?>";
    });
}
```

我們註冊了一個自訂的指令 @ifGuest,它將被換成 PHP 程式碼 <?php if (auth()->guest()): ?>。

你可能會覺得奇怪,因為你寫了一個將被回傳,然後當成 PHP 來執行的字串。但這樣寫的意義在於,現在你可以將複雜的、醜陋的、不簡潔的或重複的 PHP 模板程式隱藏在簡潔、富表現力的語法後面。

自訂指令會導致快取

也許你想用一些邏輯來讓自訂的指令跑得更快,所以在綁定內執行一項操作,然後將結果嵌入回傳的字串中:

```php
Blade::directive('ifGuest', function () {
    // 反模式!別學!
    $ifGuest = auth()->guest();
    return "<?php if ({$ifGuest}): ?>";
});
```

這種做法的問題在於,它假設這個指令會在每一次載入網頁時重新建立。

但是,Blade 會積極地快取,所以這種做法反而會帶來麻煩。

在自訂 Blade 指令內的參數

如何在自訂邏輯中接收參數？參考範例 4-30。

範例 4-30　建立有參數的 Blade 指令

```
// 綁定
Blade::directive('newlinesToBr', function ($expression) {
    return "<?php echo nl2br({$expression}); ?>";
});

// 使用
<p>@newlinesToBr($message->body)</p>
```

closure 接收的 $expression 參數代表在括號內的東西。如你所見，我們接著產生一個有效的 PHP 程式片段並回傳它。

當你反覆編寫相同的條件邏輯時，你應該考慮使用 Blade 指令。

範例：在多租戶應用程式中使用自訂的 Blade 指令

假設我們要建立一個支援多租戶管理的應用程式，也就是說，用戶可從 *www.myapp.com*、*client1.myapp.com*、*client2.myapp.com* 等地方造訪網站。

如果我們已經寫了一個類別來封裝一些多租戶管理邏輯，並將之稱為 Context。這個類別將攔截當下訪問的背景資訊和邏輯，例如已驗證的用戶是誰，以及用戶正在造訪公共網站還是用戶的子網域。

也許我們經常在 view 裡解析那個 Context 類別，並對它執行條件判斷，如範例 4-31 所示。app('context') 是個從容器取得類別實例的捷徑，第 11 章會進一步介紹它。

範例 4-31　不使用自訂 Blade 指令，對 context 執行條件判斷

```
@if (app('context')->isPublic())
    &copy; Copyright MyApp LLC
@else
    &copy; Copyright {{ app('context')->client->name }}
@endif
```

如果可以將 @if (app('context')->isPublic()) 簡化成 @ifPublic 呢？我們來試試！見範例 4-32。

範例 4-32　使用自訂 Blade 指令，對 context 執行條件判斷

```php
// 綁定
Blade::directive('ifPublic', function () {
    return "<?php if (app('context')->isPublic()): ?>";
});

// 使用
@ifPublic
    &copy; Copyright MyApp LLC
@else
    &copy; Copyright {{ app('context')->client->name }}
@endif
```

因為它會解析成一個簡單的 if 陳述式，我們仍然可以使用原生的 @else 與 @endif 條件。但我們也可以建立自訂的 @elseIfClient 指令，或單獨的 @ifClient 指令，或其他指令。

更簡單的自訂「if」指令

雖然自訂 Blade 指令是強大的功能，但它們最常見的用途是 if 陳述式。所以有一種更簡單的方式可以建立自訂的「if」指令：Blade::if()。範例 4-33 示範如何使用 Blade::if() 方法來重構範例 4-32：

範例 4-33　定義自訂的「if」Blade 指令

```php
// 綁定
Blade::if('ifPublic', function () {
    return (app('context'))->isPublic();
});
```

這個指令的用法和之前一樣，但如你所見，定義它們比較簡單，你不需要親自輸入 PHP 括號，只要編寫一個回傳布林的 closure 即可。

測試

測試 view 最常見的做法是透過應用測試，也就是實際呼叫顯示 view 的路由，並確保 view 有某些內容（見範例 4-34）。你也可以按下按鈕，或送出表單，以確保你被轉址至某個網頁，或看到某些錯誤（第 12 章會進一步介紹測試）。

範例 4-34　確認 *view* 顯示了某些內容的測試程式

```php
// EventsTest.php
public function test_list_page_shows_all_events()
{
    $event1 = Event::factory()->create();
    $event2 = Event::factory()->create();

    $this->get('events')
        ->assertSee($event1->title)
        ->assertSee($event2->title);
}
```

你也可以測試特定的資料是否被傳給某個 view，如果這種做法可以滿足你的測試目的，它比檢查網頁上的特定文本更穩健。範例 4-35 展示這種做法。

範例 4-35　檢查 *view* 已收到某些內容

```php
// EventsTest.php
public function test_list_page_shows_all_events()
{
    $event1 = Event::factory()->create();
    $event2 = Event::factory()->create();

    $response = $this->get('events');

    $response->assertViewHas('events', Event::all());
    $response->assertViewHasAll([
        'events' => Event::all(),
        'title' => 'Events Page',
    ]);
    $response->assertViewMissing('dogs');
}
```

在使用 assertViewHas() 時，我們可以傳入 closure，這意味著我們可以決定如何檢查較複雜的資料結構。範例 4-36 展示這種做法。

範例 4-36　將 *closure* 傳入 *assertViewHas()*

```php
// EventsTest.php
public function test_list_page_shows_all_events()
{
    $event1 = Event::factory()->create();

    $response = $this->get("events/{ $event1->id }");
```

```
    $response->assertViewHas('event', function ($event) use ($event1) {
        return $event->id === $event1->id;
    });
}
```

TL;DR

Blade 是 Laravel 的模板引擎。它的主要目的是使用強大的繼承與擴展功能來產生簡明、富表現力的語法。它的「安全 echo」括號是 {{ 與 }}，它的未受保護 echo（unprotected echo）括號是 {!! 與 !!}，它有一系列稱為「指令」的自訂標籤，全都以 @ 開頭（例如 @if 與 @unless）。

你可以定義一個父模板，並在裡面使用 @yield 與 @section/@show 來為內容留下幾個「填空處」，然後指示它的子 view 使用 @extends('*parent.view*') 來擴展父模板，並使用 @section/@endsection 來定義它們的區段。你可以用 @parent 來參考區塊的父代的內容。

view composer 可以幫助你定義每當有特定的 view 或 subview 被載入時，它都應該有一些資訊可用。而服務注入可讓 view 本身直接向 app 容器請求資料。

## 第五章

資料庫與 Eloquent

Laravel 提供一套和應用程式的資料庫互動的工具,其中最值得注意的是 Eloquent,即 Laravel 的 ActiveRecord ORM。

Eloquent 是 Laravel 最受歡迎且最有影響力的功能之一,它展現了 Laravel 與其他主流 PHP 框架有何不同;在強大但複雜的 Data-Mapper ORM 世界中,Eloquent 因為它的簡單性而脫穎而出。每一個資料表都有一個類別,該類別負責取出資料、代表資料,以及在那張表裡保存資料。

無論你是否使用 Eloquent,你都可以受惠於 Laravel 提供的其他資料庫工具帶來的好處。在介紹 Eloquent 之前,我們先來瞭解 Laravel 的資料庫功能:遷移(migration)、播種器(seeder)及查詢建構器。

接下來,我們要討論 Eloquent:定義你的 model;進行插入、更新與刪除;使用 accessor、mutator 與屬性轉義來自訂你的回應,最後討論關係。本章會介紹許多內容,需要費一番工夫來理解,但只要你穩步前進,你就可以順利理解所有內容。

組態設定

在介紹如何使用 Laravel 的資料庫工具之前,我們先來瞭解如何設置資料庫憑證與連結。

與資料庫存取有關的組態設定位於 *config/database.php* 及 *.env*。如同 Laravel 的許多其他組態領域,你可以定義多個「連結」,然後決定哪一個是預設使用的。

資料庫連結

在預設情況下，每一種驅動程式（driver）都有一個連結，如範例 5-1 所示。

範例 5-1　預設的資料庫連結清單

```
'connections' => [

    'sqlite' => [
        'driver' => 'sqlite',
        'url' => env('DATABASE_URL'),
        'database' => env('DB_DATABASE', database_path('database.sqlite')),
        'prefix' => '',
        'foreign_key_constraints' => env('DB_FOREIGN_KEYS', true),
    ],

    'mysql' => [
        'driver' => 'mysql',
        'url' => env('DATABASE_URL'),
        'host' => env('DB_HOST', '127.0.0.1'),
        'port' => env('DB_PORT', '3306'),
        'database' => env('DB_DATABASE', 'forge'),
        'username' => env('DB_USERNAME', 'forge'),
        'password' => env('DB_PASSWORD', ''),
        'unix_socket' => env('DB_SOCKET', ''),
        'charset' => 'utf8mb4',
        'collation' => 'utf8mb4_unicode_ci',
        'prefix' => '',
        'prefix_indexes' => true,
        'strict' => true,
        'engine' => null,
        'options' => extension_loaded('pdo_mysql') ? array_filter([
            PDO::MYSQL_ATTR_SSL_CA => env('MYSQL_ATTR_SSL_CA'),
        ]) : [],
    ],

    'pgsql' => [
        'driver' => 'pgsql',
        'url' => env('DATABASE_URL'),
        'host' => env('DB_HOST', '127.0.0.1'),
        'port' => env('DB_PORT', '5432'),
        'database' => env('DB_DATABASE', 'forge'),
        'username' => env('DB_USERNAME', 'forge'),
        'password' => env('DB_PASSWORD', ''),
        'charset' => 'utf8',
        'prefix' => '',
        'prefix_indexes' => true,
```

```
        'search_path' => 'public',
        'sslmode' => 'prefer',
    ],

    'sqlsrv' => [
        'driver' => 'sqlsrv',
        'url' => env('DATABASE_URL'),
        'host' => env('DB_HOST', 'localhost'),
        'port' => env('DB_PORT', '1433'),
        'database' => env('DB_DATABASE', 'forge'),
        'username' => env('DB_USERNAME', 'forge'),
        'password' => env('DB_PASSWORD', ''),
        'charset' => 'utf8',
        'prefix' => '',
        'prefix_indexes' => true,
        // 'encrypt' => env('DB_ENCRYPT', 'yes'),
        // 'trust_server_certificate' => env('DB_TRUST_SERVER_CERTIFICATE', 'false'),
    ],

]
```

你可以隨意刪除或修改這些具名連結，或自行建立它們。你可以建立一個新的具名連結，並在它們裡面設定驅動程式（MySQL、PostgreSL…等）。所以，雖然在預設情況下，每一個驅動程式都有一個連結，但連結數量沒有限制，喜歡的話，你可以指定五個不同的連結，全部都使用 mysql 驅動程式。

每一個連結都可以讓你定義進行連接所需的特性，與自訂各個連結類型。

使用多個驅動程式的理由有幾個，首先，內建的「connections」區段是簡單的模板，可用來建立使用任何所支援的資料庫連接類型的應用程式。在許多應用程式中，你可以選擇你將使用的資料庫連結，填入它的資訊，甚至視情況刪除其他的連結。我通常會保留它們以備不時之需。

但是有時，你可能需要在同一個應用程式中使用多個連結。例如，你可能會讓兩種不同類型的資料使用不同的資料庫連結，或是從一個連結讀取資料，並對另一個連結寫入資料。支援多個連結可以做到這種事。

URL 組態設定

像 Heroku 這類的服務通常會提供一個環境變數，裡面有一個 URL，包含連接資料庫所需的所有資訊。它長這樣：

```
mysql://root:password@127.0.0.1/forge?charset=UTF-8
```

你不需要編寫程式來解析這個 URL，你只要將它當成 DATABASE_URL 環境變數傳入，Laravel 就能理解它。

其他的資料庫組態設定選項

config/database.php 組態區段有一些其他的組態設定。你可以設定 Redis 存取、自訂用於 migration 的資料表名稱、設定預設連結，以及切換非 Eloquent 呼叫應該回傳 stdClass 還是陣列實例。

當你使用任何一種可以連接多個資源的 Laravel 服務時（例如 session 可以使用資料庫或檔案儲存體來支援、快取可以使用 Redis 或 Memcached、資料庫可能使用 MySQL 或 PostgreSQL），你可以定義多連結，也可以指定特定的連結是「預設的」，也就是未明確地指定連結時使用的連結。如果你想要指定特定的連結，寫法是：

```
$users = DB::connection('secondary')->select('select * from users');
```

migration

Laravel 這種現代框架可以讓你輕鬆地使用 migration（遷移）程式碼來定義資料庫結構。每一個新資料表、欄位、索引與鍵都可以用程式碼來定義，在新環境裡快速地從零開始建立基本資料庫結構。

定義 migration

migration 是一個檔案，它定義了兩個東西：當你執行這個 migration 上行時想做的修改，以及當你執行這個 migration 下行時想做的修改。

---

migration 的「上行」與「下行」

migration 始終按照日期順序執行。migration 檔案的名稱格式都是這樣：*2018_10_12_000000_create_users_table.php*。當一個新系統被 migrate 時，系統會抓取每一個 migration，從最早的日期開始，並執行它的 up() 方法——這就是在做「上行」migrate。但是 migration 系統也可讓你「回復」到最近的 migration 集合。它會抓取每一個 migration，並執行其 down() 方法，以撤銷上行 migration 所做的任何變更。

> 所以，migration 的 up() 方法是在「執行」它的 migration，而 down() 方法是在「撤銷」它。

範例 5-2 是 Laravel 內建的「建立用戶資料表」migration 的樣子。

範例 5-2　*Laravel 預設的「建立用戶資料表」migration*

```php
<?php

use Illuminate\Database\Migrations\Migration;
use Illuminate\Database\Schema\Blueprint;
use Illuminate\Support\Facades\Schema;

return new class extends Migration
{
    /**
     * 執行 migration。
     *
     * @return void
     */
    public function up(): void
    {
        Schema::create('users', function (Blueprint $table) {
            $table->id();
            $table->string('name');
            $table->string('email')->unique();
            $table->timestamp('email_verified_at')->nullable();
            $table->string('password');
            $table->rememberToken();
            $table->timestamps();
        });
    }

    /**
     * 撤銷 migration。
     *
     * @return void
     */
    public function down(): void
    {
        Schema::dropIfExists('users');
    }
};
```

email 驗證

email_verified_at 欄位儲存時戳，代表用戶何時驗證了他們的 email
地址。

如你所見，我們有一個 up() 方法與一個 down() 方法。up() 指示 migration 建立一個名為
users 且具有一些欄位的新資料表，而 down() 指示它卸除 users 資料表。

建立 migration

你將在第 8 章看到，Laravel 提供一系列的命令列工具，可以用來與 app 互動，並產
生樣板（boilerplate）檔案，其中一個命令可用來建立 migration 檔案。你可以用 php
artisan make:migration 來執行它，它有一個參數，即 migration 的名稱。例如，執行
php artisan make:migration create_users_table 可以建立剛才的資料表。

你可以在這個命令中傳入兩個旗標。--create=*table_name* 會在 migration 中預先填入
「建立 *table_name* 資料表」的程式碼，而 --table=*table_name* 會在 migration 中填入
「修改既有資料表」的程式碼。

```
php artisan make:migration create_users_table
php artisan make:migration add_votes_to_users_table --table=users
php artisan make:migration create_users_table --create=users
```

建立資料表

我們在預設的 create_users_table migration 裡看到 migration 依賴 Schema 靜態介面及其
方法。可以在這些 migration 裡面做的每一件事都依賴 Schema 的方法。

你可以使用 create() 方法在 migration 中建立新資料表，此方法的第一個參數是資料表
名稱，第二個參數是定義其欄位的 closure：

```
Schema::create('users', function (Blueprint $table) {
    // 在這裡建立欄位
});
```

建立欄位

要在資料表內建立新欄位，無論是在建立資料表的呼叫式裡，還是在修改資料表的呼叫
式裡，你都可以將 Blueprint 的實例傳入 closure：

```
Schema::create('users', function (Blueprint $table) {
    $table->string('name');
});
```

我們來看看 Blueprint 實例提供的各種欄位建立方法。我會說明它們在 MySQL 裡如何運作，如果你使用其他的資料庫，Laravel 會直接使用最接近的等效方法。

以下是簡單的 Blueprint 欄位方法：

id()

　　$table->bigIncrements('id') 的別名

integer(*colName*), tinyInteger(*colName*), smallInteger(*colName*), mediumInteger(*colName*), bigInteger(*colName*), unsignedTinyInteger(*colName*), unsignedSmallInteger(*colName*), unsignedMediumInteger(*colName*), unsignedBigInteger(*colName*)

　　加入一個 INTEGER 型態的欄位，或它的變體之一

string(*colName, length*)

　　加入一個 VARCHAR 型態的欄位，可提供一個長度

binary(*colName*)

　　加入一個 BLOB 型態的欄位

boolean(*colName*)

　　加入一個 BOOLEAN 型態的欄位（MySQL 的 TINYINT(1)）

char(*colName, length*)

　　加入一個 CHAR 型態的欄位，可提供一個長度

date(*colName*), datetime(*colName*), dateTimeTz(*colName*)

　　加入一個 DATE 或 DATETIME 欄位；如果需要辨別時區，可使用 dateTimeTz() 方法來建立帶時區的 DATETIME 欄位

```
decimal(colName, precision, scale),
unsignedDecimal(colName, precision, scale)
```

加入一個 DECIMAL 欄位，並設定它的精度和小數點後幾位，例如，decimal('amount', 5, 2) 定義一個精度為 5 且小數點後 2 位的欄位；若要設定 unsigned 欄位，則使用 unsignedDecimal 方法

```
double(colName, total digits, digits after decimal)
```

加入一個 DOUBLE 欄位，例如 double('tolerance', 12, 8) 指定 12 位數長、小數點後 8 位的格式，例如 7204.05691739

```
enum(colName, [choiceOne, choiceTwo])
```

加入一個 ENUM 欄位，使用所提供的選項

```
float(colName, precision, scale)
```

加入一個 FLOAT 欄位（如同 MySQL 的 double）

```
foreignId(colName), foreignUuid(colName)
```

加入一個 UNSIGNED BIGINT 或 UUID 欄位，使用所提供的選項

```
foreignIdFor(colName)
```

加入一個 UNSIGNED BIG INT 欄位，並將其命名為 colName

```
geometry(colName), geometryCollection(colName)
```

加入一個 GEOMETRY 或 GEOMETRYCOLLECTION 欄位

```
ipAddress(colName)
```

加入一個 VARCHAR 欄位

```
json(colName), jsonb(colName)
```

加入一個 JSON 或 JSONB 欄位

```
lineString(colName), multiLineString(colName)
```

加入一個 LINESTRING 或 MULTILINESTRING 欄位，使用指定的 colName

```
text(colName), tinyText(colName), mediumText(colName), longText(colName)
```

加入一個 TEXT 欄位（或它的各種尺寸的欄位）

macAddress(*colName*)

在支援它的資料庫裡加入一個 MACADDRESS 欄位，在其他的資料庫系統裡，它會建立一個等效的字串

multiPoint(*colName*), multiPolygon(*colName*), polygon(*colName*),
point(*colName*)

分別加入型態為 MULTIPOINT、MULTIPOLYGON、POLYGON 與 POINT 的欄位

set(*colName*, *membersArray*)

使用 *colName* 名稱與 *membersArray* 成員來建立一個 SET 欄位

time(*colName*, *precision*), timeTz(*colName*, *precision*)

加入一個名為 *colName* 的 TIME 欄位，如果需要判斷時區，使用 timeTz() 方法

timestamp(*colName*, *precision*),
timestampTz(*colName*, *precision*)

加入一個 TIMESTAMP 欄位，如果需要判斷時區，使用 timestampTz() 方法

uuid(*colName*)

加入一個 UUID 欄位（在 MySQL 為 CHAR(36)）

year()

加入一個 YEAR 欄位

以下是特殊的（連接）Blueprint 方法：

increments(*colName*), tinyIncrements(*colName*), smallIncrements(*colName*),
mediumIncrements(*colName*), bigIncrements(*colName*)

加入一個遞增的 unsigned INTEGER 主鍵 ID，或變體之一

timestamps(*precision*), nullableTimestamps(*precision*),
timestampsTz(*precision*)

加入 created_at 與 updated_at 時戳欄位，可指定精度，另外有 nullable 與可判斷時區的變體

rememberToken()

> 為用戶「記住我」權杖添加 remember_token 欄位（VARCHAR(100)）

softDeletes(*colName, precision*), softDeletesTz(*colName, precision*)

> 加入一個與虛刪除（soft delete）一起使用的 deleted_at 時戳，可傳入精度，有一個可判斷時區的變體

morphs(*colName*), nullableMorphs(*colName*), uuidMorphs(*relationshipName*), nullableUuidMorphs(*relationshipName*)

> 為所提供的 *colName* 加入一個整數 colName_id 與一個字串 colName_type（例如 morphs(tag) 加入整數 tag_id 與字串 tag_type）；用於多態（polymorphic）關係時，使用 ID 或 UUID；可以設為 nullable，如方法名稱所示

流利地建立額外的特性

在之前的小節中，在欄位的定義裡的多數特性（例如，它的長度）都是用欄位建立方法的第二個參數來設定的。但是我們即將建立的一些其他特性，是藉著在欄位建立式的後面串接更多方法呼叫來設定的。例如，這個 email 欄位是 nullable，且被放在（在 MySQL 中）last_name 欄位的後面：

```
Schema::table('users', function (Blueprint $table) {
    $table->string('email')->nullable()->after('last_name');
});
```

下面是一些用來設定欄位的額外特性的方法，完整的清單請參考 migration 文件（*https://oreil.ly/4Z-gC*）：

nullable()

> 允許這個欄位被填入 NULL 值

default('*default content*')

> 指定這個欄位在未提供值時的預設內容

unsigned()

> 讓整數欄位是 unsigned（沒有正負號，只儲存整數）

first()（只限 *MySQL*）

> 將這個欄位放在第一位

after(*colName*)（只限 *MySQL*）

　　將這個欄位放在另一個欄位的後面

charset(*charset*)（只限 *MySQL*）

　　設定欄位的字元集

collation(*collation*)

　　設定欄位的排序規則

invisible()（只限 *MySQL*）

　　讓欄位無法被 SELECT 查詢看見

useCurrent()

　　用於 TIMESTAMP 欄位，來使用 CURRENT_TIMESTAMP 作為預設值

isGeometry()（只限 *PostgreSQL*）

　　將欄位的類型設為 GEOMETRY（預設值為 GEOGRAPHY）

unique()

　　加入一個 UNIQUE 索引

primary()

　　加入一個主鍵索引

index()

　　加入一個基本索引

注意，unique()、primary() 與 index() 也可以在非流利欄位建構情境下使用，稍後會說明。

卸除資料表

如果你想要卸除資料表，你可以使用 Schema 的 dropIfExists() 方法，它接收一個參數，即資料表名稱：

```
Schema::dropIfExists('contacts');
```

修改欄位

若要修改欄位，你只要寫出建立欄位的程式碼，就像它是新的一般，然後在後面附加一個 change() 方法的呼叫。

在修改欄位之前必須安裝的依賴項目

如果你的資料庫系統並未原生支援重新命名和欄位刪除（常見的資料庫的最新版本幾乎都支援這些操作），在你修改任何欄位之前，你都要執行 composer require doctrine/dbal。

所以，如果我們有一個字串欄位名為 name，長度為 255，那麼將它的長度改為 100 的寫法為：

```
Schema::table('users', function (Blueprint $table) {
    $table->string('name', 100)->change();
});
```

如果我們想要修改未於方法名稱中定義的任何特性，也可以採取相同的做法。讓欄位可填入 null 的寫法是：

```
Schema::table('contacts', function (Blueprint $table) {
    $table->string('deleted_at')->nullable()->change();
});
```

以下是更改欄位名稱的寫法：

```
Schema::table('contacts', function (Blueprint $table)
{
    $table->renameColumn('promoted', 'is_promoted');
});
```

這是移除欄位的方法：

```
Schema::table('contacts', function (Blueprint $table)
{
    $table->dropColumn('votes');
});
```

在 **SQLite** 中一次修改多個欄位

如果你試著在一個 migration closure 內卸除或修改多個欄位，而且你使用的是 SQLite，你會遇到錯誤。

第 12 章會建議你在測試資料庫時使用 SQLite，所以即使你使用傳統的資料庫，當你進行測試時也要考慮這個限制。

但是，你不需要為每一個操作建立一個新的 migration，你只要在 migration 的 up() 方法裡面多次呼叫 Schema::table() 即可。

```
public function up(): void
{
    Schema::table('contacts', function (Blueprint $table)
    {
        $table->dropColumn('is_promoted');
    });

    Schema::table('contacts', function (Blueprint $table)
    {
        $table->dropColumn('alternate_email');
    });
}
```

壓縮 migration

如果你有太多 migration，不方便管理，你可以將它們合併為一個 SQL 檔案，Laravel 會在執行任何 migration 之前先執行這個檔案。這個過程稱為「壓縮（squashing）」你的 migration。

```
// 壓縮架構，但保留現有的 migration
php artisan schema:dump

// 傾印當下的資料庫架構並刪除所有的 migration
php artisan schema:dump --prune
```

當 Laravel 檢測到目前還沒有 migration 被執行時，才會執行這些傾印。這意味著你可以壓縮你的 migration，而不會破壞已部署的應用程式。

如果你使用 schema 傾印，你就不能使用 in-memory（記憶體內的）SQLite；它只適用於 MySQL、PostgreSQL 和本地檔案 SQLite。

索引與外鍵

我們已經介紹了如何建立、修改和刪除欄位，接下來要繼續討論如何為它們加入索引，以及如何為它們建立關係。

如果你不熟悉索引，即使你絕不使用它們，你的資料庫也可以運行，但它們是性能優化和維護相關表格之間的資料完整性的重要因素。雖然我建議你繼續閱讀關於它們的知識，但你也可以跳過這一節，如果你真的想這樣做的話。

加入索引　範例 5-3 展示如何為欄位加入索引。

範例 5-3　在 migrations 中加入欄位索引

```
// 在欄位已被建立之後…
$table->primary('primary_id'); // 主鍵，如果使用了 increments() 就沒必要
$table->primary(['first_name', 'last_name']); // 複合鍵
$table->unique('email'); // 不重複的索引
$table->unique('email', 'optional_custom_index_name'); // 不重複的索引
$table->index('amount'); // 基本索引
$table->index('amount', 'optional_custom_index_name'); // 基本索引
```

注意，如果你使用 increments() 或 bigIncrements() 方法來建立索引，第一個範例（primary()）是沒必要的，它們會自動為你加入主鍵索引。

移除索引　如範例 5-4 所示，我們可以移除索引。

範例 5-4　在 migrations 中移除欄位索引

```
$table->dropPrimary('contacts_id_primary');
$table->dropUnique('contacts_email_unique');
$table->dropIndex('optional_custom_index_name');

// 如果你傳遞一個欄位名稱陣列給 dropIndex，
// 它會根據生成規則來為你猜測索引名稱
$table->dropIndex(['email', 'amount']);
```

加入與移除外鍵　Laravel 提供簡潔明瞭的語法來幫助你加入外鍵。外鍵定義了特定欄位參考另一個資料表的欄位：

```
$table->foreign('user_id')->references('id')->on('users');
```

我們在 user_id 欄位加入 foreign 索引，指明它參考 users 資料表的 id 欄位。這種做法再簡單不過了。

我們也可以使用 cascadeOnUpdate()、restrictOnUpdate()、cascadeOnDelete()、restrictOn
Delete() 與 nullOnDelete() 來指定外鍵限制條件。例如：

```
$table->foreign('user_id')
    ->references('id')
    ->on('users')
    ->cascadeOnDelete();
```

此外還有用來建立外鍵限制條件的別名，使用它們可將上述的範例改寫如下：

```
$table->foreignId('user_id')->constrained()->cascadeOnDelete();
```

我們可以引用外鍵的索引名稱（它是藉著結合欄位名稱與被參考的資料表來自動生成
的），來刪除外鍵：

```
$table->dropForeign('contacts_user_id_foreign');
```

或傳給它一個它在本地資料表內參考的欄位的陣列：

```
$table->dropForeign(['user_id']);
```

執行 migration

定義 migration 之後，該如何執行它們？你可以使用一個 Artisan 命令：

```
php artisan migrate
```

這個命令可執行所有「尚未執行的」migration（藉著執行每一個 migration 的 up() 方
法）。Laravel 會追蹤你執行了哪些 migration，以及尚未執行哪些。每次你執行這個命令
時，它會檢查你是否已經執行所有可用的 migration，如果還沒，它會執行所有剩下的
migration。

在這個名稱空間裡有一些選項可用。首先，你可以執行你的 migration 與種子（接下來
會說明）：

```
php artisan migrate --seed
```

你也可以執行以下的任何命令：

migrate:install

    建立資料庫表格來記錄你已經執行與尚未執行的 migration，它會在你執行 migration
    時自動執行，所以基本上你可以忽略它。

`migrate:reset`

復原你對這個實例執行過的每一個資料庫 migration。

`migrate:refresh`

復原你對這個實例執行過的每一個資料庫 migration，接著執行每一個可用的 migration。它與先執行 `migrate:reset` 再執行 `migrate` 一樣。

`migrate:fresh`

卸除所有資料表，然後再次執行每一個 migration。它與 refresh 一樣，但不理會「下行」migration，它只會刪除資料表，接著再次執行「上行」migration。

`migrate:rollback`

只復原上一次你執行 `migrate` 時運行的 migration，或者，如果加上選項 `--step=n`，它會復原你指定的 migration 數量。

`migrate:status`

顯示一個表格，列出每一個 migration，並在每一個 migration 旁邊顯示 Y 或 N 來表示它是否已經在這個環境下執行過。

使用 *Homestead/Vagrant* 來進行 *migrate*

如果你在本地機器上執行 migration，而且你的 *.env* 檔指向 Vagrant box 內的資料庫，你的 migration 將會失敗。你要 ssh 入你的 Vagrant box，然後在那裡執行 migration。對於 seed 以及將會影響資料庫或從資料庫讀取資料的任何 Artisan 命令來說，也是如此。

檢視你的資料庫

如果你想要深入瞭解資料庫狀態或定義、它的表格和它的 model，有一些 Artisan 命令是為此而設計的：

`db:show`

顯示整個資料庫的表格概要，包括連結的詳細資料、表格、大小和開放的連結

`db:table {tableName}`

> 傳入表格名稱，顯示大小，並列出欄位

`db:monitor`

> 列出資料庫的開放連結數量

seeding

在 Laravel 中，seeding[譯註]非常簡單，以致於它被廣泛地當成一般開發流程的一部分，這種情況在之前的 PHP 框架裡從未出現。在 *database/seeders* 資料夾內有一個 `DatabaseSeeder` 類別，它有一個 `run()` 方法，當你呼叫 seeder 時，就會呼叫這個方法。

執行 seeder 的方式主要有兩種：與 migration 同時執行，或分別進行。

若要連同 migration 一起執行 seeder，你只要在任何 migration 呼叫中加入 `--seed` 即可：

```
php artisan migrate --seed
php artisan migrate:refresh --seed
```

若要分別執行它們：

```
php artisan db:seed
php artisan db:seed VotesTableSeeder
```

在預設情況下，這會呼叫 `DatabaseSeeder` 的 `run()` 方法，或當你傳入類別名稱時指定的 seeder 類別。

建立 seeder

你可以使用 Artisan 命令 `make:seeder` 來建立 seeder：

```
php artisan make:seeder ContactsTableSeeder
```

現在你會在 *database/seeds* 目錄裡面看到一個 `ContactsTableSeeder` 類別。我們先將它加至 `DatabaseSeeder` 類別再編輯它，如此一來，當我們執行 seeder 時，它就會執行，見範例 5-5：

譯註 seeding 是將資料預先填入資料庫的程序。

範例 5-5　從 *DatabaseSeeder.php* 呼叫自訂的 *seeder*

```
// database/seeders/DatabaseSeeder.php
...
public function run(): void
{
    $this->call(ContactsTableSeeder::class);
}
```

接下來要編輯 seeder 本身。此時最簡單的工作是使用 DB 靜態介面來手動插入一筆紀錄，如範例 5-6 所示。

範例 5-6　在自訂 *seeder* 中插入資料庫紀錄

```
<?php

namespace Database\Seeders;

use Illuminate\Database\Seeder;

class ContactsTableSeeder extends Seeder
{
    public function run(): void
    {
        DB::table('contacts')->insert([
            'name' => 'Lupita Smith',
            'email' => 'lupita@gmail.com',
        ]);
    }
}
```

這會讓我們得到一筆紀錄，這是一個不錯的開始。若要製作真正有用的種子資料，你要迭代某種亂數產生器，並執行這個 insert() 多次，Laravel 也提供這種功能。

model 工廠

model 工廠定義一或多個建立資料庫表格偽項目（fake entry）的模式。在預設情況下，每一個工廠都是用 Eloquent 類別來命名的。

理論上，你可以為這些工廠取任何名稱，但將它們命名為 Eloquent 類別名稱是最典型的做法。如果你要用不同的做法來命名你的工廠，你可以在相關 model 裡設定工廠類別名稱。

建立 model 工廠

model 工廠位於 *database/factories*。每一個工廠都在它自己的類別裡定義，該類別有一個 definition 方法，你要在這個方法裡定義用工廠來建立 model 時使用的屬性和值。

請使用 Artisan make:factory 命令來生成一個新的工廠類別；再次提醒，工廠類別最常見的命名方式，是使用它們將要生成的實例的 Eloquent model 的名稱：

```
php artisan make:factory ContactFactory
```

這會在 *database/factories* 目錄中產生一個新檔案，名為 *ContactFactory.php*。範例 5-7 是為 contact 定義的最簡單工廠：

範例 5-7　最簡單的工廠定義

```php
<?php

namespace Database\Factories;

use App\Models\Contact;
use Illuminate\Database\Eloquent\Factories\Factory;

class ContactFactory extends Factory
{
    public function definition(): array
    {
        return [
            'name' => 'Lupita Smith',
            'email' => 'lupita@gmail.com',
        ];
    }
}
```

現在你要在 model 中使用 Illuminate\Database\Eloquent\Factories\HasFactory trait。

```php
namespace App\Models;

use Illuminate\Database\Eloquent\Factories\HasFactory;
use Illuminate\Database\Eloquent\Model;

class Contact extends Model
{
    use HasFactory;
}
```

HasFactory trait 提供一個 factory() 靜態方法，它使用 Laravel 慣例來決定 model 的工廠。它會在 Database\Factories 名稱空間中尋找類別名稱與 model 名稱相符，並後綴 Factory 的工廠。如果你沒有遵循這些慣例，你可以在你的 model 中覆寫 newFactory() 方法來指定工廠類別：

```php
// app/Models/Contact.php
...
 * 為 model 建立一個新工廠實例。
 *
 * @return \Illuminate\Database\Eloquent\Factories\Factory
 */
protected static function newFactory()
{
    return \Database\Factories\Base\ContactFactory::new();
}
```

現在我們可以對著 model 呼叫靜態方法 factory()，在我們的 seeding 和測試裡建立 Contact 實例：

```php
// 建立一個
$contact = Contact::factory()->create();

// 建立多個
Contact::factory()->count(20)->create();
```

但是，如果我們使用這個工廠來建立 20 個 contact 的話，它們的內容將會相同，所以這個工廠沒有太多用處。

我們可以利用 Faker（*https://oreil.ly/gxnrI*）來獲得 model 工廠帶來的更多好處。在 Laravel 裡，你可以透過 fake() 輔助函式來使用 Faker，它可讓你輕鬆地建立隨機的結構化偽資料。我們將上面的範例改成範例 5-8：

範例 5-8　簡單的工廠，經修改以使用 Faker

```php
<?php

namespace Database\Factories;

use App\Models\Contact;
use Illuminate\Database\Eloquent\Factories\Factory;

class ContactFactory extends Factory
{
    public function definition(): array
    {
```

```
        return [
            'name' => fake()->name(),
            'email' => fake()->email(),
        ];
    }
}
```

現在，每次你使用這個 model 工廠來建立假 contact 時，所有的特性都將隨機生成。

model 工廠（至少）必須回傳這個表格需要的資料庫欄位。

保證隨機生成資料的唯一性

在那個 PHP 流程中，如果你想要確保任何特定項目都隨機生成唯一的
值，你可以使用 Faker 的 unique() 方法：

```
return ['email' => fake()->unique()->email()];
```

使用 model 工廠

我們會在兩種主要的場景中使用 model 工廠：測試（將在第 12 章說明）與接下來要介
紹的 seeding。我們用 model 工廠來寫一個 seeder，見範例 5-9。

範例 5-9　使用 model 工廠

```
$post = Post::factory()->create([
    'title' => 'My greatest post ever',
]);

// 專業級的工廠，但不至於難以理解！
User::factory()->count(20)->has(Address::factory()->count(2))->create()
```

我們使用 model 的 factory() 方法來建立一個物件，然後對著它執行兩種方法之一：
make() 或 create()。

這兩種方法都使用工廠類別裡的定義來生成 model 的實例。差別在於 make() 會建立實
例，但（還）不會將它存入資料庫，而 create() 會立刻將它存入資料庫。

在呼叫 model 工廠時覆寫特性　將一個陣列傳給 make() 或 create() 可以覆寫工廠的特
定鍵，就像我們在範例 5-9 裡自行設定 post 的 title 那樣。

使用 model 工廠來產生多個實例　如果你在呼叫 factory() 方法之後呼叫 count() 方法，你可以指定你要建立多個實例，此時，它會回傳一個實例集合，而不是只回傳一個實例。這意味著你可以將結果當成陣列來處理，你可以迭代它們，或將它們傳給接受多個物件的方法：

```
$posts = Post::factory()->count(6);
```

你也可以定義一個指定如何覆寫每一個實例的「序列」：

```
$posts = Post::factory()
    ->count(6)
    ->state(new Sequence(
        ['is_published' => true],
        ['is_published' => false],
    ))
    ->create();
```

專業級的 model 工廠

瞭解 model 工廠最常見的用途與設置方式之後，我們來探討一些比較複雜的使用方式。

在定義 model 工廠時附加關係　有時你需要在建立一個項目的同時，建立一個與它相關的項目。你可以呼叫相關 model 的工廠方法來取得其 ID，如範例 5-10 所示。

範例 5-10　在工廠中建立一個相關的項目

```php
<?php

namespace Database\Factories;

use App\Models\Contact;
use Illuminate\Database\Eloquent\Factories\Factory;

class ContactFactory extends Factory
{
    protected $model = Contact::class;

    public function definition(): array
    {
        return [
            'name' => 'Lupita Smith',
            'email' => 'lupita@gmail.com',
            'company_id' => \App\Models\Company::factory(),
        ];
    }
}
```

你也可以傳遞一個「傳入一個參數的 closure」，該參數存有截至目前為止生成的項目的陣列形式。這有另一種用法，如範例 5-11 所示。

範例 5-11 在工廠裡使用其他參數的值

```php
// ContactFactory.php
public function definition(): array
{
    return [
        'name' => 'Lupita Smith',
        'email' => 'lupita@gmail.com',
        'company_id' => Company::factory(),
        'company_size' => function (array $attributes) {
            // 使用之前產生的 "company_id" 特性
            return Company::find($attributes['company_id'])->size;
        },
    ];
}
```

在生成 model 工廠實例時附加相關項目 雖然我們介紹了如何在工廠的定義裡面定義關係，但我們通常會在建立實例時直接定義它的相關項目。

我們主要使用兩種方法來做這件事：has() 和 for()。has() 可用來定義我們所建立的實例「具有」「hasMany」關係的子項目或其他項目，而 for() 可用來定義我們所建立的實例「屬於」另一個項目。以下的例子說明它們是如何工作的。

在範例 5-12 裡，我們假設 Contact 有許多 Addresses。

範例 5-12 在產生相關 model 時使用 has()

```php
// 附加 3 個地址
Contact::factory()
    ->has(Address::factory()->count(3))
    ->create()

// 在子工廠裡讀取關於每位用戶的資訊
$contact = Contact::factory()
    ->has(
        Address::factory()
            ->count(3)
            ->state(function (array $attributes, User $user) {
                return ['label' => $user->name . ' address'];
            })
    )
    ->create();
```

現在想像一下，我們正在建立子實例而不是父實例。我們來產生一個地址。

在這種情況下，我們通常可以假設子實例的工廠定義負責生成父實例。那麼，for() 的用途是什麼？當你想要特別定義父實例的某些內容，通常是它的一個或多個特性，或傳入特定的 model 實例時非常適合使用它。範例 5-13 展示它最常見的用法。

範例 5-13　在產生相關的 model 時使用 for()

```
// 指定關於所建立的父實例的細節
Address::factory()
    ->count(3)
    ->for(Contact::factory()->state([
        'name' => 'Imani Carette',
    ]))
    ->create();

// 使用現有的父 model（假設我們已經將其存為 $contact）
Address::factory()
    ->count(3)
    ->for($contact)
    ->create();
```

定義與讀取多個 model 工廠 state　我們先回到 *ContactFactory.php*（從範例 5-7 到範例 5-8）。我們定義了一個基本的 Contact 工廠：

```
class ContactFactory extends Factory
{
    protected $model = Contact::class;

    public function definition(): array
    {
        return [
            'name' => 'Lupita Smith',
            'email' => 'lupita@gmail.com',
        ];
    }
}
```

但有時你需要為某一類物件建立不止一個工廠。如果你需要加入一些 VIP 的聯繫方式呢？你可以使用 state() 方法來定義第二個工廠 state，如範例 5-14 所示。state() 方法接收一個陣列，陣列裡面有你想為這個 state 特別設定的所有屬性。

範例 5-14　為相同的 *model* 定義多個工廠 *state*

```
class ContactFactory extends Factory
{
    protected $model = Contact::class;

    public function definition(): array
    {
        return [
            'name' => 'Lupita Smith',
            'email' => 'lupita@gmail.com',
        ];
    }

    public function vip()
    {
        return $this->state(function (array $attributes) {
            return [
                'vip' => true,
                // 使用 $attributes 的 "company_id" 特性
                'company_size' => function () use ($attributes) {
                    return Company::find($attributes['company_id'])->size;
                },
            ];
        });
    }
}
```

接著，我們來製作特定 state 的實例：

```
$vip = Contact::factory()->vip()->create();

$vips = Contact::factory()->count(3)->vip()->create();
```

在複雜的工廠配置裡，使用相同的 model 作為關係　有時你的工廠會透過相關項目的工廠來建立那些項目，且其中的兩個以上的項目具有相同的關係。例如使用你的工廠來產生 Trip 會自動建立 Reservation 與 Receipt，且三者都要被附加到同一個 User。當你建立 Trip 時，這些工廠將各自手動建立它們的 user，除非你要求它們做其他事情。

你可以使用 recycle() 方法來指示呼叫鏈裡的每一個工廠都使用特定物件的相同實例。如範例 5-15 所示，這種簡單的語法可以確保在整個工廠鏈裡的每一個位置都使用相同的 model。

範例 5-15　使用 *recycle()* 來讓工廠鏈裡的每一個關係都使用相同的實例

```
$user = User::factory()->create();

$trip = Trip::factory()
    ->recycle($user)
    ->create();
```

好多內容啊！如果你覺得有點吃不消，不用擔心，最後的部分確實比較高階。我們先回到基本的部分，談談 Laravel 資料庫工具的核心：查詢建構器。

查詢建構器

你已經學會如何連接、migrate 與 seed 資料表了，接下來要瞭解如何使用資料庫工具。查詢建構器是 Laravel 的每一種資料庫功能的核心，它是一種流利介面，使用簡明的 API 來與多個不同類型的資料庫互動。

什麼是流利介面？

流利介面（*fluent interface*）主要使用方法鏈來為最終用戶提供更簡單的 API。它不讓你將所有相關資料都傳入建構式或方法呼叫式，而是藉由連續的呼叫來逐步建立流利呼叫鏈。請比較以下兩者：

```
// 非流利：
$users = DB::select(['table' => 'users', 'where' => ['type' => 'donor']]);

// 流利：
$users = DB::table('users')->where('type', 'donor')->get();
```

Laravel 的資料庫架構可透過單一介面來連接 MySQL、PostgreSQL、SQLite 與 SQL Server，只要改變一些組態設定即可。

如果你曾經使用 PHP 框架，你應該用過可執行「原生的」SQL 查詢（為了安全考量，會做基本的轉義）的工具。那就是查詢建構器，在它上面有一些方便的軟體層與輔助程式，我們從一些簡單的呼叫看起。

DB 靜態介面的基本用法

在使用流利方法鏈來建構複雜的查詢之前,我們先來看一些查詢建構器命令。DB 靜態介面可用來建立查詢建構器鏈,以及較簡單的原始查詢,如範例 5-16 所示。

範例 5-16 原始的 SQL 與查詢建構器的用法

```
// 基本陳述式
DB::statement('drop table users')

// 原始的 select,及參數綁定
DB::select('select * from contacts where validated = ?', [true]);

// 使用流利建構器來選擇
$users = DB::table('users')->get();

// join 及其他複雜的呼叫式
DB::table('users')
    ->join('contacts', function ($join) {
        $join->on('users.id', '=', 'contacts.user_id')
            ->where('contacts.type', 'donor');
    })
    ->get();
```

原始 SQL

從範例 5-16 可以看到,我們可以使用 DB 靜態介面與 statement() 方法來對資料庫發出任何原始呼叫:DB::statement('*SQL statement here*')。

但各種常見的動作也有專屬的方法可用:select()、insert()、update() 與 delete()。它們也是原始呼叫,但略有不同。首先,update() 與 delete() 會回傳被影響的列數,而 statement() 不會;其次,使用這些方法可讓未來的開發者明白你寫的是哪一種陳述式。

原始的 select

select() 是最簡單的具體 DB 方法。你可以不指定任何額外參數來執行它:

```
$users = DB::select('select * from users');
```

這會回傳一個 stdClass 物件陣列。

參數綁定與具名綁定

Laravel 的資料庫架構可讓你使用 PDO（PHP data object，PHP 的原生資料庫存取層）
資料綁定，保護查詢免受 SQL 攻擊。將參數傳給陳述式很簡單，只要將陳述式內的值換
成 ?，並在呼叫式的第二個參數加入值即可：

```
$usersOfType = DB::select(
    'select * from users where type = ?',
    [$type]
);
```

你也可以明確地命名這些參數：

```
$usersOfType = DB::select(
    'select * from users where type = :type',
    ['type' => $userType]
);
```

原始 insert

接下來的原始命令都幾乎長得完全一樣。原始的 insert 長這樣：

```
DB::insert(
    'insert into contacts (name, email) values (?, ?)',
    ['sally', 'sally@me.com']
);
```

原始 update

update 長這樣：

```
$countUpdated = DB::update(
    'update contacts set status = ? where id = ?',
    ['donor', $id]
);
```

原始 delete

delete 長這樣：

```
$countDeleted = DB::delete(
    'delete from contacts where archived = ?',
    [true]
);
```

串接查詢建構器

到目前為止，我們只對著 DB 靜態介面進行簡單的方法呼叫，還沒有用過查詢建構器本身。所以我們來實際建立一些查詢。

查詢建構器可讓我們將方法串接在一起，以建構一個查詢。在方法鏈的結尾，你要用一些方法（例如 get()）來觸發查詢的執行。

我們來看一個簡單的範例：

```
$usersOfType = DB::table('users')
    ->where('type', $type)
    ->get();
```

我們建立查詢（users 表，$type 型態）然後執行查詢並取得結果。注意，不同於之前的呼叫，它會回傳一系列的 stdClass 物件，而不是陣列。

Illuminate 集合

DB 靜態介面和 Eloquent 一樣，它為回傳多列（或可以回傳多列）的串接方法回傳集合（collection），為回傳多列（或可以回傳多列）的非串接方法回傳陣列。DB 靜態介面回傳 Illuminate\Support\Collection 的實例，而 Eloquent 回傳 Illuminate\Database\Eloquent\Collection 的實例，後者使用一些 Eloquent 專屬方法來擴展 Illuminate\Support\Collection。

Collection 就像具備超能力的 PHP 陣列，可讓你對資料執行 map()、filter()、reduce()、each() 及其他方法。第 17 章會進一步介紹集合。

我們來看看查詢建構器可供串接的方法有哪些。這些方法可以分為幾類，我稱之為限制（constraining）方法、修改方法，及結束 / 回傳方法。

限制方法

這些方法接收查詢並限制它，以回傳較小的資料集合：

select()

讓你選擇欄位：

```
$emails = DB::table('contacts')
    ->select('email', 'email2 as second_email')
```

```
    ->get();
// 或
$emails = DB::table('contacts')
    ->select('email')
    ->addSelect('email2 as second_email')
    ->get();
```

where()

讓你使用 WHERE 來限制回傳的範圍。在預設情況下，where() 方法的簽章接收三個參數——欄、比較運算子，與值：

```
$newContacts = DB::table('contact')
    ->where('created_at', '>', now()->subDay())
    ->get();
```

然而，如果你的比較是最常見的 =，你可以省略第二個運算子：

```
$vipContacts = DB::table('contacts')->where('vip',true)->get();
```

如果你想要結合 where() 陳述式，你可以將它們串接起來，或傳入一個陣列的陣列：

```
$newVips = DB::table('contacts')
    ->where('vip', true)
    ->where('created_at', '>', now()->subDay());
// 或
$newVips = DB::table('contacts')->where([
    ['vip', true],
    ['created_at', '>', now()->subDay()],
]);
```

orWhere()

建立簡單的 OR WHERE 陳述式：

```
$priorityContacts = DB::table('contacts')
    ->where('vip', true)
    ->orWhere('created_at', '>', now()->subDay())
    ->get();
```

若要使用多個條件來建立更複雜的 OR WHERE 陳述式，你可以傳遞 closure 給 orWhere()：

```
$contacts = DB::table('contacts')
    ->where('vip', true)
    ->orWhere(function ($query) {
        $query->where('created_at', '>', now()->subDay())
            ->where('trial', false);
```

```
        })
        ->get();
```

多個 where() 與 orWhere() 呼叫可能造成的疑惑

如果你同時使用 orWhere() 與多個 where()，你要非常謹慎地確保查詢做的事情就是你想做的。原因不是因為 Laravel 有任何問題，而是因為像下面的這種查詢命令所做的事情可能與你想像的不同：

```
$canEdit = DB::table('users')
    ->where('admin', true)
    ->orWhere('plan', 'premium')
    ->where('is_plan_owner', true)
    ->get();

SELECT * FROM users
    WHERE admin = 1
    OR plan = 'premium'
    AND is_plan_owner = 1;
```

如果你想要寫一個表達「如果是這樣 OR （這樣與這樣）」的 SQL，顯然這也是上述程式的目的，你就要傳遞一個 closure 給 orWhere() 呼叫式：

```
$canEdit = DB::table('users')
    ->where('admin', true)
    ->orWhere(function ($query) {
        $query->where('plan', 'premium')
            ->where('is_plan_owner', true);
    })
    ->get();
SELECT * FROM users
    WHERE admin = 1
    OR (plan = 'premium' AND is_plan_owner = 1);
```

---

whereBetween(*colName, [low, high]*)

可讓你限制查詢的範圍，讓它只回傳在某個欄位中，介於兩個值之間的資料列（包括那兩個值）：

```
$mediumDrinks = DB::table('drinks')
    ->whereBetween('size', [6, 12])
    ->get();
```

whereNotBetween() 則做出相反的選擇。

whereIn(*colName*, [*1, 2, 3*])

可將查詢範圍限制為只回傳某個欄位裡，值符合你指定的選項的那幾列：

```
$closeBy = DB::table('contacts')
    ->whereIn('state', ['FL', 'GA', 'AL'])
    ->get();
```

whereNotIn() 則是做出相反的選擇。

whereNull(*colName*), whereNotNull(*colName*)

分別選出特定欄位為 NULL 或 NOT NULL 的資料列。

whereRaw()

可讓你傳入一個原始的、未轉義的字串，以加至 WHERE 陳述式後面：

```
$goofs = DB::table('contacts')->whereRaw('id = 12345')->get();
```

小心 *SQL* 注入！

傳入 whereRaw() 的 SQL 查詢都不會被轉義。務必謹慎地使用這個方法，
且不要經常使用它，這是「SQL 注入」攻擊你的 app 的良機。

whereExists()

傳入子查詢後，僅選出至少回傳一列的資料列。例如選出至少留下一篇評論的
用戶：

```
$commenters = DB::table('users')
    ->whereExists(function ($query) {
        $query->select('id')
            ->from('comments')
            ->whereRaw('comments.user_id = users.id');
    })
    ->get();
```

distinct()

在回傳的資料裡選出具有不重複資料的資料列。通常搭配 select() 一起使用，因為
使用主鍵不會有重複的資料列：

```
$lastNames = DB::table('contacts')->select('city')->distinct()->get();
```

修改方法

這些方法會改變查詢結果的輸出方式,而非只限制結果:

orderBy(*colName, direction*)

排序結果。第二個參數可指定 asc(預設值,升序)或 desc(降序):

```
$contacts = DB::table('contacts')
    ->orderBy('last_name', 'asc')
    ->get();
```

groupBy(), having(), havingRaw()

基於欄位將結果分組。having() 與 havingRaw() 可讓你選擇根據群組的特性來篩選結果。例如,你可以尋找至少有 30 人的城市:

```
$populousCities = DB::table('contacts')
    ->groupBy('city')
    ->havingRaw('count(contact_id) > 30')
    ->get();
```

skip(), take()

最常用於分頁(pagination),可讓你定義要回傳多少列,以及先跳過幾列再回傳,例如分頁系統的頁數與頁面大小:

```
// 回傳第 31-40 列
$page4 = DB::table('contacts')->skip(30)->take(10)->get();
```

latest(*colName*), oldest(*colName*)

基於所傳入的欄位(或如果沒有傳入欄位名稱,基於 created_at)來降序(latest())或升序(oldest())排序。

inRandomOrder()

隨機排序結果。

條件方法

Laravel 有兩種方法可以根據你傳入的值的布林狀態來應用它們的「內容」(你傳給它們的 closure):

when()

若第一個參數為 true，則套用 closure 內的查詢修改，若第一個參數為 false，則不做事。注意，第一個參數可為布林（例如設為 true 或 false 的 $ignoreDrafts）、選用的值（$status，從用戶輸入獲取，預設為 null），或回傳這種值的 closure；重點在於它算出來的結果是 true 或 false。例如：

```
$status = request('status'); // 如果未被設定，預設為 null

$posts = DB::table('posts')
    ->when($status, function ($query) use ($status) {
        return $query->where('status', $status);
    })
    ->get();

// 或
$posts = DB::table('posts')
    ->when($ignoreDrafts, function ($query) {
        return $query->where('draft', false);
    })
    ->get();
```

你也可以傳入第三個參數，也就是另一個 closure，它只會在第一個參數為 false 時套用。

unless()

when() 的相反。如果第一個參數是 false，它會執行第二個 closure。

結束 / 回傳方法

這些方法會停止查詢鏈，並觸發 SQL 查詢的執行。結尾沒有這些方法的查詢鏈只會回傳查詢建構器的實例。將以下的方法之一接到查詢建構器的後面即可取得實際的結果：

get()

取得已建立的查詢的所有結果：

```
$contacts = DB::table('contacts')->get();
$vipContacts = DB::table('contacts')->where('vip', true)->get();
```

first(), firstOrFail()

只取得第一個結果——很像 get()，但加入 LIMIT 1：

```
$newestContact = DB::table('contacts')
    ->orderBy('created_at', 'desc')
    ->first();
```

如果沒有結果，first() 會默默地失敗，而 firstOrFail() 會丟出一個例外。

如果你對它們傳入欄位名稱陣列，它們會回傳那些欄位的資料，而非所有欄位的。

find(*id*), findOrFail(*id*)

很像 first()，但接收你想尋找的主鍵的 ID 值，如果沒有資料列使用該 ID，find() 會默默地失敗，但 findOrFail() 會丟出一個例外：

```
$contactFive = DB::table('contacts')->find(5);
```

value()

只從第一列的單一欄位拉出值。很像 first()，但是在你只想要一個欄位時使用：

```
$newestContactEmail = DB::table('contacts')
    ->orderBy('created_at', 'desc')
    ->value('email');
```

count()

回傳相符結果的總數：

```
$countVips = DB::table('contacts')
    ->where('vip', true)
    ->count();
```

min(), max()

回傳特定欄位的最小值或最大值：

```
$highestCost = DB::table('orders')->max('amount');
```

sum(), avg()

回傳特定欄位的所有值的總和或平均值：

```
$averageCost = DB::table('orders')
    ->where('status', 'completed')
    ->avg('amount');
```

dd(), dump()

傾印底層的 SQL 查詢與綁定，若使用 dd() 則終止腳本。

```
DB::table('users')->where('name', 'Wilbur Powery')->dd();

// "select * from `users` where `name` = ?"
// array:1 [ 0 => "Wilbur Powery"]
```

explain 方法

explain() 方法會回傳 SQL 將如何執行查詢的說明。你可以連同 dd() 或
dump() 一起使用它,來針對查詢進行偵錯:

```
User::where('name', 'Wilbur Powery')->explain()->dd();

/*
array:1 [
    0 => {#5111
        +"id":1
        +"select_type":"SIMPLE"
        +"table": "users"
        +"type":"ALL"
        +"possible_keys": null
        +"key": null
        +"key_len": null
        +"ref": null
        +"rows":"209"
        +"Extra":"Using where"
    }
]
*/
```

使用 DB::raw 在查詢建構器方法裡面編寫原始查詢

你已經看過原始陳述式(raw)的一些自訂方法了,例如,select() 有一個對應的
selectRaw() 可讓你傳入一個字串,來讓查詢建構器放在 WHERE 陳述式的後面。

但是,你也可以將 DB::raw() 的結果傳給查詢建構器的幾乎所有方法來取得相同的結果:

```
$contacts = DB::table('contacts')
    ->select(DB::raw('*, (score * 100) AS integer_score'))
    ->get();
```

聯接(join)

聯接有時很難定義,框架可以協助簡化的程度有限,但查詢建構器會盡力而為。我們來
看一個範例:

```
$users = DB::table('users')
    ->join('contacts', 'users.id', '=', 'contacts.user_id')
    ->select('users.*', 'contacts.name', 'contacts.status')
    ->get();
```

join() 方法會建立一個內部聯接。你也可以將多個聯接一個接著一個接起來，或使用 leftJoin() 來取得一個左聯接。

最後，你可以將一個 closure 傳入 join() 來建立更複雜的聯接：

```
DB::table('users')
    ->join('contacts', function ($join) {
        $join
            ->on('users.id', '=', 'contacts.user_id')
            ->orOn('users.id', '=', 'contacts.proxy_user_id');
    })
    ->get();
```

聯合（union）

你可以聯合兩個查詢（將它們的結果聯接成一個結果集合）——先建立它們，然後使用 union() 或 unionAll() 方法：

```
$first = DB::table('contacts')
    ->whereNull('first_name');

$contacts = DB::table('contacts')
    ->whereNull('last_name')
    ->union($first)
    ->get();
```

插入

insert() 方法相當簡單，你只要對它傳入一個陣列來插入一列，或傳入陣列的陣列來插入多列即可，若將 insert() 換成 insertGetId()，該函式將回傳自動遞增的主鍵 ID：

```
$id = DB::table('contacts')->insertGetId([
    'name' => 'Abe Thomas',
    'email' => 'athomas1987@gmail.com',
]);

DB::table('contacts')->insert([
    ['name' => 'Tamika Johnson', 'email' => 'tamikaj@gmail.com'],
    ['name' => 'Jim Patterson', 'email' => 'james.patterson@hotmail.com'],
]);
```

更新

更新也很簡單。你可以用 update() 取代 get() 或 first() 來建立更新查詢,並傳給它一個參數陣列:

```
DB::table('contacts')
    ->where('points', '>', 100)
    ->update(['status' => 'vip']);
```

你也可以使用 increment() 與 decrement() 方法來快速地遞增及遞減欄位。它們的第一個參數是欄位名稱,第二個(選用)參數是遞增 / 遞減的數字:

```
DB::table('contacts')->increment('tokens', 5);
DB::table('contacts')->decrement('tokens');
```

刪除

刪除更是簡單,你只要建構查詢,並在它的結尾加上 delete() 即可:

```
DB::table('users')
    ->where('last_login', '<', now()->subYear())
    ->delete();
```

你也可以 truncate 資料表,這會刪除每一列資料,並重設自動遞增的 ID:

```
DB::table('contacts')->truncate();
```

JSON 操作

如果你有 JSON 欄位,你可以根據 JSON 結構的各種層面,使用箭頭語法來遍歷子元素,藉以更新或選擇資料列:

```
// 選擇 "options" JSON 欄位的 "isAdmin" 特性
// 被設為 true 的所有紀錄
DB::table('users')->where('options->isAdmin', true)->get();

// 更新所有紀錄,將 "options" JSON 欄位
// 的 "verified" 特性設為 true
DB::table('users')->update(['options->isVerified', true]);
```

交易

資料庫交易可以讓你將一系列的資料庫查詢包裝成一個批次來執行,你可以撤銷全部的查詢將它們復原。交易通常用來確保所有相關命令都被執行,或任何命令都不被執行,而不是只有部分命令被執行,如果有一個命令失敗,ORM 就會復原所有的命令。

當你使用 Laravel 查詢建構器的交易功能時，如果在交易 closure 內的任何地方丟出任何例外，該交易內的所有指令都會被復原。如果交易 closure 成功完成，所有命令都會被送出，而非復原。

我來看看範例 5-17 中的交易範例。

範例 5-17　簡單的資料庫交易

```
DB::transaction(function () use ($userId, $numVotes)
    // 可能失敗的 DB 查詢
    DB::table('users')
        ->where('id', $userId)
        ->update(['votes' => $numVotes]);

    // 當上述的查詢失敗時，快取我們不想要執行的查詢
    DB::table('votes')
        ->where('user_id', $userId)
        ->delete();
});
```

在這個例子中，我們假設之前有一個程序使用 votes 表為特定用戶總結了票數。我們想要在 users 表內快取那個數字，然後將 votes 表內的票數清除。我們當然不想在 users 表尚未完成更新之前就將票數清除，而且當 votes 表刪除失敗時，我們也不想在 users 表裡保存新的票數。

如果有任何一個查詢出錯，其餘的查詢都不會被採用，這就是資料庫交易施展的魔法。

注意，你也可以手動開始與結束交易，對查詢建構器的查詢與 Eloquent 查詢都是如此。你要使用 DB::beginTransaction() 來開始，使用 DB::commit() 來結束，並且使用 DB::rollBack() 來中止。

```
DB::beginTransaction();

// 採取資料庫動作

if ($badThingsHappened) {
    DB::rollBack();
}

// 採取其他資料庫動作

DB::commit();
```

Eloquent 簡介

認識查詢建構器之後，我們來談談 Eloquent，它是基於查詢建構器的 Laravel 旗艦級資料庫工具。

Eloquent 是一種 *ActiveRecord ORM*，這意味著它是一個資料庫抽象層，提供單一的介面來與多種資料庫類型互動。「ActiveRecord」的意思是 Eloquent 類別不但負責提供與整個資料表互動的能力（例如使用 User::all() 來取得所有用戶），該類別也代表單獨的資料列（例如 $sharon = new User）。此外，每一個實例都可以管理它自己的持久保存，你可以呼叫 $sharon->save() 或 $sharon->delete()。

Eloquent 的主要目的是為了簡化工作，而且如同框架其餘的部分，它採取「約定優於配置」，讓你使用最精簡的程式碼來編寫強大的 model。

例如，你可以使用以範例 5-18 定義的 model 來執行範例 5-19 的所有操作。

範例 5-18　最簡單的 Eloquent model

```php
<?php

use Illuminate\Database\Eloquent\Model;

class Contact extends Model {}
```

範例 5-19　用最簡單的 Eloquent model 完成的操作

```php
// 在 controller 內
public function save(Request $request)
{
    // 用用戶輸入的資料來建立與儲存一筆新的聯絡資訊
    $contact = new Contact();
    $contact->first_name = $request->input('first_name');
    $contact->last_name = $request->input('last_name');
    $contact->email = $request->input('email');
    $contact->save();

    return redirect('contacts');
}

public function show($contactId)
{
    // 根據 URL 區段回傳 Contact 的 JSON 形式；
    // 如果聯絡資訊不存在，丟出例外
```

```
    return Contact::findOrFail($contactId);
}

public function vips()
{
    // 非必要的複雜案例，但仍可以用基本的 Eloquent 類別來實現；
    // 為每一個 VIP 項目添加一個 "formalName" 特性
    return Contact::where('vip', true)->get()->map(function ($contact) {
        $contact->formalName = "The exalted {$contact->first_name} of the
        {$contact->last_name}s";

        return $contact;
    });
}
```

如何做到？基於約定。Eloquent 對表名做出假設（Contact 變成 contacts），讓你擁有一個功能完整的 Eloquent model。

我們來討論如何使用 Eloquent model。

建立與定義 Eloquent model

首先，我們來建立一個 model。有一個 Artisan 命令負責做這件事：

```
php artisan make:model Contact
```

我們會在 *app/Models/Contact.php* 裡得到這段程式：

```
<?php

namespace App\Models;

use Illuminate\Database\Eloquent\Model;

class Contact extends Model
{
    //
}
```

連同 *model* 一起建立 *migration*

如果你想在建立 model 時自動建立一個 migration，你可以傳入 -m 或 --migration 旗標：

```
php artisan make:model Contact --migration
```

資料表名稱

在命名資料表時，Laravel 的預設行為是將你的類別名稱轉換成「snake cases」並複數化，所以使用 SecondaryContact 將存取 secondary_contacts 資料表。如果你想自訂名稱，你可以設定 model 的 $table 特性：

```
protected $table = 'contacts_secondary';
```

主鍵

在預設情況下，Laravel 假設每個資料表都有一個自動遞增的整數主鍵，而且它的名稱是 id。

若要改變主鍵的名稱可更改 $primaryKey 特性：

```
protected $primaryKey = 'contact_id';
```

如果你不想讓它遞增，可使用：

```
public $incrementing = false;
```

印出 Eloquent model 的摘要

隨著專案逐漸增大，追蹤每一個 model 的定義、屬性和關聯可能會越來越困難。model:show 命令可以藉著印出資料庫和表名來幫助你獲得 model 的摘要。它也會列出屬性以及 SQL 欄位修飾符、類型和大小、列出 mutator 和屬性、列出所有 model 關聯，以及列出 model observer（觀察者）。

時戳

Eloquent 假設每一個資料表都有 created_at 與 updated_at 時戳欄位，如果你的資料表沒有它們，你可以停用 $timestamps 功能：

```
public $timestamps = false;
```

你可以自行定義 Eloquent 將時戳存入資料庫時使用的格式：將 $dateFormat 類別特性設為自訂的字串。這個字串將使用 PHP 的 date() 語法來解析，所以下面的範例會將日期存為從 Unix epoch 算起的秒數：

```
protected $dateFormat = 'U';
```

用 Eloquent 來讀取資料

當你使用 Eloquent 來拉出資料庫內的資料時，通常會對著 Eloquent model 進行靜態呼叫。

我們先取出所有的資料：

```
$allContacts = Contact::all();
```

簡單吧！接下來，稍微篩選它：

```
$vipContacts = Contact::where('vip', true)->get();
```

如你所見，Eloquent 靜態介面可讓你串接限制條件，接下來的限制條件都非常相似：

```
$newestContacts = Contact::orderBy('created_at', 'desc')
    ->take(10)
    ->get();
```

事實上，在指定最初的靜態介面名稱之後，你就是在使用 Laravel 的查詢建構器。你還可以做很多事情（很快就會討論），但是用 DB 靜態介面和查詢建構器來做的事情都可以用你的 Eloquent 物件來完成。

取得一筆資料

如同本章稍早提到的，你可以使用 first() 來取得查詢的第一筆紀錄，或使用 find() 來取得具有特定 ID 的紀錄。如果這兩個方法的名稱以「OrFail」結尾，它們會在沒有相符的結果時丟出例外。所以我們經常使用 findOrFail() 和 URL 區段來查詢一個項目（並在沒有相符的項目時丟出例外），如範例 5-20 所示。

範例 5-20　在 controller 方法中使用 Eloquent OrFail() 方法

```
// ContactController
public function show($contactId)
{
    return view('contacts.show')
        ->with('contact', Contact::findOrFail($contactId));
}
```

回傳單筆紀錄的任何方法（first()、firstOrFail()、find() 或 findOrFail()）都回傳一個 Eloquent 類別的實例。所以 Contact::first() 回傳 Contact 類別的實例，裡面有表的第一列資料。

你也可以使用 firstWhere() 方法,它是結合了 where() 與 first() 兩者的捷徑:

```
// 使用 where() 與 first()
Contact::where('name', 'Wilbur Powery')->first();

// 使用 firstWhere()
Contact::firstWhere('name', 'Wilbur Powery');
```

例外

你可以在範例 5-20 中看到,我們不需要在 controller 中捕捉 Eloquent 的 model not found 例 外(Illuminate\Database\Eloquent\ModelNotFound Exception),Laravel 的路由系統會幫忙捕捉它們,並丟出 404。

當然,你也可以自行捕捉這個例外並處理它。

取得多筆資料

對著 Eloquent 使用 get() 的做法與對著一般的查詢建構器使用它一樣 —— 建立一個查詢,並在結尾呼叫 get() 來取得結果:

```
$vipContacts = Contact::where('vip', true)->get();
```

但是,有一種僅限於 Eloquent 的方法 —— all(),它經常被用來取得未經篩選的所有表格資料:

```
$contacts = Contact::all();
```

以 get() 取代 all()

可以使用 all() 的地方都可以使用 get()。Contact::get() 與 Contact::all() 有相同的回應。但是,一旦你開始修改查詢(例如加入 where() 篩選器),all() 就無法運作,而 get() 仍然可以繼續工作。

所以,即使 all() 很常見,我建議你假裝 all() 這個函式不存在,在任何情況下都使用 get()。

使用 chunk() 來將回應分塊

當你一次處理大量的紀錄(上千筆以上)時,可能會遇到記憶體不足或鎖定的問題。Laravel 可讓你將請求拆成較小的區塊,並分批處理它們,從而降低大型請求帶來的記憶體負擔。範例 5-21 使用 chunk() 來將查詢拆成「區塊」,每一個區塊都有 100 筆紀錄。

範例 5-21　將 *Eloquent* 查詢分為區塊，以限制記憶體的使用量

```
Contact::chunk(100, function ($contacts) {
    foreach ($contacts as $contact) {
        // 用 $contact 做想做的事情
    }
});
```

聚合（aggregate）

可以對著查詢建構器使用的聚合，也可以對著 Eloquent 查詢使用。例如：

```
$countVips = Contact::where('vip', true)->count();
$sumVotes = Contact::sum('votes');
$averageSkill = User::avg('skill_level');
```

使用 Eloquent 來進行插入與更新

Eloquent 的插入值與更新值的語法與一般的查詢建構器不一樣。

插入

使用 Eloquent 來插入一筆新紀錄的寫法主要有兩種。

第一，你可以建立一個 Eloquent 類別的新實例，手動設定特性，並對那個實例呼叫 save()，見範例 5-22。

範例 5-22　藉著建立一個新實例來插入一筆 *Eloquent* 紀錄

```
$contact = new Contact;
$contact->name = 'Ken Hirata';
$contact->email = 'ken@hirata.com';
$contact->save();

// 或

$contact = new Contact([
    'name' => 'Ken Hirata',
    'email' => 'ken@hirata.com',
]);
$contact->save();

// 或

$contact = Contact::make([
```

```
    'name' => 'Ken Hirata',
    'email' => 'ken@hirata.com',
]);
$contact->save();
```

在呼叫 save() 之前，這個 Contact 的實例都完全代表 contact——除非它尚未被存入資料庫，這意味著它沒有 id，它不會在應用程式退出之後持續存在，並且它的 created_at 和 updated_at 值還沒有設定。

你也可以傳遞一個陣列給 Model::create()，如範例 5-23 所示。與 make() 不同的是，當 create() 被呼叫時會立即將實例存入資料庫。

範例 5-23　藉著傳遞一個陣列給 create() 來插入一筆 Eloquent 紀錄

```
$contact = Contact::create([
    'name' => 'Keahi Hale',
    'email' => 'halek481@yahoo.com',
]);
```

還要注意的是，在傳遞陣列的情況下（無論是傳給 new Model()、Model::make()、Model::create() 還是 Model::update()），透過 Model::create() 來設置的每一個特性都必須被批准「大規模賦值」，等一下會進一步討論。範例 5-22 的第一個例子不需要這樣，因為我們在裡面個別指定特性。

注意，當你使用 Model::create() 時，不需要 save() 實例——它會在 model 的 create() 方法中處理。

更新

更新紀錄看起來很像插入。你可以取得特定的實例，改變它的特性，然後進行儲存，或是發出一個呼叫，並傳遞一個更新後的特性陣列。範例 5-24 是第一種做法。

範例 5-24　藉由更新實例並儲存它，來更新一筆 Eloquent 紀錄

```
$contact = Contact::find(1);
$contact->email = 'natalie@parkfamily.com';
$contact->save();
```

由於這筆紀錄已經存在了，它會有 created_at 時戳與 id，它們將維持相同，但 updated_at 會變成當下的日期與時間。範例 5-25 是第二種做法。

範例 5-25　傳遞一個陣列給 *update()* 方法來更新一或多筆 *Eloquent* 紀錄

```
Contact::where('created_at', '<', now()->subYear())
    ->update(['longevity' => 'ancient']);

// 或

$contact = Contact::find(1);
$contact->update(['longevity' => 'ancient']);
```

這種方法預期收到一個陣列，陣列的鍵是欄位名稱，值是欄位值。

大規模賦值

前面的一些範例示範了如何傳遞值的陣列給 Eloquent 類別方法。然而，你必須先在 model 定義哪些欄位是「可填寫（fillable）」，它們才有實際的效果。

這是為了保護你，防止（惡意的）用戶不小心將你不想改變的欄位設為新值。考慮範例 5-26 這個常見的情況。

範例 5-26　使用請求的輸入的全部內容來更新 *Eloquent model*

```
// ContactController
public function update(Contact $contact, Request $request)
{
    $contact->update($request->all());
}
```

在範例 5-26 裡的 Illuminate Request 物件會接收所有的用戶輸入，並將它傳給 update() 方法。那個 all() 包含 URL 參數與表單輸入等資料，所以惡意用戶可以輕鬆地在那裡加入你不希望更新的 id 與 owner_id 之類的東西。

幸好，在定義 model 的可填充欄位之前，這些操作沒有實際的效果。你可以定義允許的「可填寫欄位」和不允許的受保護（*guarded*）欄位，以決定哪些欄位可以被大規模賦值編輯，或不可以。大規模賦值就是將一個值陣列傳給 create() 或 update()。注意，不可填寫的特性仍然可以透過直接賦值來更改（例如 $contact->password = 'abc';）。範例 5-27 展示這兩種做法。

範例 5-27　使用 *Eloquent* 的 *fillable* 或 *guarded* 特性來定義可以大規模賦值的欄位

```
class Contact extends Model
{
    protected $fillable = ['name', 'email'];
```

```
    // 或

    protected $guarded = ['id', 'created_at', 'updated_at', 'owner_id'];
}
```

 使用 *Request::only()* 與 *Eloquent* 大規模賦值

在範例 5-26 中,我們必須使用 Eloquent 的大規模賦值 guard,因為我們使用 Request 物件的 all() 方法來傳遞用戶輸入的所有資料。

在這個案例中,Eloquent 的大規模賦值保護是一種很棒的工具,但還有一個有用的技巧可以避免接收來自用戶的任何舊輸入。

Request 類別有一個 only() 方法可讓你從用戶輸入中提取幾個你選擇的鍵。所以你可以這樣子寫:

```
Contact::create($request->only('name', 'email'));
```

firstOrCreate() 與 firstOrNew()

有時你會要求應用程式:「給我一個具有這些特性的實例,如果沒有,那就建立它」,此時很適合使用 firstOr*() 方法。

firstOrCreate() 與 firstOrNew() 方法都以其第一個參數來接收一個鍵值陣列:

```
$contact = Contact::firstOrCreate(['email' => 'luis.ramos@myacme.com']);
```

它們都會尋找與取出第一筆符合這些參數的紀錄,如果沒有相符的紀錄,它們就會使用這些特性來建立一個實例;firstOrCreate() 會將那個實例存入資料庫再回傳它,firstOrNew() 只回傳它,不儲存它。

如果你在第二個參數傳入一個值陣列,那些值都會被加到所建立的項目(如果它被建立的話),但是不會被用來查看項目是否存在。

使用 Eloquent 來刪除

使用 Eloquent 來刪除資料非常類似使用 Eloquent 來更新,但使用虛刪除之後,你仍然可以將被刪除的項目歸檔(archive),以便日後檢查,甚至復原。

一般刪除

刪除 model 紀錄最簡單的方法是呼叫實例本身的 delete() 方法:

```
$contact = Contact::find(5);
$contact->delete();
```

但是，如果你只有 ID，那就沒必要為了刪除一個實例而先找出它；你可以傳遞一個 ID 或 ID 陣列給 model 的 destroy() 方法來直接刪除它們：

```
Contact::destroy(1);
// 或
Contact::destroy([1, 5, 7]);
```

最後，你可以刪除查詢的所有結果：

```
Contact::where('updated_at', '<', now()->subYear())->delete();
```

虛刪除

虛刪除會將資料庫內的資料列標記為已刪除，但不會在資料庫中實際刪除它們。這可以讓你日後檢查它們、在顯示歷史資訊時，可以顯示「無資訊，已刪除」以外的訊息，以及讓用戶（或管理員）可以還原一些或所有資料。

親手編寫虛刪除的難處在於，你寫的每一個查詢都必須排除已被虛刪除的資料。幸好，當你使用 Eloquent 的虛刪除功能時，你發出來的每一個查詢在預設情況下都會忽略虛刪除，除非你明確地要求復原它們。

在使用 Eloquent 的虛刪除功能之前，你要在資料表加入一個 deleted_at 欄位。當你在 Eloquent model 啟用虛刪除時，你寫過的每一個查詢（除非你明確地納入被虛刪除的紀錄），都會限定為忽略已被虛刪除的資料列。

何時該使用虛刪除？

功能的存在不是使用它的理由。在 Laravel 社群中，很多人都只因為有虛刪除這個功能，就在每一個專案中預設使用它。虛刪除確實有其價值。如果你直接在 Sequel Pro 之類的工具中查看資料庫，你應該會忘記檢查 deleted_at 欄位一次以上。如果你不清理被虛刪除的舊紀錄，你的資料庫將越來越大。

我的建議是，不要預設使用虛刪除。你應該在真正需要時才使用它們，而且當你這樣做時，應該盡可能積極地使用 Quicksand（*https://oreil.ly/c8nVL*）之類的工具來清理舊的虛刪除。虛刪除是一種強大的工具，但除非你需要它，否則不值得使用。

啟用虛刪除 你可以透過兩種做法來啟用虛刪除：在 migration 中加入 deleted_at 欄位，並在 model 中匯入 SoftDeletes trait。schema 建構器有一個 softDeletes() 方法可以在表中加入 deleted_at 欄，如範例 5-28 所示。範例 5-29 展示一個啟用了虛刪除的 Eloquent model。

範例 5-28　在資料表中加入虛刪除欄位的 migration

```
Schema::table('contacts', function (Blueprint $table) {
    $table->softDeletes();
});
```

範例 5-29　啟用虛刪除的 Eloquent model

```php
<?php

use Illuminate\Database\Eloquent\Model;
use Illuminate\Database\Eloquent\SoftDeletes;

class Contact extends Model
{
    use SoftDeletes; // 使用 trait
}
```

做了這些改變之後，delete() 與 destroy() 都會將資料列的 deleted_at 欄位設為當下的日期與時間，而不是刪除那一列，而且之後的所有查詢結果都不會有那一列。

查詢虛刪除 那麼，該如何取得被虛刪除的項目？

首先，你可以在查詢中加入被虛刪除的項目：

```
$allHistoricContacts = Contact::withTrashed()->get();
```

接下來，你可以使用 trashed() 方法來查看特定的實例是否已被虛刪除：

```
if ($contact->trashed()) {
    // 做想做的事情
}
```

最後，你可以只取得被虛刪除的項目：

```
$deletedContacts = Contact::onlyTrashed()->get();
```

復原被虛刪除的項目　如果你想要復原被虛刪除的項目，你可以對著實例或查詢執行 restore()：

```
$contact->restore();

// 或

Contact::onlyTrashed()->where('vip', true)->restore();
```

強制刪除被虛刪除的項目　你可以對著項目或查詢呼叫 forceDelete() 來刪除被虛刪除的項目：

```
$contact->forceDelete();

// 或

Contact::onlyTrashed()->forceDelete();
```

作用域

我們討論了「篩選後」的查詢，也就是不會回傳資料表的每一項結果的查詢。但是截至目前為止，我們每一次編寫它們時，都是使用查詢建構器來手動處理。

你可以用 Eloquent 的本地和全域作用域來定義預建的作用域（*scope*）（篩選器），然後在每次查詢 model 時使用（全域），或是在使用方法鏈來查詢 model 時使用（局部）。

局部作用域

局部作用域是最容易瞭解的。舉個例子：

```
$activeVips = Contact::where('vip', true)->where('trial', false)->get();
```

首先，反覆編寫這一組查詢方法是令人厭煩的事情，此外，定義某人是「活躍的 VIP」這項知識也會遍布在我們的應用程式中。我們想要將這項知識集中於一處。如果我們可以這樣寫呢？

```
$activeVips = Contact::activeVips()->get();
```

確實可以，它稱為局部作用域。在 Contact 類別裡定義它很簡單，如範例 5-30 所示。

範例 5-30　在 *model* 內定義局部作用域

```
class Contact extends Model
{
    public function scopeActiveVips($query)
    {
        return $query->where('vip', true)->where('trial', false);
    }
}
```

要定義局部作用域，我們要在 Eloquent 類別中加入一個方法，該方法的名稱以「scope」開頭，接下來是首字母大寫的範圍名稱。這個方法接收查詢建構器，回傳查詢建構器，你當然可以在回傳它之前修改查詢——這也是重點所在。

你也可以定義可接收參數的作用域，見範例 5-31。

範例 5-31　傳遞參數給作用域

```
class Contact extends Model
{
    public function scopeStatus($query, $status)
    {
        return $query->where('status', $status);
    }
}
```

而且可以使用相同的方式來使用它們，只要傳遞參數給作用域即可：

```
$friends = Contact::status('friend')->get();
```

你也可以將 orWhere() 接在兩個局部作用域之間。

```
$activeOrVips = Contact::active()->orWhere()->vip()->get();
```

全域作用域

還記得我們說過：要讓虛刪除有用，必須限制每一個 model 查詢的作用域以忽略已被虛刪除的項目嗎？那就是全域作用域。我們也可以定義自己的全域作用域，該作用域會被套用至特定 model 發出的每一個查詢。

定義全域作用域的方法有兩種：使用 closure，或使用整個類別。在使用這兩種方法時，你要在 model 的 booted() 方法內註冊作用域。我們從 closure 方法開始看起，見範例 5-32。

範例 5-32　使用 *closure* 來加入全域作用域

```
...
class Contact extends Model
{
    protected static function booted()
    {
        static::addGlobalScope('active', function (Builder $builder) {
            $builder->where('active', true);
        });
    }
```

這樣就完成了，我們加入一個名為 active 的全域作用域，現在針對這個 model 的每一個查詢的作用域，都被限定為「active 被設為 true 的資料列」。

我們接下來要嘗試較長的寫法，見範例 5-33。執行下面的命令來建立名為 ActiveScope 的類別。

```
php artisan make:scope ActiveScope
```

它有一個 apply() 方法，此方法接受一個查詢建構器實例和一個 model 實例。

範例 5-33　建立全域作用域類別

```
<?php

namespace App\Models\Scopes;

use Illuminate\Database\Eloquent\Builder;
use Illuminate\Database\Eloquent\Model;
use Illuminate\Database\Eloquent\Scope;

class ActiveScope implements Scope
{
    public function apply(Builder $builder, Model $model): void
    {
        $builder->where('active', true);
    }
}
```

要對 model 套用這個作用域，你同樣要覆寫父類別的 booted() 方法，並使用 static 來呼叫類別的 addGlobalScope()，如範例 5-34 所示。

範例 5-34　套用基於類別的全域作用域

```php
<?php

use App\Models\Scopes;
use Illuminate\Database\Eloquent\Model;

class Contact extends Model
{
    protected static function booted()
    {
        static::addGlobalScope(new ActiveScope);
    }
}
```

無名稱空間的 Contact

你應該發現有幾個使用 Contact 類別的範例沒有指定名稱空間，這是為了節省本書的篇幅，並非正常寫法。通常即使是你的最上層的 model 都會位於 App\Models\Contact 這樣的地方。

移除全域作用域　移除全域範圍的做法有三種，全都使用 withoutGlobalScope() 或 withoutGlobalScopes() 方法。在移除採用 closure 的作用域時，你要用註冊該作用域時 addGlobalScope() 的第一個參數來作為移除作用域的鍵：

```php
$allContacts = Contact::withoutGlobalScope('active')->get();
```

如果你要移除一個採用單一類別的全域作用域，你可以將類別名稱傳給 withoutGlobalScope() 或 withoutGlobalScopes()：

```php
Contact::withoutGlobalScope(ActiveScope::class)->get();

Contact::withoutGlobalScopes([ActiveScope::class, VipScope::class])->get();
```

你也可以停用特定查詢的所有全域作用域：

```php
Contact::withoutGlobalScopes()->get();
```

自訂欄位互動——使用 accessor、mutator 和屬性轉義

知道如何使用 Eloquent 來將紀錄存入和取出資料庫之後，接下來要討論如何裝飾與操作 Eloquent model 的各個屬性。

你可以使用 accessor、mutator 與屬性轉義，來定義 Eloquent 實例的各個屬性如何輸入與輸出。如果你不使用它們，Eloquent 實例的每一個屬性都會被視為字串來對待，你的 model 的屬性都必須存在於資料庫中。但我們可以改變這個情形。

accessor

accessor 可讓你在 Eloquent model 中自訂屬性，並在你從 model 實例讀取資料時使用。使用它的原因可能是你想要改變特定欄位的輸出，或建立一個在資料表中不存在的自訂屬性。

要定義 accessor，你可以在 model 裡建立一個方法，並將它命名為你的特性名稱，名稱必須使用 camelCased 格式。所以，如果你的特性名稱是 first_name，那麼 accessor 方法要命名為 firstName。然後，這個方法要讓回傳型態可以展示它回傳一個 Illuminate\Database\Eloquent\Casts\Attribute 的實例。

我們來試一下。首先，我們要裝飾一個既有的欄位（範例 5-35）。

範例 5-35　使用 *Eloquent accessor* 來裝飾一個既有的欄位

```
// model 定義：
use Illuminate\Database\Eloquent\Casts\Attribute;

class Contact extends Model
{
    protected function name(): Attribute
    {
        return Attribute::make(
            get: fn (string $value) => $value ?: '(No name provided)',
        );
    }
}

// 使用 accessor：
$name = $contact->name;
```

但我們也可以使用 accessor 來定義不存在於資料庫內的屬性，如範例 5-36 所示。

範例 5-36　使用 *Eloquent accessor* 來定義一個沒有對應欄位的屬性

```
// model 定義：
class Contact extends Model
{
    protected function fullName(): Attribute
```

```
    {
        return Attribute::make(
            get: fn () => $this->first_name . ' ' . $this->last_name,
        );
    }
}

// 使用 accessor：
$fullName = $contact->full_name;
```

mutator

mutator 的工作方式與 accessor 一樣，但它們的用途是決定如何處理資料的設定，而非取得資料。如同 accessor，你可以使用它們來修改將資料寫入既有欄位的過程，或設定不存在於資料庫的欄位。

mutator 的定義方式與 accessor 相同，但我們設定的是 set 參數而不是 get 參數。

我們來試一下。首先，我們加入一個更新既有欄位的限制條件（範例 5-37）。

範例 5-37　使用 Eloquent mutator 來修改屬性值的設定

```
// 定義 mutator
class Order extends Model
{
    protected function amount(): Attribute
    {
        return Attribute::make(
            set: fn (string $value) => $value > 0 ? $value : 0,
        );
    }
}

// 使用 mutator
$order->amount = '15';
```

接下來，我們加入一個代理欄位來設定值，如範例 5-38 所示。如果我們要同時對多個欄位設定值，或如果我們要自訂所設定的欄位的名稱，我們可以讓 set() 方法回傳一個陣列。

範例 5-38　使用 *Eloquent mutator* 來設定不存在的屬性的值

```
// 定義 mutator
class Order extends Model
{
    protected function workgroupName(): Attribute
    {
        return Attribute::make(
            set: fn (string $value) => [
                'email' => "{$value}@ourcompany.com",
            ],
        );
    }
}

// 使用 mutator
$order->workgroup_name = 'jstott';
```

你應該已經猜到，為不存在的欄位建立 mutator 是相對罕見的做法，因為設定一個特性並用它來改變不同的欄位會帶來困擾，但這是可以做到的。

屬性轉義

你可能想要編寫 accessor 來將所有整數型態（integer-type）的欄位轉義為整數（integers）、或編碼與解碼 JSON 來存入 TEXT 欄位，或是在 TINYINT 0 及 1 與布林值之間互相轉換。

幸運的是，Eloquent 已經有一個做這些事情的系統了。它稱為屬性轉義（*attribute casting*），可讓你定義「任何一個欄位應該被視為特定資料型態，無論是在讀取時，還是在寫入時」。表 5-1 是可選擇的型態。

表 5-1　可以進行屬性轉義的欄位型態

型態	說明
int|integer	使用 PHP 來轉義（int）
real|float|double	使用 PHP 來轉義（float）
decimal:<digits>	使用 PHP number_format() 與所指定的小數位數來轉義
string	使用 PHP 來轉義（string）
bool|boolean	使用 PHP 來轉義（bool）
object|json	將 JSON 解析為 stdClass 物件，或反過來
array	將陣列解析為 JSON，或反過來

型態	說明
collection	將集合解析為 JSON，或反過來
date|datetime	將資料庫 DATETIME 解析為 Carbon，或反過來
timestamp	將資料庫 TIMESTAMP 解析為 Carbon，或反過來
encrypted	處理字串加密與解密
enum	轉義為 enum
hashed	處理字串的雜湊化

範例 5-39 展示如何在 model 中使用屬性轉義。

範例 5-39　在 Eloquent model 使用屬性轉義

```
use App\Enums\SubscriptionStatus;

class Contact extends Model
{
    protected $casts = [
        'vip' => 'boolean',
        'children_names' => 'array',
        'birthday' => 'date',
        'subscription' => SubscriptionStatus::class
    ];
}
```

自訂屬性轉義

如果內建的屬性型態不夠用，我們也可以自製轉義型態，並在 $casts 陣列裡使用它們。

你可以使用具有 get 與 set 方法的一般 PHP 類別來定義自訂轉義型態。當你從 eloquent model 讀取某個屬性時，get 方法會被呼叫。在將屬性存入資料庫之前，set 方法會被呼叫，如範例 5-40 所示。

範例 5-40　自訂轉義型態

```
<?php

namespace App\Casts;

use Carbon\Carbon;
use Illuminate\Support\Facades\Crypt;
use Illuminate\Contracts\Database\Eloquent\CastsAttributes;
```

```php
use Illuminate\Database\Eloquent\Model;

class Encrypted implements CastsAttributes
{
    /**
     * 轉義特定值。
     *
     * @param  array<string, mixed>  $attributes
     */
    public function get(Model $model, string $key, mixed $value, array $attributes)
    {
        return Crypt::decrypt($value);
    }

    /**
     * 準備特定值以便儲存。
     *
     * @param  array<string, mixed>  $attributes
     */
    public function set(Model $model, string $key, mixed $value, array $attributes)
    {
        return Crypt::encrypt($value);
    }
}
```

你可以在 Eloquent model 的 $casts 特性裡自訂轉義:

```php
protected $casts = [
    'ssn' => \App\Casts\Encrypted::class,
];
```

Eloquent 集合

當你在 Eloquent 中發出可能回傳多列的任何查詢呼叫時,你獲得的不是一個陣列,而是一個包裝了那些資料列的 Eloquent 集合,這是一種特殊類型的集合。我們來看一下集合與 Eloquent 集合,並瞭解它們為何比一般的陣列更好。

基本集合簡介

Laravel 的 Collection 物件(Illuminate\Support\Collection)很像加強版的陣列。它們在類陣列物件上公開的方法非常好用,當你使用它們一段時間後,你可能想要在非 Laravel 專案中使用它們 —— 此時你可以使用 Illuminate/Collections 程式包(*https://oreil.ly/YWnbl*)。

建立集合最簡單的方法是使用 collect() 輔助函式。你可以對它傳入陣列，也可以不傳入引數來建立一個空集合，之後再將項目放入。我們來試一下：

```
$collection = collect([1, 2, 3]);
```

假設我們想要篩選出每一個偶數：

```
$odds = $collection->reject(function ($item) {
    return $item % 2 === 0;
});
```

如果我們想要得到每一個項目都乘以 10 的集合呢？我們可以這樣做：

```
$multiplied = $collection->map(function ($item) {
    return $item * 10;
});
```

我們甚至可以只取得偶數，將它們全部乘以 10，並且用 sum() 來將它們化成一個數字：

```
$sum = $collection
    ->filter(function ($item) {
        return $item % 2 == 0;
    })->map(function ($item) {
        return $item * 10;
    })->sum();
```

如你所見，集合提供了一系列的方法，它們可以串接起來，針對你的陣列執行泛函操作。它們提供的功能與原生的 PHP 方法一樣，例如 array_map() 與 array_reduce()，但你不需要記住 PHP 那些難以預測的參數順序，何況方法串接語法絕對更易讀。

Collection 類別有超過 60 種方法可用，包括 max()、whereIn()、flatten() 與 flip()，但本書沒有足夠的篇幅可以介紹它們。我們會在第 17 章進一步討論它們，你也可以在 Laravel 集合文件（*https://oreil.ly/i83f4*）中看到所有的方法。

在使用陣列的地方使用集合

集合也可以在能夠使用陣列的任何地方（除了進行型態提示之外）使用。它們可以迭代，因此你可以將它們傳給 foreach；它們也可以用陣列風格來存取，所以如果它們有索引鍵，你可以試試 $a = $collection['a']。

消極集合

消極集合（lazy collection）（*https://oreil.ly/uyoGf*）利用 PHP 產生器的功能來處理龐大的資料組，同時讓應用程式使用極少量的記憶體。

假設你要迭代資料庫內的 100,000 筆聯絡資訊。如果使用 Laravel 的一般 Collections，全部的 100,000 筆紀錄都會被載入記憶體，對電腦而言是沉重的負擔，你可能很快就會遇到記憶體問題：

```
$verifiedContacts = App\Contact::all()->filter(function ($contact) {
    return $contact->isVerified();
});
```

Eloquent 可讓你輕鬆地使用消極集合與 Eloquent model。如果你使用 cursor 方法，Eloquent model 會回傳一個 LazyCollection 實例，而不是預設的 Collection 類別。使用消極集合的話，你的應用程式一次只會將一筆紀錄放入記憶體：

```
$verifiedContacts = App\Contact::cursor()->filter(function ($contact) {
    return $contact->isVerified();
});
```

Eloquent 集合加入什麼功能

每一個 Eloquent 集合都是一般的集合，只是經過擴展，以滿足 Eloquent 的結果集合的特殊需求。

同樣地，本書沒有足夠的篇幅可以討論所有新功能，但它們都圍繞著與集合互動的獨特層面，集合的實例不僅僅是一般物件，它們是代表資料庫資料列的物件。

例如，每一個 Eloquent 集合都有一個稱為 modelKeys() 的方法，它會回傳由每一個集合實例的主鍵組成的陣列。find($id) 可尋找主鍵為 $id 的實例。

它有一個附加的功能可讓你定義：特定的 model 應該將結果包在特定的集合類別裡回傳。所以，如果你要將特定的方法加入 Order model（可能與統計訂單的財務細節有關）的物件集合，你可以繼承 Illuminate\Database\Eloquent\Collection 來建立一個自訂的 OrderCollection，然後在你的 model 中註冊它，如範例 5-41 所示。

範例 5-41 為 Eloquent model 自訂 Collection 類別

```
...
class OrderCollection extends Collection
{
```

```
    public function sumBillableAmount()
    {
        return $this->reduce(function ($carry, $order) {
            return $carry + ($order->billable ? $order->amount : 0);
        }, 0);
    }
}

...
class Order extends Model
{
    public function newCollection(array $models = [])
    {
        return new OrderCollection($models);
    }
```

現在，當你取回 Orders 的集合時（例如，從 Order::all()），它實際上就是
OrderCollection 類別的實例：

```
$orders = Order::all();
$billableAmount = $orders->sumBillableAmount();
```

Eloquent 序列化

序列化就是將某種複雜的東西（陣列或物件）轉換成字串，在 web 環境下，那個字串通
常是 JSON，但也可能是別種格式。

將複雜的資料庫紀錄序列化可能很複雜，這也是許多 ORM 的缺點。幸好 Eloquent 提供
兩種強大的方法：toArray() 與 toJson()。集合也有 toArray() 與 toJson()，所以以下的
程式都有效：

```
$contactArray = Contact::first()->toArray();
$contactJson = Contact::first()->toJson();
$contactsArray = Contact::all()->toArray();
$contactsJson = Contact::all()->toJson();
```

你也可以將 Eloquent 實例或集合轉義成字串（$string = (string) $contact;），但是
model 與集合都只執行 toJson()，並回傳結果。

從路由方法直接回傳 model

Laravel 的 router 最終會將路由方法回傳的東西轉換成一個字串，所以你可以活用一種技
巧，如果你在 controller 中回傳 Eloquent 呼叫的結果，它將被自動轉義成字串，因而會

以 JSON 格式回傳，這意味著寫一個回傳 JSON 的路由很簡單，範例 5-41 裡的任何一種寫法皆可。

範例 5-42　從路由直接回傳 JSON

```php
// routes/web.php
Route::get('api/contacts', function () {
    return Contact::all();
});

Route::get('api/contacts/{id}', function ($id) {
    return Contact::findOrFail($id);
});
```

在轉換為 JSON 時隱藏屬性

在 API 中使用 JSON 回傳值很常見，此時，我們往往需要隱藏某些屬性，Eloquent 可讓你在每次轉義成 JSON 時隱藏任何屬性。

你可以隱藏你所列出的屬性：

```php
class Contact extends Model
{
    public $hidden = ['password', 'remember_token'];
```

或只顯示你所列出的屬性：

```php
class Contact extends Model
{
    public $visible = ['name', 'email', 'status'];
```

這也適用於關係：

```php
class User extends Model
{
    public $hidden = ['contacts'];

    public function contacts()
    {
        return $this->hasMany(Contact::class);
    }
```

載入關係的內容

在取出資料庫的紀錄時，關係（relationship）的內容在預設情況下不會載入，所以是否隱藏它們並不重要。但接下來你會看到，你可能會利用一筆紀錄的相關項目來讀取它，在這種情況下，隱藏關係可以防止該項目被放入那筆紀錄的序列化複本。

如果你好奇，你可以使用以下的呼叫來取得一個帶有所有 contact 的 User——如果關係被正確地設定的話：

```
$user = User::with('contacts')->first();
```

有時你只想讓一個屬性在單次呼叫中可被看見，此時可以使用 Eloquent 的 makeVisible() 方法：

```
$array = $user->makeVisible('remember_token')->toArray();
```

將生成的欄位加入陣列與 *JSON* 輸出

如果你已經為一個不存在的欄位建立 accessor（例如範例 5-36 的 full_name 欄位），你可以將它加入 model 的 $appends 陣列，這會將它加入陣列與 JSON 輸出：

```
class Contact extends Model
{
    protected $appends = ['full_name'];

    public function getFullNameAttribute()
    {
        return "{$this->first_name} {$this->last_name}";
    }
}
```

Eloquent 關係

在關聯式資料庫 model 中，資料表應該是互相關聯的，所以它稱為「關聯式」。Eloquent 提供簡單且強大的工具，可讓你輕鬆地建立資料表之間的關聯性。

本章的許多範例都圍繞著一位擁有多筆聯絡資訊（*contacts*）的用戶（*user*），這是相對常見的情況。

在 Eloquent 這類的 ORM 中，你可以稱它為一對多關係：一位用戶有多筆聯絡資訊。

客戶關係管理系統（CRM）可將同一筆聯絡資訊指派給多位用戶，這是多對多關係：許多用戶可以和一筆聯絡資訊建立關係，而且每一位用戶都可以和多筆聯絡資訊建立關係。一位用戶既擁有也屬於多筆聯絡資訊。

如果每一筆聯絡資訊可以擁有多個電話號碼，且用戶希望建立一個包含其 CRM 中的每一個電話號碼的資料庫，我們可以說用戶透過聯絡資訊擁有多個電話號碼——也就是說，用戶有多筆聯絡資訊，而聯絡資訊有多筆電話號碼，所以聯絡資訊是一種仲介。

如果每一筆聯絡資訊都有一個地址，但你只想記錄一個地址呢？雖然你可以在 Contact 裡儲存全部的地址欄位，但你也可以建立一個 Address model，這意味著聯絡資訊有一個地址。

最後，如果你想要為聯絡資訊標上星號（代表最喜歡的）以及事件時，該怎麼做？這是一種多型（*polymorphic*）關係，其中一位用戶會有多個星號，但可能有些是聯絡資訊，有些是事件。

所以，我們來深入瞭解如何定義與處理這些關係。

一對一

我們從簡單的談起：一個 Contact 擁有一筆 PhoneNumber。範例 5-43 定義這種關係。

範例 5-43　定義一對一關係

```
class Contact extends Model
{
    public function phoneNumber()
    {
        return $this->hasOne(PhoneNumber::class);
    }
```

如你所見，定義關係的方法在 Eloquent model 本身（$this->hasOne()），它接收（至少在這個例子中）你想要與之建立關係的類別的完整名稱。

這在資料庫裡是怎麼定義的？因為我們定義了 Contact 有一個 PhoneNumber，Eloquent 認為支援 PhoneNumber 類別（可能是 phone_numbers）的資料表有一個 contact_id 欄位。如果你取不一樣的名稱（例如 owner_id），你就要修改定義：

```
    return $this->hasOne(PhoneNumber::class, 'owner_id');
```

這是讀取 Contact 的 PhoneNumber 的寫法：

```
$contact = Contact::first();
$contactPhone = $contact->phoneNumber;
```

注意，我們在範例 5-43 中使用 phoneNumber() 來定義方法，但我們用 ->phoneNumber 來讀取它。這就是奧妙所在。你也可以使用 ->phone_number 來讀取它，這會回傳相關的 PhoneNumber 紀錄的完整 Eloquent 實例。

但如果我們要從 PhoneNumber 讀取 Contact 呢？在這種情況下也有一種方法可以使用（見範例 5-44）。

範例 5-44　定義一個逆向的一對一關係

```
class PhoneNumber extends Model
{
    public function contact()
    {
        return $this->belongsTo(Contact::class);
    }
}
```

然後我們可以這樣讀取它：

```
$contact = $phoneNumber->contact;
```

插入相關項目

每一種 model 關係類型都有不同的特性，但核心的運作方式是傳遞一個實例給 save() 或傳遞一個實例陣列給 saveMany()。你也可以傳遞特性給 create() 或 createMany()，它們會幫你建立新實例：

```
$contact = Contact::first();

$phoneNumber = new PhoneNumber;
$phoneNumber->number = 8008675309;
$contact->phoneNumbers()->save($phoneNumber);

// 或

$contact->phoneNumbers()->saveMany([
    PhoneNumber::find(1),
    PhoneNumber::find(2),
]);
```

```
    // 或

    $contact->phoneNumbers()->create([
        'number' => '+13138675309',
    ]);

    // 或

    $contact->phoneNumbers()->createMany([
        ['number' => '+13138675309'],
        ['number' => '+15556060842'],
    ]);
```

一對多

到目前為止，一對多關係是最常見的。我們來看看如何定義 User 有多個 Contacts（範例 5-45）。

範例 5-45　定義一對多關係

```
class User extends Model
{
    public function contacts()
    {
        return $this->hasMany(Contact::class);
    }
```

它同樣預期 Contact model 的背景資料表（可能是 contacts）有一個 user_id 欄位，如果沒有，你可以將正確的欄位名稱傳入 hasMany() 的第二個參數來覆寫它。

我們可以這樣取得 User 的 Contacts：

```
$user = User::first();
$usersContacts = $user->contacts;
```

如同一對一，我們使用關係方法的名稱，並將它當成特性而不是方法來呼叫它。但是，這個方法會回傳一個集合，而非 model 實例。而且這是個一般的 Eloquent 集合，所以可以用來做各種有趣的事情：

```
$donors = $user->contacts->filter(function ($contact) {
    return $contact->status == 'donor';
});
```

```
$lifetimeValue = $contact->orders->reduce(function ($carry, $order) {
    return $carry + $order->amount;
}, 0);
```

如同一對一，我們也可以定義逆向關係（範例 5-46）。

範例 5-46　定義逆向的一對多關係

```
class Contact extends Model
{
    public function user()
    {
        return $this->belongsTo(User::class);
    }
}
```

也如同一對一，我們可以從 Contact 讀取 User：

```
$userName = $contact->user->name;
```

附加相關項目，以及將相關項目從被附加的項目分離

多數情況下，在附加項目時，我們會執行父類別的 save() 並傳入相關的項目，例如 $user->contacts()->save($contact)。但如果你想要對著被附加的（「子」）項目執行這些行為，你可以對著回傳 belongsTo 關係的方法使用 associate() 與 dissociate()：

```
$contact = Contact::first();

$contact->user()->associate(User::first());
$contact->save();

// 然後

$contact->user()->dissociate();
$contact->save();
```

將關係當成查詢建構器來使用　到目前為止，我們都使用方法名稱（例如 contacts()）並將它當成特性來呼叫（例如 $user->contacts）。將它當成方法來呼叫會怎樣？它會回傳一個已設定作用域的查詢建構器，而不會處理關係。

所以如果你有 User 1，並且呼叫它的 contacts() 方法，你就會得到一個查詢建構器，其作用域被預設為「user_id 欄位的值為 1 的所有聯絡資訊」。你可以從它開始建立一個泛函查詢：

```
$donors = $user->contacts()->where('status', 'donor')->get();
```

只選擇具有相關項目的紀錄　你也可以使用 has() 來選擇相關項目符合特定條件的紀錄：

```
$postsWithComments = Post::has('comments')->get();
```

你也可以進一步修改條件：

```
$postsWithManyComments = Post::has('comments', '>=', 5)->get();
```

以及嵌套條件：

```
$usersWithPhoneBooks = User::has('contacts.phoneNumbers')->get();
```

最後，你可以針對相關項目編寫自訂查詢：

```
// 取得電話號碼包含 "867-5309" 的所有聯絡資訊
$jennyIGotYourNumber = Contact::whereHas('phoneNumbers', function ($query) {
    $query->where('number', 'like', '%867-5309%');
})->get();

// 上面的程式的精簡版本
$jennyIGotYourNumber = Contact::whereRelation(
    'phoneNumbers',
    'number',
    'like',
'%867-5309')->get();
```

has one of many

當你從一對多關係裡取出紀錄時，有一種常見情況是，你只想要從那個關係中取出一個項目，通常是最新的項目或最舊的項目。Laravel 為這些情況提供了一個便利工具：has one of many（取出多個項目中的一個）。

has one of many 關係可讓你定義特定的方法只用來取出相關集合中最新的項目，或最舊的項目，或特定欄位是最小值或最大值的項目，如範例 5-47 所示。

範例 5-47　定義 *has-one-of-many* 關係

```
class User extends Model
{
    public function newestContact(): HasOne
    {
        return $this->hasOne(Contact::class)->latestOfMany();
    }

    public function oldestContact(): HasOne
```

```
{
    return $this->hasOne(Contact::class)->oldestOfMany();
}

public function emergencyContact(): HasOne
{
    return $this->hasOne(Contact::class)->ofMany('priority', 'max');
}
```

Has many through

方便的 hasManyThrough() 方法可以讓你取得一個關係的關係（relationships of a
relationship）。在之前的範例裡，一個 User 有多個 Contact，且一個 Contact 有多個
PhoneNumber。如果你想要取得一位用戶的聯絡電話號碼清單呢？這就是 has-many-
through 關係。

這個結構假設你的 contacts 表用一個 user_id 來建立與 user 之間的關係，而 phone_
numbers 表用一個 contact_id 來建立與 contact 之間的關係。接下來，我們在 User 定義
關係，如範例 5-48 所示。

範例 5-48　定義 has-many-through 關係

```
class User extends Model
{
    public function phoneNumbers()
    {
        // 使用字串的新語法
        return $this->through('contact')->has('phoneNumber');

        // 傳統語法
        return $this->hasManyThrough(PhoneNumber::class, Contact::class);
    }
```

你要使用 $user->phone_numbers 來取得這個關係。如果你需要在中間 model 或遠端
model 上自訂關係鍵，請使用傳統語法；你可以在中間 model 上定義關係鍵（使用
hasManyThrough() 的第三個參數），以及在遠端 model 上定義關係鍵（使用第四個參數）。

Has one through

hasOneThrough() 很像 hasManyThrough()，但它不是透過中間項目來讀取許多相關項目，
而是僅僅透過一個中間項目來讀取一個相關項目。

如果每一位用戶都屬於一家公司，且那家公司有一個電話號碼，你希望取得用戶的公司的電話號碼來取得用戶的電話號碼，這就是 has-one-through 關係，如範例 5-49 所示。

範例 5-49　定義 has-one-through 關係

```
class User extends Model
{
    public function phoneNumber()
    {
        // 使用字串的新語法
        return $this->through('company')->has('phoneNumber');

        // 傳統語法
        return $this->hasOneThrough(PhoneNumber::class, Company::class);
    }
```

多對多

接下來的關係越來越複雜。我們使用一個 CRM 例子，它可讓一位 User 擁有多個 Contact，而且每一個 Contact 與多位 User 有關聯。

首先，我們在 User 定義關係，見範例 5-50。

範例 5-50　定義多對多關係

```
class User extends Model
{
    public function contacts()
    {
        return $this->belongsToMany(Contact::class);
    }
}
```

這是多對多，所以它的逆向看起來完全相同（範例 5-51）。

範例 5-51　定義多對多關係的逆向

```
class Contact extends Model
{
    public function users()
    {
        return $this->belongsToMany(User::class);
    }
}
```

因為單一 Contact 不能有 user_id 欄位,且單一 User 不能有 contact_id 欄位,所以多對多關係需要用一個樞紐表來連接兩者。這個表的命名慣例通常是將兩個表格的名稱放在一起,按照字母順序,並在它們之間加上一條底線。

因為我們要連接 users 與 contacts,所以樞紐表的名稱應該是 contact_user(如果你想要自訂表格名稱,可在 belongsToMany() 方法的第二個參數傳入名稱)。它需要兩個欄位:contact_id 與 user_id。

如同 hasMany(),我們可以讀取相關項目的集合,但這一次是從兩邊(範例 5-52)。

範例 5-52　從多對多關係的兩邊讀取相關項目

```
$user = User::first();

$user->contacts->each(function ($contact) {
    // 做想做的事情
});

$contact = Contact::first();

$contact->users->each(function ($user) {
    // 做想做的事情
});

$donors = $user->contacts()->where('status', 'donor')->get();
```

從樞紐表取得資料　多對多的特殊之處在於,它是我們看到的第一個有樞紐表的關係。樞紐表的資料越少越好,但有時在樞紐表儲存資訊是有價值的,例如,你可以儲存一個 created_at 欄位來記錄關係是何時建立的。

若要儲存這些欄位,你必須將它們加入關係定義,見範例 5-53。你可以使用 withPivot() 來定義特定的欄位,或使用 withTimestamps() 來加入 created_at 與 updated_at 時戳。

範例 5-53　在樞紐紀錄中加入欄位

```
public function contacts()
{
    return $this->belongsToMany(Contact::class)
        ->withTimestamps()
        ->withPivot('status', 'preferred_greeting');
}
```

透過關係取得的 model 實例有一個 pivot 特性，代表你從樞紐表的哪個位置取出它。所以，你可以做類似範例 5-54 的事情。

範例 5-54　從相關項目的樞紐項目取得資料

```
$user = User::first();

$user->contacts->each(function ($contact) {
    echo sprintf(
        'Contact associated with this user at: %s',
        $contact->pivot->created_at
    );
});
```

喜歡的話，你可以使用 as() 方法來讓 pivot 鍵有不同的名稱，見範例 5-55。

範例 5-55　自訂 pivot 屬性名稱

```
// User model
public function groups()
{
    return $this->belongsToMany(Group::class)
        ->withTimestamps()
        ->as('membership');
}
// 使用這個關係：
User::first()->groups->each(function ($group) {
    echo sprintf(
        'User joined this group at: %s',
        $group->membership->created_at
    );
});
```

附加與分離多對多關係項目的獨特面向

因為樞紐表可以擁有自己的特性，當你附加多對多關係的項目時，你需要設定這些特性。你可以將一個陣列傳入 save() 的第二個參數：

```
$user = User::first();
$contact = Contact::first();
$user->contacts()->save($contact, ['status' => 'donor']);
```

你也可以使用 attach() 與 detach() 並直接傳遞 ID，而不是傳遞相關項目的實例。它們的工作方式與 save() 相同，但也可以接收 ID 陣列，而不需要將方法改為 attachMany() 之類的名稱：

```
$user = User::first();
$user->contacts()->attach(1);
$user->contacts()->attach(2, ['status' => 'donor']);
$user->contacts()->attach([1, 2, 3]);
$user->contacts()->attach([
    1 => ['status' => 'donor'],
    2,
    3,
]);

$user->contacts()->detach(1);
$user->contacts()->detach([1, 2]);
$user->contacts()->detach(); // 分離所有 contacts
```

如果你的目的不是進行附加或分離，只想復原當下的連接狀態，你可以使用 toggle() 方法。如果你傳給 toggle() 的 ID 在當時是附加的，它會被分離，如果它當時是分離的，它會被附加：

```
$user->contacts()->sync([1, 2, 3]);
```

你也可以使用 updateExistingPivot() 來改變樞紐紀錄：

```
$user->contacts()->updateExistingPivot($contactId, [
    'status' => 'inactive',
]);
```

如果你想要替換當下的關係，快速地分離之前的所有關係，並附加新的關係，可傳遞一個陣列給 sync()：

```
$user->contacts()->sync([1, 2, 3]);
$user->contacts()->sync([
    1 => ['status' => 'donor'],
    2,
    3,
]);
```

多型（Polymorphic）

別忘了，多型關係是指有多個 Eloquent 類別對應至相同的關係。我們用 Stars（類似「我的最愛」）來介紹它。一位用戶可以為 Contacts 與 Events 加上星號，這是多型這個名稱的由來：讓多種類型的物件使用同一個介面。

所以，我們需要三個表（stars、contacts、events），與三個 model（Star、Contact 與 Event）。事實上，你分別需要四個，因為你也需要 users 與 User，但我們很快就會加入它們。contacts 和 events 表與平常一樣，stars 表包含 id、starrable_id 與 starrable_type 欄位。我們將為每一個 Star 定義它的「型態」（例如 Contact 或 Event）以及那個型態的 ID（例如 1）。

我們來建立 model，如範例 5-56 所示。

範例 5-56　為多型星號標記系統建立 model

```
class Star extends Model
{
    public function starrable()
    {
        return $this->morphTo();
    }
}

class Contact extends Model
{
    public function stars()
    {
        return $this->morphMany(Star::class, 'starrable');
    }
}

class Event extends Model
{
    public function stars()
    {
        return $this->morphMany(Star::class, 'starrable');
    }
}
```

那麼，如何建立 Star？

```
$contact = Contact::first();
$contact->stars()->create();
```

就是這麼簡單。現在 Contact 已經被標上星號了。

為了找出某個 Contact 的所有 Star，我們像範例 5-57 那樣呼叫 stars() 方法。

範例 5-57　取出多型關係的實例

```
$contact = Contact::first();

$contact->stars->each(function ($star) {
    // 做想做的事情
});
```

如果我們有個 Star 實例，我們可以呼叫用來定義它的 morphTo 關係的方法來取得它的目標，在此它是 starrable()。見範例 5-58。

範例 5-58　取出多型實例的目標

```
$stars = Star::all();

$stars->each(function ($star) {
    var_dump($star->starrable); // Contact 或 Event 的實例
});
```

最後，如果你想知道誰幫這個 contact 標上星號呢？這是個好問題。你只要在 stars 表加入 user_id，然後設定一個 User 有多個 Star，而且一個 Star 屬於一個 User 即可，這是一對多關係（見範例 5-59）。stars 表幾乎就像是一個介於你的 User 與你的 Contact 及 Event 之間的樞紐表。

範例 5-59　擴展多型系統，來根據用戶進行區分

```
class Star extends Model
{
    public function starrable()
    {
        return $this->morphsTo;
    }

    public function user()
    {
        return $this->belongsTo(User::class);
    }
}

class User extends Model
{
```

```
    public function stars()
    {
        return $this->hasMany(Star::class);
    }
}
```

這樣就好了！現在你可以執行 $star->user 或 $user->stars 來尋找一位 User 的 Star 清單，或從 Star 尋找標記星號的 User。此外，當你建立新的 Star 時，你也要傳遞 User：

```
$user = User::first();
$event = Event::first();
$event->stars()->create(['user_id' => $user->id]);
```

多對多的多型關係

多對多的多型關係是最複雜且最罕見的關係類型，它類似多型關係，不同之處在於它不是一對多，而是多對多。

這種關係類型最常見的例子就是標籤（tag），為了保持通用性，我將以此為例。假設你希望標記 Contact 與 Event。多對多的多型的獨特之處在於它是多對多的：每一個標籤都可以套用到多個項目，而每一個被標記的項目也可以擁有多個標籤。而且，它是多型的：標籤可以和許多不同型態的項目建立關係。我們將從多型關係的一般結構開始看起，但也會加入一個樞紐表。

這意味著，我們需要一個 contacts 表、一個 events 表，與一個 tags 表，它們就像具有 ID 與其他特性的普通表，以及一個新的 taggables 表，它有 tag_id、taggable_id 與 taggable_type 欄位。taggables 表的每一個項目都建立一個標籤與一個 taggable 內容類型的關係。

我們在 model 裡定義這個關係，如範例 5-60 所示。

範例 5-60　定義一個多型的多對多關係

```
class Contact extends Model
{
    public function tags()
    {
        return $this->morphToMany(Tag::class, 'taggable');
    }
}

class Event extends Model
{
```

```
    public function tags()
    {
        return $this->morphToMany(Tag::class, 'taggable');
    }
}

class Tag extends Model
{
    public function contacts()
    {
        return $this->morphedByMany(Contact::class, 'taggable');
    }

    public function events()
    {
        return $this->morphedByMany(Event::class, 'taggable');
    }
}
```

這是建立第一個標籤的方式：

```
$tag = Tag::firstOrCreate(['name' => 'likes-cheese']);
$contact = Contact::first();
$contact->tags()->attach($tag->id);
```

我們一如往常地取得這種關係的結果，如範例 5-61 所示。

範例 5-61　從多對多的多型關係的兩邊取得相關的項目

```
$contact = Contact::first();

$contact->tags->each(function ($tag) {
    // 做想做的事情
});

$tag = Tag::first();
$tag->contacts->each(function ($contact) {
    // 做想做的事情
});
```

從子紀錄更新父紀錄的時戳

記住，在預設情況下，任何 Eloquent model 都有 created_at 與 updated_at 時戳。
Eloquent 會在你對紀錄進行任何更改時自動設定 updated_at 時戳。

如果相關項目與其他項目之間有 belongsTo 或 belongsToMany 關係的話,在相關項目被更新時將另一個項目標記成已更新可能很有幫助。例如,當 PhoneNumber 被更新時,與它有關聯的 Contact 或許也應該標記為「已被更新」。

我們可以在子類別的 $touches 陣列特性裡加入該關係的方法名稱來實現,如範例 5-62 所示。

範例 5-62 每當子紀錄被更新時,就更新父紀錄

```
class PhoneNumber extends Model
{
    protected $touches = ['contact'];

    public function contact()
    {
        return $this->belongsTo(Contact::class);
    }
}
```

積極載入

在預設情況下,Eloquent 使用消極載入(*lazy loading*)來載入關係。也就是說,當你載入一個 model 實例時,與它相關的 model 不會一起載入,等到你在 model 讀取它們時,它們才會被載入,它們是「消極的」,在被呼叫之前不會做任何工作。

如果你要迭代一個 model 實例串列,且其中的每一個實例都有一個(或多個)相關的項目,這種做法會出問題。消極載入的問題在於,它會造成大量的資料庫負擔(通常是 N+1 問題,如果你不知道那是什麼,請假裝你沒有看到括號內的文字)。例如,每次範例 5-63 的迴圈執行時,它就會執行一個新的資料庫查詢,來尋找那個 Contact 的電話號碼。

範例 5-63 為串列的各個項目取出一個相關的項目(N+1)

```
$contacts = Contact::all();

foreach ($contacts as $contact) {
    foreach ($contact->phone_numbers as $phone_number) {
        echo $phone_number->number;
    }
}
```

如果你要載入 model 實例，而且你知道你將處理它的關係，你可以積極載入它的一或多個相關項目：

```
$contacts = Contact::with('phoneNumbers')->get();
```

使用 with() 方法來檢索會取得與被拉出來的項目有關的所有項目；就像在這個例子裡，我們將定義關係的方法名稱傳給它。

在使用積極載入時，我們不是在相關項目被請求時一次拉出一個（例如，每次 foreach 迴圈執行時，就選擇一個聯絡人的電話號碼），而是用一個查詢來拉出最初的項目（選擇所有聯絡人），再用第二個查詢來拉出它們的所有相關項目（選擇剛才拉出來的聯絡人的所有電話號碼）。

要積極載入多個關係，你可以傳遞想要積極載入的關係陣列給 with()：

```
$contacts = Contact::with(['phoneNumbers', 'addresses'])->get();
```

你可以嵌套積極載入，來積極載入關係的關係：

```
$authors = Author::with('posts.comments')->get();
```

限制積極載入 如果你想要積極載入一個關係，而非所有項目，你可以傳遞一個 closure 給 with()，來明確定義你要積極載入哪些相關的項目：

```
$contacts = Contact::with(['addresses' => function ($query) {
    $query->where('mailable', true);
}])->get();
```

消極積極載入 我們剛才將積極載入定義成與消極載入相反的做法，所以消極積極載入聽起來很奇怪，但有時我們要等到拉取最初的實例之後，才知道接下來需要執行積極載入查詢。在這種情況下，你仍然可以發出一個查詢來尋找所有相關項目，避免 N+1 成本。我們稱之為消極積極載入：

```
$contacts = Contact::all();

if ($showPhoneNumbers) {
    $contacts->load('phoneNumbers');
}
```

若要在一項關係還沒有被載入時再載入它，可使用 loadMissing() 方法：

```
$contacts = Contact::all();

if ($showPhoneNumbers) {
```

```
    $contacts->loadMissing('phoneNumbers');
}
```

防止消極載入　由於消極載入通常是不受歡迎的模式，你可以一次為整個應用程式停用消極載入。建議你在 AppServiceProvider 的 boot() 方法中進行這個動作：

```
use Illuminate\Database\Eloquent\Model;

public function boot()
{
    Model::preventLazyLoading(! $this->app->isProduction());
}
```

僅積極載入數量　如果你只是為了取得每一個關係中的項目數量而進行積極載入，你可以試試 withCount()：

```
$authors = Author::withCount('posts')->get();

// 為每個 Author 添加一個 "posts_count" 整數，
// 以儲存該作者的文章數量
```

Eloquent 事件

每當有某些動作發生時，Eloquent model 就會將事件發射到你的應用程式的小宇宙裡，無論你是否監聽它，如果你很熟悉 pub/sub，這是同一種模式（第 16 章會教你 Laravel 的整個事件系統）。

接下來簡單地說明如何綁定一個監聽器來監聽何時有 Contact 被建立。我們要在 AppServiceProvider 的 boot() 方法裡面綁定它，假設每當我們建立一個新的 Contact 時，就要通知第三方服務（範例 5-64）。

範例 5-64　綁定 Eloquent 事件監聽器

```
class AppServiceProvider extends ServiceProvider
{
    public function boot(): void
    {
        $thirdPartyService = new SomeThirdPartyService;

        Contact::creating(function ($contact) use ($thirdPartyService) {
            try {
                $thirdPartyService->addContact($contact);
            } catch (Exception $e) {
```

```
            Log::error('Failed adding contact to ThirdPartyService; canceled.');

            return false; // 取消 Eloquent create()
        }
    });
}
```

你可以從範例 5-64 看到幾件事情。首先，我們使用 *Modelname::eventName()* 作為方法並傳入 closure。這個 closure 可以存取被操作的 model 實例。其次，我們在一個服務供應器裡面定義這個監聽器。第三，如果我們回傳 false，操作會被取消，save() 或 update() 也會被取消。

以下是每一個 Eloquent model 都可以觸發的事件：

- creating
- created
- updating
- updated
- saving
- saved

- deleting
- deleted
- restoring
- restored
- retrieved

你應該可以從名稱看出上面的每一個事件的意義，或許除了 restoring 與 restored 之外，它們會在你復原被虛刪除的資料列時觸發。此外，saving 會在 creating 與 updating 時觸發，而 saved 會在 created 及 updated 時觸發。

retrieved 事件會在資料庫裡的既有 model 被取出時觸發。

測試

Laravel 的整個應用測試框架可讓你輕鬆地測試資料庫，你不需要針對 Eloquent 編寫單元測試，而是測試整個應用程式。

考慮這種場景：你想要確定特定的網頁會顯示某一筆聯絡資訊，而不是其他的聯絡資訊。該邏輯和 URL、controller 及資料庫之間的互動有關，因此測試它的最佳方法是使用應用測試。你可能想要 mocking Eloquent 呼叫，並試著避免系統存取資料庫，不要這樣做，而是試一下範例 5-65。

範例 5-65　使用簡單的應用測試來測試資料庫互動

```php
public function test_active_page_shows_active_and_not_inactive_contacts()
{
    $activeContact = Contact::factory()->create();
    $inactiveContact = Contact::factory()->inactive()->create();

    $this->get('active-contacts')
        ->assertSee($activeContact->name)
        ->assertDontSee($inactiveContact->name);
}
```

如你所見，model 工廠與 Laravel 的應用測試功能都很適合測試資料庫呼叫。

你也可以在資料庫內直接查看該筆紀錄，如範例 5-66 所示。

範例 5-66　使用 *assertDatabaseHas()* 來查看資料庫內的某些紀錄

```php
public function test_contact_creation_works()
{
    $this->post('contacts', [
        'email' => 'jim@bo.com'
    ]);

    $this->assertDatabaseHas('contacts', [
        'email' => 'jim@bo.com'
    ]);
}
```

Eloquent 與 Laravel 的資料庫框架都已經被廣泛地測試過了，所以你不需要測試它們。你不需要 mock 它們，如果你真的想要避免接觸資料庫，你可以使用版本庫（repository），然後回傳未儲存的 Eloquent model 實例。但測試你的應用程式如何使用資料庫邏輯才是最重要的事情。

如果你有自訂的 accessor、mutator、作用域或其他東西，你也可以直接測試它們，如範例 5-67 所示。

範例 5-67　測試 *accessor*、*mutator* 與作用域

```php
public function test_full_name_accessor_works()
{
    $contact = Contact::factory()->make([
        'first_name' => 'Alphonse',
        'last_name' => 'Cumberbund'
    ]);
```

```
        $this->assertEquals('Alphonse Cumberbund', $contact->fullName);
    }

    public function test_vip_scope_filters_out_non_vips()
    {
        $vip = Contact::factory()->vip()->create();
        $nonVip = Contact::factory()->create();

        $vips = Contact::vips()->get();

        $this->assertTrue($vips->contains('id', $vip->id));
        $this->assertFalse($vips->contains('id', $nonVip->id));
    }
```

請勿在編寫測試時，建立複雜的「Demeter 鏈」來斷言（assert）特定的流利堆疊（fluent stack）是針對某個資料庫 mock 呼叫的。如果你的測試開始圍繞著資料庫變得越來越複雜，那是因為你先入為主的觀念導致你進入複雜的系統裡，請保持簡單。

TL;DR

Laravel 具備一組強大的資料庫工具，包括 migration、seeding、優雅的查詢建構器，以及 Eloquent，它是強大的 ActiveRecord ORM。Laravel 的資料庫工具不強迫你使用 Eloquent，你可以透過一層薄薄的便利軟體層來存取和操作資料庫，而不必直接撰寫 SQL。但添加 ORM 很簡單，無論它是 Eloquent、Doctrine 還是其他 ORM，它們都可以和 Laravel 的核心資料庫工具順暢地合作。

Eloquent 遵循 ActiveRecord 模式，可讓你輕鬆地定義由資料庫支援的物件，包括它們被儲存在哪個資料表、它們的欄位的外形（shape）、accessor 與 mutator。Eloquent 能夠處理各種常規的 SQL 動作，也有能力處理複雜的關係，甚至多型的多對多關係。

Laravel 也有一個測試資料庫的穩健系統，包括 model 工廠。

## 第六章

前端組件

一般認為 Laravel 是一種 PHP 框架，但它也是 *full stack*（完整的技術疊），這意味著它有一系列專門生成前端程式碼的組件和規範。其中有些工具是前端的 PHP 輔助函式，像是分頁和訊息包（message bag），但 Laravel 也提供基於 Vite 的前端組建系統、一些關於非 PHP 資產的規範，以及幾個入門套件。

Laravel 的入門套件

Laravel 提供一個完整的組建系統，稍後會介紹，但它也有容易安裝的入門套件，這些套件包含模板、身分驗證系統、樣式、JavaScript，以及用戶註冊和管理工作流程。

Laravel 的兩個入門套件稱為 Breeze 和 Jetstream。

Breeze 是比較簡單的套件，它提供 Laravel 的身分驗證系統所需的所有路由、view 和樣式，包括註冊、登入、密碼重設、密碼確認、電子郵件確認，以及一個「編輯個人資料」頁面。Breeze 包含了 Tailwind 樣式，你可以選擇 Blade 模板，或是 Inertia 以及 React 或 Vue。

Jetstream 則較為複雜且穩健，它提供 Breeze 的所有的功能，並加入雙因素驗證、session 管理、API 權杖管理和團隊管理功能。Jetstream 包含了 Tailwind 樣式，你可以選擇 Livewire 或是 Vue 及 Inertia。

 Inertia 是一種前端工具，可讓你在 JavaScript 中建立單頁應用程式，並使用 Laravel 的路由和 controller 來提供每個 view 的路由和資料，如同以伺服器來算繪的傳統應用程式一般。詳情請見 *inertiajs.com*。

如果你是 Laravel 新手，Breeze 比較容易理解，而且可以直接使用 Blade。大多數 Laravel 應用程式只要使用 Breeze 即可正常運作。

Jetstream 沒有提供僅使用 Blade 或 React 的選項，你必須選擇使用某種前端框架。你的選項是 Vue/Inertia 或 Livewire，後者是一個專案，可讓你用大部分的時間來編寫後端程式，同時讓你的 Laravel 應用程式獲得前端互動性。然而，Jetstream 更強大，所以如果你對 Laravel 和 Livewire 或 Inertia 都很熟悉，並且你的專案需要這些額外的功能，或許 Jetstream 是你的最佳選擇。

Laravel Breeze

Laravel Breeze 是一個簡單的入門套件，可為一般的 Laravel 應用程式提供所有必要的功能，它可以讓你的用戶能夠進行註冊、登入，以及管理他們的個人資料。

安裝 Breeze

Breeze 的目的是安裝在新的應用程式上，所以它通常是你開始設計新應用程式時第一個安裝的工具：

```
laravel new myProject
cd myProject
composer require laravel/breeze --dev
```

將 Breeze 加入你的專案後，你要執行它的安裝程式：

```
php artisan breeze:install
```

執行安裝程式後，系統會提示你選擇一個技術疊（stack）：Blade、React 和 Inertia 的組合、Vue 和 Inertia 的組合，或 API，後者的目的是支援非 Inertia 前端，例如 Next.js。後續的小節將解釋這些技術疊。

安裝 Breeze 後，務必執行你的 migration 並組建你的前端：

```
php artisan migrate
npm install
npm run dev
```

Breeze 包含什麼？

Breeze 自動註冊了用於註冊、登入、登出、密碼重設、電子郵件驗證和密碼確認頁面的路由。這些路由位於一個新的 *routes/auth.php* 檔案內。

非 API 形式的 Breeze 也為用戶的儀表板和「編輯個人資料」頁面註冊了路由，並直接將這些路由加入 *routes/web.php* 檔案。

非 API 形式的 Breeze 也發布了「編輯個人資料」頁面、電子郵件驗證、密碼重設以及其他幾個身分驗證相關功能的 controller。

此外，它也加入 Tailwind、Alpine.js 和 PostCSS（用於 Tailwind）。除了這些共享的檔案和依賴項目之外，每個技術疊都根據其需求加入獨特的元件：

Breeze Blade

　　Breeze Blade 有一套 Blade 模板提供上述功能，你可以在 *resources/views/auth*、*resources/view/components*、*resources/views/profile* 以及一些其他地方找到它們。

Breeze Inertia

　　這兩個 Inertia 技術疊都引入了 Inertia、Ziggy（一種在 JavaScript 中產生指向 Laravel 路由 URL 的工具）、Tailwind 的「forms」組件，以及讓前端框架得以運作的 JavaScript 程式包。它們也都發布了一個基本的 Blade 模板，這個模板會載入 Inertia 和一系列 React/Vue 組件，以供於 *resources/js* 目錄中發布的所有頁面使用。

Breeze API

　　Breeze 的 API stack 所安裝的程式碼和程式包遠少於其他的技術疊，它也移除所有新的 Laravel 應用程式附帶的既有 bootstrap 檔案。API stack 的目的是準備一個應用程式，讓它僅作為獨立的 Next.js 應用程式的 API 後端，因此它刪除了 *package.json*、所有的 JavaScript 和 CSS 檔案，以及所有前端模板。

Laravel Jetstream

Jetstream 在 Breeze 的功能基礎上進一步增加了用來啟動新應用程式的工具；然而，它是比較複雜的配置，而且提供較少的組態設定選項，所以在選擇使用 Jetstream 而非 Breeze 之前，你要確定你真的需要它。

Jetstream 像 Breeze 一樣，發布了路由、controller、view 和組態設定檔案。Jetstream 像 Breeze 一樣使用 Tailwind，並提供不同技術「疊」。

然而，與 Breeze 不同的是，Jetstream 需要互動性，所以它不是指提供使用 Blade 的技術疊，而是提供兩個選擇：Livewire（這是包含一些由 PHP 支援的 JavaScript 互動功能的 Blade）或 Inertia/Vue（Jetstream 沒有 React 形式）。

Jetstream 也藉著引入團隊管理功能、雙因素驗證、session 管理和個人 API 權杖管理來擴展 Breeze 的產品系列。

安裝 Jetstream

Jetstream 應安裝於新的 Laravel 應用程式，你可以用 Composer 來安裝它：

```
laravel new myProject
cd myProject
composer require laravel/jetstream
```

將 Jetstream 加入你的專案後，你要執行它的安裝程式。與 Breeze 不同的是，系統不會提示你選擇技術疊，你要用命令的第一個參數傳入技術疊（livewire 或 inertia）。

```
php artisan jetstream:install livewire
```

如果你想在 Jetstream 中加入團隊管理功能，那就要在安裝步驟中傳遞 --teams 旗標：

```
php artisan jetstream:install livewire --teams
```

安裝 Jetstream 之後，執行你的 migration 並組建你的前端：

```
php artisan migrate
npm install
npm run dev
```

Jetstream 包含什麼？

Jetstream 發布了大量的程式碼，以下是簡單的摘要：

- User model 新增雙因素驗證和個人照片功能（並加入及修改所需的 migration）
- 可讓已登入的用戶使用的儀表板
- Tailwind、Tailwind 表單、Tailwind 排版
- Laravel Fortify，Jetstream 的後端驗證組件
- 在 *app/Actions* 裡，供 Fortify 和 Jetstream 使用的「操作」
- 在 *resources/markdown* 裡，授權條款和政策頁面的 Markdown 文本
- 龐大的測試套件

Fortify

Fortify 是一個 headless 身分驗證系統。它提供 Laravel 所需的所有身分驗證功能的路由及 controller，包含登入、註冊、密碼重設…等，以供你選擇的任何前端使用。

Jetstream 建立在 Fortify 的基礎之上，實際上，你可以將 Jetstream 視為 Fortify 的多種可能的前端之一。Jetstream 也增加了後端功能，它展現了用 Fortify 來支援的身分驗證系統有多麼穩健。

Jetstream 的 Livewire 和 Inertia 組態分別有稍微不同的依賴項目和模板位置：

Jetstream Livewire

Jetstream 的 Livewire 模板可讓你的應用程式使用 Livewire 和 Alpine，且為前端發布 Livewire 組件。它提供：

- Livewire

- Alpine.js

- 位於 *app/View/Components* 的 Livewire 組件

- 位於 *resources/views* 的前端模板

Jetstream Inertia

Jetstream 的 Inertia 模板可以讓你的應用程式使用 Inertia 和 Vue，並為前端發布 Vue 組件。它提供：

- Inertia

- Vue

- 位於 *resources/js* 的 Vue 模板

自訂你的 jetstream 安裝

Jetstream 建構於 Fortify 之上，所以自訂 Jetstream 有時意味著自訂 Fortify。你可以修改位於 *config/fortify.php*、*config/jetstream.php*、*FortifyServiceProvider* 和 *JetstreamServiceProvider* 裡的任何組態設定。

Breeze 發布 controller 來讓你修改其行為，Jetstream 則是發布操作（action），每一個操作都是一次性的行為區塊（chunk of behavior），其名稱類似 *ResetUserPassword.php* 或 *DeleteUser.php*。

進一步的 Jetstream 功能

Jetstream 可讓你的應用程式管理團隊、個人 API 權杖、雙因素驗證，以及追蹤和斷開所有活躍的 session。你也可以在自己的程式碼中利用 Jetstream 提供的一些 UI 便利功能，例如自訂的閃光橫幅。

若要進一步瞭解這一切如何運作，請參考 Laravel 的 Jetstream 文件（*https://jetstream. laravel.com*），這些文件十分詳盡。

Laravel 的 Vite 組態設定

Vite 是一種本地前端開發環境，它結合了開發伺服器和基於 Rollup 的建構工具鏈，它看起來有很多功能，但在 Laravel 裡，它的用途主要是將 CSS 和 JavaScript 資產包在一起。

Laravel 提供了一個 NPM 外掛和一個 Blade 指令來方便你使用 Vite。它們都已經內建於 Laravel 應用程式了，連同一個組態檔案：*vite.config.js*。

請參考範例 6-1 以瞭解預設的 *vite.config.js* 檔案的內容。

範例 6-1　預設的 *vite.config.js*

```
import { defineConfig } from 'vite';
import laravel from 'laravel-vite-plugin';

export default defineConfig({
    plugins: [
        laravel({
            input: ['resources/css/app.css', 'resources/js/app.js'],
            refresh: true,
        }),
    ],
});
```

我們定義了要用哪些檔案來組建外掛（input），並指示我們希望「每次儲存 view 檔案時，就重新整理頁面」（refresh）。

在預設情況下，Vite 會從範例 6-1 列出的兩個檔案中提取資料，並且在這些資料夾內的任何檔案被修改時自動重新整理：

- *app/View/Components/*
- *lang/*
- *resources/lang/*
- *resources/views/*
- *routes/*

將 Vite 組態指向 CSS 和 JavaScript 入口檔案之後，我們要用 @vite Blade 指令來引用這些檔案，如範例 6-2 所示。

範例 6-2　使用 @vite Blade 指令

```
<html>
<head>
    @vite(['resources/css/app.css', 'resources/js/app.js'])
```

這樣就好了！接著來看看如何使用 Vite 來打包檔案。

 如果你的本地開發域名是安全連結（HTTPS），你要修改 *vite.config.js* 檔案以指向你的憑證。如果你使用 Valet，有一個特別的組態選項可用：

```
// ...
export default defineConfig({
    plugins: [
        laravel({
            // ...
            valetTls: 'name-of_my-app-here.test',
        }),
    ],
});
```

使用 Vite 來打包檔案

最後，該打包我們的資產了。使用 Vite 來打包資產有兩種做法：「build」和「dev」。

如果你想要組建你的檔案一次，無論是為了交付至生產環境，還是進行本地測試，那就執行 `npm run build`，Vite 會打包你的資產。但是，如果你在進行本地開發，你可能比較想讓 Vite 啟動一個程序來監視 view 檔案的改變，一旦檢測到 view 檔案有所變化時，就重新觸發組建，並重新整理瀏覽器裡的網頁。這就是 `npm run dev` 為你做的事情。

你組建的檔案將位於應用程式的 *public/build/assets* 資料夾內，且在 *public/build/manifest. json* 裡面有一個檔案，告訴 Laravel 和 Vite 如何從它的非組建路徑參考前往每一個組建檔案。

 public/build 資料夾在 Laravel 的 *.gitignore* 裡是預設忽略的，所以務必在部署程序中執行 npm run build。

Vite 開發伺服器

當你執行 npm run dev 時，你會啟動一個實際的 HTTP 伺服器，由 Vite 驅動。Vite Blade 輔助程式會重寫你的資產 URL，讓它們指向開發伺服器上的相同位置，而不是你的本地網域，這可讓 Vite 快速地更新和重新整理你的依賴項目。

這意味著如果你寫了以下的 Blade 呼叫：

```
@vite(['resources/css/app.css', 'resources/js/app.js'])
```

它在你的生產應用程式中會像這樣：

```
<link rel="preload" as="style"
    href="http://my-app.test/build/assets/app-1c09da7e.css" />
<link rel="modulepreload"
    href="http://my-app.test/build/assets/app-ea0e9592.js" />
<link rel="stylesheet"
    href="http://my-app.test/build/assets/app-1c09da7e.css" />
<script type="module"
    src="http://my-app.test/build/assets/app-ea0e9592.js"></script>
```

但如果你的 Vite 伺服器正在運行，它在本地看起來會是這樣：

```
<script type="module" src="http://127.0.0.1:5173/@vite/client"></script>
<link rel="stylesheet" href="http://127.0.0.1:5173/resources/css/app.css" />
<script type="module" src="http://127.0.0.1:5173/resources/js/app.js"></script>
```

使用靜態資產和 Vite

到目前為止，我們只討論了使用 Vite 來載入 JavaScript 和 CSS。但 Laravel 的 Vite 組態也可以處理你的靜態資產（例如圖像），並對其進行版本管理。

如果你在 JavaScript 模板中工作，Vite 會抓取前往任何相對（*relative*）靜態資產的連結，處理它們並對其進行版本管理。Vite 會忽略任何絕對（*absolute*）靜態資產。

這意味著，如果以下的圖像在 JavaScript 模板中，Vite 會用不同的方式來處理它們。

```
<!-- 被 Vite 忽略 -->
<img src="/resources/images/soccer.jpg">
<!-- 被 Vite 處理 -->
<img src="../resources/images/soccer.jpg">
```

如果你在 Blade 模板中工作，你要採取兩個步驟來讓 Vite 處理靜態資產。首先，你要使用 Vite::asset 靜態介面呼叫來連結資產：

```
<img src="{{ Vite::asset('resources/images/soccer.jpg') }}">
```

其次，你要在 *resources/js/app.js* 檔案中加入一個組態設置步驟，來指示 Vite 需要匯入哪些檔案或資料夾：

```
import.meta.glob([
  // 匯入 /resources/images/ 內的所有檔案
  '../images/**',
]);
```

 如果你使用 npm run dev 來運行 Vite 伺服器，伺服器可能在你未加入 import.meta.glob 組態的情況下載入靜態資產。這意味著你可能以為它會出現，但是在你的生產環境版本上，它會失敗。

使用 JavaScript 框架和 Vite

如果你想要使用 Vue、React、Inertia，或是單頁應用程式（SPA），你可能需要引入一些特定的外掛，或設定一些特定的組態項目。以下是最常見的場景需要安裝的基本工具。

Vite 與 Vue

若要使用 Vite 和 Vue，你要先安裝 Vite 的 Vue 外掛：

```
npm install --save-dev @vitejs/plugin-vue
```

然後修改 *vite.config.js* 檔案來呼叫 Vue 外掛，傳遞兩個組態設定給它。第一個是 template.transformAssetUrls.base=null，它可讓 Laravel 外掛而不是 Vue 外掛處理 URL 重寫。第二個是 template.transformAssetUrls.includeAbsolute=false，它可讓 Vue 模板內的 URL 參考公用目錄中的檔案：

```
import { defineConfig } from 'vite';
import laravel from 'laravel-vite-plugin';
import vue from '@vitejs/plugin-vue';

export default defineConfig({
  plugins: [
    laravel(['resources/js/app.js']),
    vue({
      template: {
        transformAssetUrls: {
          base: null,
          includeAbsolute: false,
        },
      },
    }),
  ],
});
```

Vite 與 React

要使用 Vite 和 React，你必須先安裝 Vite 的 React 外掛：

```
npm install --save-dev @vitejs/plugin-react
```

然後修改 *vite.config.js* 檔案以呼叫 React 外掛：

```
import { defineConfig } from 'vite';
import laravel from 'laravel-vite-plugin';
import react from '@vitejs/plugin-react';

export default defineConfig({
  plugins: [
    laravel(['resources/js/app.js']),
    react(),
  ],
});
```

最後，在模板中使用 @vite 來匯入 JavaScript 檔案之前，加入 @viteReactRefresh Blade
指令：

```
@viteReactRefresh
@vite('resources/js/app.jsx')
```

Vite 與 Inertia

如果你自行設定 Inertia，你要讓 Inertia 有能力解析你的頁面組件。

以下是你可能在 *resources/js/app.js* 檔案內編寫的程式碼，但安裝 Inertia 的最佳選擇是使用 Breeze、Jetstream 或 Inertia 文件。

```
import { createApp, h } from 'vue'
import { createInertiaApp } from '@inertiajs/vue3'

createInertiaApp({
  resolve: name => {
    const pages = import.meta.glob('./Pages/**/*.vue', { eager: true })
    return pages[`./Pages/${name}.vue`]
  },
  setup({ el, App, props, plugin }) {
    createApp({ render: () => h(App, props) })
      .use(plugin)
      .mount(el)
  },
})
```

Vite 與 SPA

如果你正在建構 SPA，請將 *vite.config.js* 檔案內的 *resources/css/app.css* 移除，讓它不再是入口。

在 *resources/js/app.js* 檔案內，於匯入 bootstrap 的程式碼之下，加入下面這兩行，來將 CSS 匯入 JavaScript：

```
import './bootstrap';
import '../css/app.css';
```

在 Vite 中使用環境變數

如果你想在 JavaScript 檔案中使用環境變數，請在變數名稱的前面加上 `VITE_`，如範例 6-3 所示。

範例 6-3　在 *vite.config.js* 中引用環境變數

```
// .env
VITE_BASE_URL=http://local-development-url.test

// resources/js/app.js
const baseUrl = import.meta.env.VITE_BASE_URL;
```

每次執行 `npm run dev` 或 `npm run build` 時，它都會從 *.env* 檔案載入那個環境變數，並注入你的腳本中。

分頁

雖然分頁在網路應用程式中已經是極為常見的功能了，但它設計起來可能依然異常複雜，幸好，Laravel 內建了分頁概念，它也預設連接到 Eloquent 結果和 router。

將資料庫結果分頁

分頁最常出現的場景就是在資料庫命令產生了太多結果，以致於無法用一頁來顯示時。Eloquent 與查詢建構器都可以從當下的網頁請求讀取 page 查詢參數，並且用它來對任何結果集合執行 paginate() 方法；paginate() 的唯一參數是你希望每頁有多少結果。範例 6-4 展示它如何運作。

範例 6-4　對查詢建構器的回應進行分頁

```
// PostController
public function index()
{
    return view('posts.index', ['posts' => DB::table('posts')->paginate(20)]);
}
```

範例 6-4 指出，這個路由應該為每一頁回傳 20 個貼文，並且根據 URL 的 page 查詢參數（如果有的話）來定義當下的用戶位於結果的哪一「頁」。Eloquent 的所有 model 都有同一個 paginate() 方法。

當你在 view 中顯示結果時，你的集合將有一個可輸出分頁控制項的 links() 方法（見範例 6-5，我為本書將它簡化）。

範例 6-5　在模板中算繪分頁連結

```
// posts/index.blade.php
<table>
@foreach ($posts as $post)
    <tr><td>{{ $post->title }}</td></tr>
@endforeach
</table>

{{ $posts->links() }}

// 在預設情況下，$posts->links() 會輸出這種資訊：
<div class="...">
    <div>
        <p class="...">
            Showing
```

```
            <span class="...">1</span>
            to
            <span class="...">2</span>
            of
            <span class="...">5</span>
            results
        </p>
    </div>
    <div>
        <span class="...">
            <span aria-disabled="true" aria-label="&amp;laquo; Previous">
                <!-- 用於省略符號 ... 的 SVG -->
            </span>
            <span class="...">1</span>
            <a href="http://myapp.com/posts?page=2" class="..." aria-label="...">
                2
            </a>
            <a href="http://myapp.com/posts?page=3" class="..." aria-label="...">
                3
            </a>
            <a href="http://myapp.com/posts?page=2" class="..."
                rel="next" aria-label="Next &amp;raquo;">
                <!-- 用於省略符號 ... 的 SVG -->
            </a>
        </span>
    </div>
</div>
```

paginator（分頁器）使用 TailwindCSS 作為預設樣式。如果你想要使用 Bootstrap 樣式，
可在 AppServiceProvider 裡呼叫 Paginator::useBootstrap()：

```
use Illuminate\Pagination\Paginator;

public function boot(): void
{
    Paginator::useBootstrap();
}
```

自訂分頁連結的數量

如果你想要控制當下網頁的任一側顯示的連結數量，你可以用
onEachSide() 方法來指定它：

```
DB::table('posts')->paginate(10)->onEachSide(3);

// 輸出：
// 5 6 7 [8] 9 10 11
```

手動建立分頁器

如果你不使用 Eloquent 或查詢建構器,或是你使用複雜的查詢(例如使用 groupBy),你可能需要手動建立分頁器。幸運的是,你可以使用 Illuminate\Pagination\Paginator 或 Illuminate\Pagination\LengthAwarePaginator 類別來完成這項工作。

這兩個類別的差異在於,Paginator 只提供 previous 與 next 按鈕,不提供各個網頁的連結,而 LengthAwarePaginator 需要知道完整結果的長度,以便為每一頁產生連結。我們通常使用 Paginator 來處理大量的結果,如此一來,分頁器就不需要理會可能耗費大量執行成本的結果數量。

在使用 Paginator 與 LengthAwarePaginator 時,你都要手動提取你將傳入 view 的內容子集合。見範例 6-6 的例子。

範例 6-6 手動建立分頁器

```
use Illuminate\Http\Request;
use Illuminate\Pagination\Paginator;

Route::get('people', function (Request $request) {
    $people = [...]; // 巨型的 people 串列

    $perPage = 15;
    $offsetPages = $request->input('page', 1) - 1;

    // Paginator 不會幫你拆開陣列
    $people = array_slice(
        $people,
        $offsetPages * $perPage,
        $perPage
    );

    return new Paginator(
        $people,
        $perPage
    );
});
```

訊息袋

在網路應用程式中，另一個常見但棘手的功能是在應用程式的各個組件之間傳遞訊息，最終是為了和用戶共享這些訊息。例如，你的 controller 可能想要傳送一個身分驗證訊息：「你必須在 email 欄位填入有效的 email 地址」。但是，那條訊息不僅需要傳到 view 層，也需要在轉址後存活，最終出現在不同網頁的 view 層上。如何建構這個訊息邏輯？

Illuminate\Support\MessageBag 類別的任務是儲存、分類和回傳讓最終用戶閱讀的訊息。它用鍵來為所有訊息分組，鍵可能是 errors 或 messages 之類的東西，它也提供方便的方法來取得被它儲存的所有訊息，或具有特定鍵的訊息，並且用各種格式來輸出這些訊息。

你可以像範例 6-7 那樣手動啟動一個新的 MessageBag 實例。不過你應該永遠不會手動這麼做——這只是一個思考練習，用來展示它如何運作。

範例 6-7 手動建立與使用訊息袋

```
$messages = [
    'errors' => [
        'Something went wrong with edit 1!',
    ],
    'messages' => [
        'Edit 2 was successful.',
    ],
];
$messagebag = new \Illuminate\Support\MessageBag($messages);

// 檢查錯誤，如果有，就裝飾並 echo
if ($messagebag->has('errors')) {
    echo '<ul id="errors">';
    foreach ($messagebag->get('errors', '<li><b>:message</b></li>') as $error) {
        echo $error;
    }
    echo '</ul>';
}
```

訊息袋與 Laravel 的驗證器也有密切的關係（第 208 頁的「驗證」會進一步說明）：當驗證器回傳錯誤時，它們其實回傳一個 MessageBag 的實例，你可以將它傳給 view，或使用 redirect('route')->withErrors($messagebag) 來附加至轉址。

Laravel 會傳遞一個 MessageBag 空實例給每一個 view，它會被指派給變數 $errors；如果你對著 redirect 使用 withErrors() 來暫存（flash）訊息袋，它將被指派給那一個 $errors 變數。這意味著，每一個 view 都可以假定它有一個 $errors MessageBag，可以在處理驗證時進行檢查，所以範例 6-8 是開發者經常放在每一頁的程式碼。

範例 6-8　錯誤袋程式片段

```
// partials/errors.blade.php
@if ($errors->any())
    <div class="alert alert-danger">
        <ul>
        @foreach ($errors as $error)
            <li>{{ $error }}</li>
        @endforeach
        </ul>
    </div>
@endif
```

缺少 $errors 變數

不屬於 web 中介層群組的任何路由將沒有 session 中介層，這意味著它們沒有這個 $errors 變數可用。

有時你不僅需要用鍵來區分訊息袋（notices vs. errors），也需要用組件來區分。可能在同一個網頁中，不僅有登入表單，也有註冊表單，該如何區分它們？

當你使用 withErrors() 來連同轉址一起傳送錯誤時，第二個參數是 bag 的名稱：redirect('dashboard')->withErrors($validator, 'login')。接下來，在儀表板上，你可以使用 $errors->login 來呼叫之前介紹的所有方法：any()、count()…等。

字串輔助函式、複數化與當地化

作為開發者，我們傾向於將文本區塊視為大型的占位 div，預備讓用戶端填入真正的內容。我們很少參與這些區塊中的任何邏輯。

但是在幾種情況下，你會很開心 Laravel 提供了字串操作工具。

字串輔助函式與複數化

Laravel 提供一系列處理字串的輔助函式，它們是以 Str 類別的方法來公開（例如 Str::plural()）。

> **Laravel 字串與陣列全域輔助函式**
>
> 舊版的 Laravel 有一些 Str 和 Arr 方法的全域輔助函式版本。Laravel 6 將這些全域的 str_ 和 array_ 輔助函式移到一個獨立的程式包裡。需要的話，你可以使用 Composer 來安裝 laravel/helpers 程式包：composer require laravel/helpers。

Laravel 文件（*https://oreil.ly/vssfi*）詳細地介紹所有的字串輔助函式，以下列出一些最常用的函式：

e()

html_entities() 的簡寫，可編碼所有的 HTML 實體來保護安全。

Str::startsWith(), Str::endsWith(), Str::contains()

檢查字串（第一個參數）的開頭、結尾是不是另一個字串，或是否包含另一個字串（第二個參數）。

Str::is()

檢查字串（第二個參數）是否符合特定模式（第一個參數），例如，foo* 可對中 foobar 與 foobaz。

Str::slug()

將字串轉換成帶連字號的 URL 型式。

Str::plural(*word, count*), Str::singular()

將單字轉換為複數或單數形式，限英文（例如 Str::plural('dog') 回傳 dogs；Str::plural('dog,' 1) 回傳 dog）。

Str::camel(), Str::kebab(), Str::snake(), Str::studly(), Str::title()

將所提供的字串轉換成不同的大小寫「格式」。

`Str::after()`, `Str::before()`, `Str::limit()`

> 修剪字串並提供一個子字串。`Str::after()` 回傳指定字串之後的所有東西，
> `Str::before()` 回傳指定字串之前的所有東西（這兩個函式都在第一個參數接收完整
> 字串，在第二個參數接收用來修剪的字串）。`Str::limit()` 將一個字串（第一個參
> 數）修剪成指定的字元數量（第二個參數）。

`Str::markdown(`*`string, options`*`)`

> 將 Markdown 轉換為 HTML。你可以在 PHP 語言網站上進一步瞭解可傳遞的選項有
> 哪些（*https://oreil.ly/3zOdm*）。

`Str::replace(`*`search, replace, subject, caseSensitive`*`)`

> 在 subject 字串中尋找 search 字串，並將它換成 replace 字串。如果 caseSensitive 參數
> 為 true，當目標的大小寫與 search 相符時才進行替換（例如 `Str::replace('Running',`
> `'Going', 'Laravel Up and Running', true)` 回傳 `'Laravel Up and Going'`）。

當地化

當地化可讓你定義多種語言，並標記任意字串是翻譯的目標。你可以設定一種備用語
言，甚至處理複數變化。

在 Laravel 裡，你要在網頁載入的某個時間點設定「應用程式地區（locale）」，讓當地化
輔助函式知道該從哪個翻譯集拉取資料。通常每個「locale」會連接至一個翻譯，看起
來通常類似「en」（英文）。你必須使用 `App::setLocale($localeName)` 來設定地區，或
許你會將它寫在服務供應器裡。目前，你可以將它放入 `AppServiceProvider` 的 `boot()` 方
法，但如果與地區設定有關的綁定不只一個，你可能要寫一個 `LocaleServiceProvider`。

為每一個請求設定語言環境

或許你難以理解 Laravel 究竟是如何「知道」用戶的地區設定，或如何提供翻譯
的，大部分的工作都要靠你這位開發者來完成。我們來看一個可能的情境。

你可能有一些功能允許用戶選擇地區，或嘗試自動偵測地區。無論如何，你的應
用程式都會確定一個地區，然後，你要將它存入一個 URL 參數，或 session cookie
裡。接著你的服務供應器（或許是 `LocaleServiceProvider`）會抓取那個鍵，並將
它設為 Laravel 的 bootstrap 的一部分。

> 所以也許你的用戶位於 *http://myapp.com/es/contacts*，你的 `LocaleServiceProvider` 將抓取 es 字串，然後執行 `App::setLocale('es')`。接下來，每次索取字串的翻譯時，Laravel 就會尋找該字串的西班牙文（es 代表 Español）版本，你要事先在某處定義好該版本。

你可以在 *config/app.php* 中定義備用地區設定，你應該可以在這個檔案裡面找到 `fallback_locale` 鍵，它可以用來為應用程式定義一個預設語言，如果 Laravel 找不到所請求的地區的翻譯，它會使用這個預設語言。

基本當地化

那麼，我們該如何呼叫翻譯出來的字串？輔助函式 `__($key)` 可為它收到的鍵拉出當下的地區設定之下的字串，如果不存在，就從預設的地區設定中拉取。在 Blade 中，你也可以使用 `@lang()` 指令。範例 6-9 示範基本的翻譯是如何運行的。我們將使用詳情頁面最上面的「返回儀表板」連結來說明。

範例 6-9 *__()* 的基本用法

```
// 一般的 PHP
<?php echo __('navigation.back'); ?>
// Blade
{{ __('navigation.back') }}

// Blade 指令
@lang('navigation.back')
```

假設我們目前使用 es 地區設定。首先，我們要 publish lang 檔案以供修改：

```
php artisan lang:publish
```

這個命令會將預設的 Laravel lang 檔案發布到應用程式的根目錄。你要建立一個檔案來定義與導覽有關的翻譯：*lang/en/navigation.php*，並且讓它回傳一個 PHP 陣列，裡面有名為 back 的鍵，如範例 6-10 所示。

範例 6-10 *lang/en/navigation.php* 檔案範例

```
<?php

return [
    'back' => 'Return to dashboard',
];
```

現在，為了讓它可翻譯，我們也在 *lang* 下建立一個 *es* 目錄，並讓它有自己的 *navigation.php* 檔案，如範例 6-11 所示。

範例 6-11　*lang/es/navigation.php* 檔案範例

```php
<?php

return [
    'back' => 'Volver al panel'
];
```

接下來要在應用程式裡試著使用那個翻譯鍵，如範例 6-12 所示。

範例 6-12　使用翻譯

```php
// routes/web.php
Route::get('/es/contacts/show/:id', function () {
    // 為這個範例手動設定地區，而不是在服務提供者中設定
    App::setLocale('es');
    return view('contacts.show');
});

// resources/views/contacts/show.blade.php
<a href="/contacts">{{ __('navigation.back') }}</a>
```

當地化的參數

上面的範例相對簡單，我們來看一些較複雜的範例。如果你要定義你想回去哪一個儀表板呢？見範例 6-13。

範例 6-13　翻譯的參數

```php
// lang/en/navigation.php
return [
    'back' => 'Back to :section dashboard',
];

// resources/views/contacts/show.blade.php
{{ __('navigation.back', ['section' => 'contacts']) }}
```

如你所見，在單字前面加上分號（:section）可將它標記為可替換的占位符。__() 的第二個參數（選用的）是用來取代占位符的值陣列。

在當地化時的複數化

之前已經討論過複數化了，現在你只要想像你要定義自己的複數化規則即可。你可以採取兩種做法，我們從最簡單的開始，見範例 6-14。

範例 6-14　在定義簡單的翻譯時，使用複數化選項

```
// lang/en/messages.php
return [
    'task-deletion' => 'You have deleted a task|You have successfully deleted tasks',
];

// resources/views/dashboard.blade.php
@if ($numTasksDeleted > 0)
    {{ trans_choice('messages.task-deletion', $numTasksDeleted) }}
@endif
```

如你所見，我們有個 trans_choice() 方法，它用第二個參數接收被影響的項目數量，並使用它來決定該採用哪個字串。

你也可以使用與 Symfony 的 Translation 組件相容的翻譯定義，見範例 6-15。

範例 6-15　使用 Symfony 的 Translation 組件

```
// lang/es/messages.php
return [
    'task-deletion' => "{0} You didn't manage to delete any tasks.|" .
        "[1,4] You deleted a few tasks.|" .
        "[5,Inf] You deleted a whole ton of tasks.",
];
```

使用 JSON 將預設字串當成鍵來儲存

在進行當地化時，妥善地定義鍵的名稱空間是一種常見的難題，例如，記住一個嵌套了三四層深的鍵，或不確定網站使用了兩次的短語應該使用哪一個鍵。

有一種取代傳統的鍵 / 字串系統的做法是使用主要語言字串作為鍵來儲存翻譯，而不是使用人為創造的縮寫。為了讓 Laravel 知道你採取這種做法，你可以以將 JSON 格式的翻譯檔存放在 lang 目錄裡，並使用可以代表地區的檔名（範例 6-16）。

範例 6-16　使用 JSON 翻譯與 __() 輔助函式

```
// 在 Blade 中
{{ __('View friends list') }}
// lang/es.json
{
    'View friends list':'Ver lista de amigos'
}
```

這利用了 __() 翻譯輔助函式的特性——當它在當下語言裡找不到鍵時，它會直接顯示鍵。如果鍵是應用程式的預設語言的字串，這種做法是比（舉例）widgets.friends.title 更適合的後備選項。

測試

本章的重點是 Laravel 的前端組件。這些組件不太可能是單元測試的對象，但可能在整合測試中使用。

測試訊息與錯誤袋

你可以用兩種方法來測試傳遞給訊息袋和錯誤袋的訊息。第一種方法是執行應用測試中的一個行為，設定一個訊息讓該訊息最終顯示在某個地方，然後轉址到那個頁面，斷言訊息被正確顯示。

第二種，針對錯誤（這是最常見的用例），你可以使用 $this->assertSessionHasErrors($bindings = []) 來斷言 session 有錯誤。範例 6-17 示範這種做法。

範例 6-17　斷言 session 有錯誤

```
public function test_missing_email_field_errors()
{
    $this->post('person/create', ['name' => 'Japheth']);
    $this->assertSessionHasErrors(['email']);
}
```

要讓範例 6-17 的測試可以 pass，你要將輸入驗證加入該路由。我們將在第 7 章討論這個部分。

翻譯與當地化

測試當地化最簡單的方式是使用應用測試。設定適當的情境（使用 URL 或 session），用 get() 來「造訪」網頁，並斷言適當的內容有被顯示出來。

在測試時停用 Vite

如果你想在測試時停用 Vite 的資產解析，你可以在測試程式的最上面呼叫 withoutVite() 方法來完全停用 Vite：

```php
public function test_it_runs_without_vite()
{
    $this->withoutVite();

    // 測試工作
}
```

TL;DR

作為一種完整技術疊框架，Laravel 也提供了前端和後端工具和組件。

Vite 是組建工具和開發伺服器，Laravel 以它為基礎，協助你處理、壓縮 JavaScript、CSS 和圖片等靜態資產，並對它們進行版本管理。

Laravel 也提供其他的內部前端工具，包括用於實作分頁、訊息、錯誤袋及當地化的工具。

第七章

收集與處理用戶資料

使用 Laravel 等框架的網站通常不會只提供靜態內容，許多網站也處理複雜且多樣化的資料來源，最常見的來源是用戶輸入（也是最複雜的），它有各種形式：URL 路徑、查詢參數、POST 資料，與上傳檔案。

Laravel 提供一組用於收集、驗證、正規化與篩選用戶資料的工具。接著來討論它們。

注入 Request 物件

在 Laravel 中，最常用來讀取用戶資料的手法是注入 Illuminate\Http\Request 物件的實例，它可讓你取得用戶以任何方式在網站中輸入的資料，包括被 POST 過來的表單資料、GET 請求（查詢參數），和 URL 區段。

取得請求資料的其他選項

你也可以使用 request() 全域輔助函式與 Request 靜態介面，它們都公開相同的方法。這些選項都公開整個 Illuminate Request 物件，但目前我們只討論與用戶資料特別相關的方法。

因為我們打算注入一個 Request 物件，我們來簡單地看一下如何取得 $request 物件，接下來要用它來呼叫一些方法：

```
Route::post('form', function (Illuminate\Http\Request $request) {
    // $request->etc()
});
```

$request->all()

顧名思義，$request->all() 會給你一個包含用戶的所有輸入資料的陣列，那些資料來自所有地方。假設因為某種原因，你決定讓表單 POST 至一個附帶查詢參數的 URL，例如，對著 *http://myapp.com/signup?utm=12345* 發送 POST。範例 7-1 展示你將從 $request->all() 取得什麼內容（注意，$request->all() 也包含關於被上傳的任何檔案的資訊，稍後會討論）。

範例 7-1　$request->all()

```
<!-- 於 /get-route GET 路由表單 view -->
<form method="post" action="/signup?utm=12345">
    @csrf
    <input type="text" name="first_name">
    <input type="submit">
</form>

// routes/web.php
Route::post('signup', function (Request $request) {
    var_dump($request->all());
});

// 輸出：
/**
 * [
 *     '_token' => 'CSRF token here',
 *     'first_name' => 'value',
 *     'utm' => 12345,
 * ]
 */
```

$request->except() 與 ->only()

$request->except() 提供的輸出與 $request->all() 一樣，但你可以選擇一或多個要排除的欄位，例如 _token。你可以對它傳入字串或字串陣列。

範例 7-2 是對著範例 7-1 的表單使用 $request->except() 的情況。

範例 7-2　$request->except()

```
Route::post('post-route', function (Request $request) {
    var_dump($request->except('_token'));
});
```

```
// 輸出:
/**
 * [
 *     'firstName' => 'value',
 *     'utm' => 12345
 * ]
 */
```

$request->only() 是 $request->except() 的反向操作,如範例 7-3 所示。

範例 7-3 *$request->only()*

```
Route::post('post-route', function (Request $request) {
    var_dump($request->only(['firstName', 'utm']));
});

// 輸出:
/**
 * [
 *     'firstName' => 'value',
 *     'utm' => 12345
 * ]
 */
```

$request->has() 與 ->missing()

你可以使用 $request->has() 來偵測是否有特定的用戶輸入資料可用,無論輸入資料是否真的有值。範例 7-4 使用上一個例子的 utm 查詢字串參數來進行分析。

範例 7-4 *$request->has()*

```
// 在 /post-route 的 POST 路由
if ($request->has('utm')) {
    // 做一些分析工作
}
```

$request->missing() 是它的反向操作。

$request->whenHas()

你可以使用 $request->whenHas() 來定義當請求擁有(或沒有)所提供的欄位時的行為。當欄位存在時,它會回傳第一個 closure 參數,當欄位不存在時,則回傳第二個。

範例 7-5 是使用我們的 utm 查詢字串參數的例子。

範例 7-5　*$request->whenHas()*

```
// 於 /post-route 的 POST 路由
$utm = $request->whenHas('utm', function($utm) {
    return $utm;
}, function() {
    return 'default';
});
```

$request->filled()

$request->filled() 方法可以用來檢查請求有沒有特定欄位並已被填值。filled() 與 has() 相同，但它要求欄位中必須有實際的值。範例 7-6 展示如何使用這個方法。

範例 7-6　*$request->filled()*

```
// 在 /post-route 的 POST 路由
if ($request->filled('utm')) {
    // 做一些分析工作
}
```

$request->whenFilled()

與 whenHas() 方法類似的是，$request->whenFilled() 方法可讓你在欄位被填值時（或未填值時）定義值。當欄位被填值時，第一個 closure 參數會執行，當它沒有被填值時，第二個會執行。範例 7-7 展示如何使用這個方法。

範例 7-7　*$request->whenFilled()*

```
// 在 /post-route 的 POST 路由
$utm = $request->whenFilled('utm', function ($utm) {
    return$utm;
}, function() {
    return 'default';
});
```

$request->mergeIfMissing()

mergeIfMissing() 方法可以讓你在請求中添加一個欄位，即使它不存在，並且定義它的值。例如，當某個欄位來自於一個核取方塊時，它只會在方塊被勾選時存在，此時這個方法很有用。範例 7-8 展示一個實作。

範例 7-8　*$request->mergeIfMissing()*

```
// 在 /post-route 的 POST 路由
$shouldSend = $request->mergeIfMissing('send_newsletter', 0);
```

$request->input()

$request->all()、$request->except() 與 $request->only() 處理用戶提供的完整陣列,而 $request->input() 可讓你僅取得單一欄位的值。見範例 7-9。注意,第二個參數是預設值,所以你可以提供一個合理(且不會導致錯誤)的後備方案,來處理用戶未傳入值的情況。

範例 7-9　*$request->input()*

```
Route::post('post-route', function (Request $request) {
    $userName = $request->input('name', 'Matt');
});
```

$request->method() 與 ->isMethod()

$request->method() 回傳請求的 HTTP 動詞,而 $request \->isMethod() 檢查它是否與指定的動詞相符。範例 7-10 說明它們的用法。

範例 7-10　*$request->method() 與 $request->isMethod()*

```
$method = $request->method();

if ($request->isMethod('patch')) {
    // 如果請求方法是 PATCH,就做想做的事情
}
```

$request->integer()、->float()、->string() 與 ->enum()

這些方法分別將輸入直接轉換為整數、浮點數、字串或枚舉(enum)型態。見範例 7-11 的示範。

範例 7-11　*$request->integer()、$request->float()、$request->string() 與 $request->enum()*

```
dump(is_int($request->integer('some_integer')));
// true
```

```
dump(is_float($request->float('some_float')));
// true

dump(is_string($request->string('some_string')));
// true

dump($request->enum('subscription', SubscriptionStatusEnum::class));
// 'active'，假設這是 SubscriptionStatusEnum 的有效狀態
```

$request->dump() 與 ->dd()

$request->dump() 和 $request->dd() 是協助傾印請求的方法。你可以不傳遞任何參數來傾印整個請求，或傳遞一個陣列來傾印選定的欄位。$request->dump() 會在傾印後繼續執行腳本，$request->dd() 則在傾印後停止執行。範例 7-12 是它們的用法。

範例 7-12　$request->dump() 與 $request->dd()

```
// 傾印整個請求
$request->dump()
$request->dd();

// 僅傾印兩個欄位
$request->dump(['name', 'utm']);
$request->dd(['name', 'utm']);
```

陣列輸入

Laravel 也提供方便的輔助函式，可用來存取陣列輸入中的資料。你只要使用「句點」語法來指示挖掘陣列結構的步驟即可，見範例 7-13。

範例 7-13　使用句點語法來取得用戶資料的陣列值

```
<!-- 在 /employees/create 的 GET 路由表單 view -->
<form method="post" action="/employees/">
    @csrf
    <input type="text" name="employees[0][firstName]">
    <input type="text" name="employees[0][lastName]">
    <input type="text" name="employees[1][firstName]">
    <input type="text" name="employees[1][lastName]">
    <input type="submit">
</form>

// 在 /employees 的 POST 路由
Route::post('employees', function (Request $request) {
    $employeeZeroFirstName = $request->input('employees.0.firstName');
```

```
    $allLastNames = $request->input('employees.*.lastName');
    $employeeOne = $request->input('employees.1');
    var_dump($employeeZeroFirstname, $allLastNames, $employeeOne);
});

// 如果表單被填入 "Jim" "Smith" "Bob" "Jones":
// $employeeZeroFirstName = 'Jim';
// $allLastNames = ['Smith', 'Jones'];
// $employeeOne = ['firstName' => 'Bob', 'lastName' => 'Jones'];
```

JSON 輸入（與 $request->json()）

到目前為止，我們已經討論了來自查詢字串（GET）與表單提交（POST）的輸入了。還有一種用戶輸入隨著 JavaScript SPA 的出現而越來越普遍：JSON 請求。它本質上只是一個 POST 請求，但它的主體是 JSON，而非傳統的表單 POST。

我們來看看將 JSON 提交至 Laravel 路由的情況，以及如何使用 $request->input() 來拉出那些資料（範例 7-14）。

範例 7-14　使用 $request->input() 來從 JSON 取出資料

```
POST /post-route HTTP/1.1
Content-Type: application/json

{
    "firstName": "Joe",
    "lastName": "Schmoe",
    "spouse": {
        "firstName": "Jill",
        "lastName":"Schmoe"
    }
}

// Post 路由
Route::post('post-route', function (Request $request) {
    $firstName = $request->input('firstName');
    $spouseFirstname = $request->input('spouse.firstName');
});
```

聰明的 $request->input() 可以從 GET、POST 或 JSON 拉出用戶資料了，你可能會納悶：為何 Laravel 還要提供 $request->json()？使用 $request->json() 的潛在原因有兩個，第一，你可能想讓參與專案的其他程式設計師明白你期望資料來自何處；第二，如果 POST 沒有正確的 application/json header，$request->input() 就不會以 JSON 取出它，但 $request->json() 會。

> ## 靜態介面名稱空間、request() 全域輔助函式,及注入 $request
>
> 每當你在位於名稱空間內的類別(例如 controller)裡面使用靜態介面時,你都要在檔案最上面的匯入區域加入完整的靜態介面路徑(例如 use Illuminate\Support\Facades\Request)。
>
> 因此,有幾個靜態介面也有配套的全域輔助函式。在執行這些函式時不傳入參數的話,它們公開與靜態介面一樣的語法(例如 request()->has() 與 Request::has() 一樣),對它們傳入參數時,它們也有預設的行為(例如 request('firstName') 是 request()->input('firstName') 的簡寫)。
>
> 關於 Request,我們已經看過注入 Request 物件實例的例子了,但你也可以使用 Request 靜態介面或 request() 全域輔助函式。第 10 章會更深入地介紹。

路由資料

當你聽到「用戶資料」時,你第一個想到的東西應該不是 URL,但 URL 與本章的任何其他東西一樣是用戶資料。

從 URL 取得資料的主要的方式有兩種:透過 Request 物件,與透過路由參數。

透過 Request

被注入的 Request 物件(與 Request 靜態介面,和 request() 輔助函式)有幾個方法代表當下的網頁 URL 的狀態,但現在,我們先討論如何取得關於 URL 區段的資訊。

在 URL 中,位於網域後面的每一組字元都稱為一個區段(segment)。所以,http://www.myapp.com/users/15/ 有兩個區段:users 與 15。

你應該猜到,我們有兩個方法可用:$request->segments() 回傳一個包含所有區段的陣列,而 $request->segment($segmentId) 提供單一區段的值。注意,它們回傳的區段的索引是從 1 算起的,所以在上述的範例中,$request-> segment(1) 回傳 users。

Request 物件、Request 靜態介面與 request() 全域輔助函式都提供許多其他方法來幫助你從 URL 取得資料。若要進一步瞭解,請參考第 10 章。

透過路由參數

你也可以透過路由參數來取得 URL 資料，它們被注入至提供當下路由服務的 controller 方法或 closure 參數，如範例 7-15 所示。

範例 7-15　從路由參數取得 URL 詳細資訊

```
// routes/web.php
Route::get('users/{id}', function ($id) {
    // 如果用戶造訪 myapp.com/users/15/，$id 將等於 15
});
```

要進一步瞭解路由與路由綁定，可參考第 3 章。

上傳的檔案

之前討論了與用戶輸入的文本互動的各種方式，但我們也需要考慮檔案上傳的問題。Request 物件透過 $request->file() 方法來提供你被上傳的任何檔案，它以參數來接收檔案輸入名稱，並回傳 Symfony\Component\HttpFoundation\File\UploadedFile 實例。我們來看一個範例。首先，範例 7-16 是我們的表單。

範例 7-16　用來上傳檔案的表單

```
<form method="post" enctype="multipart/form-data">
    @csrf
    <input type="text" name="name">
    <input type="file" name="profile_picture">
    <input type="submit">
</form>
```

接著來看看執行 $request->all() 會得到什麼，如範例 7-17 所示。注意，$request->input('profile_picture') 會回傳 null，我們要改用 $request->file('profile_picture')。

範例 7-17　提交範例 7-16 的表單之後的輸出

```
Route::post('form', function (Request $request) {
    var_dump($request->all());
});

// 輸出：
// [
//     "_token" => "token here",
```

```
//      "name" => "asdf",
//      "profile_picture" => UploadedFile {},
// ]

Route::post('form', function (Request $request) {
    if ($request->hasFile('profile_picture')) {
        var_dump($request->file('profile_picture'));
    }
});

// 輸出：
// UploadedFile (details)
```

驗證檔案的上傳

如範例 7-17 所示，我們可以使用 $request->hasFile() 來檢查用戶是否上傳了檔案。我們也可以對著檔案本身使用 isValid() 來檢查檔案是否上傳成功：

```
if ($request->file('profile_picture')->isValid()) {
    //
}
```

因為 isValid() 是針對檔案本身呼叫的，如果用戶沒有上傳檔案，它會產生錯誤。若要檢查這兩種情況，你要先檢查檔案是否存在：

```
if ($request->hasFile('profile_picture') &&
    $request->file('profile_picture')->isValid()) {
    //
}
```

Laravel 也提供了檔案專屬的驗證規則，可讓你指定上傳的檔案必須符合某些 mime 類型、檔案大小或長度…等。詳情請參考驗證文件（*https://oreil.ly/bamub*）。

Symfony 的 UploadedFile 類別擴展了 PHP 原生的 SplFileInfo，加入一些方法來讓你輕鬆地檢查和操作檔案。以下並非完整清單，但它們可以讓你大略地知道可以做的事情有哪些：

- guessExtension()
- getMimeType()
- store($path, $storageDisk = default disk)
- storeAs($path, $newName, $storageDisk = default disk)

- storePublicly(*$path, $storageDisk = default disk*)
- storePubliclyAs(*$path, $newName, $storageDisk = default disk*)
- move(*$directory, $newName = null*)
- getClientOriginalName()
- getClientOriginalExtension()
- getClientMimeType()
- guessClientExtension()
- getClientSize()
- getError()
- isValid()

如你所見，大多數的方法都與獲得用戶上傳的檔案的資訊有關，但有一種方法可能會是你最常用的：store()，它會將隨著請求一起上傳的檔案儲存在伺服器的特定目錄中。它的第一個參數是目標目錄，選用的第二個參數是用來儲存檔案的磁碟（例如 s3、local⋯等）。範例 7-18 是常見的流程。

範例 7-18　常見的檔案上傳流程

```
if ($request->hasFile('profile_picture')) {
    $path = $request->profile_picture->store('profiles', 's3');
    auth()->user()->profile_picture = $path;
    auth()->user()->save();
}
```

如果你需要指定檔名，你可以使用 storeAs() 來取代 store()。它的第一個參數仍然是路徑，第二個參數是檔名，選用的第三個參數是用來儲存的磁碟。

設定正確的表單編碼，以取得上傳的檔案

如果你試著取得請求裡的檔案的內容，卻得到 null，你可能忘記在表單設定編碼類型了。務必在你的表單加入屬性 enctype="multipart/form-data"：

```
<form method="post" enctype="multipart/form-data">
```

驗證

Laravel 提供不少用來驗證被傳入的資料的方法。我們將在下一節討論表單請求,我們有兩種主要的選擇:手動驗證,或使用 Request 物件的 validate() 方法。我們從比較簡單且常見的 validate() 談起。

Request 物件的 validate()

Request 物件的 validate() 方法提供方便的捷徑來執行最常見的驗證工作流程。見範例 7-19。

範例 7-19 請求驗證的基本用法

```php
// routes/web.php
Route::get('recipes/create', [RecipeController::class, 'create']);
Route::post('recipes', [RecipeController::class, 'store']);

// app/Http/Controllers/RecipeController.php
class RecipeController extends Controller
{
    public function create()
    {
        return view('recipes.create');
    }

    public function store(Request $request)
    {
        $request->validate([
            'title' => 'required|unique:recipes|max:125',
            'body' => 'required'
        ]);

        // Recipe 有效,繼續儲存它
    }
}
```

我們只用四行程式來執行驗證,但它們做了很多事情。

首先,我們明確地定義所期望的欄位,並對它們分別套用規則(用直立線字元 | 來分隔)。

接下來用 validate() 方法來檢查來自 $request 的資料,並確定它是否有效。

如果資料有效，validate() 方法結束，我們繼續執行 controller 方法，儲存資料或是做其他的事情。

但是如果資料無效，它會丟出 ValidationException，裡面有 router 該如何處理這個例外的指示。如果請求來自 JavaScript（或是它要求以 JSON 來回應），例外會建立一個包含驗證錯誤的 JSON 回應。如果不是，例外會回傳一個返回上一頁的轉址，連同所有用戶輸入與驗證錯誤——這非常適合用來重新填寫失敗的表單，並顯示一些錯誤。

關於 Laravel 驗證規則的更多資訊

我們的範例使用「直立線字元」語法（在文件中也是這樣）：*'fieldname': 'rule|otherRule|anotherRule'*。但是你也可以使用陣列語法來做同一件事：*'fieldname': ['rule', 'otherRule', 'anotherRule']*。

此外，你可以驗證嵌套的特性（property），這在使用 HTML 的陣列語法時很重要，例如，它可以讓你在一個 HTML 表單裡面放入多位「user」，每一位都有相關的名稱。這是驗證它的方式：

```
$request->validate([
    'user.name' => 'required',
    'user.email' => 'required|email',
]);
```

本書沒有足夠的篇幅可以討論每一種驗證規則，但以下是一些最常用的規則及其功能：

要求欄位

```
required; required_if:anotherField,equalToThisValue;
required_unless:anotherField,equalToThisValue
```

從請求輸出中排除欄位

```
exclude_if:anotherField,equalToThisValue;
exclude_unless:anotherField,equalToThisValue
```

欄位必須包含某種類型的字元

```
alpha; alpha_dash; alpha_num; numeric; integer
```

欄位必須包含特定模式

```
email; active_url; ip
```

日期

> after:*date*; before:*date*（*date* 可以是 strtotime() 能夠處理的任何字串）

數字

> between:*min,max*; min:*num*; max:*num*; size:*num*（size 會測試字串的長度，整數的值，陣列的 count，檔案的 KB 大小。）

圖像尺寸

> dimensions:min_width=*XXX*;，也可以使用 max_width、min_height、max_height、width、height 和 ratio 與（或）結合它們一起使用

資料庫

> exists:*tableName*; unique:*tableName*（在與欄名（field name）相同的表格欄位（column）中尋找，要知道如何自訂，請參考驗證文件（*https://oreil.ly/JmbQC*））

在資料庫驗證規則中，你也可以指定 Eloquent model，而不是表名：

```
'name' => 'exists:App\Models\Contact,name',
'phone' => 'unique:App\Models\Contact,phone',
```

手動驗證

如果你不是在 controller 裡面編寫程式，或因為某些原因而不適合執行上述的流程，你可以使用 Validator 靜態介面來手動建立一個 Validator 實例，並檢查成功或失敗，如範例 7-20 所示。

範例 7-20　手動驗證

```
Route::get('recipes/create', function () {
    return view('recipes.create');
});

Route::post('recipes', function (Illuminate\Http\Request $request) {
    $validator = Validator::make($request->all(), [
        'title' => 'required|unique:recipes|max:125',
        'body' => 'required'
    ]);

    if ($validator->fails()) {
        return redirect('recipes/create')
            ->withErrors($validator)
```

```
            ->withInput();
    }

    // Recipe 有效，繼續儲存它
});
```

如你所見，我們建立了一個驗證器實例，將輸入當成第一個參數，將驗證規則當成第二個參數。驗證器公開一個 `fails()` 方法來讓你用來進行檢查，或傳給 redirect 的 `withErrors()` 方法。

使用經過驗證的資料

驗證了資料之後，你可以從請求裡提取它，以確保你處理的都是驗證過的資料。你有兩個主要的選項：`validated()` 和 `safe()`。你可以對著 $request 物件執行這些方法，或者，如果你建立了手動驗證器，可對著 $validator 實例執行它們。

`validated()` 方法回傳一個包含已被驗證的所有資料的陣列，如範例 7-21 所示。

範例 7-21 使用 *validated()* 來獲得經過驗證的資料

```
// 兩者都回傳一個經過驗證的使用者輸入陣列
$validated = $request->validated();
$validated = $validator->validated();
```

另一方面，`safe()` 方法則回傳一個物件，可讓你執行 `all()`、`only()` 和 `except()` 方法，如範例 7-22 所示。

範例 7-22 使用 *safe()* 來獲得經過驗證的資料

```
$validated = $request->safe()->only(['name', 'email']);

$validated = $request->safe()->except(['password']);

$validated = $request->safe()->all();
```

自訂規則物件

如果 Laravel 未提供你需要的驗證規則，你可以自行建立它。要建立自訂的規則，請執行 php artisan make:rule *RuleName*，然後在 *app/Rules/{RuleName}.php* 裡面編輯那個檔案。

你的規則類別有一個 validate() 方法。validate() 方法用第一個參數來接收屬性名稱，用第二個參數來接收用戶端提供的值，用第三個參數來接收當驗證失敗時要呼叫的 closure；你可以在訊息中使用 :attribute 作為屬性名稱的占位符。

見範例 7-23 的示範。

範例 7-23　自訂規則

```
class AllowedEmailDomain implements ValidationRule
{
    public function validate(string $attribute, mixed $value, Closure $fail): void
    {
        if(! in_array(Str::after($value, '@'), ['tighten.co'])){
            $fail('The :attribute field is not from an allowed email provider.');
        }
    }
}
```

只要將一個規則物件的實例傳給驗證函式即可使用該規則：

```
$request->validate([
    'email' => new AllowedEmailDomain,
]);
```

顯示驗證錯誤訊息

雖然我們已經在第 6 章談了很多，但接下來要簡單地複習一下如何顯示驗證錯誤。

請求的 validate() 方法（以及請求依賴的轉址（redirect）的 withErrors() 方法）會將錯誤都存入 session。在轉址之後的 view 裡，你可以用 $errors 變數來取得這些錯誤。記住，作為 Laravel 的一種神奇功能，每次載入 view 時都可以使用 $errors 變數，即使它是空的，所以你不必使用 isset() 來檢查它是否存在。

這意味著你可以在每一個網頁裡進行範例 7-24 的操作。

範例 7-24　echo 驗證錯誤

```
@if ($errors->any())
    <ul id="errors">
        @foreach ($errors->all() as $error)
            <li>{{ $error }}</li>
        @endforeach
    </ul>
@endif
```

你也可以有條件地 echo 單一欄位的錯誤訊息。對此，你要使用 @error Blade 指令來檢查特定欄位是否有錯誤。

```
@error('first_name')
    <span>{{ $message }}</span>
@enderror
```

表單請求

當你建構應用程式時，你可能會在 controller 方法裡面發現某些模式，其中有一些模式是重複的，例如輸入驗證、用戶身分驗證與授權，或許還有轉址。如果你想要從 controller 方法提取這些常見的行為模式，並使用一種結構來將它們正規化，你應該會對 Laravel 的表單請求（form request）很有興趣。

表單請求是一種自訂的請求類別，其設計目的是處理提交表單的動作，該請求的任務包括驗證請求、授權用戶，並在身分驗證失敗時轉址用戶。表單請求通常明確地對映至一個 HTTP 請求（但不一定如此），例如「Create Comment」。

建立表單請求

你可以在命令列建立新的表單請求：

```
php artisan make:request CreateCommentRequest
```

然後在 *app/Http/Requests/CreateCommentRequest.php* 裡會有一個表單請求物件可用。

每一個表單請求類別都提供一兩個公用方法。第一個是 rules()，它回傳這個請求的驗證規則陣列，選用的第二個方法是 authorize()，如果它回傳 true，代表用戶通過驗證，可執行這個請求，如果它回傳 false，代表用戶被拒絕。範例 7-25 是表單請求的範例。

範例 7-25　表單請求範例

```
<?php

namespace App\Http\Requests;

use App\BlogPost;
use Illuminate\Foundation\Http\FormRequest;

class CreateCommentRequest extends FormRequest
{
    public function authorize(): bool
```

```
    {
        $blogPostId = $this->route('blogPost');

        return auth()->check() && BlogPost::where('id', $blogPostId)
            ->where('user_id', auth()->id())->exists();
    }

    public function rules(): array
    {
        return [
            'body' => 'required|max:1000',
        ];
    }
}
```

範例 7-25 的 rules() 相當直覺,但我們來簡單地看一下 authorize()。

我們從名為 blogPost 的路由抓取區段,這意味著該路由的定義可能像這樣:
Route::post('blog Posts/*blogPost*', function() { // 做某些事情 })。如你所見,我們
將路由參數命名為 blogPost,所以我們可以在 Request 內透過 $this->route('blogPost')
來讀取它。

接著我們檢查用戶是否已經登入,如果是,那就使用登入的用戶的識別碼來檢查他是
否有任何部落格文章存在。你在第 5 章學過更簡單的檢查擁有權的方法,但為了保持清
晰,我們在此採用比較明確的寫法。等一下會說明這對應用程式有什麼影響,但重點
是,回傳 true 代表用戶被授權執行指定的操作(在此是建立評論),回傳 false 則代表
用戶未獲授權。

使用表單請求

建立表單請求物件之後,如何使用它?這要利用一些 Laravel 魔法。只要路由(closure
或 controller 方法)typehint 表單請求作為其參數,它就可以受益於表單請求的定義。

我們來試試,見範例 7-26。

範例 7-26　使用表單請求

```
Route::post('comments', function (App\Http\Requests\CreateCommentRequest $request) {
    // 儲存評論
});
```

你可能在想，我們在哪裡呼叫表單請求？其實 Laravel 為我們做了這件事，它驗證了用戶輸入，並授權請求。如果輸入是無效的，它的行為就像 Request 物件的 validate() 方法，將用戶轉址回去上一個網頁，連同用戶的輸入與適當的錯誤訊息。如果用戶未獲得授權，Laravel 會回傳一個「403 Forbidden」錯誤，且不執行路由程式碼。

Eloquent model 的大規模賦值

到目前為止，我們都在 controller 層面討論驗證，這絕對是最佳的起點。但你也可以在 model 層面篩選收到的資料。

將表單的輸入全部傳給資料庫 model 是一種常見的（但不推薦的）模式。在 Laravel 中，它長得像範例 7-27。

範例 7-27 將表單的所有內容傳給 Eloquent model

```
Route::post('posts', function (Request $request) {
    $newPost = Post::create($request->all());
});
```

我們假設最終用戶是善良非惡意的，並且只保留我們希望他們編輯的欄位，也許是文章的標題或內容。

但如果最終用戶猜到或發現我們的 posts 表內有個 author_id 欄位呢？如果他們使用瀏覽器工具來加入一個 author_id 欄位，並將 ID 設為別人的 ID，用別人的名義建立部落格文章來冒充別人呢？

Eloquent 有一種稱為「大規模賦值（mass assignment）」的概念，可讓你定義可填充的欄位（使用 model 的 $fillable 特性）或不可填充的欄位（使用 model 的 $guarded 特性），做法是以陣列形式來將它們傳入 create() 或 update()。詳情見第 135 頁的「大規模賦值」。

在範例中，我們可以像範例 7-28 那樣填充 model，來保護應用程式。

範例 7-28 保護 Eloquent model 以免遭受惡意的大規模賦值

```
<?php

namespace App;

use Illuminate\Database\Eloquent\Model;
```

```
class Post extends Model
{
    // 停用 author_id 欄位的大規模賦值
    protected $guarded = ['author_id'];
}
```

將 author_id 設為 guarded，可以避免惡意用戶在表單中自行添加內容來覆寫這個欄位的值，並將它傳給應用程式。

使用 *$request->only()* 來進行雙重保護

保護 model 免受大規模賦值是一件很重要的工作，但在賦值端也要特別小心。你可能要使用 $request->only() 而非 $request->all()，來指定有哪些欄位想要傳入 model：

```
Route::post('posts', function (Request $request) {
    $newPost = Post::create($request->only([
        'title',
        'body',
    ]));
});
```

{{ vs. {!!

每當你在網頁上顯示用戶建立的內容時，都要預防惡意的輸入，例如腳本注入。

假設你要讓用戶在網站上編寫部落格文章，你應該不希望他們注入惡意的 JavaScript 並在毫無戒心的訪客的瀏覽器上執行吧？為了防止這種情況，在將用戶輸入顯示在網頁上之前，你要對它們進行轉義。

幸運的是，Laravel 幾乎為你做好這項工作了，當你使用 Laravel 的 Blade 模板引擎時，預設的「echo」語法（{{ *$stuffToEcho* }}）會自動透過 htmlentities() 來執行輸出（在 PHP 中，htmlentities() 是讓用戶內容可以安全地 echo 的最佳工具）。事實上，你要使用 {!! *$stuffToEcho* !!} 語法來進行額外的工作，以避免轉義輸出。

測試

如果你想要測試你和用戶輸入之間的互動，你應該希望模擬有效的用戶輸入與無效的用戶輸入，並確保當輸入無效時，用戶會被轉址，且當輸入有效時，它會被放在適當的位置（例如資料庫）。

Laravel 應用測試可以簡化這項工作。

用於測試用戶互動的 *Laravel Dusk*

這些測試程式的測試對象是應用程式的 HTTP 層，而不是實際的表單欄位和互動。如果你想測試頁面上的特定用戶互動，以及用戶和表單的互動，你要匯入 Laravel 的 Dusk 測試程式包。

請參考第 348 頁的「使用 Dusk 來進行測試」，以瞭解如何在測試程式中安裝和使用 Dusk。

我們從應該被拒絕的無效路由開始，見範例 7-29。

範例 7-29 測試無效輸入被拒絕

```php
public function test_input_missing_a_title_is_rejected()
{
    $response = $this->post('posts', ['body' => 'This is the body of my post']);
    $response->assertRedirect();
    $response->assertSessionHasErrors();
}
```

我們在此斷言用戶輸入無效的內容之後會被轉址，並附加錯誤訊息。如你所見，我們使用一些 Laravel 的自訂 PHPUnit 斷言。

那麼，如何測試路由的成功？見範例 7-30。

範例 7-30 測試有效的輸入已被處理

```php
public function test_valid_input_should_create_a_post_in_the_database()
{
    $this->post('posts', ['title' => 'Post Title', 'body' => 'This is the body']);
    $this->assertDatabaseHas('posts', ['title' => 'Post Title']);
}
```

注意，如果你要測試使用資料庫的程式，你必須進一步瞭解資料庫 migration 及交易。詳情見第 12 章。

TL;DR

取得同一筆資料的手段很多，包括使用 Request 靜態介面、使用 request() 全域輔助函式，以及注入 Illuminate\Http\Request 的實例。它們都公開了取得所有輸入、一些輸入，或特定資料片段的功能，而且它們取得文件和 JSON 輸入時也會做一些特殊的考量。

URL 路徑區段也是用戶輸入來源之一，你也可以透過請求工具來取得它們。

你可以使用 Validator::make() 來手動執行驗證，或使用 validate() 請求方法或表單請求來自動執行驗證。每一種自動工具在驗證失敗時，都會將用戶轉址到上一頁，連同已儲存的所有舊輸入與錯誤。

view 和 Eloquent model 也需要保護，以防止惡意的用戶輸入。你可以使用雙大括號語法（{{ }}）來保護 Blade view，它可以對用戶輸入進行轉義。要保護 model，你可以使用 $request->only()，只將特定欄位傳給大量的方法，以及為 model 本身定義大規模賦值規則。

## 第八章

Artisan 與 Tinker

現代 PHP 框架從安裝開始就會在命令列上進行許多互動。Laravel 提供三種主要的工具來進行命令列互動：Artisan，一套內建的命令列動作，可以加入更多動作；Tinker，一種專為你的應用程式設計的 REPL 或互動殼層；以及第 2 章已經介紹過的安裝程式（installer）。

Artisan 簡介

如果你看過之前的每一章的話，你已經知道如何使用 Artisan 命令了，它們長這樣：

```
php artisan make:controller PostController
```

在應用程式的 root 資料夾裡面，你可以看到 *artisan* 事實上只是一個 PHP 檔，這就是當你呼叫它時，都要先輸入 php artisan 的原因——你將那一個檔案傳入 PHP 來解析，在這個命令之後的東西都是傳給 Artisan 的引數。

> **Symfony 主控台語法**
>
> Artisan 是基於 Symfony Console 組件（*https://oreil.ly/7Cb3Y*）的軟體層，所以，如果你已經熟悉 Symfony Console 命令，你應該會覺得它用起來很自然。

因為應用程式使用的 Artisan 命令可能被程式包或該 app 的特定程式碼修改，所以你應該檢查你遇到的每一個新應用程式，看看有哪些命令可用。

要取得 Artisan 命令的完整清單，你可以在專案根目錄執行 php artisan list（只執行 php artisan 而不加上參數也會做同一件事）。

基本 Artisan 命令

本書沒有足夠的篇幅可以介紹所有的 Artisan 命令，但我們會討論大多數的命令。首先是基本的命令：

clear-compiled

移除 Laravel 的已編譯的類別檔案，它們就像 Laravel 內部快取；請在出錯且原因不明時，優先執行這個命令。

down, up

分別是讓你的應用程式進入「維護模式」，以便修正錯誤、執行 migration 或進行任何其他操作，以及從維護模式復原應用程式。

dump-server

啟動傾印（dump）伺服器（見第 235 頁的「Laravel 傾印伺服器」）來收集並輸出被 dump 的變數。

env

顯示 Laravel 正在哪個環境中運行，相當於在 app 內 echo app()->environment()。

help

提供命令的說明，例如 php artisan help *commandName*。

migrate

執行所有資料庫 migration。

optimize

清除並重新整理組態與路由檔案。

serve

在 localhost:8000 啟動 PHP 伺服器（你可以使用 --host 與 --port 來自訂主機與（或）連接埠）。

tinker

　　啟動 Tinker REPL，稍後會介紹它。

stub:publish

　　發布所有可供自訂的 stub。

docs

　　讓你快速閱讀 Laravel 文件。傳遞一個參數後，系統會顯示打開那些文件的 URL。不傳遞參數的話，系統會提供一個文件主題清單，讓你進行選擇。

about

　　顯示你的專案環境、一般組態、程式包…的概要。

　　隨著時間而改變的 Artisan *命令*

　　Artisan 命令及其名稱在 Laravel 的生命歷程中發生過小幅的變化。以上的命令是本書出版時的最新版本。然而，要瞭解有哪些命令可用，最好的辦法是在你的應用程式中執行 php artisan。

選項

在討論其餘的 Artisan 命令之前，我們先來看一些值得注意的選項，它們可以在你每次執行 Artisan 命令時傳入：

-q

　　不顯示所有輸出。

-v, -vv, 與 -vvv

　　指定輸出的詳細程度（正常、詳細，與偵錯）。

--no-interaction

　　不顯示互動性問題，所以這個命令不會讓執行它的自動化程序中斷。

--env

　　可讓你定義 Artisan 命令應該在哪個環境中運作（例如 local、production…等）。

--version

顯示你的應用程式是在哪個 Laravel 版本上運行的。

你可能已經從這些選項猜到，Artisan 命令的設計，是為了讓你可以像基本殼層命令一樣使用它：你可以手動執行它們，有時也可以當成自動化程序的一部分來使用。

例如，許多自動化部署程序或許可以受惠於一些 Artisan 命令。你可以在每次部署應用程式時執行 php artisan config:cache。-q 與 --no-interaction 這類的旗標可以確保你的部署腳本持續順暢地執行，不需要人員介入。

根據背景環境分組的命令

其餘的現成命令皆以背景環境（context）來分組。在此不介紹所有的命令，僅大致說明各種背景環境：

auth

這一組命令只有 auth:clear-resets，它會在資料庫裡清除所有過期的密碼重設權杖。

cache

cache:clear 可清除快取，cache:forget 可從快取移除一個項目，cache:table 可建立一個資料庫 migration，如果你打算使用資料庫快取驅動程式的話。

config

config:cache 會快取你的組態設定，以加快尋找速度；你可以使用 config:clear 來清除快取。

db

db:seed 會對資料庫進行種子填充，但你必須先設定資料庫 seeder。

event

event:list 會列出應用程式的所有事件和監聽器，event:cache 會快取該列表，event:clear 可清除該快取，event:generate 則根據 EventServiceProvider 中的定義來建立遺漏事件（missing event）和事件監聽器檔案。第 16 章將進一步介紹事件。

key

key:generate 可在你的 .env 檔案內建立一個隨機的應用程式加密金鑰。

重新執行 *artisan key:generate* 意味著失去加密後的資料

如果你對著應用程式執行不只一次 `php artisan key:generate` 的話，已登入的用戶都會被登出，而且手動加密過的資料都再也不能解密了。要瞭解更多資訊可關注 Tightenite Jake Bathman，並參考他的文章「APP_KEY and You」（*https://oreil.ly/T_l1h*）。

make

每一個 `make:` 操作都會從 stub 建立一個項目，並且有相應變化的參數。若要進一步瞭解個別命令的參數，可使用 `help` 來閱讀它的文件。

例如，你可以執行 `php artisan help make:migration`，並從中得知，你可以傳遞 `--create=`*tableNameHere* 來建立一個在檔案內已經有表格建立語法的 migration，例如：`php artisan make:migration create_posts_table --create=posts`。

migrate

我們已經介紹過用來執行所有 migration 的 `migrate` 命令了，關於所有 migration 相關命令的詳情，請參考第 103 頁的「執行 migration」。

notifications

`notifications:table` 可產生一個 migration，用來建立資料庫通知所需的表格。

package

Laravel 有一個由它的「autodiscover（自動發現）」功能產生的宣告檔（manifest），它會在你初次安裝第三方程式包時為你註冊它們。`package:discover` 可為你的外部程式包的服務提供者重建 Laravel 的「discovered」宣告檔。

queue

我們將在第 16 章討論 Laravel 的佇列，其基本概念在於，你可以將 job（工作）推往遠端的佇列，讓一個工作器（worker）一一執行它們。這個命令群組提供和佇列互動的工具，例如 `queue:listen` 可監聽佇列，`queue:table` 可為底層為資料庫的佇列建立 migration，而 `queue:flush` 可清除失敗的 job。這一組還有一些其他的命令，第 16 章會介紹。

route

執行 route:list 可以顯示你的應用程式裡的每一個路由的定義，包括每一個路由的動詞、路徑、名稱、controller/closure 動作，與中介層。你可以使用 route:cache 來快取路由定義，以加快尋找速度，你也可以使用 route:clear 來清除快取。

schedule

我們會在第 16 章討論 Laravel 的 cron 式時間管理器，但是為了運行它，你必須設定系統的 cron，讓它每分鐘執行一次 schedule:run：

```
* * * * * php /home/myapp.com/artisan schedule:run >> /dev/null 2>&1
```

如你所見，這個 Artisan 命令是為了定期執行而設計的，以支援 Laravel 的核心服務。

session

session:table 使用底層為資料庫的 session 來為應用程式建立 migration。

storage

storage:link 可建立一個從 *public/storage* 到 *storage/app/public* 的符號連結。它是 Laravel 應用程式中的常見慣例，以便將用戶所上傳的東西（或通常位於 *storage/app* 之內的檔案）放在可透過公用 URL 來取得之處。

vendor

有些 Laravel 程式包需要「公布」它們的某些資產，或許是為了透過你的 *public* 目錄來讓外界使用，或許是為了讓你可以修改它們。無論如何，這些程式包都會向 Laravel 註冊它們是「可公布的資產」，當你執行 vendor:publish 時，Laravel 會將它們公布到指定的位置。

view

Laravel 的 view 算繪引擎會自動快取你的 view。它通常可以妥善地處理它自己的快取失效，但如果你發現它卡住了，你可以執行 view:clear 來清除快取。

自訂 Artisan 命令

瞭解 Laravel 現成的 Artisan 命令之後，我們來看看如何自行編寫命令。

首先，有一個 Artisan 命令可做這件事！執行 `php artisan make:command` *YourCommandName* 可在 *app/Console/Commands/{YourCommandName}.php* 裡面產生一個新的 Artisan 命令。

它的第一個引數是命令的類別名稱，你可以傳遞一個 `--command` 參數來定義終端機命令是什麼（例如 `appname:action`）。我們來試試：

```
php artisan make:command WelcomeNewUsers --command=email:newusers
```

範例 8-1 是你將得到的結果。

範例 *8-1 Artisan 命令的預設骨架*

```php
<?php

namespace App\Console\Commands;

use Illuminate\Console\Command;

class WelcomeNewUsers extends Command
{
    /**
     * 主控台命令的名稱與簽章
     *
     * @var string
     */
    protected $signature = 'email:newusers';

    /**
     * 主控台命令說明。
     *
     * @var string
     */
    protected $description = 'Command description';

    /**
     * 執行主控台命令。
     */
    public function handle(): void
    {
        //
    }
}
```

如你所見，定義命令簽章、定義命令清單上的說明文字，以及定義命令執行時的行為（`handle()`）都很簡單。

命令範例

我們尚未在本章討論郵件與 Eloquent（郵件見第 15 章，Eloquent 見第 5 章），但範例 8-2 的 handle() 方法應該很容易理解。

範例 8-2　Artisan 命令的 handle() 方法

```
// ...

class WelcomeNewUsers extends Command
{
    public function handle(): void
    {
        User::signedUpThisWeek()->each(function ($user) {
            Mail::to($user)->send(new WelcomeEmail);
        });
    }
}
```

現在每次你執行 `php artisan email:newusers` 時，這個命令都會抓出於本週註冊的每一位用戶，並且寄一封歡迎郵件給他們。

如果你比較喜歡注入郵件以及用戶依賴關係，而非使用靜態介面，你可以在命令建構式裡 typehint 它們，Laravel 容器會在命令被實例化時注入它們。

範例 8-3 是當範例 8-2 使用依賴注入，並將其行為提取至服務類別之後的樣子。

範例 8-3　重構同一個命令

```
...
class WelcomeNewUsers extends Command
{
    public function __construct(UserMailer $userMailer)
    {
        parent::__construct();

        $this->userMailer = $userMailer
    }

    public function handle(): void
    {
        $this->userMailer->welcomeNewUsers();
    }
```

保持簡單

你可以在程式的其餘部分呼叫 Artisan 命令，以使用它們來封裝應用邏輯區塊。

然而，Laravel 文件建議先將應用邏輯包在一個服務類別裡，再將該服務注入你的命令。你應該將主控台命令視為類似 controller 的東西：它們不是領域類別（domain class），而是交通警察，只負責將收到的請求轉發給正確的行為。

引數與選項

新命令的 $signature 特性看似只包含命令名稱，但這個特性也是定義命令的所有引數與選項之處。你可以使用一種明確、簡單的語法來為 Artisan 命令添加引數與選項。

在探討語法之前，我們先來看一個例子，以瞭解背景：

```
protected $signature = 'password:reset {userId} {--sendEmail}';
```

引數——必要的、選用的與（或）有預設值的

在定義必要的引數時，用大括號包住它：

```
password:reset {userId}
```

在定義選用的引數時，加上一個問號：

```
password:reset {userId?}
```

若要定義選用的引數並提供一個預設值，則是：

```
password:reset {userId=1}
```

選項——必要的值、預設值，與捷徑

選項類似引數，但在它們前面有 --，而且在使用時可以不指定值。加入基本選項的寫法是將它放在大括號內：

```
password:reset {userId} {--sendEmail}
```

如果選項需要一個值，在它的簽章加一個 =：

```
password:reset {userId} {--password=}
```

如果你想要傳遞一個預設值,將它放在 = 後面:

```
password:reset {userId} {--queue=default}
```

陣列引數與陣列選項

如果你想要接收陣列作為輸入,無論是引數還是選項,可使用 * 字元:

```
password:reset {userIds*}
```

```
password:reset {--ids=*}
```

範例 8-4 是使用陣列引數與參數的情形。

範例 8-4 使用 Artisan 命令與陣列語法

```
// 引數
php artisan password:reset 1 2 3

// 選項
php artisan password:reset --ids=1 --ids=2 --ids=3
```

陣列引數必須是最後一個引數

因為陣列引數會抓取位於它的定義後面的每一個參數,並加入它們成為陣列項目,所以陣列引數必須是 Artisan 命令簽章的最後一個引數。

輸入說明

還記得我們可以使用 artisan help 來取得關於 Artisan 內建命令參數的更多資訊嗎?我們也可以提供關於自訂命令的同樣資訊,只要在大括號內加入一個冒號與說明文字即可,如範例 8-5 所示。

範例 8-5 為 Artisan 引數與選項定義說明文字

```
protected $signature = 'password:reset
                        {userId : The ID of the user}
                        {--sendEmail : Whether to send user an email}';
```

使用輸入

有了這個輸入的提示之後,如何在命令的 handle() 方法中使用它?我們有兩組方法可用來取出引數與選項的值。

argument() 與 arguments()

$this->arguments() 回傳一個包含所有引數的陣列（第一個陣列項目是命令名稱）。呼叫 $this->argument() 且不使用參數可得到同一個回應。複數的方法（我較喜歡使用的）是為了提升易讀性而提供的。

如果只想取得單一引數的值，你可以將那個引數名稱作為參數傳給 $this->argument()，見範例 8-6。

範例 8-6　在 Artisan 命令中使用 $this->arguments()

```
// 使用定義 "password:reset {userId}"
php artisan password:reset 5

// 用 $this->arguments() 會回傳這個陣列
[
    "command": "password:reset",
    "userId":"5",
]

// 用 $this->argument('userId') 會回傳這個字串
"5"
```

option() 與 options()

$this->options() 回傳一個包含所有選項的陣列，包括一些預設為 false 或 null 的選項。如果沒有對 $this->option() 傳入參數，它會回傳相同的回應。複數的方法（我較喜歡使用的）同樣只是為了提升易讀性而提供的。

如果你只想取得單一選項的值，你可以將引數名稱當成參數傳給 $this->option()，見範例 8-7。

範例 8-7　在 Artisan 命令中使用 $this->options()

```
// 使用定義 "password:reset {userId}"
php artisan password:reset --userId=5

// $this->option() 會回傳這個陣列
[
    "userId" => "5",
    "help" => false,
    "quiet" => false,
    "verbose" => false,
    "version" => false,
```

```
        "ansi" => false,
        "no-ansi" => false,
        "no-interaction" => false,
        "env" => null,
    ]

    // 用 $this->option('userId') 回傳這個字串
    "5"
```

範例 8-8 的 Artisan 命令在 handle() 方法中使用 argument() 與 option()。

範例 8-8　從 Artisan 命令取得輸入

```
public function handle(): void
{
    // 所有引數，包括命令名稱
    $arguments = $this->arguments();

    // 只有 'userId' 引數
    $userid = $this->argument('userId');

    // 所有選項，包括一些預設值，例如 'no-interaction' 與 'env'
    $options = $this->options();

    // 只有 'sendEmail' 選項
    $sendEmail = $this->option('sendEmail');
}
```

提示

你還可以在 handle() 程式碼裡使用一些其他方式來取得用戶輸入，它們都會在你的命令
執行期間提示用戶輸入資訊：

ask()

　　提示用戶輸入自由格式的文字：

```
$email = $this->ask('What is your email address?');
```

secret()

　　提示用戶輸入自由格式的文字，但使用星號來隱藏輸入：

```
$password = $this->secret('What is the DB password?');
```

confirm()

提示用戶輸入 yes/no 答案，並回傳一個布林值：

```
if ($this->confirm('Do you want to truncate the tables?')) {
    //
}
```

y 或 Y 之外的答案皆視為「no」。

anticipate()

提示用戶輸入自由格式的文字，並提供自動完成建議。用戶仍然可以隨意輸入內容：

```
$album = $this->anticipate('What is the best album ever?', [
    "The Joshua Tree", "Pet Sounds", "What's Going On"
]);
```

choice()

提示用戶選擇所提供的選項之一，如果用戶沒有做出選擇，最後一個參數是預設值：

```
$winner = $this->choice(
    'Who is the best football team?',
    ['Gators', 'Wolverines'],
    0
);
```

注意，最後一個參數（預設值）是陣列鍵。因為我們傳入一個非關聯陣列，所以 Gators 的鍵是 0。想要的話，你也可以為陣列加入鍵：

```
$winner = $this->choice(
    'Who is the best football team?',
    ['gators' => 'Gators', 'wolverines' => 'Wolverines'],
    'gators'
);
```

輸出

在執行命令期間，你可能想要寫訊息給用戶，最基本的做法是使用 $this->info() 來輸出基本的綠色文字：

```
$this->info('Your command has run successfully.');
```

你也可以使用 comment()（橘色）、question()（顯眼的藍綠色）、error()（顯眼的紅色）、line()（無顏色）與 line()（無色）方法來 echo 至命令列。

注意，實際的顏色可能隨電腦而異，但它們會試著以本地電腦標準來與用戶溝通。

表格輸出

table() 方法可幫你建立一個包含你的資料的 ASCII 表。見範例 8-9。

範例 8-9　用 *Artisan* 命令來輸出資料表

```
$headers = ['Name', 'Email'];

$data = [
    ['Dhriti', 'dhriti@amrit.com'],
    ['Moses', 'moses@gutierez.com'],
];

// 你也可以從資料庫取得類似的資料：
$data = App\User::all(['name', 'email'])->toArray();

$this->table($headers, $data);
```

注意，範例 8-9 有兩組資料：標題與資料本身。它們的每一「列」都有兩「格」，每一列的第一格是姓名，第二格是 email。如此一來，來自 Eloquent 呼叫（被限制為只拉入姓名與 email）的資料可與標題相符。

範例 8-10 是輸出的表格。

範例 8-10　*Artisan* 表格輸出範例

```
+---------+--------------------+
| Name    | Email              |
+---------+--------------------+
| Dhriti  | dhriti@amrit.com   |
| Moses   | moses@gutierez.com |
+---------+--------------------+
```

進度條

曾經執行 npm install 的人都看過命令列的進度條。我們用範例 8-11 來建立一個。

範例 8-11　*Artisan 進度條範例*

```
$totalUnits = 350;
$this->output->progressStart($totalUnits);

for ($i = 0; $i < $totalUnits; $i++) {
    sleep(1);

    $this->output->progressAdvance();
}

$this->output->progressFinish();
```

我們做了什麼事？首先，我們告知系統有多少「單位」需要處理，一個單位可能是一位用戶，而你有 350 位用戶。然後，進度條會將螢幕上的可用寬度分成 350 份，每次你執行 progressAdvance() 時，就增加 1/350。完成工作時，執行 progressFinish() 來讓它知道進度條已經完成顯示了。

將命令寫成 closure

如果你想要簡化定義命令的過程，你可以在 *routes/console.php* 內定義命令，將命令寫成 closure 而非類別。我們在這一章討論的一切都以相同的方式來應用，但你將在單一步驟中定義並註冊命令，如範例 8-12 所示。

範例 8-12　*用 closure 來定義 Artisan 命令*

```
// routes/console.php
Artisan::command(
    'password:reset {userId} {--sendEmail}',
    function ($userId, $sendEmail) {
        $userId = $this->argument('userId');
        // 做想做的事情
    }
);
```

在一般程式碼中呼叫 Artisan 命令

雖然 Artisan 命令是為了在命令列執行而設計的，但你也可以在其他的程式碼裡呼叫它們。

最簡單的方式是使用 Artisan 靜態介面。你可以使用 Artisan::call() 來呼叫一個命令（它會回傳命令的退出碼（exit code）），或使用 Artisan::queue() 來將命令加入佇列。

這兩種方法都接收兩個參數，第一個參數是終端機命令（password:reset），第二個參數是要傳給它的參數陣列。範例 8-13 是它使用引數與選項時的情形。

範例 8-13　在其他程式碼呼叫 Artisan 命令

```
Route::get('test-artisan', function () {
    $exitCode = Artisan::call('password:reset', [
        'userId' => 15,
        '--sendEmail' => true,
    ]);
});
```

如你所見，在傳遞引數時，我們將引數名稱當成鍵。無值的選項可設為 true 或 false 來傳遞。

使用字串語法來呼叫 *Artisan* 命令

你也可以在程式碼內以更自然的方式呼叫 Artisan 命令——將你本來會在命令列上呼叫的字串傳給 Artisan::call()：

```
Artisan::call('password:reset 15 --sendEmail')
```

你也可以在其他的命令呼叫 Artisan 命令——使用 $this->call()（與 Artisan::call() 相同），或 $this->callSilent()，後者有相同的效果，但會隱藏所有輸出。見範例 8-14。

範例 8-14　在其他的 Artisan 命令呼叫 Artisan 命令

```
public function handle(): void
{
    $this->callSilent('password:reset', [
        'userId' => 15,
    ]);
}
```

最後，你可以注入 Illuminate\Contracts\Console\Kernel 合約（contract）的實例，並使用它的 call() 方法。

Tinker

Tinker 是一種 REPL，即「讀取 – 算值 – 輸出」循環（read–evaluate–print loop）。REPL 提供一個提示符（類似命令列提示符），模仿應用程式的「待命」狀態。你可以將命令輸入 REPL，按下 Return，然後等待你輸入的命令被計算，且其回應被印出。

範例 8-15 提供一個簡單的範例來展示它如何工作，以及它的用途。使用 php artisan tinker 來啟動 REPL 之後，你會看到一個空白提示符（>>>）；命令的每一個回應都會被印在 => 開頭的一行。

範例 8-15　使用 Tinker

```
$ php artisan tinker

>>> $user = new App\User;
=> App\User: {}
>>> $user->email = 'matt@mattstauffer.com';
=> "matt@mattstauffer.com"
>>> $user->password = bcrypt('superSecret');
=> "$2y$10$TWPGBC7e8d1bvJ1q5kv.VDUGfYDnE9gANl4mleuB3htIY2dxcQfQ5"
>>> $user->save();
=> true
```

如你所見，我們建立了一個新用戶，設定一些資料（用 bcrypt() 來將密碼雜湊化來保護安全），並將它存入資料庫。這不是假象，如果這是產品 app，我們會在系統中建立一個全新的用戶。

所以 Tinker 很適合用來製作簡單的資料庫互動、嘗試新想法，以及用來執行一段程式碼，特別是當你不知道該將它們放在應用程式的原始碼檔案內的哪裡時。

Tinker 由 Psy Shell 提供技術支援（http://psysh.org），你可以在它的網址瞭解它還可以用來做什麼。

Laravel 傾印伺服器

Laravel 的 dump() 輔助函式是在開發期間對資料的狀態進行偵錯時常用的工具，它會對你輸入的任何東西執行一個裝飾過（decorated）的 var_dump()。它是不錯的工具，但經常帶來一些問題。

你可以啟用 Laravel 傾印（dump）伺服器，它會快取這些 dump() 陳述式，並在主控台上顯示它們，而不是將它們顯示到網頁上。

要在你的本地電腦上執行傾印伺服器，請前往專案的根目錄，並執行 php artisan dump-server：

```
$ php artisan dump-server

Laravel Var Dump Server
=======================

 [OK] Server listening on tcp://127.0.0.1:9912

 // 使用 CONTROL-C 來退出伺服器
```

然後在你的程式碼裡使用 dump() 輔助函式。你可以在 *routes/web.php* 檔案中執行這段程式來測試它：

```
Route::get('/', function () {
    dump('Dumped Value');

    return 'Hello World';
});
```

如果沒有傾印伺服器，你會看到 dump 和你的「Hello World」，但是當你運行傾印伺服器時，你只會在瀏覽器看到「Hello World」。在主控台，你會看到傾印伺服器抓到那個 dump()，讓你可以檢視它：

```
GET http://myapp.test/
--------------------


 ----------- -------------------------------
  date        Tue, 18 Sep 2018 22:43:10 +0000
  controller  "Closure"
  source      web.php on line 20
  file        routes/web.php
 ----------- -------------------------------

"Dumped Value"
```

自訂產生器 stub

會生成檔案的任何 Artisan 命令（例如 make:model 和 make:controller）都使用「stub」檔案，那些命令會複製和修改這些 stub 檔案以生成新檔案。你可以在應用程式中自訂這些 stub。

要在你的應用程式中自訂 stub，請執行 php artisan stub:publish，它會將 stub 檔案匯至一個 stub/ 目錄中，讓你可以在那裡自訂它們。

測試

你已經知道如何在程式碼中呼叫 Artisan 命令了，你也可以在測試程式裡做這件事，以確保你期望的行為有被正確地執行，如範例 8-16 所示。在我們的測試中，我們使用 $this->artisan() 而非 Artisan::call()，因為它有相同的語法，但加入一些與測試有關的斷言。

範例 8-16　在測試程式中呼叫 Artisan 命令

```
public function test_empty_log_command_empties_logs_table()
{
    DB::table('logs')->insert(['message' => 'Did something']);
    $this->assertCount(1, DB::table('logs')->get());

    $this->artisan('logs:empty'); // 等同於 Artisan::call('logs:empty');
    $this->assertCount(0, DB::table('logs')->get());
}
```

你可以在 $this->artisan() 後面串接一些新斷言來測試 Artisan 命令——不僅可以測試它們對應用程式的其他部分造成的影響，也可以測試它們的實際運作方式。範例 8-17 是這種語法的示範。

範例 8-17　對著 Artisan 命令的輸入與輸出進行斷言

```
public function testItCreatesANewUser()
{
    $this->artisan('myapp:create-user')
        ->expectsQuestion("What's the name of the new user?", "Wilbur Powery")
        ->expectsQuestion("What's the email of the new user?", "wilbur@thisbook.co")
        ->expectsQuestion("What's the password of the new user?", "secret")
        ->expectsOutput("User Wilbur Powery created!");
```

```
    $this->assertDatabaseHas('users', [
        'email' => 'wilbur@thisbook.co'
    ]);
}
```

TL;DR

Artisan 命令是 Laravel 的命令列工具。Laravel 提供很多現成的命令,但你也可以輕鬆地創造自己的 Artisan 命令,並在命令列或你自己的程式碼裡呼叫它們。

Tinker 是一種 REPL,可讓你輕鬆地進入你的應用程式環境,並且與實際的程式碼和實際的資料互動,而傾印伺服器可讓你對程式碼進行偵錯,且不需要停止執行程式碼。

## 第九章

用戶身分驗證與授權

在打造應用程式的基礎時,設置基本的身分驗證系統(包括註冊、登入、session、密碼重設以及訪問權限)往往是很耗時的階段,所以這個系統是提取至程式庫的主要對象,當今也有很多這類的程式庫存在。

但由於不同的專案對於身分驗證的需求有很大的差異,所以大多數的身分驗證系統很快就變得臃腫且難以使用。幸運的是,Laravel 創造了一套易於使用及理解的身分驗證系統,且具備足夠的靈活度,可配合各種不同的設定。

每一個新安裝的 Laravel 都內建了一個 create_users_table migration 和一個 User model。如果你匯入 Breeze(見第 174 頁的「Laravel Breeze」)或 Jetstream(見第 175 頁的「Laravel Jetstream」),它們將為你的應用程式提供與身分驗證有關的 view、路由、controller / 操作和其他功能。這些 API 都很簡潔,且所有的規範皆互相配合,以提供簡單且一氣呵成的身分驗證與授權系統。

用戶 model 與 migration

當你建立新的 Laravel app 時,你看到的第一個 migration 與 model 將是 create_users_table migration 與 App\User model。範例 9-1 直接來自 migration,展示了你將在 users 表內獲得的欄位。

範例 9-1　*Laravel 的預設 user migration*

```
Schema::create('users', function (Blueprint $table) {
    $table->id();
    $table->string('name');
    $table->string('email')->unique();
```

```
    $table->timestamp('email_verified_at')->nullable();
    $table->string('password');
    $table->rememberToken();
    $table->timestamps();
});
```

我們有一個自動遞增的主鍵 ID、一個姓名、一個不重複的 email、一個密碼、一個「記住我」標記,以及建立和修改的時戳。這已經涵蓋了多數的 app 處理基本用戶身分驗證所需的所有元素了。

 身分驗證與授權的區別

身分驗證是指驗證某人的身分並允許他在你的系統中以該身分進行操作,這包括登入和登出程序,以及可讓用戶在使用應用程式期間證明身分的任何工具。

授權則是決定已驗證的用戶是否被允許(被授權)做出特定行為。例如你可以用授權系統來禁止管理員以外的人查看網站的收益。

User model 比較複雜,見範例 9-2。App\User 類別本身很簡單,但它擴展了 Illuminate\Foundation\Auth\User 類別,該類別拉入了一些 trait。

範例 9-2 *Laravel 的預設 User model*

```php
<?php
// App\User

namespace App\Models;

// use Illuminate\Contracts\Auth\MustVerifyEmail;
use Illuminate\Database\Eloquent\Factories\HasFactory;
use Illuminate\Foundation\Auth\User as Authenticatable;
use Illuminate\Notifications\Notifiable;
use Laravel\Sanctum\HasApiTokens;

class User extends Authenticatable
{
    use HasApiTokens, HasFactory, Notifiable;

    /**
     * 可以大量賦值的屬性。
     *
     * @var array<int, string>
     */
```

```php
    protected $fillable = [
        'name',
        'email',
        'password',
    ];

    /**
     * 應隱藏以便進行序列化的屬性。
     *
     * @var array<int, string>
     */
    protected $hidden = [
        'password',
        'remember_token',
    ];

    /**
     * 應該轉義的屬性。
     *
     * @var array<string, string>
     */
    protected $casts = [
        'email_verified_at' => 'datetime',
    ];
}
<?php
// Illuminate\Foundation\Auth\User

namespace Illuminate\Foundation\Auth;

use Illuminate\Auth\Authenticatable;
use Illuminate\Auth\MustVerifyEmail;
use Illuminate\Auth\Passwords\CanResetPassword;
use Illuminate\Contracts\Auth\Access\Authorizable as AuthorizableContract;
use Illuminate\Contracts\Auth\Authenticatable as AuthenticatableContract;
use Illuminate\Contracts\Auth\CanResetPassword as CanResetPasswordContract;
use Illuminate\Database\Eloquent\Model;
use Illuminate\Foundation\Auth\Access\Authorizable;

class User extends Model implements
    AuthenticatableContract,
    AuthorizableContract,
    CanResetPasswordContract
{
    use Authenticatable, Authorizable, CanResetPassword, MustVerifyEmail;
}
```

複習 Eloquent model

如果你看不太懂，可考慮先看完第 5 章，再繼續學習 Eloquent model 如何運作。

那麼，這個 model 讓我們學到什麼？首先，用戶被儲存於 users 表內，Laravel 會從類別的名稱推斷出這件事。我們可以在建立新用戶時填寫 name、email 與 password 特性，當你使用 JSON 來輸出用戶時會排除 password 與 remember_token 特性。看起來還不錯。

我們也可以從 Illuminate\Foundation\Auth 版本的 User 裡面的合約（contract）與 trait 看到，理論上，有一些框架的功能（身分驗證、授權、重設密碼…等功能）可以套用至其他的 model，而非僅僅是 User model，而且可以分別套用或一起套用。

合約與介面

你應該已經發現，有時我使用「合約（contract）」這個詞，有時則使用「介面（interface）」，在 Laravel 中，幾乎所有介面都位於 Contracts 名稱空間之下。

PHP 介面本質上是兩個類別之間的協議，它定義了其中一個類別將表現出某種「行為」。它有點類似兩者之間的合約，稱之為合約也比稱之為介面更貼切。

不過，它們終究是指同一件事，都是定義「某個類別將提供具有某簽章的某些方法」的協議。

相關的是，Illuminate\Contracts 名稱空間有一組用 Laravel 組件來實作與 typehint 的介面。它們可以用來開發具備相同介面的組件，並且可以在你的應用程式裡取代原始的 Illuminate 組件。例如，當 Laravel 核心與組件 typehint mailer 時，它們並非 typehint Mailer 類別，而是 typehint Mailer 合約（介面），讓你可以輕鬆地提供自己的 mailer。若要進一步瞭解怎麼做，請參考第 11 章。

Authenticatable 合約需要定義一些方法（例如 getAuthIdentifier()）來讓框架向身分驗證系統驗證這個 model 的實例；Authenticatable trait 提供了用一般的 Eloquent model 滿足 Authorizable 合約的方法。

Authorizable 合約需要定義一個方法（can()），來讓框架授予這個 model 的實例在不同背景環境之下的訪問權限。可想而知，Authorizable trait 提供了讓一般的 Eloquent model 皆能滿足 Authorizable 合約的方法。

最後，CanResetPassword 合約需要定義一些方法（getEmailForPasswordReset()、sendPasswordResetNotification()）來讓框架可以（你猜到了）重設滿足此合約的任何實體的密碼。CanResetPassword trait 提供一些方法來讓一般的 Eloquent model 可以滿足那個合約。

在這個階段，我們可以輕鬆地表示資料庫內的個別用戶（使用 migration），並使用一個 model 實例來將它們拉出，該實例可被驗證（登入與登出）、授權（檢查存取特定資源的權限），以及寄出密碼重設 email。

使用 auth() 全域輔助函式與 Auth 靜態介面

要在整個應用程式中和已驗證的用戶的狀態進行互動，使用 auth() 全域輔助函式是最簡單的做法。你也可以注入 Illuminate\Auth\AuthManager 實例或使用 Auth 靜態介面來獲得相同的功能。

最常見的用法是檢查用戶是否登入（如果當下的用戶已經登入，auth()->check() 將回傳 true；如果用戶未登入，auth()->guest() 將回傳 true），以及取得當下登入的用戶（使用 auth()->user()，或使用 auth()->id() 來取得 ID；如果沒有用戶登入，兩者皆回傳 null）。

範例 9-3 是在 controller 中使用全域輔助函式的示範。

範例 9-3　在 controller 中使用 auth() 全域輔助函式

```
public function dashboard()
{
    if (auth()->guest()) {
        return redirect('sign-up');
    }

    return view('dashboard')
        ->with('user', auth()->user());
}
```

routes/auth.php、身分驗證 controller 與身分驗證動作

如果你正在使用 Laravel 的入門套件（starter kit）之一，你可以發現它們使用內建的身分驗證路由，例如登入、註冊、密碼重設、需要路由（requires route）、controller 與 view。

Breeze 與 Jetstream 使用自訂的路由檔案 routes/auth.php 來定義你的路由。它們不完全相同，範例 9-4 用 Breeze 的一些身分驗證路由檔案來展示它們的外觀。

範例 9-4　Breeze 的 routes/auth.php 的一部分

```
Route::middleware('guest')->group(function () {
    Route::get('register', [RegisteredUserController::class, 'create'])
            ->name('register');

    Route::post('register', [RegisteredUserController::class, 'store']);

    Route::get('login', [AuthenticatedSessionController::class, 'create'])
            ->name('login');

    Route::post('login', [AuthenticatedSessionController::class, 'store']);

    Route::get('forgot-password', [PasswordResetLinkController::class, 'create'])
            ->name('password.request');

    Route::post('forgot-password', [PasswordResetLinkController::class, 'store'])
            ->name('password.email');

    Route::get('reset-password/{token}', [NewPasswordController::class, 'create'])
            ->name('password.reset');

    Route::post('reset-password', [NewPasswordController::class, 'store'])
            ->name('password.store');
});
```

Breeze 在 Auth 名稱空間之下發布 controller，必要時，你也可以設置它：

- *AuthenticatedSessionController.php*
- *ConfirmablePasswordController.php*
- *EmailVerificationNotificationController.php*
- *EmailVerificationPromptController.php*

- *NewPasswordController.php*
- *PasswordController.php*
- *PasswordResetLinkController.php*
- *RegisteredUserController.php*
- *VerifyEmailController.php*

Jetstream（與它依賴的 Fortify）發布可讓你自訂的「操作（action）」，而非 controller：

```
app/Actions/Fortify/CreateNewUser.php
app/Actions/Fortify/PasswordValidationRules.php
app/Actions/Fortify/ResetUserPassword.php
app/Actions/Fortify/UpdateUserPassword.php
app/Actions/Fortify/UpdateUserProfileInformation.php
app/Actions/Jetstream/DeleteUser.php
```

Breeze 與 Jetstream 的前端模板

到目前為止，你的身分驗證系統已經有 migration、model、controller／動作和路由了，那 view 呢？

你可以在第 174 頁的「Laravel Breeze」和第 175 頁的「Laravel Jetstream」進一步瞭解，但每一種工具都提供了許多不同的技術疊，且每個技術疊都將它的模板放在不同的地方。

一般來說，用 JavaScript 來建構的技術疊將它們的模板放在 *resources/js* 內，而用 Blade 來建構的技術疊則放在 *resources/views* 內。

每一個功能（登入、註冊、重設密碼⋯等）都至少有一個 view，且它們都是使用 Tailwind-based 設計來生成，可以立即使用或自訂。

「記住我」

雖然 Breeze 和 Jetstream 有這個功能的現成實作，但它的運作方式及用法仍然值得瞭解。如果你想要實作「記住我」風格的長效訪問權杖，務必讓你的 users 表裡面有一個 remember_token 欄位（如果使用預設的 migration 話，就有一個）。

當你用一般的方式來登入用戶時（這也是 LoginController 的做法，它使用 AuthenticatesUsers trait），你將使用用戶提供的資訊來「試著」驗證身分，見範例 9-5。

範例 9-5　嘗試驗證用戶的身分

```
if (auth()->attempt([
    'email' => request()->input('email'),
    'password' => request()->input('password'),
])) {
    // 處理成功的登入
}
```

這會讓你得到一個用戶登入（user login），其持續時間與用戶的 session 一樣久。如果你想讓 Laravel 使用 cookie 來將登入時間無限延長（前提是用戶位於同一台電腦上，而且沒有登出），你可以將布林 true 傳給 auth()->attempt() 方法的第二個參數。範例 9-6 展示這個請求的樣子。

範例 9-6　使用「記住我」核取方塊來進行用戶驗證

```
if (auth()->attempt([
    'email' => request()->input('email'),
    'password' => request()->input('password'),
], request()->filled('remember'))) {
    // 處理成功的登入
}
```

如你所見，我們檢查輸入是否有「filled」remember 特性，它回傳一個布林值，可讓用戶決定是否讓登入表單的核取方塊記住他們。

之後，如果你需要手動檢查當下的用戶是否已用 remember 權杖來認證，你可以使用 auth()->viaRemember()，它會回傳一個布林值，代表當下的用戶是否已經透過 remember 權杖來驗證身分。這可讓你避免某些高敏感度的功能被 remember 權杖讀取。如果沒有通過驗證，你可以要求用戶再次輸入他們的密碼。

密碼確認

你的應用程式可能需要用戶在造訪某些部分之前重新確認他們的密碼。例如，如果用戶已經登入一段時間，然後嘗試訪問網站的計費區域，你可能希望他們提供密碼。

你可以將 password.confirm 中介層附加到路由來強制執行這種行為。當用戶的密碼被確認後,他會被送到他最初嘗試訪問的路由。用戶在接下來的 3 小時內不需要重新輸入密碼,你可以在 auth.password_timeout 組態設定中改變這個時間。

手動驗證用戶

在進行用戶認證時,最常見的情況就是讓用戶提供他們的憑證,然後使用 auth()->attempt() 來檢查所提供的憑證是否與任何實際的用戶相符,若相符,則將他們登入。

但有時你需要自行選擇是否讓用戶登入,例如,你可能想讓管理員切換用戶。

你可以用四種方法來做到。首先,你可以直接傳遞用戶的 ID:

```
auth()->loginUsingId(5);
```

其次,你可以傳遞 User 物件(或任何實作了 Illuminate\Contracts\Auth\Authenticatable 合約的其他物件):

```
auth()->login($user);
```

第三種與第四種做法是使用 once() 或 onceUsingId(),僅為當下的請求驗證特定的用戶,這完全不影響你的 session 或 cookie:

```
auth()->once(['username' => 'mattstauffer']);
// 或
auth()->onceUsingId(5);
```

注意,你傳給 once() 方法的陣列可以包含任何鍵與值,以確切地區分你想驗證的用戶。你甚至可以傳遞多對鍵與值,如果對你的專案而言合適的話,例如:

```
auth()->once([
    'last_name' => 'Stauffer',
    'zip_code' => 90210,
])
```

手動登出用戶

只要呼叫 logout() 即可手動登出用戶:

```
auth()->logout();
```

讓其他設備上的 session 失效

如果你想要登出用戶在其他設備上的 session（例如在他們更改密碼後），你要提示用戶輸入他的密碼，並將密碼傳給 `logoutOtherDevices()` 方法。為此，你必須將 `auth.session` 中介層套用至你想登出他的任何路由（對於大多數的專案，那就是整個應用程式）。

然後，你可以在任何地方於行內使用它：

```
auth()->logoutOtherDevices($password);
```

如果你想讓用戶詳細瞭解有哪些其他的 session 是活躍的，Jetstream（見第 175 頁的「Laravel Jetstream」）有一個內建的頁面可列出所有活躍的 session 並提供一個按鈕，來登出所有 session。

身分驗證中介層

我們在範例 9-3 中知道如何檢查訪客是否登入，並在他們未登入時將他們轉址。雖然你可以針對應用程式的每一個路由執行這種檢查，但你很快就會覺得麻煩。事實上，路由中介層（見第 10 章來進一步瞭解它們的工作方式）非常適合用來限制某些路由不能被訪客造訪，或只能讓通過驗證的用戶造訪。

同樣地，Laravel 附帶現成的中介層可供使用。你可以在 `App\Http\Kernel` 裡查看你定義了哪些路由中介層：

```
protected $middlewareAliases = [
    'auth' => \App\Http\Middleware\Authenticate::class,
    'auth.basic' => \Illuminate\Auth\Middleware\AuthenticateWithBasicAuth::class,
    'auth.session' => \Illuminate\Session\Middleware\AuthenticateSession::class,
    'cache.headers' => \Illuminate\Http\Middleware\SetCacheHeaders::class,
    'can' => \Illuminate\Auth\Middleware\Authorize::class,
    'guest' => \App\Http\Middleware\RedirectIfAuthenticated::class,
    'password.confirm' => \Illuminate\Auth\Middleware\RequirePassword::class,
    'signed' => \App\Http\Middleware\ValidateSignature::class,
    'throttle' => \Illuminate\Routing\Middleware\ThrottleRequests::class,
    'verified' => \Illuminate\Auth\Middleware\EnsureEmailIsVerified::class,
];
```

有六種預設的路由中介層與身分驗證有關：

auth

限制路由只能讓通過驗證的用戶造訪

auth.basic

只能讓通過驗證的用戶使用 HTTP Basic Authentication 來造訪

auth.session

讓路由可透過 Auth::logoutOtherDevices 來禁用

can

授權用戶造訪指定的路由

guest

限制未通過驗證的用戶的訪問

password.confirm

要求用戶重新確認他們的密碼

我們通常讓「僅供通過身分驗證的用戶使用」的區域使用 auth，讓「不想讓已通過身分驗證的用戶看到」的路由（例如登入表單）使用 guest。auth.basic 與 auth.session 是較不常用的身分驗證中介層。

範例 9-7 展示用 auth 中介層來保護的路由。

範例 9-7　用 auth 中介層來保護的路由

```
Route::middleware('auth')->group(function () {
    Route::get('account', [AccountController::class, 'dashboard']);
});

Route::get('login', [LoginController::class, 'getLogin'])->middleware('guest');
```

email 驗證

如果你想要讓用戶證明他們確實可以登入在註冊時提供的 email 地址，你可以使用 Laravel 的 email 驗證功能。

要進行 email 驗證，請更改你的 App\User 類別，讓它實作 Illuminate\Contracts\Auth\
MustVerifyEmail 合約，見範例 9-8。

範例 9-8　將 *MustVerifyEmail* trait 加入 *Authenticatable* model

```
class User extends Authenticatable implements MustVerifyEmail
{
    use Notifiable;

    // ...
}
```

users 表也必須包含 nullable 時戳欄位 email_verified_at，預設的 CreateUsersTable
migration 將為你提供這個欄位。

最後，你必須在 controller 中啟用 email 驗證路由。最簡單的方法是在路由檔案中使用
Auth::routes()，並將 verify 參數設為 true：

```
Auth::routes(['verify' => true]);
```

現在你可以保護任何路由不讓未驗證 email 地址的用戶使用：

```
Route::get('posts/create', function () {
    // 只有驗證過的用戶可以進入…
})->middleware('verified');
```

你可以在 VerificationController 內自訂用戶在驗證之後要轉址到哪個路由：

```
protected $redirectTo = '/profile';
```

Blade 身分驗證指令

如果你想要在 view 中（而不是在路由層面上）檢查用戶是否通過驗證，你可以使用
@auth 與 @guest（見範例 9-9）。

範例 9-9　在模板中檢查用戶的身分驗證狀態

```
@auth
    // 用戶已通過驗證
@endauth

@guest
    // 用戶未通過驗證
@endguest
```

你也可以指定要和兩種方法一起使用的守衛（guard），做法是傳遞守衛名稱作為參數，如範例 9-10 所示。

範例 9-10　在模板中檢查特定 auth 守衛的身分驗證

```
@auth('trainees')
    // 用戶已通過驗證
@endauth

@guest('trainees')
    // 用戶未通過驗證
@endguest
```

守衛

Laravel 身分驗證系統的每一個層面都是由一種稱為守衛（*guard*）的東西來路由的。守衛由兩個部分組成：*driver*（驅動器）定義如何保存與取出驗證狀態（例如 session），*provider*（供應器）可讓你根據一些準則來取得用戶（例如 users）。

Laravel 有兩種現成的守衛：web 與 api。web 採用比較傳統的身分驗證風格，使用 session driver 與基本的用戶 provider。api 也使用相同的用戶 provider，但它使用 token driver 來驗證每一個請求，而不是 session。

如果你想要以不同的方式來識別與保存用戶身分，你可以改變 driver（例如，將長時間執行的 session 改為在每次網頁載入時提供權杖），如果你想要改變儲存體種類，或改變取出用戶的方法（例如，將用戶存入 Mongo 而非 MySQL），可改變 provider。

改變預設的守衛

守衛的定義位於 *config/auth.php*，你可以改變它們、加入新守衛，也可以定義哪一個守衛是預設的。值得注意的是，這是一種相對罕見的配置，大多數的 Laravel app 僅使用一個守衛。

「預設」的守衛就是在使用任何身分驗證功能卻沒有指定守衛時使用的那一個。例如，auth()->user() 會用預設的守衛來拉出當下通過驗證的用戶。你可以在 *config/auth.php* 裡修改 auth.defaults.guard 的設定來改變這個守衛：

```
'defaults' => [
    'guard' => 'web', // 在此更改預設守衛
```

```
        'passwords' => 'users',
    ],
```

組態設置規範

你應該已經發現我使用 auth.defaults.guard 這類的參考來引用組態區段，它是指：在 *config/auth.php* 裡，鍵為 defualts 的陣列區段中，應該有一個鍵為 guard 的特性。

使用其他的守衛而不改變預設的守衛

如果你想要使用其他的守衛，但不想要改變預設的，你可以同時使用 auth 與 guard()：

```
$apiUser = auth()->guard('api')->user();
```

這個呼叫會使用 api 守衛來取得當下的用戶。

加入新守衛

你可以在 *config/auth.php* 的 auth.guards 設定中加入新守衛：

```
'guards' => [
    'trainees' => [
        'driver' => 'session',
        'provider' => 'trainees',
    ],
],
```

我們建立了一個名為 trainees 的新守衛（除了 web 與 api 之外）。假設在這一段程式的其餘部分，我們要建立一個 app，app 的用戶是健身教練，他們都有自己的用戶，也就是學員，那些學員可以登入他們的子網域。所以，我們要為他們分別指定守衛。

driver 的唯二選項是 token 與 session。provider 現成的選項只有 users，它可以針對預設的 users 表進行身分驗證，但你可以輕鬆地自行建立 provider。

closure 請求守衛

如果你想要自訂一個守衛，並且你的守衛條件（如何根據請求來尋找特定的用戶）很簡單，可以在任何 HTTP 請求的回應中描述，你可以將尋找用戶的程式碼放在 closure 裡，而不必自訂新的守衛類別。

viaRequest() 身分驗證方法可讓你用一個 closure（在第二個參數定義）來定義守衛（用第一個參數來命名），這個 closure 接收 HTTP 請求，並回傳適當的用戶。要註冊 closure 請求守衛，你可以在 AuthServiceProvider 的 boot() 方法內呼叫 viaRequest()，見範例 9-11。

範例 9-11　定義 *closure* 請求守衛

```
public function boot(): void
{
    Auth::viaRequest('token-hash', function ($request) {
        return User::where('token-hash', $request->token)->first();
    });
}
```

建立自訂用戶 provider

下面的守衛是在 *config/auth.php* 內定義的，裡面有一個 auth.providers 區段，用於定義可用的 provider。我們來建立一個名為 trainees 的新 provider：

```
'providers' => [
    'users' => [
        'driver' => 'eloquent',
        'model' => App\User::class,
    ],

    'trainees' => [
        'driver' => 'eloquent',
        'model' => App\Trainee::class,
    ],
],
```

driver 的選項是 eloquent 與 database。如果你使用 eloquent，你就需要一個包含 Eloquent 類別名稱的 model 特性（讓你的 User 類別使用的 model），如果你使用 database，你需要一個 table 特性來定義應該對照哪個表來進行身分驗證。

在範例中可以看到，這個應用程式有一個 User 與一個 Trainee，它們需要分別進行驗證。如此一來，程式即可區分 auth()->guard('users') 與 auth()->guard('trainees')。

最後要注意的是：auth 路由中介層可以接收守衛名稱參數。所以你可以使用特定的守衛來守護某些路由：

```
Route::middleware('auth:trainees')->group(function () {
    // 只限學員使用的路由
});
```

為非關聯式資料庫自訂 user provider

上述的 user provider 建立流程仍然使用同一個 UserProvider 類別，這意味著它會從關聯式資料庫拉出辨識資訊。如果你使用的是 Mongo 或 Riak 之類的資料庫，你要自行建立類別。

為此，你要建立一個實作了 Illuminate\Contracts\Auth\UserProvider 介面的類別，然後在 AuthServiceProvider@boot 裡綁定它：

```
auth()->provider('riak', function ($app, array $config) {
    // 回傳 Illuminate\Contracts\Auth\UserProvider 的實例…
    return new RiakUserProvider($app['riak.connection']);
});
```

身分驗證事件

我們將在第 16 章更詳細地討論事件。Laravel 的事件系統是一種基本的 pub/sub 框架，它會將系統生成的事件和用戶生成的事件廣播出去，用戶可以建立事件監聽器來做一些事情以回應事件。

那麼，如果你想要在每次用戶多次登入失敗而被鎖定時，都傳送一個 ping 給特定的安全防護服務的話，該怎麼做？也許這項服務會監視特定地區是否有一定數量的失敗登入，或監視其他事情。雖然你可以在適當的 controller 注入一個呼叫，但如果使用事件，你只需要建立一個事件監聽器，用它來監聽「用戶被鎖定」事件並註冊它。

範例 9-12 是身分驗證系統發出的所有事件。

範例 9-12　框架生成的身分驗證事件

```
protected $listen = [
    'Illuminate\Auth\Events\Attempting' => [],
    'Illuminate\Auth\Events\Authenticated' => [],
    'Illuminate\Auth\Events\CurrentDeviceLogout' => [],
    'Illuminate\Auth\Events\Failed' => [],
    'Illuminate\Auth\Events\Lockout' => [],
    'Illuminate\Auth\Events\Login' => [],
    'Illuminate\Auth\Events\Logout' => [],
    'Illuminate\Auth\Events\OtherDeviceLogout' => [],
    'Illuminate\Auth\Events\PasswordReset' => [],
    'Illuminate\Auth\Events\Registered' => [],
    'Illuminate\Auth\Events\Validated' => [],
```

```
        'Illuminate\Auth\Events\Verified' => [],
    ];
```

你可以看到針對「用戶註冊」、「用戶嘗試登入」、「用戶已驗證但未登入」、「用戶已驗證」、「成功登入」、「登入失敗」、「登出」、「從其他設備登出」、「從當下設備登出」、「帳戶鎖定」、「密碼重設」和「已驗證用戶 email」的監聽器。若要進一步瞭解如何為這些事件建立事件監聽器，請參考第 16 章。

授權與角色

最後，我們來討論 Laravel 的授權系統。它可讓你確定一位用戶是否有權做某件事，你可以用一些主要動詞來檢查：can、cannot、allows 與 denies。

大部分的授權控制都使用 Gate 靜態介面來執行，但是在你的 controller 裡面，以及在 User model 裡面也有一些方便的輔助函式，它們是用中介層和 Blade 指令來提供的。你可以從範例 9-13 稍微瞭解我們可以做哪些事情：

範例 9-13　*Gate* 靜態介面的基本用法

```
if (Gate::denies('edit-contact', $contact)) {
    abort(403);
}

if (!Gate::allows('create-contact', Contact::class)) {
    abort(403);
}
```

定義授權規則

授權規則預設在 AuthServiceProvider 的 boot() 方法裡面定義，你將在那裡呼叫 Auth 靜態介面的方法。

授權規則稱為 *ability*，它由兩個東西構成：一個字串鍵（例如 update-contact）與一個回傳布林的 closure。範例 9-14 展示更新聯絡資訊的 ability。

範例 9-14　更新聯絡資訊的 *ability*

```
class AuthServiceProvider extends ServiceProvider
{
    public function boot(): void
    {
```

```
        Gate::define('update-contact', function ($user, $contact) {
            return $user->id == $contact->user_id;
        });
    }
}
```

我們來逐步瞭解如何定義 ability。

首先，你要定義一個鍵。在為這個鍵命名時，你應該考慮在程式碼裡使用哪個字串來表示你提供給用戶的 ability 比較合理。你可以在範例 9-14 中看到，程式碼使用 {*verb*}-{*modelName*}：create-contact、update-contact 等規範。

接下來要定義 closure。它的第一個參數是當下通過驗證的用戶，接下來的參數是你想檢查是否有權訪問的物件，在這個例子中，它是 contact。

有了這兩個物件之後，我們可以檢查用戶是否有權更新這個聯絡資訊。你可以按照你的想法來編寫這個邏輯，但是在範例 9-14 的應用程式裡，權力取決於用戶是不是 contact 列的建立者。如果當下的用戶建立了 contact，closure 將回傳 true（有權），否則回傳 false（無權）。

就像路由定義一樣，你也可以使用類別與方法來取代 closure，以解析這個定義：

```
$gate->define('update-contact', 'ContactACLChecker@updateContact');
```

Gate 靜態介面（與注入 Gate）

定義了 ability 之後，我們要對它進行測試。最簡單的測試方式是使用 Gate 靜態介面，如範例 9-15 所示（你也可以注入 Illuminate\Contracts\Auth\Access\Gate 的實例）。

範例 9-15　Gate 靜態介面的基本用法

```
if (Gate::allows('update-contact', $contact)) {
    // 更新聯絡資訊
}

// 或
if (Gate::denies('update-contact', $contact)) {
    abort(403);
}
```

你也可以使用多個參數來定義 ability——例如有個 contact 群組，你想要決定是否授權用戶將一筆 contact 加至群組。範例 9-16 展示怎麼做。

範例 9-16　有多個參數的 *ability*

```
// 定義
Gate::define('add-contact-to-group', function ($user, $contact, $group) {
    return $user->id == $contact->user_id && $user->id == $group->user_id;
});

// 使用
if (Gate::denies('add-contact-to-group', [$contact, $group])) {
    abort(403);
}
```

若要檢查除了當下通過驗證的用戶之外的用戶的授權情況，可使用 forUser()，見範例 9-17。

範例 9-17　指定 *Gate* 用戶

```
if (Gate::forUser($user)->denies('create-contact')) {
    abort(403);
}
```

資源 Gate

訪問控制列表（access control list）最常見的用途是定義個別「資源」的存取（你可以將它想成 Eloquent model，或你讓用戶用他的管理面板來管理的東西）。

resource() 方法可讓你一次針對單一資源使用四種最常見的 gate：view、create、update 與 delete。

```
Gate::resource('photos', 'App\Policies\PhotoPolicy');
```

這相當於定義：

```
Gate::define('photos.view', 'App\Policies\PhotoPolicy@view');
Gate::define('photos.create', 'App\Policies\PhotoPolicy@create');
Gate::define('photos.update', 'App\Policies\PhotoPolicy@update');
Gate::define('photos.delete', 'App\Policies\PhotoPolicy@delete');
```

Authorize 中介層

若要授權整個路由，可使用 Authorize 中介層（它有一個 can 的捷徑），見範例 9-18。

範例 9-18　使用 *Authorize* 中介層

```
Route::get('people/create', function () {
    // 建立一個人
})->middleware('can:create-person');

Route::get('people/{person}/edit', function () {
    // 編輯一個人
})->middleware('can:edit,person');
```

{person} 參數（無論是用字串來定義，還是一個綁定路由 model）會被當成額外的參數傳給 ability 方法。

範例 9-18 的第一項檢查是一般的 ability，但第二項是個 policy，第 262 頁的「policy」將討論它。

如果你想要檢查不需要 model 實例的操作（例如 create 與 edit 不同，因為它不接收綁定實際路由 model 的實例），你可以直接傳遞類別名稱：

```
Route::post('people', function () {
    // 建立一個人
})->middleware('can:create,App\Person');
```

controller 授權

Laravel 的 App\Http\Controllers\Controller 父類別匯入 AuthorizesRequests trait，它提供三種授權方法：authorize()、authorizeForUser() 與 authorizeResource()。

authorize() 接收一個 ability 鍵與一個物件（或物件陣列），如果授權失敗，它會以 403（未授權）狀態碼退出應用程式。這意味著，這個功能可將三行授權程式碼變成一行，見範例 9-19。

範例 9-19　用 *authorize()* 來簡化 *controller* 授權

```
// 從這個：
public function edit(Contact $contact)
{
    if (Gate::cannot('update-contact', $contact)) {
        abort(403);
    }

    return view('contacts.edit', ['contact' => $contact]);
}
```

```
// 改成這個：
public function edit(Contact $contact)
{
    $this->authorize('update-contact', $contact);

    return view('contacts.edit', ['contact' => $contact]);
}
```

authorizeForUser() 也一樣，但它可讓你傳入 User 物件，而不是使用預設的當下通過驗證的用戶：

```
$this->authorizeForUser($user, 'update-contact', $contact);
```

在 controller 建構式裡呼叫一次的 authorizeResource()，可將一組預先定義的授權規則對映至該 controller 內的 RESTful controller 方法——就像範例 9-20 一樣。

範例 9-20　用 *authorizeResource()* 將授權對映到方法

```
...
class ContactController extends Controller
{
    public function __construct()
    {
        // 這個呼叫會執行下面方法中的所有操作。
        // 在此使用這一行程式碼，可以讓你移除
        // 這裡的個別資源方法內的 authorize() 呼叫。
        $this->authorizeResource(Contact::class);
    }

    public function index()
    {
        $this->authorize('viewAny', Contact::class);
    }

    public function create()
    {
        $this->authorize('create', Contact::class);
    }

    public function store(Request $request)
    {
        $this->authorize('create', Contact::class);
    }

    public function show(Contact $contact)
    {
```

```
        $this->authorize('view', $contact);
    }

    public function edit(Contact $contact)
    {
        $this->authorize('update', $contact);
    }

    public function update(Request $request, Contact $contact)
    {
        $this->authorize('update', $contact);
    }

    public function destroy(Contact $contact)
    {
        $this->authorize('delete', $contact);
    }
}
```

檢查用戶實例

如果你不是在 controller 內,你應該想要檢查特定的用戶能做什麼,而不是檢查當下已驗證的用戶。這可以使用 Gate 靜態介面的 forUser() 方法來做,但這種語法有時看起來有點怪。

幸運的是,User 類別的 Authorizable trait 有四種方法可用來寫出更易讀的授權功能:$user->can()、$user->canAny()、$user->cant() 與 $user->cannot()。你應該可以猜到,cant() 與 cannot() 做同一件事,而 can() 是它們的相反。在使用 canAny() 時,你可以傳遞一個權限陣列,此方法將檢查用戶是否可以執行其中的任何一個。

也就是說,你可以做類似範例 9-21 的事情。

範例 9-21　檢查 *User* 實例的授權狀況

```
$user = User::find(1);

if ($user->can('create-contact')) {
    // 做想做的事情
}
```

在幕後,這些方法只是將你的參數傳給 Gate;在上述範例中,就是 Gate::forUser($user)
->check('create-contact')。

Blade 檢查

Blade 也有一個方便的小型輔助指令：@can 指令。範例 9-22 是它的用法。

範例 9-22　使用 Blade 的 @can 指令

```
<nav>
    <a href="/">Home</a>
    @can('edit-contact', $contact)
        <a href="{{ route('contacts.edit', [$contact->id]) }}">Edit This Contact</a>
    @endcan
</nav>
```

你可以在 @can 與 @endcan 之間使用 @else，也可以像範例 9-23 一樣，使用 @cannot 與 @endcannot。

範例 9-23　使用 Blade 的 @cannot 指令

```
<h1>{{ $contact->name }}</h1>
@cannot('edit-contact', $contact)
    LOCKED
@endcannot
```

攔截檢查

如果你曾經寫過具備 admin user（管理員用戶）類別的應用程式，你可能已經看過本章介紹過的所有簡單授權 closure，並開始思考如何加入一個 superuser（超級用戶）類別，在每一種情況之下都覆寫那些檢查。很幸運，已經有工具可以做這件事了。

在你已經定義 ability 的 AuthServiceProvider 裡，你可以加入一個 before() 檢查，在所有其他檢查之前執行它，並視情況覆寫那些檢查，如範例 9-24 所示。

範例 9-24　使用 before() 來覆寫 Gate 檢查

```
Gate::before(function ($user, $ability) {
    if ($user->isOwner()) {
        return true;
    }
});
```

注意，ability 的字串名稱也被傳入了，所以你可以根據 ability 名稱來區分 before() 勾點（hooks）。

policy

截至目前為止，所有的存取控制都要求你手動建立 Eloquent model 與 ability 名稱之間的關聯。你可能在建立 ability 時，為它取了 visit-dashboard 這種與任何 Eloquent model 無關的名稱，但你應該已經發現，我們的範例幾乎都涉及對某物做某事，在多數情況下，那個某物就是 Eloquent model。

授權 policy 是一種組織結構，其目的是協助你根據你想控制的資源來組織授權邏輯，它們可以幫助你在單一位置管理對於特定 Eloquent model（或其他 PHP 類別）所做的行為的授權規則。

生成 policy

policy 是 PHP 的類別，你可以用 Artisan 命令來生成它們：

```
php artisan make:policy ContactPolicy
```

生成它們之後，你要註冊它們。AuthServiceProvider 有一個 $policies 特性，它是一個陣列，其中的每一個項目的鍵都是受保護的資源的類別名稱（幾乎都是 Eloquent 類別），值是 policy 類別名稱。範例 9-25 是它的樣子。

範例 9-25　在 AuthServiceProvider 裡註冊 policy

```
class AuthServiceProvider extends ServiceProvider
{
    protected $policies = [
        Contact::class => ContactPolicy::class,
    ];
```

由 Artisan 產生的 policy 類別沒有任何特殊的特性或方法。但你加入的方法現在都被對映成這個物件的 ability 鍵。

> **policy 自動發現功能**
>
> Laravel 會試著「猜測」你的 policy 及其對應的 model 之間的關聯。例如，它會將 PostPolicy 自動套用到你的 Post model。
>
> 如果你需要自訂 Laravel 猜測這個對映關係的邏輯，可參考 Policy 文件（*https://oreil.ly/P5gC2*）。

我們來定義一個 update() 方法，看看它如何工作（範例 9-26）。

範例 9-26　*update() policy 方法*

```php
<?php

namespace App\Policies;

class ContactPolicy
{
    public function update($user, $contact)
    {
        return $user->id == $contact->user_id;
    }
}
```

注意，這個方法的內容看起來與 Gate 定義裡的完全相同。

不接收實例的 *policy* 方法

如果你想要定義一個與類別相關，但沒有特定實例的 policy 方法，例如「這位用戶究竟能不能建立聯絡資訊？」而不是「這位用戶能不能查看特定的聯絡資訊？」，你可以將它當成普通的 policy 方法：

```php
...
class ContactPolicy
{
    public function create($user)
    {
        return $user->canCreateContacts();
    }
}
```

檢查 policy

如果你為一種資源類型定義一個 policy，Gate 靜態介面會用第一個參數來確定應該檢查哪一個方法。當你執行 Gate::allows('update', $contact) 時，它會檢查 ContactPolicy@update 方法來進行授權。

Authorize 中介層、User model 檢查，及 Blade 檢查也是如此，如範例 9-27 所示。

範例 9-27　*檢查 policy 的授權*

```php
// Gate
if (Gate::denies('update', $contact)) {
    abort(403);
}
```

```
// Gate，如果沒有明確的實例
if (! Gate::check('create', Contact::class)) {
    abort(403);
}

// 用戶
if ($user->can('update', $contact)) {
    // 做想做的事情
}

// Blade
@can('update', $contact)
    // 顯示
@endcan
```

另外，policy() 輔助函式可用來取出一個 policy 類別，並執行它的方法：

```
if (policy($contact)->update($user, $contact)) {
    // 做想做的事情
}
```

覆寫 policy

如同一般的 ability 定義，policy 可以定義一個 before() 方法，用來覆寫它被處理之前的任何呼叫（見範例 9-28）。

範例 9-28 使用 before() 方法來覆寫 policy

```
public function before($user, $ability)
{
    if ($user->isAdmin()) {
        return true;
    }
}
```

測試

應用測試經常需要站在特定用戶的立場來執行特定的行為，因此我們必須在應用測試中扮演用戶來進行身分驗證，並檢查授權規則與授權路由。

雖然你可以編寫一個應用測試來親自造訪登入網頁，然後填寫表單並送出它，但其實你不需要這麼麻煩。最簡單的選項是使用 ->be() 方法來模擬用戶的登入。見範例 9-29。

範例 9-29　在應用測試中扮演用戶來進行驗證

```php
public function test_it_creates_a_new_contact()
{
    $user = User::factory()->create();
    $this->be($user);

    $this->post('contacts', [
        'email' => 'my@email.com',
    ]);

    $this->assertDatabaseHas('contacts', [
        'email' => 'my@email.com',
        'user_id' => $user->id,
    ]);
}
```

你也可以使用 actingAs() 方法並串連它,而非 be():

```php
public function test_it_creates_a_new_contact()
{
    $user = User::factory()->create();

    $this->actingAs($user)->post('contacts', [
        'email' => 'my@email.com',
    ]);

    $this->assertDatabaseHas('contacts', [
        'email' => 'my@email.com',
        'user_id' => $user->id,
    ]);
}
```

你也可以像範例 9-30 一樣測試授權。

範例 9-30　測試授權規則

```php
public function test_non_admins_cant_create_users()
{
    $user = User::factory()->create([
        'admin' => false,
    ]);
    $this->be($user);

    $this->post('users', ['email' => 'my@email.com']);

    $this->assertDatabaseMissing('users', [
```

```
        'email' => 'my@email.com',
    ]);
}
```

或是像範例 9-31 那樣測試 403 回應。

範例 9-31　藉著檢查狀態碼來測試授權規則

```
public function test_non_admins_cant_create_users()
{
    $user = User::factory()->create([
        'admin' => false,
    ]);
    $this->be($user);

    $response = $this->post('users', ['email' => 'my@email.com']);

    $response->assertStatus(403);
}
```

我們也要測試身分驗證（註冊與登入）路由可以正常運作，如範例 9-32 所示。

範例 9-32　測試身分驗證路由

```
public function test_users_can_register()
{
    $this->post('register', [
        'name' => 'Sal Leibowitz',
        'email' => 'sal@leibs.net',
        'password' => 'abcdefg123',
        'password_confirmation' => 'abcdefg123',
    ]);

    $this->assertDatabaseHas('users', [
        'name' => 'Sal Leibowitz',
        'email' => 'sal@leibs.net',
    ]);
}

public function test_users_can_log_in()
{
    $user = User::factory()->create([
        'password' => Hash::make('abcdefg123')
    ]);

    $this->post('login', [
        'email' => $user->email,
```

```
        'password' => 'abcdefg123',
    ]);

    $this->assertTrue(auth()->check());
    $this->assertTrue($user->is(auth()->user()));
}
```

你也可以使用整合測試功能，來引導測試程式「按下」我們的身分驗證欄位，並「提交」欄位來測試整個流程。我們將在第 12 章進一步討論這個部分。

TL;DR

Laravel 提供了一套完整的使用者身分驗證系統，包括預設的 User model、create_users_table migration，以及 Jetstream 和 Breeze。Breeze 負責處理 controller 內的身分驗證功能，Jetstream 則在 Actions 中處理，兩者都可以為每一個應用程式客製化。這兩種工具也發布了組態檔案及模板以供自訂。

Auth 靜態介面與 auth() 全域輔助函式可用來讀取當下的用戶（auth()->user()），並幫助你檢查用戶是否登入（auth()->check() 與 auth()->guest()）。

Laravel 也有個內建的授權系統可用來定義特定的 ability（create-contact、visit-secret-page），或定義用戶與整個 model 互動的 policy。

你可以使用 Gate 靜態介面、User 類別的 can() 與 cannot() 方法、Blade 的 @can 與 @cannot 指令、controller 的 authorize() 方法或 can 中介層來查看授權。

## 第十章

請求、回應與中介層

我們已經提到一些關於 Illuminate Request 物件的事情了，例如，第 3 章曾經介紹如何在建構式中 typehint 它來取得實例，或使用 request() 輔助函式來取得它。第 7 章介紹了如何用它來取得關於用戶輸入的資訊。

在這一章，我們要進一步瞭解 Request 物件是什麼、它是如何產生的、它代表什麼，以及它在應用程式的生命週期中扮演什麼角色。我們也會討論 Response 物件與 Laravel 的中介層模式實作。

Laravel 的 Request 的生命週期

每一個進入 Laravel 應用程式的請求，無論是由 HTTP 請求產生的，還是來自命令列互動，都會被立刻轉換成 Illuminate Request 物件，接著經歷許多軟體層，最後被應用程式本身解析。然後，應用程式會產生一個 Illuminate Response 物件，它會被送回，穿越這些軟體層，最後回到最終用戶那裡。

圖 10-1 是這個請求 / 回應的生命週期。我們來看一下以上的每一個步驟是如何發生的，從第一行程式到最後一行程式。

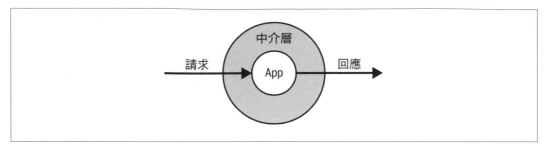

圖 10-1　請求 / 回應生命週期

應用程式的引導程序（bootstrapping）

每一個 Laravel app 在 web 伺服器層級上都有某種形式的組態設定，無論是在 *.htaccess* 檔案裡面，或 Nginx 組態設定，或其他類似的東西，它們會捕捉每一個 web 請求，無論 URL 為何，並將其路由至 Laravel 應用程式目錄內的 *public/index.php*。

在 *index.php* 裡面的程式碼不太多，它有三大功能。

首先，它會載入 Composer 的自動載入（autoload）檔案，該檔案會註冊由 Composer 載入的所有依賴項目。

Composer 與 Laravel

Laravel 的核心功能在 Illuminate 名稱空間之下被分成一系列的組件，這些組件都由 Composer 匯入各個 Laravel app 中。Laravel 也會匯入一些 Symfony 的程式包，以及其他社群開發的程式包。所以，Laravel 不僅是一個框架，也是一系列具有明確設計理念的組件集合。

接下來，它會啟動 Laravel 的 bootstrap，建立應用程式容器（第 11 章會進一步介紹容器）並註冊一些核心服務（包括 kernel，很快就會介紹）。

最後，它會建立 kernel 的實例，建立一個請求來代表當下用戶的 web 請求，並傳遞請求給 kernel 來處理。kernel 會回應 Illuminate Response 物件，*index.php* 將它回傳給用戶，然後 kernel 終止網頁請求。

kernel 是每一個 Laravel 應用程式的核心 router，它負責接收用戶請求、用中介層來處理請求、處理例外、將它傳給網頁 router，然後回傳最終的回應。事實上，kernel 有兩個，但每一個網頁請求只使用一個。其中一個 router 負責處理 web 請求（HTTP kernel），另一個處理主控台、cron 與 Artisan 請求（主控台 kernel）。它們都用一個 handle() 方法來接收一個 Illuminate Request 物件，並回傳一個 Illuminate Response 物件。

kernel 會在處理每一個請求之前執行所有必要的 bootstrap，包括確定當下的請求在哪個環境裡執行（待命、本地、生產…等），以及執行所有服務供應器。HTTP kernel 還會額外定義將要包裹每個請求的中介層清單，包括負責 session 與 CSRF 保護的核心中介層。

服務供應器

雖然在這些 bootstrap 裡面都有一些程序型程式碼，但幾乎所有的 Laravel bootstrap 程式碼都可分解成 Laravel 所謂的服務供應器（*service providers*）。服務供應器是一種類別，它們封裝了應用程式的各個部分需要執行以啟動（bootstrap）核心功能的邏輯。

例如，有一個 AuthServiceProvider 負責啟動 Laravel 的身分驗證系統所需的所有註冊，以及一個 RouteServiceProvider 負責啟動路由系統。

服務供應器的概念不容易理解，但你可以這樣想：應用程式的許多組件都有 bootstrap 程式碼，它們必須在應用程式進行初始化時執行。服務供應器是將那些 bootstrap 程式碼分成相關類別的工具。如果你有任何程式需要在應用程式碼運行之前執行，以預作準備，它就是服務供應器的候選對象。

例如，如果你的功能需要一些在容器（第 11 章介紹）裡面註冊的類別，你就要為該功能特別建立一個服務供應器。你可能有 GitHubServiceProvider 或 MailerServiceProvider。

服務供應器有兩個重要的方法：boot() 與 register()，它也有一個 DeferrableProvider 介面，或許你會選擇使用它。以下是它們的工作方式。

首先，所有服務供應器的 register() 方法都會被呼叫。你將在這個方法裡面將類別與別名綁定至容器。切勿在 register() 裡面進行整個應用程式都被啟動之後才能做的事情。

接下來，所有服務供應器的 boot() 方法都會被呼叫。你可以在這裡做任何其他的 bootstrapping，例如綁定事件監聽器或定義路由…等必須在整個 Laravel 應用程式被啟動之後才能做的任何事情。

如果你的服務供應器只想在容器內註冊綁定（即教導容器如何解析特定的類別或介面），而不執行任何其他的 bootstrapping，你可以「延遲（defer）」它的註冊，這意味著，除非容器明確地請求它們的綁定之一，否則註冊不會執行。這可以提升應用程式的平均啟動速度。

如果你想延遲服務供應器的註冊，你可以先實作 Illuminate\Contracts\Support\DeferrableProvider 介面，然後給服務供應器一個 provides() 方法，讓它回傳供應器所提供的綁定串列，見範例 10-1。

範例 10-1　延遲服務供應器的註冊

```
...
use Illuminate\Contracts\Support\DeferrableProvider;

class GitHubServiceProvider extends ServiceProvider implements DeferrableProvider
{
    public function provides()
    {
        return [
            GitHubClient::class,
        ];
    }
}
```

服務供應器的其他用途

服務供應器也有一組方法與組態選項，它們可以在服務供應器被當成 Composer 程式包的一部分來公布時，提供進階功能給最終用戶使用。你可以參考 Laravel source（*https://oreil.ly/uHhap*）裡的服務供應器定義，來進一步瞭解它如何工作。

討論過應用程式的 bootstrap 之後，我們來看一下 Request 物件，它是 bootstrap 最重要的輸出。

Request 物件

Illuminate\Http\Request 類別是 Laravel 專用的擴展類別，它繼承自 Symfony 的 HttpFoundation\Request 類別。

Symfony HttpFoundation

Symfony 的 HttpFoundation 類別套件幾乎是當今每一個 PHP 框架的基礎，它是最受歡迎且最強大的 PHP 抽象，可用來表示 HTTP 請求、回應、header、cookie…等。

Request 物件的目的是代表你可能關心的用戶 HTTP 請求的所有相關資訊。

在原生的 PHP 程式碼中，你可能會使用 $_SERVER、$_GET、$_POST 與其他全域變數和處理邏輯的組合來獲得關於當下用戶請求的資訊，例如用戶上傳了哪些檔案？他們的 IP 位址是什麼？他 post 哪些欄位？這些資訊都以難以理解且難以模擬（mock）的形式散布在語言和你的程式碼中。

Symfony 的 Request 物件將表示單一 HTTP 請求所需的資訊都收集到一個物件裡，並附加一些方便的方法，來讓你輕鬆地取得有用的資訊。Illuminate Request 物件加入更多方便的方法，來讓你取得它所代表的請求的資訊。

捕捉請求

你可能永遠不會在 Laravel 應用程式裡做這件事，但如果你需要直接從 PHP 的全域變數裡捕捉你自己的 Illuminate Request 物件，你可以使用 capture() 方法：

```
$request = Illuminate\Http\Request::capture();
```

在 Laravel 中取得 Request 物件

Laravel 為每一個請求建立一個內部的 Request 物件，你可以用幾種方式來存取它們。

首先（同樣在第 11 章會更詳細地說明），你可以在容器所解析的任何建構式或方法中 typehint 類別。這意味著你可以在 controller 方法或服務供應器中 typehint 它，見範例 10-2。

範例 *10-2* 在容器所解析的方法中進行 *typehint*，以接收 *Request* 物件

```
...
use Illuminate\Http\Request;

class PersonController extends Controller
{
    public function index(Request $request)
```

```
    {
        $allInput = $request->all();
    }
```

或者，你可以使用 request() 全域輔助函式，它可讓你呼叫它的方法（例如 request()->input()），也可以讓你單獨呼叫它以獲得 $request 實例：

```
$request = request();
$allInput = $request->all();
// 或
$allInput = request()->all();
```

最後，你可以使用 app() 全域方法來取得 Request 實例。你可以傳入完整的類別名稱或簡短的 request：

```
$request = app(Illuminate\Http\Request::class);
$request = app('request');
```

取得 Request 的基本資訊

你已經知道怎麼取得 Request 實例了，那麼，它可以用來做什麼？Request 物件的主要目的是代表當下的 HTTP 請求，所以 Request 類別的主要功能是方便你取得關於當下請求的有用資訊。

我將接下來要討論的方法分成幾類，請注意，這些類別一定會重疊，而且我的分類沒那麼嚴謹，例如，查詢參數也可以歸類為「用戶與請求狀態」，就像它們可以歸類為「基本用戶輸入」那樣。這些分類是為了方便你學習，當你學會之後可以將這些分類拋諸腦後。

此外，Request 物件還有許多其他方法，接下來介紹的只是最常用的方法。

基本用戶輸入

基本用戶輸入方法可用來取得用戶明確提供的資訊（可能是藉著送出表單或透過 Ajax 組件）。這裡的「用戶提供的輸入」是指查詢字串（GET）、表單提交（POST）或 JSON。基本的用戶輸入方法包括：

all()

　　回傳一個陣列，裡面有用戶提供的所有輸入。

input(*fieldName*)

　　回傳用戶在單一輸入欄位裡提供的值。

only(*fieldName*|[*array,of,field,names*])

　　回傳用戶在特定欄位名稱提供的所有輸入組成的陣列。

except(*fieldName*|[*array,of,field,names*])

　　回傳用戶提供的所有輸入組成的陣列，除了所指定的欄位名稱之外。

exists(*fieldName*)

　　回傳布林值，代表該欄位在輸入裡是否存在，它的別名是 has()。當欄位存在於輸入中時，執行所指定的 callback。

filled(*fieldName*)

　　回傳布林，代表該欄位是否存在於輸入中，而且不是空的（也就是有值）。

whenFilled()

　　當欄位存在於輸入中，而且不是空的（也就是有值）時，執行所指定的 callback。

json()

　　如果網頁接收到了 JSON，這個方法會回傳一個 ParameterBag。

boolean(*fieldName*)

　　根據輸入回傳一個布林值。將字串和整數轉換為適當的布林值（使用 FILTER_VALIDATE_BOOLEAN）。如果請求中不存在鍵，則回傳 false。

json(*keyName*)

　　回傳被送到網頁的 JSON 內的特定鍵的值。

ParameterBag

有時你會在 Laravel 中看到 ParameterBag 物件。這個類別有點像關聯陣列。你可以用 get() 來取得特定鍵：

```
echo $bag->get('name');
```

> 你也可以使用 has() 來檢查一個鍵是否存在，用 all() 來取得所有鍵與值組成的
> 陣列，用 count() 來取得項目的數量，以及用 keys() 來取得只包含鍵的陣列。

範例 10-3 簡單地說明如何使用方法來從請求取得使用者提供的資訊。

範例 10-3　從 request 取得用戶提供的基本資訊

```
// 表單
<form method="POST" action="/form">
    @csrf
    <input name="name"> Name<br>
    <input type="submit">
</form>

// 接收表單的路由
Route::post('form', function (Request $request) {
    echo 'name is ' . $request->input('name') . '<br>';
    echo 'all input is ' . print_r($request->all()) . '<br>';
    echo 'user provided email address: ' . $request->has('email') ? 'true' : 'false';
});
```

用戶與請求狀態

用戶與請求狀態方法包含「並非由用戶透過表單來明確地提供」的輸入：

method()

回傳用來造訪這個路由的方法（GET、POST、PATCH…等）。

path()

回傳用來造訪這個網頁的路徑（不含網域），例如對於 'http://www.myapp.com/abc/def' 會回傳 'abc/def'。

url()

回傳用來訪問這個網頁的 URL（含網域），例如對於 'abc' 會回傳 'http://www.myapp.com/abc'。

is()

回傳一個布林值，指出當下的網頁請求是否與所提供的字串模糊（fuzzy）匹配（例如 /a/b/c 與 $request->is('*b*') 匹配，其中 * 代表任何字元）。使用 Str::is() 裡的自訂 regex 解析器。

ip()

回傳用戶的 IP 位址。

header()

回傳一個 header 陣列（例如 ['accept-language' => ['en-US,en; q=0.8']]）或者，
如果你傳入 header 名稱參數，只回傳該 header。

server()

回傳一個由通常被儲存在 $_SERVER 裡面的變數（例如 REMOTE_ADDR）組成的陣列，或
者，如果你傳入一個 $_SERVER 變數名稱，則僅回傳那個值。

secure()

回傳一個布林值，指出這個網頁是不是用 HTTPS 來載入的。

pjax()

回傳一個布林值，指出這個網頁請求是不是用 Pjax 來載入的。

wantsJson()

回傳一個布林值，指出這個請求的 Accept header 裡面是否有任何 /json 內容類型。

isJson()

回傳一個布林值，指出這個網頁請求的 Content-Type header 裡面是否有任何 /json
內容類型。

accepts()

回傳一個布林值，指出這個網頁請求是否接受指定的內容類型。

檔案

到目前為止，我們討論的輸入若不是明確的（透過 all()、input() 等方法來取得），就
是由瀏覽器或參考站（referring site）定義的（透過 pjax() 之類的方法來取得）。檔案輸
入類似明確的用戶輸入，但處理兩者的方式大不相同：

file()

回傳由所有被上傳的檔案組成的陣列，或者，如果你傳入鍵（檔案上傳欄位名稱），
只回傳一個檔案。

allFiles()

回傳由所有上傳檔案組成的陣列，由於這個方法的名稱更清楚，所以它比 `file()` 更有用。

hasFile()

回傳一個布林值，指示是否有檔案被上傳到所指定的鍵之處。

每一個上傳檔案都是 `Symfony\Component\HttpFoundation\File\UploadedFile` 的實例，它提供了一套工具，可用來驗證、處理與儲存被上傳的檔案。

第 14 章有更多關於如何處理上傳檔案的範例。

持久保存

請求也可以提供與 session 互動的功能。大多數的 session 功能皆位於其他地方，但有一些方法與當下的網頁請求特別相關：

flash()

將當下請求的用戶輸入存入 session 以備後用，也就是說，它會被存入 session，但會在下一個請求之後消失。

flashOnly()

只 flash 當下請求的用戶輸入中，你提供的陣列裡的鍵的值。

flashExcept()

flash 當下請求的用戶輸入中，除了你提供的陣列裡的鍵之外的鍵的值。

old()

回傳一個包含已被 flash 的用戶輸入的陣列，或者，如果你傳入鍵，且該鍵曾經被 flash，則回傳該鍵的值。

flush()

清除之前被 flash 的所有用戶輸入。

cookie()

從請求取出所有 cookie，或者，如果提供一個鍵，那就只取出那個 cookie。

hasCookie()

> 回傳一個布林值，指示這個請求的特定鍵是否有個 cookie。

flash*() 與 old() 方法用於儲存用戶輸入，以及在稍後取回它，通常在輸入被驗證與被拒絕之後使用。

Response 物件

Illuminate Response 物件類似 Request 物件，代表你的應用程式送給最終用戶的回應，包括 header、cookie、內容，以及用來向最終用戶的瀏覽器傳送網頁算繪指令的其他元素。

如同 Request，Illuminate\Http\Response 類別擴展了一個 Symfony 類別：Symfony\Component\HttpFoundation\Response，這是一個基礎類別，有一系列的特性與方法來讓它得以代表與算繪一個回應；Illuminate 的 Response 類別用一些有用的捷徑來裝飾它。

在 controller 中使用與建立 Response 物件

在討論如何自訂 Response 物件之前，我們先來看看 Response 物件的一般用法。

從路由定義回傳的 Response 物件最終都會被轉換成 HTTP 回應，它可能定義了特定的 header 或特定的內容、設定 cookie，或其他事物，但最終它會被轉換成一個可被用戶的瀏覽器解析的回應。

我們來看看範例 10-4 這個最簡單的回應。

範例 10-4　最簡單的 HTTP 回應

```
Route::get('route', function () {
    return new Illuminate\Http\Response('Hello!');
});

// 同樣，使用全域函式：
Route::get('route', function () {
    return response('Hello!');
});
```

我們建立一個回應，給它一些核心資料，接著回傳它。我們也可以自訂 HTTP 狀態、header、cookie 及其他東西，如範例 10-5 所示。

範例 *10-5　使用自訂的狀態與 header 的 HTTP 回應*

```
Route::get('route', function () {
    return response('Error!', 400)
        ->header('X-Header-Name', 'header-value')
        ->cookie('cookie-name', 'cookie-value');
});
```

設定 header

我們使用 `header()` 流利方法來定義回應 header，就像範例 10-5 那樣。它的第一個參數
是 header 名稱，第二個是 header 值。

添加 cookie

我們也可以直接對著 Response 物件設定 cookie。第 14 章會更深入介紹 Laravel 的 cookie
處理方式，範例 10-6 用一個簡單的用法來展示如何將 cookie 附加到回應。

範例 *10-6　將 cookie 附加到回應*

```
return response($content)
    ->cookie('signup_dismissed', true);
```

專門的回應類型

Laravel 有一些特殊的回應類型用於 view、下載、檔案與 JSON。它們都是預先定義的巨
集，以方便你重複使用特定的 header 或內容結構模本。

view 回應

第 3 章曾經使用全域的 `view()` 輔助函式來展示如何回傳模板，例如 `view('view.name.
here')` 或類似的東西。但如果你需要在回傳 view 時自訂 header、HTTP 狀態或任何其他
東西，你可以使用範例 10-7 的 `view()` 回應類型。

範例 *10-7　使用 view() 回應類型*

```
Route::get('/', function (XmlGetterService $xml) {
    $data = $xml->get();
    return response()
        ->view('xml-structure', $data)
        ->header('Content-Type', 'text/xml');
});
```

下載回應

有時你要讓應用程式強迫用戶的瀏覽器下載檔案,也許是因為你正在 Laravel 裡建立檔案,還是從資料庫或受保護的位置提供檔案。download() 回應類型可以方便你做這件事。

它的第一個必要參數是你想讓瀏覽器下載的檔案的路徑。如果它是生成的檔案,你要暫時將它存放至某個地方。

選用的第二個參數是被下載的檔案的檔名(例如 *export.csv*)。如果你沒有傳入字串,名稱將自動生成。選用的第三個參數可用來傳入一個 header 陣列。範例 10-8 說明 download() 回應類型的用法。

範例 10-8　使用 download() 回應類型

```
public function export()
{
    return response()
        ->download('file.csv', 'export.csv', ['header' => 'value']);
}

public function otherExport()
{
    return response()->download('file.pdf');
}
```

如果你想要在回傳下載回應之後刪除磁碟中的原始檔案,你可以在 download() 方法後面串接 deleteFileAfterSend() 方法:

```
public function export()
{
    return response()
        ->download('file.csv', 'export.csv')
        ->deleteFileAfterSend();
}
```

檔案回應

檔案回應類似下載回應,但它可讓瀏覽器顯示檔案,而不是強制下載,它在處理圖像和 PDF 檔案時最常見。

它的第一個參數是檔名,它是必要參數。選用的第二個參數是 header 陣列(見範例 10-9)。

範例 10-9　使用 *file()* 回應類型

```php
public function invoice($id)
{
    return response()->file("./invoices/{$id}.pdf", ['header' => 'value']);
}
```

JSON 回應

JSON 回應實在太常見了，所以即使它們不至於太複雜而難以編寫，它們也有專門的自訂回應。

JSON 回應會將收到的資料轉換成 JSON（使用 json_encode()），並將 Content-Type 設為 application/json。你也可以使用 setCallback() 方法來建立一個 JSONP 回應，而非 JSON，如範例 10-10 所示。

範例 10-10　使用 *json()* 回應類型

```php
public function contacts()
{
    return response()->json(Contact::all());
}

public function jsonpContacts(Request $request)
{
    return response()
        ->json(Contact::all())
        ->setCallback($request->input('callback'));
}

public function nonEloquentContacts()
{
    return response()->json(['Tom', 'Jerry']);
}
```

轉址回應

我們通常不會對著 response() 輔助函式呼叫轉址，所以轉址與之前討論的其他自訂回應類型有些不同，但它們依然只是另一種回應。由 Laravel 路由回傳的轉址會傳送一個跳至另一個網頁或回到上一個網頁的轉址（通常是 301）給使用者。

嚴格說來，你可以對著 response() 呼叫轉址，例如 return response()->redirectTo ('/')。但通常我們會使用專為轉址而設計的全域輔助函式。

全域的 redirect() 函式可用來建立轉址回應，而全域的 back() 函式是 redirect()->back() 的簡寫。

如同大多數的全域輔助函式，你可以對著 redirect() 全域函式傳入參數，或用它來取得它的類別的實例，然後在它後面接上方法呼叫。如果你不串接方法，而是傳入參數，redirect() 會執行與 redirect()->to() 相同的動作；它接收一個字串，並轉址到那個字串 URL。範例 10-11 是它的一些用法。

範例 10-11　redirect() 全域輔助函式的用法

```
return redirect('account/payment');
return redirect()->to('account/payment');
return redirect()->route('account.payment');
return redirect()->action('AccountController@showPayment');

// 如果轉址到外部網域
return redirect()->away('https://tighten.co');

// 如果指名的路由或 controller 需要參數
return redirect()->route('contacts.edit', ['id' => 15]);
return redirect()->action('ContactController@edit', ['id' => 15]);
```

你也可以轉址「回去」上一個網頁，這在處理及驗證用戶輸入時特別有用。範例 10-12 是驗證情境下的常見模式。

範例 10-12　連同輸入轉址回去之前的網頁

```
public function store()
{
    // 如果驗證失敗…
    return back()->withInput();
}
```

最後，你可以在進行轉址的同時將資料存入 session。通常你會一起填入錯誤與成功訊息，如範例 10-13 所示。

範例 10-13　在轉址的同時暫存資料

```
Route::post('contacts', function () {
    // 儲存聯絡資訊

    return redirect('dashboard')->with('message', 'Contact created!');
});
```

```
Route::get('dashboard', function () {
    // 從 session 取得被填入的資料，通常在 Blade 模板中處理
    echo session('message');
});
```

自訂回應巨集

你也可以使用巨集（*macro*）來建立自己的回應類型，它可以讓你定義一系列針對回應和它的內容的修改。

我們來重新建立 json() 自訂回應類型，以觀察它如何工作。一如既往，我們本該為這種綁定建立一個自訂的服務供應器，但是目前我們將它放入 AppServiceProvider，如範例 10-14 所示。

範例 10-14　建立自訂的回應巨集

```
...
class AppServiceProvider
{
    public function boot()
    {
        Response::macro('myJson', function ($content) {
            return response(json_encode($content))
                ->withHeaders(['Content-Type' => 'application/json']);
        });
    }
```

接下來，我們可以像使用預先定義的 json() 巨集一樣使用它：

```
return response()->myJson(['name' => 'Sangeetha']);
```

它會回傳一個回應，回應的主體是轉換為 JSON 的陣列，並具有適合 JSON 的 Content-Type header。

Responsable 介面

如果你想要自訂傳送回應的方式，且巨集無法提供足夠的空間或組織，或者如果你希望你的物件都能夠作為「回應」來回傳，且包含它們自己的顯示邏輯，那麼 Responsable 介面就是為你準備的。

Responsable 介面（Illuminate\Contracts\Support\Responsable）定義它的實作必須有個 toResponse() 方法，且必須回傳 Illuminate Response 物件。範例 10-15 說明如何建立一個 Responsable 物件。

範例 10-15　建立簡單的 *Responsable* 物件

```
...
use Illuminate\Contracts\Support\Responsable;

class MyJson implements Responsable
{
    public function __construct($content)
    {
        $this->content = $content;
    }

    public function toResponse()
    {
        return response(json_encode($this->content))
            ->withHeaders(['Content-Type' => 'application/json']);
    }
}
```

接下來，我們可以像使用自訂巨集一樣使用它：

```
return new MyJson(['name' => 'Sangeetha']);
```

與之前介紹的回應巨集相較之下，這種做法似乎比較繁複，但是，在處理更複雜的 controller 操作時，Responsable 的長處才能真正彰顯。其中一個常見的例子是用它來建立 view model（或 view 物件），如範例 10-16 所示。

範例 10-16　使用 *Responsable* 來建立 *view* 物件

```
...
use Illuminate\Contracts\Support\Responsable;

class GroupDonationDashboard implements Responsable
{
    public function __construct($group)
    {
        $this->group = $group;
    }

    public function budgetThisYear()
    {
        // ...
    }

    public function giftsThisYear()
    {
        // ...
```

```
    }

    public function toResponse()
    {
        return view('groups.dashboard')
            ->with('annual_budget', $this->budgetThisYear())
            ->with('annual_gifts_received', $this->giftsThisYear());
    }
```

它在這個背景之下變得有意義一些了，它將複雜的 view 準備工作移到一個專門的、可測試的物件裡，並維持 controller 的簡潔。這是使用那一個 Responsable 物件的 controller：

```
...
class GroupController
{
    public function index(Group $group)
    {
        return new GroupDonationsDashboard($group);
    }
}
```

Laravel 與中介層

回顧一下本章開頭的圖 10-1。

我們介紹了請求和回應，但我們還沒有深入探討中介層是什麼。你可能已經熟悉中介層了，它不是 Laravel 特有的東西，而是一種常見的架構模式。

中介層簡介

中介層（middleware）的概念是，你的應用程式被包在好幾層的軟體裡面，很像千層派或洋蔥[1]。如圖 10-1 所示，在請求進入應用程式的過程中，它會經過每一個中介層，然後，在回應返回最終用戶的過程中，它會再次經過那些中介層。

一般認為中介層和你的應用邏輯是分開的，理論上適用於任何應用程式，而非僅限於你的應用程式。

---

1 或妖怪（*https://oreil.ly/HQ1zL*）。譯註：或許是因為史瑞克在電影裡說過：「妖怪有層次，跟洋蔥一樣」。

中介層可以檢查並裝飾請求，或拒絕它，取決於它發現什麼。這意味著，中介層很適合用來做「限制速率」之類的事情：它可以檢查 IP 位址、檢查在上一分鐘內，此資源被訪問的次數，如果超過門檻，就回傳 429（Too Many Requests）狀態。

由於中介層也可以在回應離開應用程式的途中處理它，所以它非常適合用來裝飾回應。例如，Laravel 在回應被送到最終用戶的前一刻，使用中介層來將特定請求 / 回應週期中的所有佇列中的 cookie 加入回應中。

但是，由於中介層幾乎是第一個與最後一個和請求 / 回應週期互動的東西，所以它們有很大的用途，非常適合用來進行「啟用 session」之類的事情——PHP 需要你很早打開 session，並很晚關閉它，中介層也非常適用於此。

建立自訂的中介層

假如我們想讓一個中介層回絕每一個使用 DELETE HTTP 方法的請求，並且為每一個請求回覆一個 cookie。

有一個 Artisan 命令可建立自訂的中介層。我們來試試看：

```
php artisan make:middleware BanDeleteMethod
```

現在你可以在 *app/Http/Middleware/BanDeleteMethod.php* 打開這個檔案。範例 10-17 是它的預設內容。

範例 *10-17　預設的中介層內容*

```
...
class BanDeleteMethod
{
    public function handle($request, Closure $next)
    {
        return $next($request);
    }
}
```

在認識中介層時，這個 handle() 方法如何處理被傳入的請求以及處理離開它的回應是最難以理解的部分，所以我們來逐步瞭解它。

瞭解中介層的 handle() 方法

首先，別忘了，中介層是有層次的，中介層會疊在另一個中介層上面，最終一起疊在應用程式上面。第一個註冊的中介層可以在請求進入時第一個處理它，然後那一個請求會被依次傳給其他的每一個中介層，最後傳給應用程式。接下來，回應會經過中介層向外傳遞，最終，第一個中介層在回應離開時，最後一個處理它。

假設我們將 BanDeleteMethod 註冊成第一個執行的中介層，這意味著進入它的 $request 是原始的請求，沒有被任何其他的中介層更改。接下來呢？

將那個請求傳給 $next() 意味著將它交給其餘的中介層。$next() closure 的工作只是將那一個 $request 傳給下一個中介層的 handle() 方法。然後它會繼續沿著途徑傳遞，直到無法被轉傳給其他的中介層，最終到達應用程式。

接下來，回應如何離開？這可能是比較難懂的部分。應用程式回傳回應後，該回應會經過一系列的中介層——因為每一個中介層都會回傳它的回應。所以，在同一個 handle() 方法裡，中介層可以裝飾 $request 並將它傳給 $next() closure，然後可以對它收到的輸出做一些事情，最後將那個輸出傳給最終用戶。為了更清楚地說明，我們來看一些虛擬碼（範例 10-18）。

範例 10-18　解釋中介層呼叫程序的虛擬碼

```
...
class BanDeleteMethod
{
    public function handle($request, Closure $next)
    {
        // 此時，$request 是來自用戶的原始請求
        // 我們來對它做一些事，這只是為了好玩。
        if ($request->ip() === '192.168.1.1') {
            return response('BANNED IP ADDRESS!', 403);
        }

        // 現在我們決定接受它，我們將它傳給一疊
        // 中介層中的下一個。我們將它傳給 $next()，
        // 它回傳的東西是 $request 經過一疊中介層
        // 到達應用程式，然後應用程式的回應經過一疊
        // 中介層向上傳來的回應。
        $response = $next($request);

        // 此時，在它被回傳給用戶的前一刻，
        // 我們可以再次與回應互動。
        $response->cookie('visited-our-site', true);
```

```
        // 最後，我們可以將這個回應傳給用戶
        return $response;
    }
}
```

最後，我們讓中介層做我們承諾過的事情（範例 10-19）。

範例 10-19　禁止 DELETE 方法的中介層

```
...
class BanDeleteMethod
{
    public function handle($request, Closure $next)
    {
        // 測試 DELETE 方法
        if ($request->method() === 'DELETE') {
            return response(
                "Get out of here with that delete method",
                405
            );
        }

        $response = $next($request);

        // 指派 cookie
        $response->cookie('visited-our-site', true);

        // 回傳 response
        return $response;
    }
}
```

綁定中介層

工作還沒有結束，我們要用兩種方式之一來註冊這個中介層：全域性地註冊，或為特定路由註冊。

全域中介層會被套用到每一個路由，而路由中介層則被套用至個別路由。

綁定全域中介層

這兩種綁定都發生在 *app/Http/Kernel.php* 裡面。要將中介層加為全域，你要將它的類別名稱加到 $middleware 特性，見範例 10-20。

範例 *10-20　綁定全域中介層*

```
// app/Http/Kernel.php
protected $middleware = [
    \App\Http\Middleware\TrustProxies::class,
    \Illuminate\Foundation\Http\Middleware\CheckForMaintenanceMode::class,
    \App\Http\Middleware\BanDeleteMethod::class,
];
```

綁定路由中介層

特別為特定路由設計的中介層可以作為路由中介層加入，或作為中介層群組的一部分加入。我們從前者看起。

路由中介層會被加到 *app/Http/Kernel.php* 裡的 $middlewareAliases 陣列中。這很像將它們加入 $middleware，但是我們必須為每一個中介層指定一個鍵，以便在將中介層套用至特定路由時使用，如範例 10-21 所示。

範例 *10-21　綁定路由中介層*

```
// app/Http/Kernel.php
protected $middlewareAliases = [
    'auth' => \App\Http\Middleware\Authenticate::class,
    ...
    'ban-delete' => \App\Http\Middleware\BanDeleteMethod::class,
];
```

現在我們可以在路由定義中使用這個中介層，見範例 10-22。

範例 *10-22　在路由定義中套用路由中介層*

```
// 對當下的範例來說沒有太大意義…
Route::get('contacts', [ContactController::class, 'index'])->middleware('ban-delete');

// 對當下的範例來說比較有意義…
Route::prefix('api')->middleware('ban-delete')->group(function () {
    // 與 API 相關的所有路由
});
```

使用中介層群組

中介層群組實質上是被預先包裝的一群中介層，適合在特定場景下一起使用。

在路由檔案裡的中介層群組

在 *routes/web.php* 裡的每一條路由都在 web 中介層群組裡。這個 *routes/web.php* 檔案專門用於 web 路由，*routes/api.php* 檔案用於 API 路由。如果你想在其他群組裡加入路由，請繼續看下去。

Laravel 有兩個現成的群組：web 與 api。web 群組包含幾乎所有 Laravel 頁面請求都會用到的所有中介層，包括用於 cookie、session 和 CSRF 保護的中介層。api 群組沒有這些中介層，它只有一個速率限制中介層和一個路由 model 綁定中介層。它們都是在 *app/Http/Kernel.php* 裡面定義的。

你可以使用 middleware() 流利方法來對路由套用中介層群組，就像對路由套用中介層一樣：

```
use App\Http\Controllers\HomeController;

Route::get('/', [HomeController::class, 'index']);
```

你也可以建立自己的中介層群組，以及將中介層加入既有的中介層群組，或從中移除中介層。做法與添加路由中介層相同，只不過你要將它們加到 $middlewareGroups 陣列內的鍵控（keyed）群組之中。

你可能會想，這些中介層群組是如何對應到兩個預設路由檔案的？不出意外，*routes/web.php* 檔案是用 web 中介層群組來包裝的，而 *routes/api.php* 是以 api 中介層群組來包裝的。

routes/* 檔案在 RouteServiceProvider 裡面載入。看一下那裡的 map() 方法（範例 10-23），你會看到 mapWebRoutes() 方法與 mapApiRoutes() 方法，它們分別載入相應的檔案，那些檔案已被包在適當的中介層群組內。

範例 10-23　預設的路由服務供應器

```
// App\Providers\RouteServiceProvider
public const HOME = '/home';

// protected $namespace = 'App\\Http\\Controllers';

public function boot(): void
{
    $this->configureRateLimiting();

    $this->routes(function () {
```

```
        Route::prefix('api')
            ->middleware('api')
            ->namespace($this->namespace)
            ->group(base_path('routes/api.php'));

        Route::middleware('web')
            ->namespace($this->namespace)
            ->group(base_path('routes/web.php'));
    });
}

protected function configureRateLimiting()
{
    RateLimiter::for('api', function (Request $request) {
        return Limit::perMinute(60)
            ->by(optional($request->user())->id ?: $request->ip());
    });
}
```

如範例 10-23 所示，我們使用 router 與 web 中介層群組來載入一個路由群組，以及另一個在 api 中介層群組之下的路由群組。

傳遞參數給中介層

雖然這種情況不常見，但有時你需要傳遞參數給路由中介層。例如，你可能有一個身分驗證中介層，它會根據你究竟是在保護會員用戶還是擁有者用戶而採取不同的行動：

```
Route::get('company', function () {
    return view('company.admin');
})->middleware('auth:owner');
```

為了讓它正確運作，你要為中介層的 handle() 方法加入一或多個參數，並相應地更新該方法的邏輯，見範例 10-24。

範例 10-24　定義可接收參數的路由中介層

```
public function handle(Request $request, Closure $next, $role): Response
{
    if (auth()->check() && auth()->user()->hasRole($role)) {
        return $next($request);
    }

    return redirect('login');
}
```

注意，你也可以為 handle() 加入不只一個參數，並在傳遞多個參數給路由定義時，用逗
號來分隔它們：

```
Route::get('company', function () {
    return view('company.admin');
})->middleware('auth:owner,view');
```

表單請求物件

本章已經介紹如何注入 Illuminate Request 物件了，它是最常見且基本的請求
物件。

但是，你也可以擴展 Request 物件，並注入它。第 11 章會教你如何綁定與注入自
訂的類別，但有一種特殊類型，它擁有自己的一組行為，稱為表單請求。

請參考第 213 頁的「表單請求」來進一步瞭解如何建立與使用表單請求。

預設的中介層

Laravel 提供一些現成的中介層，我們來瞭解它們。

維護模式

我們經常會讓應用程式暫時下線，以進行某種形式的維護，為此，Laravel 提供一種稱為
「Maintenance Mode（維護模式）」的工具，並且用一個中介層來檢查每一個回應，以
確認應用程式是否處於該模式。

你可以使用 down Artisan 命令來為你的應用程式啟用維護模式：

```
php artisan down --refresh=5 --retry=30 --secret="long-password"
```

refresh

　　在回應中發送一個 header，在指定的秒數後重新整理瀏覽器。

retry

　　設定 Retry-After header，並指定秒數。瀏覽器通常會忽略這個 header。

secret

設置一個密碼來讓某些用戶可以繞過維護模式。若要繞過維護模式，你要輸入你的 app URL，然後輸入你設定的密碼（例如 *app.url/long-password*）。這會將你轉址到 / app URL，同時在你的瀏覽器上設置一個繞過維護模式的 cookie，讓你即使在應用程式處於維護模式時，也可以正常造訪它。

要停用維護模式，請使用 up Artisan 命令：

```
php artisan up
```

速率限制

如果你需要限制使用者只能在指定的時段造訪特定路由一定的次數（稱為速率限制，在 API 裡最常見），有一個現成的中介層可用：throttle。範例 10-25 展示其用法，它使用 Laravel 提供的「api」RateLimiter 預設設定。

範例 *10-25* 將速率限制中介層套用至一個路由

```
Route::middleware(['auth:api', 'throttle:api'])->group(function () {
    Route::get('/profile', function () {
        //
    });
});
```

你可以視需要定義許多自訂的 RateLimiter 組態配置，在 RouteServiceProvider 的 configureRateLimiting() 方法裡面參考預設的 api 組態配置，並建立你自己的配置。

如範例 10-26 所示，預設的 api 組態配置將請求限制為每分鐘 60 次，根據通過身分驗證的 ID 或（如果用戶未登錄）IP 位址來劃分。

範例 *10-26* 預設速率限制程式的定義

```
RateLimiter::for('api', function (Request $request) {
    return Limit::perMinute(60)->by($request->user()?->id ?: $request->ip());
});
```

如果速率限制被觸發，你也可以自訂要發送的回應、根據用戶、應用程式或請求條件來指定不同的速率限制，甚至指定一系列按順序套用的速率限制程式。詳情請參考速率限制文件（*https://oreil.ly/dEy4V*）。

受信任的 proxy

如果你在應用程式裡使用 Laravel 工具來產生 URL，Laravel 能夠檢測當下的請求究竟是透過 HTTP 還是 HTTPS 傳來的，並使用適當的協定來產生連結。

但是，當你在應用程式之前使用 proxy 時（例如負載平衡器或其他基於 web 的 proxy），這種功能不一定奏效。許多 proxy 會傳送非標準的 header 到你的應用程式，例如 X_FORWARDED_PORT 與 X_FORWARDED_PROTO，並期望你的應用程式「信任」它們、解讀它們，並在解讀 HTTP 請求的過程中使用它們。為了讓 Laravel 正確地將 proxy 的 HTTPS 呼叫視為安全（secure）呼叫，也為了讓 Laravel 處理來自 proxy 請求的其他 header，你必須定義它該怎麼做。

你應該不想要允許任何 proxy 都可以將流量送到你的應用程式，而是想要封鎖應用程式，讓它只信任某些 proxy，甚至即使是信任的 proxy，你也只信任它們傳來的某些 header。

Laravel 有一個 TrustedProxy 程式包（*https://oreil.ly/wYcDc*）可以讓你將某些流量來源標記為「信任的」，並標記你只信任這些來源所轉發的哪些 header，以及如何將它們對映至正常 header。

要設置你的 app 將信任哪些 proxy，你可以編輯 App\Http\Middleware\TrustProxies 中介層，並將負載平衡器或 proxy 的 IP 位址加入 $proxies 陣列，如範例 10-27 所示。

範例 *10-27　設置 TrustProxies 中介層*

```
/**
 * 這個 app 信任的 proxy。
 *
 * @var array<int, string>|string|null
 */
protected $proxies;

/**
 * 應該用來偵測 proxy 的 header
 *
 * @var int
 */
protected $headers =
    Request::HEADER_X_FORWARDED_FOR |
    Request::HEADER_X_FORWARDED_HOST |
```

```
Request::HEADER_X_FORWARDED_PORT |
Request::HEADER_X_FORWARDED_PROTO |
Request::HEADER_X_FORWARDED_AWS_ELB;
```

如你所見，$headers 陣列預設信任所信任的 proxy 送來的所有 header；如果你想要自訂這份清單，可參考 Symfony 文件的信任 proxy 部分（*https://oreil.ly/ur3bg*）。

CORS

希望你從未遇過 CORS（跨來源資源共享），當它無法正常運作時會令人非常痛苦，所以它是我們希望能夠永遠正常運作的事情之一。

Laravel 在預設情況下會運行內建的 CORS 中介層，你可以在 *config/cors.php* 裡配置組態。它的預設組態對大多數的應用程式而言是合理的配置，但在組態檔案中，你可以將 CORS 保護清單裡的一些路由排除、修改它操作的 HTTP 方法，並配置它與 CORS header 互動的方式。

測試

除了身為開發者的你會在自己的測試中使用請求、回應與中介層之外，Laravel 本身也大量使用它們。

使用 $this->get('/') 之類的呼叫來進行應用測試，就是指示 Laravel 的應用測試框架產生請求物件，以代表你所描述的互動。這些請求物件會被傳給你的應用程式，彷彿它們是真實的訪問一般，這就是應用測試如此準確的原因，你的應用程式並不「知道」它面對的用戶不是真的。

在這種背景下，你所做的許多斷言（假設是 assertResponseOk()）是針對應用測試框架產生的回應物件所做的斷言。assertResponseOk() 方法只查看回應物件，並斷言它的 isOk() 方法回傳 true——它只檢查它的狀態碼是 200。最終，在應用測試裡的所有東西都將它視為真正的網頁請求，並採取行動。

你需要在測試中使用請求嗎？你始終可以使用 $request = request() 來從容器中提取一個請求。你也可以自行建立請求，Request 類別的建構式參數都是選用的，包括：

```
$request = new Illuminate\Http\Request(
    $query,     // GET 陣列
    $request,   // POST 陣列
    $attributes, // "attributes" 陣列；空的也行
```

```
    $cookies,    // cookies 陣列
    $files,      // 檔案陣列
    $server,     // 伺服器陣列
    $content     // 原始主體資料
);
```

如果你真的想要看一個範例，可參考 Symfony 如何使用 PHP 提供的全域變數來建立一個新 Request：Symfony\Component\HttpFoundation\Request@createFromGlobals()。

在需要時，手動製作 Response 物件更簡單。以下是選用的參數：

```
$response = new Illuminate\Http\Response(
    $content, // 回應內容
    $status,  // HTTP 狀態，預設 200
    $headers  // 陣列 header 陣列
);
```

最後，如果你想要在應用測試期間停用中介層，可將 WithoutMiddleware trait 匯入該測試。你也可以使用 $this->withoutMiddleware() 方法來為單一測試方法停用中介層。

TL;DR

每一個進入 Laravel 應用程式的請求都會被轉換成 Illuminate Request 物件，它會經過所有的中介層，被應用程式處理。應用程式會產生 Response 物件，將這個物件回傳，讓它經過所有中介層（反向），回傳給最終用戶。

Request 與 Response 物件負責封裝與表示關於「被傳進來的用戶請求」與「被傳出去的伺服器回應」的所有相關資訊。

服務供應器將相關行為彙整起來，用於綁定和註冊類別，以供應用程式使用。

中介層包在應用程式外面，可以回拒或裝飾任何請求和回應。

## 第十一章

容器

Laravel 的服務容器，也稱為依賴注入容器，是幾乎所有其它功能的核心。容器是一種簡單的工具，可用來綁定與解析類別與介面的具體實例，它也擅長管理相互關聯的依賴網路。本章將進一步介紹它如何工作，以及你該如何使用它。

> **命名與容器**
>
> 你將從本書、文件與其他教學資源看到各種不同的容器名稱，包括：
>
> - 應用容器
> - IoC（inversion of control，控制反轉）容器
> - 服務容器
> - DI（dependency injection，依賴注入）容器
>
> 這些都是有用且有效的名稱，它們都是指同一件事——服務容器。

依賴注入簡介

依賴注入（dependency injection）是指，每一個類別的依賴項目都是從外面注入的，而不是在類別裡面實例化的（「new 出來的」）。這個動作最常見於建構式注入（*constructor injection*），也就是物件的依賴項目是在建立它時注入的。此外還有 *setter* 注入，也就是類別公開了一個專門用來注入特定依賴項目的方法，以及方法注入，也就是有一個或多個方法期望它們的依賴項目在它們被呼叫時注入。

範例 11-1 幫你快速瞭解建構式注入，它是最常見的依賴注入類型。

範例 11-1　基本的依賴注入

```php
<?php

class UserMailer
{
    protected $mailer;

    public function __construct(Mailer $mailer)
    {
        $this->mailer = $mailer;
    }

    public function welcome($user)
    {
        return $this->mailer->mail($user->email, 'Welcome!');
    }
}
```

如你所見，這個 UserMailer 期望它被實例化時，有一個 Mailer 型態的物件被注入，且它的方法將引用該實例。

依賴注入的主要好處在於，它可讓你自由地改變被注入的東西、模擬（mock）依賴項目以進行測試，以及在共享依賴項目時，只需要實例化它們一次。

控制反轉

有時你會同時聽到「控制反轉」與「依賴注入」這兩個術語，而且有時 Laravel 的容器也稱為 IoC 容器。

這兩個概念很相似。控制反轉是指，在傳統的程式設計中，最底層的程式碼（特定類別、實例與程序碼）可以「控制」它將使用哪一個模式或介面的實例。例如，當你在每一個類別裡實例化它們要使用的郵寄程式（mailer）時，每一個類別都得決定究竟要使用 Mailgun 還是 Mandrill 還是 Sendgrid。

控制反轉是將那個「控制權」反過來，將控制權交給應用程式的另一端，於是，「究竟該使用哪個郵寄程式」是在應用程式的最高、最抽象的層次中定義的，通常是在組態配置（configuration）中定義。每一個實例、每一段低階程式碼都會查看高階組態，實質上是在「詢問」：你可以給我一個郵寄程式嗎？它們不「知道」會得到哪一種郵寄程式，但都會得到一個。

> 依賴注入，特別是 DI 容器，提供使用控制反轉的絕佳機會，舉例來說，你可以統一定義:「將郵件程式注入需要它們的任何類別時，應提供 Mailer 介面的哪一個具體實例」。

依賴注入與 Laravel

如範例 11-1 所示，依賴注入最常見的模式是建構式注入，也就是在物件被實例化（被建構）時注入它的依賴項目。

我們以範例 11-1 的 UserMailer 類別為例。範例 11-2 展示建立它的實例，並使用該實例的情形。

範例 *11-2*　簡單的手動依賴注入

```
$mailer = new MailgunMailer($mailgunKey, $mailgunSecret, $mailgunOptions);
$userMailer = new UserMailer($mailer);

$userMailer->welcome($user);
```

假設我們希望讓 UserMailer 類別能夠記錄（log）訊息，以及在它每次傳送訊息時，都傳送一個通知給 Slack 通道。範例 11-3 是做這件事的程式。如你所見，如果每次建立新實例時都必須做全部的這些工作，工作會越來越複雜，特別是考慮到我們必須從某處取得全部的這些參數時。

範例 *11-3*　較複雜的手動依賴注入

```
$mailer = new MailgunMailer($mailgunKey, $mailgunSecret, $mailgunOptions);
$logger = new Logger($logPath, $minimumLogLevel);
$slack = new Slack($slackKey, $slackSecret, $channelName, $channelIcon);
$userMailer = new UserMailer($mailer, $logger, $slack);

$userMailer->welcome($user);
```

想像一下每次需要一個 UserMailer 就要編寫那段程式是什麼情況。雖然依賴注入很棒，但這種做法太雜亂了。

app() 全域輔助函式

在探討容器如何實際運作之前,我們先來快速地看一下從容器中取出物件最簡單的做法:使用 app() 輔助函式。

你只要將任何字串傳給這個輔助函式,無論該字串是完整類別名稱(FQCN,例如 *App\ThingDoer*)還是 Laravel 簡稱(我們很快就會談到),它都會回傳一個該類別的實例:

```
$logger = app(Logger::class);
```

這絕對是與容器互動最簡單的方式。它會建立一個該類別的實例,並回傳供你使用,既簡單又方便。它就像 new Logger,但你很快就會看到,它好得多。

製作具體實例的其他語法

要「製作」任何類別或介面的具體實例,最簡單的做法就是使用全域輔助函式,將類別或介面名稱直接傳給它,使用 app('*FQCN*')。

然而,如果你有一個容器實例(無論它是從某個地方注入的,還是你在服務供應器裡面使用 $this->app,還是(較不為人知的技巧)執行 $container = app() 來取得的),你都可以使用它來製作實例。

最常見的做法是執行 make() 方法。$app->make('*FQCN*') 的效果很好。但是,有些開發人員與文件也會使用這種語法:$app['*FQCN*']。別擔心!它做的是同一件事,只是採用不同的寫法。

上述建立 Logger 實例的方式看起來很簡單,但你應該已經發現,在範例 11-3 裡的 $logger 類別有兩個參數:$logPath 與 $minimumLogLevel,容器如何知道該對它們傳入什麼?

答案是:它不知道。雖然你可以使用 app() 全域輔助函式來建立建構式沒有參數的類別的實例,但在這種情況下,你也可以直接執行 new Logger。容器在建構式比較複雜時才能發揮它的長處,這時我們才需要研究容器如何正確地釐清如何建構具有建構式參數的類別。

容器是如何裝配的？

在探討 Logger 類別之前，先看一下範例 11-4。

範例 11-4　*Laravel 自動裝配*

```
class Bar
{
    public function __construct() {}
}

class Baz
{
    public function __construct() {}
}

class Foo
{
    public function __construct(Bar $bar, Baz $baz) {}
}

$foo = app(Foo::class);
```

這看起來很像範例 11-3 的郵寄程式，不同之處在於，這些依賴項目（Bar 與 Baz）都很簡單，所以容器不需要任何額外的資訊就可以解析它們。容器會讀取 Foo 建構式內的 typehint，解析 Bar 與 Baz 的實例，然後在建立 Foo 新實例時將它們注入。這稱為自動裝配（*autowiring*），它根據 typehint 來解析實例，所以開發者不需要在容器中明確地綁定這些類別。

自動裝配是指，若類別未被明確地綁定容器（例如在這個例子裡的 Foo、Bar 或 Baz），但容器依然可以知道如何解析它，容器就會解析它。這意味著，沒有建構式依賴項目的類別（例如 Bar 與 Baz），以及有建構式依賴項目而且可被容器解析的類別（例如 Foo）都可以從容器中解析出來。

所以當類別的建構式無法解析時，我們才需要綁定它，例如範例 11-3 的 $logger 類別，它的參數與我們的 log path 和 log level 相關。

為此，我們要學習如何將某個東西明確地綁定至容器。

將類別綁定至容器

將類別綁定至 Laravel 的容器實質上就是在告訴容器「如果有開發者要求一個 Logger 實例，那就執行這段程式，使用正確的參數與依賴項目來實例化一個，並正確地回傳它」。

我們教導容器：每當有人要求這個特定的字串時（通常是類別的 FQCN），容器就要用這種方式來解析它。

綁定至 closure

接著，我們來看看如何綁定至容器。注意，容器適合在服務供應器的 register() 方法裡面綁定（見範例 11-5）。

範例 11-5　基本容器綁定

```
// 在任何服務供應器中（或許是 LoggerServiceProvider）
public function register(): void
{
    $this->app->bind(Logger::class, function ($app) {
        return new Logger('\log\path\here', 'error');
    });
}
```

這個範例有一些需要注意的重點。首先，我們執行了 $this->app->bind()。$this->app 是每一個服務供應器都提供的容器實例。容器的 bind() 方法是用來綁定容器的東西。

bind() 的第一個參數是我們要綁定的「鍵」，我們在此使用類別的 FQCN。第二個參數取決於你做的事情，但本質上，它是告訴容器該怎麼解析那個綁定鍵的實例的東西。

這個範例中，我們傳遞一個 closure，接下來只要執行 app(Logger::class) 即可取得這個 closure 的結果。這個 closure 接收容器本身的實例（$app），如果你正在解析的類別有你想要從容器解析出來的依賴項目，你可以在你的定義中使用它，如範例 11-6 所示。

範例 11-6　在容器綁定中，使用被傳入的 $app 實例

```
// 請注意，這個綁定嚴格來說沒有做任何有用的事情，
// 因為這一切本可透過容器的自動裝配功能來提供。
$this->app->bind(UserMailer::class, function ($app) {
    return new UserMailer(
        $app->make(Mailer::class),
```

```
        $app->make(Logger::class),
        $app->make(Slack::class)
    );
});
```

注意，每當你要求索取類別的新實例時，這個 closure 都會再次執行，並回傳新的
輸出。

綁定 singleton、別名與實例

如果你想要將 closure 的輸出存入快取，免得每次要求一個實例時就要再次執行該
closure，這稱為 singleton 模式，你可以執行 $this->app->singleton() 來做這件事。見
範例 11-7 的示範。

範例 11-7　將 *singleton* 綁定至容器

```
public function register(): void
{
    $this->app->singleton(Logger::class, function () {
        return new Logger('\log\path\here', 'error');
    });
}
```

如果你已經有一個想讓 singleton 回傳的物件實例，你也會得到類似的行為，見範例
11-8。

範例 11-8　將既有的類別實例綁定至容器

```
public function register(): void
{
    $logger = new Logger('\log\path\here', 'error');
    $this->app->instance(Logger::class, $logger);
}
```

最後，如果你想要為某個類別取一個別名、將類別綁定至捷徑，或將捷徑綁定至類別，
你可以傳入兩個字串，見範例 11-9。

範例 11-9　為類別與字串取別名

```
// 要求 Logger，提供 FirstLogger
$this->app->bind(Logger::class, FirstLogger::class);

// 要求 log，提供 FirstLogger
```

```
$this->app->bind('log', FirstLogger::class);

// 要求 log，提供 FirstLogger
$this->app->alias(FirstLogger::class, 'log');
```

請注意，這些捷徑在 Laravel 的核心中很常見；它用一系列的捷徑指向「提供核心功能的類別」，使用易記的鍵，例如 log。

將具體實例綁定至介面

就像我們可以將一個類別綁定至其他類別，或將一個類別綁定至其他捷徑一樣，我們也可以綁定至介面。這是相當強大的功能，因為現在可以 typehint 介面而非類別名稱了，見範例 11-10。

範例 11-10 使用 typehint 與綁定至介面

```
...
use Interfaces\Mailer as MailerInterface;

class UserMailer
{
    protected $mailer;

    public function __construct(MailerInterface $mailer)
    {
        $this->mailer = $mailer;
    }
}

// 服務供應器
public function register(): void
{
    $this->app->bind(\Interfaces\Mailer::class, function () {
        return new MailgunMailer(...);
    });
}
```

現在你可以在程式碼的各個地方 typehint Mailer 或 Logger 介面，然後在服務供應器中選擇你想要在所有地方使用的具體 mailer 或 logger。這就是控制反轉。

使用這種模式的主要好處在於，如果你將來使用與 Mailgun 不同的郵件服務，只要你有一個為那個新服務設計的 mailer 類別，且該類別實作了 Mailer 介面，你只要在服務供應器裡面進行一次替換即可，其餘的部分將繼續正常運作。

情境綁定

有時你需要視情況改變一個介面的解析方式，你可能想要將一個地方的事件 log 到本地的 syslog，並將其他地方的事件 log 到一項外部服務。我們來告知容器進行區分，見範例 11-11。

範例 11-11　情境綁定

```
// 在服務供應器內
public function register(): void
{
    $this->app->when(FileWrangler::class)
        ->needs(Interfaces\Logger::class)
        ->give(Loggers\Syslog::class);

    $this->app->when(Jobs\SendWelcomeEmail::class)
        ->needs(Interfaces\Logger::class)
        ->give(Loggers\PaperTrail::class);
}
```

在 Laravel 框架檔案內進行建構式注入

我們已經討論過建構式注入的概念了，也看過容器如何幫助你從中解析出類別或介面的實例。我們看了使用 app() 輔助函式來製作實例有多麼容易，以及容器在建立類別時，如何解析類別的建構式依賴項目。

但我們還沒有提到的是，容器也負責解析應用程式的許多核心操作類別。例如，每一個 controller 都是由容器實例化的。這意味著，如果你想要在 controller 裡面使用一個 logger 的實例，你只要在 controller 的建構式裡面 typehint logger 類別，當 Laravel 建立 controller 時，它會將它從容器中解析出來，讓你的 controller 可以使用那個 logger 實例。見範例 11-12。

範例 11-12　將依賴項目注入 controller

```
...
class MyController extends Controller
{
    protected $logger;

    public function __construct(Logger $logger)
    {
        $this->logger = $logger;
```

```
    }

    public function index()
    {
        // 做想做的事情
        $this->logger->error('Something happened');
    }
}
```

容器負責解析 controller、中介層、佇列 job、事件監聽器，以及 Laravel 在應用程式的
生命週期中自動產生的任何其他類別，所以這些類別都可以在它的建構式裡 typehint 依
賴項目，並期待它們將被自動注入。

方法注入

在你的應用程式裡的某些地方，Laravel 不僅會讀取建構式簽章，還會讀取方法的簽章，
並且在那裡為你注入依賴項目。

最常使用方法注入的地方是在 controller 的方法裡面。如果你只想在單一 controller 方法
裡使用某個依賴項目，你可以像範例 11-13 一樣，只將依賴項目注入那個方法。

範例 11-13　將依賴項目注入 controller 方法

```
...
class MyController extends Controller
{
    // 方法的依賴項目可放在路由參數之前或之後
    public function show(Logger $logger, $id)
    {
        // 做想做的事情
        $logger->error('Something happened');
    }
}
```

使用 makeWith() 來傳送無法解析的建構式參數

解析類別的具體實例的所有主要工具，例如 app()、$container->make() 等，都
假設可以在不傳遞任何內容的情況下解析該類別的所有相依項目。但如果你的類
別的建構式接受一個值，而不是容器可以為你解析的依賴項目呢？此時可使用
makeWith() 方法：

```
class Foo
{
    public function __construct($bar)
    {
        // ...
    }
}

$foo = $this->app->makeWith(
    Foo::class,
    ['bar' => 'value']
);
```

這種情況比較罕見。你從容器中解析出來的類別幾乎都只會將依賴項目注入其建構式。

你可以在服務供應器的 boot() 方法裡面做同一件事,你也可以使用容器來呼叫任何類別的方法,這可讓你在那裡進行方法注入(見範例 11-14)。

範例 11-14 使用容器的 call() 方法來手動呼叫一個類別方法

```
class Foo
{
    public function bar($parameter1) {}
}

// 呼叫 'Foo' 的 'bar' 方法,將第一個參數設為 'value'
app()->call('Foo@bar', ['parameter1' => 'value']);
```

靜態介面與容器

雖然本書已經多次提到靜態介面了,但我們還沒有實際討論它們如何運作。

Laravel 的靜態介面是一種類別,它們提供簡單的手段來讓你使用 Laravel 的核心功能。靜態介面有兩個特點:首先,它們都可在全域名稱空間中使用(\Log 是 \Illuminate\Support\Facades\Log 的別名),其次,它們都使用靜態方法來存取非靜態資源。

因為我們曾經在本章中看過 logging,所以來看一下 Log 靜態介面。你可以在 controller 或 view 中使用這個呼叫:

```
Log::alert('Something has gone wrong!');
```

以下是不使用靜態介面來發出同一個呼叫的寫法：

```
$logger = app('log');
$logger->alert('Something has gone wrong!');
```

如你所見，靜態介面會將靜態呼叫（使用 :: 來對著類別本身發出的任何方法呼叫，而不是對著實例）轉換成針對實例的一般方法呼叫。

匯入靜態介面名稱空間

如果你正在使用名稱空間中的類別，務必在最上面匯入靜態介面：

```
...
use Illuminate\Support\Facades\Log;

class Controller extends Controller
{
    public function index()
    {
        // ...
        Log::error('Something went wrong!');
    }
}
```

靜態介面如何運作？

我們來看看 Cache 靜態介面，以瞭解它的實際運作情況。

首先，打開類別 Illuminate\Support\Facades\Cache 會看到範例 11-15 的程式。

範例 *11-15* *Cache* 靜態介面類別

```php
<?php

namespace Illuminate\Support\Facades;

class Cache extends Facade
{
    protected static function getFacadeAccessor()
    {
        return 'cache';
    }
}
```

每一個靜態介面都有一個方法：getFacadeAccessor()。它定義了 Laravel 應該使用什麼鍵在容器中查詢這個 facade 的背景實例。

我們可以在這個實例中看到，針對 Cache 靜態介面的呼叫都會被轉換成針對 cache 捷徑的實例的呼叫，它不是真正的類別或介面名稱，所以我們知道它是之前提過的捷徑之一。

所以，以下是實際發生的事情：

```
Cache::get('key');

// 等同於…

app('cache')->get('key');
```

檢查每一個靜態介面 accessor 到底指向哪個類別的方法很多，但查詢文件是最簡單的一種。靜態介面文件網頁有一張表格（*https://oreil.ly/IRsgc*）展示了每一個靜態介面連接哪一個容器綁定（即捷徑，例如 cache），及它回傳哪個類別。它長這樣：

靜態介面	類別	服務容器綁定
App	Illuminate\Foundation\Application	app
…	…	…
Cache	Illuminate\Cache\CacheManager	cache
…	…	…

有了這份參考資料之後，你可以做三件事。

首先，你可以找出靜態介面有哪些方法可用。你只要找出它的背景類別，查詢那個類別的定義，即可知道你可以對著這個靜態介面來呼叫的所有公用方法。

其次，你可以確認如何使用依賴注入來注入靜態介面的背景類別。如果你想要使用靜態介面的功能，但比較喜歡使用依賴注入，你只要 typehint 靜態介面的背景類別，或是用 app() 來取得它的實例，並呼叫你原本要對靜態介面呼叫的同一組方法即可。

第三，你可以瞭解如何自行建立靜態介面。你可以擴展 Illuminate\Support\Facades\Facade 來為靜態介面建立一個類別，給它一個 getFacadeAccessor() 方法，讓它回傳一個字串，讓那個字串是一個可以從容器中解析出背景類別的東西——或許就是類別的 FQCN。最後，你必須註冊靜態介面——將它加入 *config/app.php* 的 aliases 陣列，這樣就好了！你做出自己的靜態介面了。

即時靜態介面

你不需要為了讓類別的實例方法可以當成靜態方法來使用而建立一個新類別，反之，你可以使用即時靜態介面，在類別的 FQCN 前面加上 Facades\，將它當成靜態介面來使用。範例 11-16 展示這種做法。

範例 *11-16　使用即時靜態介面*

```
namespace App;

class Charts
{
    public function burndown()
    {
        // ...
    }
}
<h2>Burndown Chart</h2>
{{ Facades\App\Charts::burndown() }}
```

如你所見，非靜態方法 burndown() 變成可以對著即時靜態介面呼叫的靜態方法了，我們在類別的完整名稱前面加上 Facades\ 來建立它。

服務供應器

我們已經在上一章討論過服務供應器的基本知識了（見第 271 頁的「服務供應器」）。關於容器的重點在於，你必須記得在某個服務供應器的 register() 方法裡面註冊你的綁定。

你可以將零散的綁定直接放在 App\Providers\AppServiceProvider，這有點像是一網打盡（catchall）的做法，但更好的做法是為你開發的每一組功能建立一個專屬的服務供應器，並在它自己的 register() 方法裡綁定其類別。

測試

在 Laravel 裡，控制反轉和依賴注入讓測試有很多種變化。例如，你可以根據應用程式是在實際運行中，還是處於測試狀態，來綁定不同的 logger。你也可以改變交易性 email 服務，從 Mailgun 改成本地 email logger，以方便檢查。這兩種替換都很常見，你甚至可以讓它們使用 Laravel 的 *.env* 組態檔案，以更輕鬆地進行替換，但你也可以對任何介面或類別進行類似的替換。

最簡單的做法是在需要重新綁定類別與介面時，直接在測試中重新綁定它們。範例 11-17 展示具體的做法。

範例 11-17 在測試中覆寫綁定

```
public function test_it_does_something()
{
    app()->bind(Interfaces\Logger, function () {
        return new DevNullLogger;
    });

    // 做想做的事情
}
```

如果你需要在全域範圍內為你的測試重新綁定某些類別或介面（這種情況不太常見），你可以在測試類別的 setUp() 方法內，或在 Laravel 的 TestCase 基礎測試裡的 setUp() 方法內進行，如範例 11-18 所示。

範例 11-18 為所有測試覆寫綁定

```
class TestCase extends \Illuminate\Foundation\Testing\TestCase
{
    public function setUp()
    {
        parent::setUp();

        app()->bind('whatever', 'whatever else');
    }
}
```

在使用 Mockery 之類的工具時，你通常會建立一個類別的 mock、spy 或 stub，然後將它重新綁定到容器，以取代原本引用的對象。

TL;DR

Laravel 的服務容器有很多名稱，但無論你怎麼稱呼它，它的最終目標都是幫助你定義如何將字串名稱解析成具體實例。這些字串名稱是完整的類別或介面名稱，或捷徑，例如 log。

每一個綁定都教導應用程式在收到一個字串鍵（例如 app('log')）時，如何解析一個具體實例。

容器可以聰明地遞迴解析依賴項目，所以如果你試著解析某個具有建構式依賴項目的實例，容器會試著基於這些依賴項目的 typehint 來解析它們，然後將它們傳入你的類別，最終回傳一個實例。

綁定容器的方法有好幾種，但說到底，它們定義的都是「收到特定字串後該回傳什麼」。

靜態介面是簡便的手段，可讓你輕鬆地對著具有根名稱空間別名的類別使用靜態呼叫，來呼叫從容器中解析出來的類別的非靜態方法。即時靜態介面可讓你將任何類別當成靜態介面來操作——做法是在它的完整類別名稱前面加上 Facades\。

第十二章

測試

大多數的開發者都知道測試程式碼是件好事，這是該做的事情。我們應該已經知道它好在哪裡，甚至已經看了一些關於它如何運作的教學。

但知道為什麼要測試與知道如何測試之間有很大的落差。幸好，PHPUnit、Mockery 與 PHPSpec 等的工具都提供大量的 PHP 測試選項——只是，設置所有的工具仍然是一件很麻煩的事情。

Laravel 整合了 PHPUnit（單元測試）、Mockery（mocking）及 Faker（建立偽資料來進行 seeding 與測試）。Laravel 也提供自己的應用測試工具組，這些工具既簡單且強大，可讓你「爬抓（crawl）」網站的 URI、送出表單、檢查 HTTP 狀態碼，以及對 JSON 進行驗證與斷言。它也提供一種穩健的前端測試框架，稱為 Dusk，甚至可以和你的 JavaScript 應用程式互動，並對它進行測試。如果這還不夠清楚，本章會介紹更多內容。

為了讓你更快上手，Laravel 的測試配置內建了一些應用測試樣本，可在你建立新應用程式時執行。這意味著，你不需要花任何時間來設定測試環境，可降低編寫測試程式的負擔。

測試基本知識

測試術語

讓一群程式設計師對一組定義各類測試的術語取得共識是件很困難的事情。

在這一章,我們將使用四個主要的術語:

單元測試

    單元測試針對小型、相對獨立的單位,那些單位通常是一個類別或方法。

功能測試

    測試個別單位互相合作及傳遞訊息的方式。

應用測試

    通常稱為驗收測試或功能測試,測試對象是整個 app 的行為,通常在外部邊界進行,例如 HTTP 呼叫。

回歸測試

    類似應用測試,但更強調準確地描述用戶能夠做什麼,並確保該行為不會停止運作。應用測試和回歸測試之間的差異更小,兩者的主要差異在於測試的忠實度。例如,應用測試可能說:「瀏覽器可以 POST 至 people 端點,然後在 users 表內要有一個新項目」(擬真度相對較低,因為你在模擬瀏覽器的動作),而回歸測試可能說:「在這個表單輸入資料並按下這個按鈕之後,用戶必須在網頁上看到結果」(更擬真,因為描述了用戶的實際行為)。

Laravel 的測試程式位於 *tests* 資料夾內,在它的根目錄裡有兩個檔案:*TestCase.php*,它是讓所有測試用來繼承的基本根測試,以及 *CreatesApplication.php*,它是 trait(由 *TestCase.php* 匯入的),可讓任何類別啟動一個樣本 Laravel app 以供測試。

Laravel 的 *test* 命令

Laravel 有一個用來執行測試的 Artisan 命令:`php artisan test`,它裡面包著 `./vendor/bin/phpunit` 命令,該命令可為每一個測試顯示額外的輸出。

在 *tests* 資料夾內還有兩個子資料夾：*Features* 存放「涵蓋多個單元之間的互動」的測試程式，而 *Unit* 存放只涵蓋一個程式單元（類別、模組、函式…等）的測試。這些資料夾裡面都有一個 *ExampleTest.php* 檔案，這種檔案都有一個測試範例可供執行。

在 *Unit* 目錄裡面的 ExampleTest 有一個簡單的斷言：$this->assertTrue(true)。在單元測試裡面的東西通常都使用相對簡單的 PHPUnit 語法（斷言值是否相等、尋找陣列內的項目、檢查布林值…等），所以這裡沒有太多需要瞭解的事情。

PHPUnit 斷言的基本知識

在 PHPUnit 裡，大部分的斷言都是使用以下的語法來對 $this 物件執行的：

```
$this->assertWHATEVER($expected, $real);
```

所以，舉例而言，如果我們要斷言兩個變數應該相等，我們先將期望的結果傳給它，再將被測試的物件或系統的實際輸出傳給它：

```
$multiplicationResult = $myCalculator->multiply(5, 3);
$this->assertEqual(15, $multiplicationResult);
```

從範例 12-1 可以看到，在 *Feature* 目錄裡面的 ExampleTest 向應用程式的根路徑的網頁發出一個模擬的 HTTP 請求，並檢查它的 HTTP 狀態是否為 200（成功），若是，則通過測試，若否，則失敗。不同於一般的 PHPUnit 測試，我們對著 TestResponse 物件執行這些斷言，該物件是我們發出測試的 HTTP 呼叫回傳的。

範例 12-1　*tests/Feature/ExampleTest.php*

```php
<?php

namespace Tests\Feature;

// use Illuminate\Foundation\Testing\RefreshDatabase;
use Tests\TestCase;

class ExampleTest extends TestCase
{
    /**
     * 基本測試範例。
     */
    public function test_the_application_returns_a_successful_response(): void
    {
        $response = $this->get('/');
```

```
        $response->assertStatus(200);
    }
}
```

要執行測試,在命令列中前往應用程式的根目錄,執行 php artisan test。你應該可以
看到類似範例 12-2 的輸出。

範例 12-2 *ExampleTest 輸出範例*

```
PASS Tests\Unit\ExampleTest
✓ that true is true

 PASS Tests\Feature\ExampleTest
✓ the application returns a successful response

Tests:  2 passed (2 assertions)
Time:   0.25s
```

你已經執行第一個 Laravel 應用測試了!那兩個打勾代表有兩個通過的測試。如你所
見,你不僅有一個可以運行的 PHPUnit 實例,還有一個功能完整的應用測試套件,可以
發出 mock HTTP 呼叫,並測試應用程式的回應。

如果你不熟悉 PHPUnit,我們來看看測試失敗是什麼樣子。我們將製作自己的測試,
而不是修改之前的測試。執行 php artisan make:test FailingTest,它會建立檔案 *tests/
Feature/FailingTest.php*,你可以將它的 testExample() 方法改成範例 12-3 這樣。

範例 12-3 *tests/Feature/FailingTest.php*,經編輯來讓它失敗

```
public function test_example()
{
    $response = $this->get('/');

    $response->assertStatus(301);
}
```

如你所見,它與之前執行的測試一樣,但我們這次是針對錯誤的狀態進行測試。我們再
次執行 PHPUnit。

生成單元測試

如果你想要在 Unit 目錄裡生成測試,而不是在 Feature 目錄裡,你可以傳
遞 --unit 旗標:

```
php artisan make:test SubscriptionTest --unit
```

啊！這次輸出應該看起來有點像範例 12-4。

範例 12-4　失敗的測試輸出

```
 PASS Tests\Unit\ExampleTest
✓ that true is true

 PASS Tests\Feature\ExampleTest
✓ the application returns a successful response

 FAIL Tests\Feature\FailingTest
✗ example

FAILED  Tests\Feature\FailingTest > example
Expected status code [301] but received 200. Failed asserting that
 301 is identical to 200.

at tests/Feature/FailingTest.php:20
  16|     public function test_example()
  17|     {
  18|         $response = $this->get('/');
  19|
> 20|         $response->assertStatus(301);
  21|     }
  22| }
  23|

Tests:  1 failed, 2 passed (3 assertions)
Duration: 1.10s
```

我們來分析一下。上次我們有兩個通過的測試，但這次有一個失敗，兩個通過。

我們可以在每一個錯誤中看到測試名稱（在此是 Test\Feature\FailingTest > example）、錯誤訊息（「Expected status code...」），以及部分的堆疊追蹤，可讓我們知道失敗發生在哪一行。

我們已經執行了通過的測試，也執行了失敗的測試，接下來要進一步瞭解 Laravel 的測試環境。

為測試命名

在預設情況下，Laravel 的測試系統會執行 *tests* 目錄內名稱結尾為 *Test* 的任何檔案。這就是為什麼 *tests/ExampleTest.php* 在預設情況下執行。

如果你不熟悉 PHPUnit，你可能不知道在測試中，只有名稱開頭是 test 的方法會被執行（或包含 @test 文件區塊（*docblock*）的方法）。範例 12-5 列出哪些方法會執行，哪些不會。

範例 12-5　命名 PHPUnit 方法

```
class NamingTest
{
    public function test_it_names_things_well()
    {
        // 以 "It names things well" 執行
    }

    public function testItNamesThingsWell()
    {
        // 以 "It names things well" 執行
    }

    /** @test */
    public function it_names_things_well()
    {
        // 以 "It names things well" 執行
    }

    public function it_names_things_well()
    {
        // 不執行
    }
}
```

測試環境

每當 Laravel 應用程式執行時，它都有一個當下的「環境」名稱，代表它在哪個環境運行。這個名稱可設為 local、staging、production，或你喜歡的任何名稱。你可以執行 app()->environment() 來取得這個環境，或執行 if (app()->environment('local')) 來檢查當下的環境是否符合所傳入的名稱。

當你執行測試時，Laravel 會自動將環境設為 testing。這意味著，你可以檢查 if (app()->environment('testing')) 來啟用或停用測試環境內的某些行為。

此外，當 Laravel 進行測試時不會從 *.env* 載入一般的環境變數。如果你想為測試設定環境變數，你可以修改 *phpunit.xml*，在 `<php>` 段落內，為你想要傳入的每一個環境變數加入一個新的 `<env>`，例如 `<env name="DB_CONNECTION" value="sqlite"/>`。

使用 **.env.testing** 來將測試環境變數排除在版本管理系統之外

如果你想要設定環境變數來進行測試，你可以按照上面的說明，在 *phpunit.xml* 內進行。但如果你有一些測試用的環境變數，而且想讓它們在每一個測試環境中都不同呢？或者，如果你希望將它們排除在原始碼控制系統之外呢？

幸好，這些情況都很容易處理。首先，建立一個 *.env.testing.example* 檔案，類似 Laravel 的 *.env.example* 檔案。接下來，在 *.env.testing.example* 中加入你希望因環境而異的變數，如同你在 *.env.example* 裡設定它們的方式。接著，複製 *.env.testing.example*，並將複本命名為 *.env.testing*。最後，將 *.env.testing* 加到 *.env* 底下的 *.gitignore* 檔案，並在 *.env.testing* 裡面設定你想要使用的值。

測試 trait

在討論可以用來進行測試的方法之前，你必須知道四種可匯入任何測試類別的測試 trait。

RefreshDatabase

`Illuminate\Foundation\Testing\RefreshDatabase` 於每一個新生成的測試檔的最上面匯入，它是最常用的資料庫 migration trait。

這個 trait 與其他資料庫 trait 的目的，是確保你的資料庫資料表在每一次測試開始執行時，都可以正確地 migrate。

`RefreshDatabase` 用兩個步驟來做這件事。首先，它會在每次測試開始執行時，對著你的測試資料庫執行你的 migration 一次（當你執行 `phpunit` 時，而不是為每一個測試方法執行一次）。其次，它會將個別的測試方法包在一個資料庫交易裡面，並在測試結束時復原該交易。

這意味著你的資料庫將為了進行測試而 migrate，並在每次測試執行之後清空，不需要在每次測試前再次執行你的 migration——所以這是最快的選項。如果你不知道該怎麼做，可採取這種做法。

DatabaseMigrations

如果你匯入 Illuminate\Foundation\Testing\DatabaseMigrations trait 而不是 RefreshDatabase trait，它會在每個測試之前重新執行全部的資料庫 migration。Laravel 藉著在各次測試執行之前，在 setUp() 方法裡面執行 php artisan migrate:fresh 來做這件事。

DatabaseTransactions

另一方面，Illuminate\Foundation\Testing\DatabaseTransactions 認為你的資料庫在測試開始之前已被正確地 migrate。它將每一項測試包在一個資料庫交易裡面，並在每一個測試結束時復原該交易。這意味著，在每一個測試結束時，資料庫會回到測試之前的狀態。

WithoutMiddleware

如果你將 Illuminate\Foundation\Testing\WithoutMiddleware 匯入你的測試類別，它將為該類別內的任何測試停用所有的中介層。這意味著，你不需要關心身分驗證中介層或 CSRF 保護，或其他在實際的應用程式中有用，但會干擾測試的東西。

如果你只想為單一方法停用中介層，而不是為整個測試類別停用，你可在該測試的方法的最上面呼叫 $this->withoutMiddleware()。

簡單的單元測試

在進行簡單的單元測試時，你幾乎不需要上述的任何一個 trait。你可能會存取資料庫，或從容器中注入一些東西，但你的應用程式內的單元測試很可能不怎麼依賴框架。範例 12-6 是一個簡單的測試。

範例 12-6　簡單的單元測試

```
class GeometryTest extends TestCase
{
    public function test_it_calculates_area()
    {
```

```
        $square = new Square;
        $square->sideLength = 4;

        $calculator = new GeometryCalculator;

        $this->assertEquals(16, $calculator->area($square));
    }
```

顯然這個範例有點牽強，但你可以看到，我們在此測試一個簡單的類別
（GeometryCalculator）和它唯一的方法（area()），而且在測試時，我們不必擔心整個
Laravel app。

有些單元測試可能會測試本質上與框架連接的東西，例如 Eloquent model，但你仍然可
以測試它們而不需要擔心框架。例如，在範例 12-7 中，我們使用 Package::make() 而不
是 Package::create()，因此物件是在記憶體中建立和計算的，不需要接觸資料庫。

範例 12-7　較複雜的單元測試

```
    class PopularityTest extends TestCase
    {
        use RefreshDatabase;

        public function test_votes_matter_more_than_views()
        {
            $package1 = Package::make(['votes' => 1, 'views' => 0]);
            $package2 = Package::make(['votes' => 0, 'views' => 1]);

            $this->assertTrue($package1->popularity > $package2->popularity);
        }
```

有些人將它稱為整合或功能測試，因為這個「單元」在實際使用時可能接觸資料庫，而
且它連接整個 Eloquent 基礎程式。但重要的是，你可以用簡單的測試來測試單一類別或
方法，即使你測試的物件與框架相連。

話雖如此，你的測試（尤其是當你是位新手時）比較可能更廣泛且傾向「應用」層級。
因此，在本章的其餘部分，我們將更深入地討論應用測試。

應用測試：它是如何運作的？

我們在第 316 頁的「測試基本知識」中看過，只要寫幾行程式，我們就可以「請求」
URI，並實際檢查回應的狀態。但 PHPUnit 如何像瀏覽器一樣請求網頁？

任何應用測試都要 extend TestCase 類別（*tests/TestCase.php*），它是 Laravel 預設 include 的類別。你的應用程式的 TestCase 類別將 extend 抽象的 Illuminate\Foundation\Testing\TestCase 類別，這個類別有很多好東西。

這兩個 TestCase 類別（你的及其抽象父類別）的第一項工作，就是為你啟動 Illuminate 應用程式實例，讓你有一個啟動完成的應用程式可用。它們也會在每一個測試之間「重新整理（refresh）」應用程式，這意味著，它們不會在兩次測試之間重新建立應用程式，而是確保沒有任何資料殘留。

父代的 TestCase 也設置了一個掛鉤（hook）系統，可在應用程式建立之前與之後執行 callback，並匯入一系列的 trait，為你提供與應用程式的每一個層面互動的方法。這些 trait 包括 InteractsWithContainer、MakesHttpRequests 與 InteractsWithConsole，它們也提供各式各樣的自訂斷言與測試方法。

因此，你的應用測試可以執行完全啟動的應用程式實例，以及應用測試導向的自訂斷言，它們都被包在一系列簡單且強大的包裝裡面，以方便測試使用。

這意味著你可以使用 $this->get('/')->assertStatus(200)，來確認應用程式的行為和它回應一般的 HTTP 請求時一樣，且回應被完整地產生，然後被檢查，就像瀏覽器檢查它一樣。你只要做一點點事情就可以讓它運行，所以這是一種極其強大的工具。

HTTP 測試

我們來看看編寫 HTTP 測試的選項有哪些。你已經看過 $this->get('/') 了，接下來要深入討論如何使用這個呼叫、如何斷言它的結果，以及你還可以發出哪些 HTTP 呼叫。

用 $this->get() 與其他 HTTP 呼叫來測試基本網頁

在最基本的層面上，Laravel 的 HTTP 測試可讓你發出簡單的 HTTP 請求（GET、POST 等），然後簡單地斷言它們造成的影響或回應。

稍後會介紹更多工具（在第 348 頁的「使用 Dusk 來進行測試」），它們可以用來進行更複雜的網頁互動及斷言，我們從最基本的看起。以下是你可以發出的呼叫：

- $this->get($uri, $headers = [])
- $this->post($uri, $data = [], $headers = [])

- $this->put($uri, $data = [], $headers = [])

- $this->patch($uri, $data = [], $headers = [])

- $this->delete($uri, $data = [], $headers = [])

- $this->option($uri, $data = [], $headers = [])

這些方法是 HTTP 測試框架的基礎。它們都至少接收一個 URI（通常是相對的）與幾個 header，而且除了 get() 之外的方法也可以連同請求一起傳遞資料。

重要的是，它們都回傳一個代表 HTTP 回應的 $response 物件。這個回應物件幾乎與 Illuminate Response 物件完全一樣，也就是 controller 回傳的東西。但是，它其實是一個 Illuminate\Testing\TestResponse 實例，將普通的 Response 包在一些用於測試的斷言中。

範例 12-8 展示 post() 的一般用法，以及一般的回應斷言。

範例 12-8　在測試中使用 post()

```
public function test_it_stores_new_packages()
{
    $response = $this->post(route('packages.store'), [
        'name' => 'The greatest package',
    ]);

    $response->assertOk();
}
```

在類似範例 12-8 的多數案例中，你也會檢查紀錄是否位於資料庫中，以及是否被顯示在索引網頁上，而且除非你定義了 package 作者並且已經登入，否則它不會測試成功。但別擔心，我們很快就會討論它們。現在你可以使用各種動詞來對著 app 路由發出呼叫，以及對著回應與應用程式的事後狀態進行斷言了。太好了！

用 $this->getJson() 和其他 JSON HTTP 呼叫來測試 JSON API

你也可以對你的 JSON API 進行所有相同類型的 HTTP 測試。對此也有方便的方法可用：

- $this->getJson($uri, $headers = [])

- $this->postJson($uri, $data = [], $headers = [])

- `$this->putJson($uri, $data = [], $headers = [])`

- `$this->patchJson($uri, $data = [], $headers = [])`

- `$this->deleteJson($uri, $data = [], $headers = [])`

- `$this->optionJson($uri, $data = [], $headers = [])`

這些方法的功能與一般的 HTTP 呼叫方法一樣，不過它們也加入針對 JSON 的 Accept、CONTENT_LENGTH 與 CONTENT_TYPE header。見範例 12-9。

範例 12-9　使用 postJson() 來測試

```
public function test_the_api_route_stores_new_packages()
{
    $response = $this->postJson(route('api.packages.store'), [
        'name' => 'The greatest package',
    ], ['X-API-Version' => '17']);

    $response->assertOk();
}
```

針對 $response 進行斷言

`$response` 物件有超過 50 種斷言可用，所以建議你參考測試文件（*https://oreil.ly/CXk24*）來瞭解它們的詳細資訊。我們來看一些最重要且最常見的斷言：

`$response->assertOk()`

斷言「回應的狀態碼是 200」：

```
$response = $this->get('terms');
$response->assertOk();
```

`$response->assertSuccessful()`

`assertOk()` 斷言狀態碼是 200，`assertSuccessful()` 則檢查狀態碼是不是 200 群組之一：

```
$response = $this->post('articles', [
    'title' => 'Testing Laravel',
    'body'  => 'My article about testing Laravel',
]);
// 斷言這回傳 201 CREATED…
$response->assertSuccessful();
```

`$response->assertUnauthorized()`

　　斷言「回應的狀態碼是 401」：

```
$response = $this->patch('settings', ['password' => 'abc']);
$response->assertUnauthorized();
```

`$response->assertForbidden()`

　　斷言「回應的狀態碼是 403」：

```
$response = $this->actingAs($normalUser)->get('admin');
$response->assertForbidden();
```

`$response->assertNotFound()`

　　斷言「回應的狀態碼是 404」：

```
$response = $this->get('posts/first-post');
$response->assertNotFound();
```

`$response->assertStatus($status)`

　　斷言「回應的狀態碼等於所提供的 *$status*」：

```
$response = $this->get('admin');
$response->assertStatus(401); // 未授權
```

`$response->assertSee($text), $response->assertDontSee($text)`

　　斷言「回應包含（或不包含）所提供的 *$text*」：

```
$package = Package::factory()->create();
$response = $this->get(route('packages.index'));
$response->assertSee($package->name);
```

`$response->assertJson(array $json)`

　　斷言「所傳遞的陣列在所回傳的 JSON 裡面（使用 JSON 格式）」：

```
$this->postJson(route('packages.store'), ['name' => 'GreatPackage2000']);
$response = $this->getJson(route('packages.index'));
$response->assertJson(['name' => 'GreatPackage2000']);
```

`$response->assertViewHas($key, $value = null)`

　　斷言「所造訪的網頁的 view 有 *$key* 的資料」。你也可以檢查該變數的值是否為 *$value*：

```
$package = Package::factory()->create();
$response = $this->get(route('packages.show'));
$response->assertViewHas('name', $package->name);
```

$response->assertSessionHas($key, $value = null)

斷言「session 有 $key 的資料」。你也可以檢查該資料的值是否為 $value：

```
$response = $this->get('beta/enable');
$response->assertSessionHas('beta-enabled', true);
```

$response->assertSessionHasInput($key, $value = null)

斷言「所指定的鍵和值被存入 session 陣列輸入中」。很適合用來檢查驗證錯誤是否回傳正確的舊值：

```
$response = $this->post('users', ['name' => 'Abdullah']);
// 假設出現錯誤，檢查輸入的名稱是否被儲存
$response->assertSessionHasInput('name', 'Abdullah');
```

$response->assertSessionHasErrors()

如果不傳入參數，斷言「在 Laravel 的特殊 errors session 容器裡至少設置了一個錯誤」。它的第一個參數可以是鍵／值陣列（定義應設置的錯誤），第二個參數可以是字串格式（被檢查的錯誤的格式），如下所示：

```
// 假設 "/form" 路由需要一個 email 欄位，而且
// 我們 post 一個空的提交給它，以觸發錯誤
$response = $this->post('form', []);

$response->assertSessionHasErrors();
$response->assertSessionHasErrors([
    'email' => 'The email field is required.',
 ]);
$response->assertSessionHasErrors(
    ['email' => '<p>The email field is required.</p>'],
    '<p>:message</p>'
);
```

如果你使用具名的錯誤袋（error bag），你可以在第三個參數傳入錯誤袋的名稱。

$response->assertCookie($name, $value = null)

斷言「回應含有名為 $name 的 cookie」。你也可以確認它的值是否為 $value：

```
$response = $this->post('settings', ['dismiss-warning']);
$response->assertCookie('warning-dismiss', true);
```

$response->assertCookieExpired($name)

斷言「回應包含名為 $name 的 cookie，而且它已經過期了」：

```
$response->assertCookieExpired('warning-dismiss');
```

$response->assertCookieNotExpired($name)

斷言「回應包含名為 $name 的 cookie，而且它尚未過期」：

```
$response->assertCookieNotExpired('warning-dismiss');
```

$response->assertRedirect($uri)

斷言「所請求的路由回傳一個前往特定 URI 的轉址」：

```
$response = $this->post(route('packages.store'), [
    'email' => 'invalid'
]);

$response->assertRedirect(route('packages.create'));
```

以上的每一個斷言都有相關的斷言未於此列出。例如，除了 assertSessionHasErrors() 之外，還有 assertSessionHasNoErrors() 與 assertSessionHasErrorsIn() 斷言；除了 assertJson() 之外，還有 assertJsonCount()、assertJsonFragment()、assertJsonPath()、assertJsonMissing()、assertJsonMissingExact()、assertJsonStructure() 以及 assertJsonValidationErrors() 斷言。請參考文件，以熟悉所有斷言。

身分驗證回應

在你的應用程式中，身分驗證與授權是經常使用應用測試來進行測試的部分。在多數情況下，你的需求可以藉著可串接的 actingAs() 方法來滿足，它接收一個用戶（或另一個 Authenticatable 物件，取決於你的系統如何設定），如範例 12-10 所示。

範例 12-10　基本的身分驗證測試

```
public function test_guests_cant_view_dashboard()
{
    $user = User::factory()->guest()->create();
    $response = $this->actingAs($user)->get('dashboard');
    $response->assertStatus(401); // 未授權
}

public function test_members_can_view_dashboard()
{
```

```
    $user = User::factory()->member()->create();
    $response = $this->actingAs($user)->get('dashboard');
    $response->assertOk();
}

public function test_members_and_guests_cant_view_statistics()
{
    $guest = User::factory()->guest()->create();
    $response = $this->actingAs($guest)->get('statistics');
    $response->assertStatus(401); // 未授權

    $member = User::factory()->member()->create();
    $response = $this->actingAs($member)->get('statistics');
    $response->assertStatus(401); // 未授權
}

public function test_admins_can_view_statistics()
{
    $user = User::factory()->admin()->create();
    $response = $this->actingAs($user)->get('statistics');
    $response->assertOk();
}
```

使用工廠狀態來授權

我們經常在測試中使用 model 工廠（詳見第 106 頁的「model 工廠」），
model 工廠狀態（states）可以將「建立具有不同訪問等級的用戶」之類
的任務變得易如反掌。

HTTP 測試的其他自訂選項

如果你喜歡設定請求的 session 變數，你也可以串接 withSession()：

```
$response = $this->withSession([
    'alert-dismissed' => true,
])->get('dashboard');
```

如果你喜歡以流利的風格來設定請求 header，你可以串接 withHeaders()：

```
$response = $this->withHeaders([
    'X-THE-ANSWER' => '42',
])->get('the-restaurant-at-the-end-of-the-universe');
```

在應用測試中處理例外

當你發出 HTTP 呼叫時，從應用程式裡發出的例外通常會被 Laravel 的例外處理器捕捉並處理，就像一般的應用程式裡的情況。因此，範例 12-11 的測試與路由仍然可以通過，因為例外不會上傳至我們的測試。

範例 12-11　會被 Laravel 的例外處理器捕獲並導致測試通過的例外

```
// routes/web.php
Route::get('has-exceptions', function () {
    throw new Exception('Stop!');
});

// tests/Feature/ExceptionsTest.php
public function test_exception_in_route()
{
    $this->get('/has-exceptions');

    $this->assertTrue(true);
}
```

這種做法在許多情況下是合理的；也許你預計會有一個驗證例外，而且你希望它就像一般的情況那樣被框架抓到。

但如果你想要暫時停用例外處理器，你只要執行 $this->withoutExceptionHandling() 即可，如範例 12-12 所示。

範例 12-12　在單一測試中暫時停用例外處理器

```
// tests/Feature/ExceptionsTest.php
public function test_exception_in_route()
{
    // 現在丟出一個錯誤
    $this->withoutExceptionHandling();

    $this->get('/has-exceptions');

    $this->assertTrue(true);
}
```

如果因為某個原因，你想要啟用它（或許你已經在 setUp() 裡將它關閉，且只想在一個測試中將它打開），你可以執行 $this->withExceptionHandling()。

對回應進行偵錯

你可以用 dumpHeaders() 來傾印 header，或使用 dump() 或 dd() 來傾印主體：

```
$response = $this->get('/');

$response->dumpHeaders();
$response->dump();
$response->dd();
```

你也可以傾印 session 的所有鍵或你指定的鍵：

```
$response = $this->get('/');

$response->dumpSession();
$response->dumpSession(['message']);
```

資料庫測試

我們經常需要在執行測試程式之後檢查資料庫裡面的結果。假如你要測試「create package」網頁是否正確運作，怎麼做最好？對著「store package」端點發出一個 HTTP 呼叫，然後斷言那個 package 在資料庫內。這種做法比檢查最終的「list packages」網頁更簡單且安全。

我們有四個主要的資料庫斷言，以及兩個 Eloquent 專用的斷言可用。

針對資料庫進行斷言

直接針對資料庫的斷言有 $this->assertDatabaseHas() 和 $this->assertDatabaseMissing()，以及 $this->assertDeleted() 和 $this->assertSoftDeleted()。這兩組斷言的第一個參數是資料表名稱，第二個參數是你要尋找的資料，選用的第三個參數是你想要測試的具體資料庫連結。

範例 12-13 示範它們的用法。

範例 12-13　資料庫測試

```
public function test_create_package_page_stores_package()
{
    $this->post(route('packages.store'), [
        'name' => 'Package-a-tron',
```

```
    ]);

    $this->assertDatabaseHas('packages', ['name' => 'Package-a-tron']);
}
```

如你所見，assertDatabaseHas() 的第二個參數的結構類似 SQL WHERE 陳述式──你傳入一個鍵與一個值（或多個鍵值）之後，Laravel 會在指定的表中尋找符合鍵值的紀錄。

可預期地，assertDatabaseMissing() 斷言相反的情況。

針對 Eloquent model 進行斷言

assertDatabaseHas() 和 assertDatabaseMissing() 可以讓你傳遞鍵值來確認資料列，而 Laravel 也提供一組方便的方法，可直接斷言特定的 Eloquent 紀錄是否存在：assertModelExists() 和 assertModelMissing()，如範例 12-14 所示。

範例 12-14　斷言 model 是否存在

```
public function test_undeletable_packages_cant_be_deleted()
{
    // 建立不可刪除的 model
    $package = Package::factory()->create([
        'name' => 'Package-a-tron',
        'is_deletable' => false,
    ]);

    $this->post(route('packages.delete', $package));

    // 可檢查它是否存在，或是否被虛刪除
    $this->assertModelExists($package);
    $this->assertNotSoftDeleted($package);

    $package->update(['is_deletable' => true]);

    $this->post(route('packages.delete', $package));

    // 可檢查它是否存在，或是否被虛刪除
    $this->assertModelMissing($package);
    $this->assertSoftDeleted($package);
}
```

在測試中使用 model 工廠

model 工廠是一種神奇的工具，可幫助你進行隨機 seeding，做出結構優良的資料庫資料來進行測試（或用於其他用途）。你已經在本章的幾個範例中看過它們的用法了，我們也深入地討論過它，詳情請參考第 106 頁的「model 工廠」。

在測試中進行 seeding

如果你在應用程式中使用 seed，你可以在測試中執行 `$this->seed()`，以獲得與 `php artisan db:seed` 相同的效果。

你也可以傳入 seeder 類別名稱來只 seed 那一個類別：

```
$this->seed(); // seed 全部
$this->seed(UserSeeder::class); // seed 用戶
```

測試其他的 Laravel 系統

當你測試 Laravel 系統時，你通常希望在測試期間暫停它的實際功能，並對系統發生的情況進行測試。你可以藉著「faking（偽裝）」各種靜態介面來做這件事，例如 Event、Mail 與 Notification。我們會在第 341 頁的「mocking」深入探討 fake，在那之前，我們先來看一些例子。以下的 Laravel 功能都有自己的一套斷言，你可以在 fake 這些功能之後使用那些斷言，但你也可以直接 fake 它們來限制它們的效果。

事件 fake

我們在第一個例子裡使用事件 fake 來示範 Laravel 如何讓你 mock（模仿）它的內部系統。有時你只是為了限制事件的行為而 fake 它們。例如，假設每次有新用戶進行註冊時，應用程式就會發送通知給 Slack。你有一個「user signed up」事件會在這種情況下發送，它有一個監聽器會通知 Slack 通道有用戶註冊了。你不想在每次執行測試時，都將這些通知送到 Slack，但你想要斷言有事件被傳送，或監聽器有被觸發…等。這就是在測試中 fake Laravel 的某些層面的理由之一：為了暫停預設的行為，並對著我們要測試的系統進行斷言。

我們來看看如何藉著呼叫 `Illuminate\Support\Facades\Event` 的 `fake()` 方法來抑制這些事件，如範例 12-15 所示。

範例 *12-15* 抑制事件，不加入斷言

```
public function test_controller_does_some_thing()
{
    Event::fake();

    // 呼叫 controller 並斷言它做你希望它做的事情，
    // 並且不用擔心它通知 Slack
}
```

執行 fake() 方法之後，我們也可以呼叫 Event 靜態介面的特殊斷言：assertDispatched()
與 assertNotDispatched()。範例 12-16 是它們的用法。

範例 *12-16* 對著事件進行斷言

```
public function test_signing_up_users_notifies_slack()
{
    Event::fake();

    // 註冊用戶

    Event::assertDispatched(UserJoined::class, function ($event) use ($user) {
    return $event->user->id === $user->id;
    });

    // 或註冊多位用戶，並斷言它被指派兩次

    Event::assertDispatched(UserJoined::class, 2);

    // 或註冊並驗證失敗，並斷言它未被指派

    Event::assertNotDispatched(UserJoined::class);
}
```

注意，我們傳給 assertDispatched() 的（選用的）closure 意味著我們不僅斷言「事件被
發出」，也斷言「被發出的事件裡面有某些資料」。

Event::fake() 會停用 Eloquent model 事件

Event::fake() 也會停用 Eloquent model 事件。所以，舉例來說，如果在
model 的 creating 事件裡面有重要的程式碼，務必在呼叫 Event::fake()
之前，先建立你的 model（透過工廠或其他手段）。

Bus 與 Queue fake

Bus 靜態介面代表 Laravel 如何推送 job（工作），它的運作方式就像 Event 一樣。你可以呼叫它的 fake() 來停止它影響你的 job，在 fake 它之後，你也可以執行 assertDispatched() 或 assertNotDispatched()。

Queue 靜態介面代表 Laravel 如何在 job 被推入佇列時分配它們。它提供的方法有 assertedPushed()、assertPushedOn() 與 assert NotPushed()。

範例 12-17 示範如何使用它們。

範例 12-17 fake job 與佇列中的 job

```php
public function test_popularity_is_calculated()
{
    Bus::fake();

    // 同步包裝資料…

    // 斷言 job 已被指派
    Bus::assertDispatched(
        CalculatePopularity::class,
        function ($job) use ($package) {
            return $job->package->id === $package->id;
        }
    );

    // 斷言 job 未被指派
    Bus::assertNotDispatched(DestroyPopularityMaybe::class);
}

public function test_popularity_calculation_is_queued()
{
    Queue::fake();

    // 同步包裝資料…

    // 斷言 job 被送往佇列
    Queue::assertPushed(
        CalculatePopularity::class,
        function ($job) use ($package) {
        return $job->package->id === $package->id;
        }
    );
```

```
    // 斷言 job 被送往 "popularity" 佇列
    Queue::assertPushedOn('popularity', CalculatePopularity::class);

    // 斷言 job 被送出兩次
    Queue::assertPushed(CalculatePopularity::class, 2);

    // 斷言 job 未被送出
    Queue::assertNotPushed(DestroyPopularityMaybe::class);
}
```

Mail fake

當 Mail 靜態介面被 fake 時，它提供四種方法：assertSent()、assertNotSent()、assertQueued() 與 assertNotQueued()。請在 mail 被放入佇列時使用 Queued 方法，當它未被放入佇列時使用 Sent。

如同 assertDispatched()，它們的第一個參數是可郵寄項目的名稱，第二個參數可以是空的、可郵寄項目被寄送的次數，或檢查可郵寄項目裡面的資料是否正確的 closure。範例 12-18 展示幾個方法的實際應用。

範例 *12-18* 對著郵件進行斷言

```
public function test_package_authors_receive_launch_emails()
{
    Mail::fake();

    // 第一次將一個 package 公開…

    // 斷言有一個訊息被送到特定的 email 地址
    Mail::assertSent(PackageLaunched::class, function ($mail) use ($package) {
        return $mail->package->id === $package->id;
    });

    // 斷言有一個訊息被送到特定的 email 地址
    Mail::assertSent(PackageLaunched::class, function ($mail) use ($package) {
        return $mail->hasTo($package->author->email) &&
                $mail->hasCc($package->collaborators) &&
                $mail->hasBcc('admin@novapackages.com');
    });

    // 或者，啟動兩個 packages…

    // 斷言可郵寄項目被寄出兩次
    Mail::assertSent(PackageLaunched::class, 2);
```

```
    // 斷言可郵寄項目未被寄出
    Mail::assertNotSent(PackageLaunchFailed::class);
}
```

檢查收件人的方法（hasTo()、hasCc() 與 hasBcc()）都可以接收一個 email 地址、地址陣列，或地址集合。

Notification fake

當 Notification 靜態介面被 fake 時，它有兩個方法可用：assertSentTo() 與 assertNothingSent()。

與 Mail 靜態介面不同的是，你不是在 closure 裡手動測試「通知被送給誰」，反之，斷言本身的第一個參數必須是一個可通知（notifiable）物件，或其陣列或集合。當你傳入通知目標之後，你才可以測試關於通知本身的任何事情。

第二個參數是通知的類別名稱，選用的第三個參數是個 closure，用來定義關於通知的其他期望行為。詳情見範例 12-19。

範例 12-19 通知 fake

```
public function test_users_are_notified_of_new_package_ratings()
{
    Notification::fake();

    // 執行 package 評分…

    // 斷言作者已被通知
    Notification::assertSentTo(
        $package->author,
        PackageRatingReceived::class,
        function ($notification, $channels) use ($package) {
            return $notification->package->id === $package->id;
        }
    );

    // 斷言通知已被送給指定的用戶
    Notification::assertSentTo(
        [$package->collaborators], PackageRatingReceived::class
    );

    // 或執行重複的 package 評分…

    // 斷言通知未被送出
```

```
    Notification::assertNotSentTo(
        [$package->author], PackageRatingReceived::class
    );
}
```

你可能也想要斷言你所選擇的通道是有效的，也就是說，通知是透過正確的通道來傳送的，可以！做法如範例 12-20 所示。

範例 12-20　測試通知通道

```
public function test_users_are_notified_by_their_preferred_channel()
{
    Notification::fake();

    $user = User::factory()->create(['slack_preferred' => true]);

    // 執行 package 評分…

    // 斷言作者已透過 Slack 被通知
    Notification::assertSentTo(
        $user,
        PackageRatingReceived::class,
        function ($notification, $channels) use ($package) {
            return $notification->package->id === $package->id
                && in_array('slack', $channels);
        }
    );
}
```

Storage fake

對檔案進行測試可能極其複雜。許多傳統的方法都要求你在測試目錄中實際移動檔案，而且，將表單的輸入與輸出格式化有時非常麻煩。

幸好，使用 Laravel 的 Storage 靜態介面的話，測試檔案上傳，以及和儲存體有關的其他項目就變得無比簡單，見範例 12-21。

範例 12-21　使用 Storage fake 來測試儲存體與檔案上傳

```
public function test_package_screenshot_upload()
{
    Storage::fake('screenshots');

    // 上傳偽圖像
    $response = $this->postJson('screenshots', [
```

```
        'screenshot' => UploadedFile::fake()->image('screenshot.jpg'),
    ]);

    // 斷言檔案已被儲存
    Storage::disk('screenshots')->assertExists('screenshot.jpg');

    // 或斷言檔案不存在
    Storage::disk('screenshots')->assertMissing('missing.jpg');
}
```

在測試中處理時間

在測試與時間互動的部分時,我們經常希望測試那些部分是否隨著時間的過去而表現不同的行為。

在測試進行時,我們可以使用 $this->travel() 來「穿越」時間。我們可以相對於當下的時間前往未來或回到過去、跳到特定的時刻,或凍結時間,以便測試當時間不一樣時,組件有什麼行為。

範例 12-22 展示這個功能如何使用,你也可以查閱文件(*https://oreil.ly/1PNzc*)以進一步瞭解與時間互動的所有方式。

範例 12-22　在測試中改變時間

```
public function test_posts_are_no_longer_editable_after_thirty_minutes()
{
    $post = Post::create();

    $this->assertTrue($post->isEditable());

    $this->travel(30)->seconds();

    $this->assertTrue($post->isEditable());

    $this->travelTo($post->created_at->copy()->addMinutes(31));

    $this->assertFalse($post->isEditable());
}
```

你也可以將 closure 傳入這些時間旅行方法,如此一來,測試的時間只會在 closure 執行期間修改,讓你更明白時間變化和測試結果之間的關係,如範例 12-23 所示。

範例 12-23　在測試中使用 *closure* 來改變時間

```
public function test_posts_are_no_longer_editable_after_thirty_minutes()
{
    $post = Post::create();

    $this->assertTrue($post->isEditable());

    $this->travel(30)->seconds(function () {
        $this->assertTrue($post->isEditable());
    });

    $this->travelTo($post->created_at->copy()->addMinutes(31), function () {
        $this->assertFalse($post->isEditable());
    });
}
```

mocking

mock（與它們的近親：spy、stub、fake，及許多其他工具）在測試中很常見。我們已經在上一節看了一些 fake 案例了，我不會在此詳細介紹 mock，但是在測試任何大小的應用程式時，你可能至少要 mock 一兩樣東西才能徹底測試它。

因此，我們來快速瞭解一下 Laravel 的 mocking，以及如何使用 mocking 程式庫 Mockery。

Mocking 簡介

基本上，mock 與其他類似的工具可讓你建立模仿實際類別的物件，但出於測試目的，它不是真實的類別，這樣做可能是因為真實的類別很難實例化以注入測試，或因為真實的類別需要與外部的服務溝通。

正如你將在接下來的例子中看到的，Laravel 鼓勵盡可能地使用真實的應用程式，也就是說，你要避免過度依賴 mock。但是它們也有其功效，所以 Laravel 內建了 Mockery（一種 mocking 程式庫），且 Laravel 的許多核心服務都提供 faking 工具。

Mockery 簡介

Mockery 可讓你快速且輕鬆地為應用程式裡的任何 PHP 類別建立 mock。想像一下，你有一個依賴 Slack 用戶端的類別，但你不希望呼叫（call）實際跑到 Slack。Mockery 可讓你輕鬆地建立一個偽 Slack 用戶端，並在測試中使用，如範例 12-24 所示。

範例 12-24　在 Laravel 中使用 Mockery

```php
// app/SlackClient.php
class SlackClient
{
    // ...

    public function send($message, $channel)
    {
        // 實際傳送訊息給 Slack
    }
}


// app/Notifier.php
class Notifier
{
    private $slack;

    public function __construct(SlackClient $slack)
    {
        $this->slack = $slack;
    }

    public function notifyAdmins($message)
    {
        $this->slack->send($message, 'admins');
    }
}

// tests/Unit/NotifierTest.php
public function test_notifier_notifies_admins()
{
    $slackMock = Mockery::mock(SlackClient::class)->shouldIgnoreMissing();

    $notifier = new Notifier($slackMock);
    $notifier->notifyAdmins('Test message');
}
```

這個範例涉及許多元素，如果你一一檢視它們，你將發現它們都是有意義的。我們有一個名為 Notifier 的類別需要測試，它有一個依賴項目 SlackClient，那個依賴項目在執行測試時做了我們不希望它做的事情：它傳送實際的 Slack 通知，所以我們要 mock 它。

我們使用 Mockery 來取得 SlackClient 類別的 mock。如果我們不在乎那個類別發生了什麼事情（它只需要存在，以防測試丟出錯誤），我們只要使用 shouldIgnoreMissing() 即可：

```
$slackMock = Mockery::mock(SlackClient::class)->shouldIgnoreMissing();
```

無論 Notifier 對著 $slackMock 呼叫什麼，它都會接受並回傳 null。

但看看 test_notifier_notifies_admins()，此時，它並未實際測試任何東西。

我們可以僅保留 shouldIgnoreMissing()，然後在它下面寫一些斷言。這通常是我們用 shouldIgnoreMissing() 來做的事情，會讓這個物件成為一個「fake」或「stub」。

但如果我們想要實際斷言 SlackClient 的 send() 方法被呼叫呢？此時我們不能使用 shouldIgnoreMissing()，而是要使用其他的 should* 方法（範例 12-25）。

範例 12-25　使用 Mockery mock 的 shouldReceive() 方法

```
public function test_notifier_notifies_admins()
{
    $slackMock = Mockery::mock(SlackClient::class);
    $slackMock->shouldReceive('send')->once();

    $notifier = new Notifier($slackMock);
    $notifier->notifyAdmins('Test message');
}
```

shouldReceive('send')->once() 的意思是「斷言 $slackMock 的 send() 方法會被呼叫一次，且只有一次」。所以我們斷言：當我們呼叫 notifyAdmins() 時，Notifier 會呼叫 SlackClient 的 send() 方法一次。

我們也可以使用 shouldReceive('send')->times(3) 或 shouldReceive('send')->never() 之類的寫法。我們可以使用 with() 來定義想要隨著 send() 呼叫一起傳遞的參數，也可以使用 andReturn() 來定義要回傳什麼：

```
$slackMock->shouldReceive('send')->with('Hello, world!')->andReturn(true);
```

如果我們想要使用 IoC 容器來解析 `Notifier` 實例呢？如果 `Notifier` 有不需要 mock 的其他依賴項目，這可能很有用。

我們可以做到！如範例 12-26 所示，我們只要使用容器的 `instance()` 方法，來要求 Laravel 提供一個 mock 的實例給請求它的任何類別即可（在這個例子中，它是 `Notifier`）。

範例 12-26　將一個 Mockery 實例綁定到容器

```
public function test_notifier_notifies_admins()
{
    $slackMock = Mockery::mock(SlackClient::class);
    $slackMock->shouldReceive('send')->once();

    app()->instance(SlackClient::class, $slackMock);

    $notifier = app(Notifier::class);
    $notifier->notifyAdmins('Test message');
}
```

我們也有一種方便的捷徑可以用來建立 Mockery 實例，並將它綁定至容器（範例 12-27）：

範例 12-27　以更簡單的方式來將 Mockery 實例綁定至容器

```
$this->mock(SlackClient::class, function ($mock) {
    $mock->shouldReceive('send')->once();
});
```

你還可以使用 Mockery 來做許多其他事情：你可以使用 spy、partial spy…等。Mockery 的詳細用法超出本書討論的範疇，但我鼓勵你透過閱讀 Mockery 文件（*https://oreil.ly/EBulp*）來深入瞭解這個程式庫，以及它如何運作。

fake 其他靜態介面

Mockery 還有一種巧妙的用法：你可以對著 app 裡的任何一個靜態介面使用 Mockery 的方法（例如 `shouldReceive()`）。

假設我們有一個 controller 方法使用一個靜態介面，該靜態介面不屬於之前討論過的可 fake 系統之一，我們想要測試那個 controller 方法，並斷言特定的靜態介面被呼叫。

幸運的是，這很簡單：我們可以對著靜態介面執行 Mockery 風格的方法，如範例 12-28 所示。

範例 12-28　*mock 靜態介面*

```php
// PersonController
public function index()
{
    return Cache::remember('people', function () {
        return Person::all();
    });
}

// PeopleTest
public function test_all_people_route_should_be_cached()
{
    $person = Person::factory()->create();

    Cache::shouldReceive('remember')
        ->once()
        ->andReturn(collect([$person]));

    $this->get('people')->assertJsonFragment(['name' => $person->name]);
}
```

如你所見，你可以對著靜態介面使用 shouldReceive() 這類的方法，如同對著 Mockery 物件一般。

你也可以將靜態介面當成 spy 來使用，也就是說，你可以在結尾設定斷言，並使用 shouldHaveReceived() 來取代 shouldReceive()。見範例 12-29 的說明。

範例 12-29　*靜態介面 spy*

```php
public function test_package_should_be_cached_after_visit()
{
    Cache::spy();

    $package = Package::factory()->create();

    $this->get(route('packages.show', [$package->id]));

    Cache::shouldHaveReceived('put')
        ->once()
        ->with('packages.' . $package->id, $package->toArray());
}
```

你也可以部分地 mock 靜態介面，如範例 12-30 所示。

範例 12-30　部分地 *mock* 靜態介面

```
// 完全 mock
CustomFacade::shouldReceive('someMethod')->once();
CustomFacade::someMethod();
CustomFacade::anotherMethod(); // 失敗

// 部分地 mock
CustomFacade::partialMock()->shouldReceive('someMethod')->once();
CustomFacade::someMethod(); // 使用 mocked 物件
CustomFacade::anotherMethod(); // 使用實際靜態介面的方法
```

測試 Artisan 命令

本章介紹了許多主題，但就快結束了！我們只剩下三項 Laravel 測試工具需要討論：Artisan、平行測試，與瀏覽器。

測試 Artisan 命令的最佳方式是使用 $this->artisan(*$commandName, $parameters*) 來呼叫它們，然後測試它們的影響，如範例 12-31 所示。

範例 12-31　簡單的 *Artisan* 測試

```
public function test_promote_console_command_promotes_user()
{
    $user = User::factory()->create();

    $this->artisan('user:promote', ['userId' => $user->id]);

    $this->assertTrue($user->isPromoted());
}
```

你可以斷言 Artisan 回傳的回應碼，如範例 12-32 所示。

範例 12-32　手動斷言 *Artisan* 退出碼

```
$code = $this->artisan('do:thing', ['--flagOfSomeSort' => true]);
$this->assertEquals(0, $code); // 0 代表「沒有回傳錯誤」
```

你也可以在 $this->artisan() 後面串接三個新方法：expectsQuestion()、expectsOutput() 與 assertExitCode()。expects* 方法可處理任何一種互動式提示，包括 confirm() 與 anticipate()，而 assertExitCode() 方法是範例 12-32 的程式碼的捷徑。

範例 12-33 展示它如何運作。

範例 12-33　基本的 Artisan「期望」測試

```php
// routes/console.php
Artisan::command('make:post {--expanded}', function () {
    $title = $this->ask('What is the post title?');
    $this->comment('Creating at ' . Str::slug($title) . '.md');

    $category = $this->choice('What category?', ['technology', 'construction'], 0);

    // 在此建立 post

    $this->comment('Post created');
});

// 測試檔案
public function test_make_post_console_commands_performs_as_expected()
{
    $this->artisan('make:post', ['--expanded' => true])
        ->expectsQuestion('What is the post title?', 'My Best Post Now')
        ->expectsOutput('Creating at my-best-post-now.md')
        ->expectsQuestion('What category?', 'construction')
        ->expectsOutput('Post created')
        ->assertExitCode(0);
}
```

如你所見，expectsQuestion() 的第一個參數是我們期望從問題看到的文字，第二個參數是我們回答的文字。expectsOutput() 只測試所傳遞的字串是否被回傳。

平行測試

在預設情況下，Laravel 的測試是在單一執行緒中運行的。你的測試越多、越複雜，測試套件的執行時間就越長，可能嚴重影響團隊執行測試套件的可能性。

如果你想要加快測試套件的執行速度，你可以平行地執行測試。你要安裝一個名為 paratest 的依賴項目：

```
composer require brianium/paratest --dev
```

安裝 paratest 之後，你可以使用 --parallel 旗標來平行地執行測試，如範例 12-34 所示。

範例 *12-34 平行地執行測試*

```
# 你的 CPU 可以提供多少程序，就使用多少程序
php artisan test --parallel

# 指定程序數量
php artisan test --parallel --processes=3
```

瀏覽器測試

我們終於要討論瀏覽器測試了，它們可以讓你和網頁的 DOM 實際互動：在瀏覽器測試中，你可以按下按鈕、填寫並提交表單，甚至與 JavaScript 互動。

選擇工具

如果你要對非 SPA 進行瀏覽器測試，我推薦你使用 Dusk。如果你正在處理 SPA 或一些重度使用 JavaScript 的應用程式，它們可能比較適合使用前端測試套件來測試，這不屬於本書的討論範疇。

使用 Dusk 來進行測試

Dusk 是 Laravel 的工具（可用 Composer 程式包來安裝），可方便你指示 Google Chrome 的嵌入式實例（稱為 ChromeDriver）與你的應用程式進行互動。Dusk 的 API 很簡單，手動編寫程式來和它互動也很容易。我們來看一下它的用法：

```
$this->browse(function ($browser) {
    $browser->visit('/register')
        ->type('email', 'test@example.com')
        ->type('password', 'secret')
        ->press('Sign Up')
        ->assertPathIs('/dashboard');
});
```

使用 Dusk 時，會有一個實際的瀏覽器啟動你的整個 app，並且與它互動。也就是說，你可以和 JavaScript 進行複雜的互動，並且取得失敗狀態的截圖，但這也意味著一切都會變慢，而且比 Laravel 的基本應用測試套件更容易失敗。

我個人認為 Dusk 最適合當成回歸測試套件來使用，且它的表現比 Selenium 等工具更好。我不會用它來進行任何測試驅動開發，而是用它來斷言使用者體驗在 app 的開發過程中未被破壞（「退化」）。它比較像寫好使用者介面之後，針對介面進行的測試。

Dusk 文件（*https://oreil.ly/ZqNtP*）很充實，所以我不會深入地介紹它，但我想要展示一些 Dusk 的基本用法。

安裝 Dusk

請執行這兩個命令來安裝 Dusk：

```
composer require --dev laravel/dusk
php artisan dusk:install
```

然後編輯你的 *.env* 檔案，將 APP_URL 變數設成在本地瀏覽器中瀏覽你的網站時使用的 URL，例如 http://mysite.test。

若要執行 Dusk 測試，請執行 php artisan dusk。你可以傳入與使用 PHPUnit 時相同的參數（例如 php artisan dusk --filter=my_best_test）。

編寫 Dusk 測試

你可以使用這樣的命令來產生新的 Dusk 測試：

```
php artisan dusk:make RatingTest
```

這項測試會被放在 *tests/Browser/RatingTest.php* 裡面。

> **自訂 *Dusk* 環境變數**
>
> 你可以建立一個名為 *.env.dusk.local* 的新檔案來自訂 Dusk 的環境變數（如果你在不同的環境內工作，例如「staging」，你也可以換掉 *.local*）。

當你編寫 Dusk 測試時，你可以想像你正在指引一或多個網頁瀏覽器訪問你的應用程式，並執行特定的操作，這就是語法的樣子，如範例 12-35 所示。

範例 12-35　簡單的 Dusk 測試

```
public function testBasicExample()
{
    $user = User::factory()->create();

    $this->browse(function ($browser) use ($user) {
        $browser->visit('login')
            ->type('email', $user->email)
            ->type('password', 'secret')
            ->press('Login')
```

```
            ->assertPathIs('/home');
    });
}
```

`$this->browse()` 會建立一個瀏覽器，我們將它傳入 closure，並在 closure 裡指示瀏覽器該進行什麼操作。

重點在於（與 Laravel 的其他應用測試工具不同，它們是在模仿表單的行為），Dusk 會實際啟動一個瀏覽器，將事件傳給瀏覽器來輸入這些文字，然後傳送事件給瀏覽器來按下那個按鈕。它是真正的瀏覽器，且 Dusk 正在全面地驅動它。

你也可以為 closure 加入參數來「請求」多個瀏覽器，以便測試多位用戶與網站互動的情況（例如在使用聊天系統時）。見摘自文件的範例 12-36。

範例 12-36　多個 Dusk 瀏覽器

```
$this->browse(function ($first, $second) {
    $first->loginAs(User::find(1))
        ->visit('home')
        ->waitForText('Message');

    $second->loginAs(User::find(2))
        ->visit('home')
        ->waitForText('Message')
        ->type('message', 'Hey Taylor')
        ->press('Send');

    $first->waitForText('Hey Taylor')
        ->assertSee('Jeffrey Way');
});
```

此外還有大量的操作與斷言是本書沒有介紹的（請查看文件），但我們來看一下 Dusk 提供的其他工具。

身分驗證與資料庫

在範例 12-36 中，你可以看到身分驗證的語法與 Laravel 應用測試的其餘部分有些不同：`$browser->loginAs($user)`。

不要一起使用 *Dusk* 與 *RefreshDatabase trait*

不要一起使用 Dusk 與 RefreshDatabase trait！請改用 DatabaseMigrations
trait，因為交易（RefreshDatabase 所使用的）無法在不同的請求之間
保留。

與網頁互動

如果你寫過 jQuery，那麼使用 Dusk 來與網頁互動是很自然的事情。範例 12-37 是使用
Dusk 來選擇項目的常見模式。

範例 12-37 用 Dusk 來選擇項目

```
<-- Template -->
<div class="search"><input><button id="search-button"></button></div>
<button dusk="expand-nav"></button>

// Dusk 測試
// 選項 1: jQuery 風格的語法
$browser->click('.search button');
$browser->click('#search-button');

// 選項 2: dusk="selector-here" 語法，推薦使用
$browser->click('@expand-nav');
```

如你所見，將 dusk 屬性加入網頁元素可讓你直接引用它們，如此一來，當網頁的畫面或
佈局發生變化時，它們不會改變；有任何方法需要使用選擇器時，請傳入 @ 符號，然後
你的 dusk 屬性的內容。

我們來看看可以對著 $browser 呼叫的方法。

你可以使用以下的方法來處理文字與屬性值：

value(*$selector, $value = null*)

　　如果你只傳入一個參數，它會回傳任何文字輸入的值，如果傳入第二個參數，則設
　　定輸入的值。

text(*$selector*)

　　取得 <div> 或 <span> 等不可填寫的元素的文字內容。

attribute(*$selector, $attributeName*)

回傳符合 *$selector* 的元素的屬性值。

以下是處理表單與檔案的方法:

type(*$selector, $valueToType*)

類似 value(),但實際輸入字元,而不是直接設定值。

Dusk 的選擇器比對順序

對於 type() 這類輸入方法,Dusk 會先試著匹配一個 Dusk 或 CSS 選擇器,然後尋找具有所提供的名稱的輸入,最後試著找到具備所提供的名稱的 <textarea>。

select(*$selector, $optionValue*)

在被 *$selector* 選擇的下拉選單中,選擇值為 *$optionValue* 的選項。

check(*$selector*) 與 uncheck(*$selector*)

選取或取消選取被 *$selector* 選擇的核取方塊。

radio(*$selector, $optionValue*)

在被 *$selector* 選擇的單選圓鈕群組中,選擇值為 *$optionValue* 的選項。

attach(*$selector, $filePath*)

將位於 *$filePath* 的檔案附加至被 *$selector* 選擇的檔案輸入。

鍵盤與滑鼠輸入方法有:

clickLink(*$selector*)

跟隨文字連結前往其目的地。

click(*$selector*) 與 mouseover(*$selector*)

對著 *$selector* 觸發滑鼠點擊,或 mouseover 事件。

drag(*$selectorToDrag, $selectorToDragTo*)

將一個項目拉到另一個項目。

dragLeft(), dragRight(), dragUp(), dragDown()

接收第一個 selector 參數和第二個像素數量參數，將被選擇的項目朝著指定方向移動指定的像素數量。

keys(*$selector, $instructions*)

在 *$selector* 的環境背景中，根據 *$instructions* 的指示傳送按鍵事件。你甚至可以結合修改按鍵及輸入文字：

```
$browser->keys('selector', 'this is ', ['{shift}', 'great']);
```

這會輸入「this is GREAT」。如你所見，在你想要輸入的文字串列裡，你可以用一個陣列來結合修改按鍵（放在 {} 裡面）與你想要輸入的文字。在 Facebook WebDriver 原始碼網頁（*https://oreil.ly/_gKa4*）裡，有可用的所有修改按鍵。

如果你只想要傳遞一個按鍵順序給網頁（例如，為了觸發快捷鍵），你可以將 app 或網頁的頂層設為你的選擇器。例如，如果它是個 Vue app，而且頂層是 ID 為 app 的 <div>：

```
$browser->keys('#app', ['{command}', '/']);
```

等待

因為 Dusk 會與 JavaScript 互動並指示真正的瀏覽器，它必須處理時間、逾時及「等待」的概念。你可以用 Dusk 的一些方法來確保測試程式正確地處理時序（timing）問題，其中有一些方法適合用來和網頁上刻意放慢速度或延遲的元素互動，但有些方法只適合用來減少組件的初始化時間。可用的方法包括：

pause(*$milliseconds*)

暫停 Dusk 測試指定的毫秒數。這是最簡單的「等待」選項；它可讓接下來傳給瀏覽器的命令等待那段時間再開始動作。

你可以在斷言鏈中使用它和其他等待方法，例如：

```
$browser->click('chat')
    ->pause(500)
    ->assertSee('How can we help?');
```

waitFor(*$selector, $maxSeconds = null*),
waitUntilMissing(*$selector, $maxSeconds = null*)

> 等待指定的元素出現在網頁上（waitFor()）或從網頁上消失（waitUntilMissing()），
> 或在選用的第二個參數設定的秒數後逾時：

```
$browser->waitFor('@chat', 5);
$browser->waitUntilMissing('@loading', 5);
```

whenAvailable(*$selector, $callback*)

> 類似 waitFor()，但接收 closure 作為第二個參數，你可以用這個 closure 來定義所指
> 定的元素可用時，該採取什麼動作：

```
$browser->whenAvailable('@chat', function ($chat) {
    $chat->assertSee('How can we help you?');
});
```

waitForText(*$text, $maxSeconds = null*)

> 等待文字出現在網頁上，或在選用的第二個參數所指定的秒數之後逾時：

```
$browser->waitForText('Your purchase has been completed.', 5);
```

waitForLink(*$linkText, $maxSeconds = null*)

> 等待包含所指定的文字的連結出現在網頁上，或在選用的第二個參數所指定的秒數
> 之後逾時：

```
$browser->waitForLink('Clear these results', 2);
```

waitForLocation(*$path*)

> 等待網頁 URL 符合所提供的路徑：

```
$browser->waitForLocation('auth/login');
```

waitForRoute(*$routeName*)

> 等待網頁 URL 符合所提供的路由的 URL：

```
$browser->waitForRoute('packages.show', [$package->id]);
```

waitForReload()

> 等待網頁重新載入。

```
waitUntil($expression)
```

等待所提供的 JavaScript 運算式的計算結果是 true：

```
$browser->waitUntil('App.packages.length > 0', 7);
```

其他的斷言

如前所述，你可以使用 Dusk 來對 app 執行大量的斷言。以下是我常用的一些斷言，你可以在 Dusk 文件中看到完整的清單（*https://oreil.ly/ZqNtP*）：

- `assertTitleContains($text)`
- `assertQueryStringHas($keyName)`
- `assertHasCookie($cookieName)`
- `assertSourceHas($htmlSourceCode)`
- `assertChecked($selector)`
- `assertSelectHasOption($selectorForSelect, $optionValue)`
- `assertVisible($selector)`
- `assertFocused()`
- `assertVue($dataLocation, $dataValue, $selector)`

其他的組織結構

雖然截至目前為止討論的一切可用來測試網頁上的單一元素，但是我們通常使用 Dusk 來測試比較複雜的 app 與單網頁 app，這意味著我們需要圍繞著斷言建立組織結構。

我們看過的第一個組織結構是 dusk 屬性（例如 `<div dusk="abc">`，它建立一個名為 `@abc` 的選擇器以供我們引用），以及可用來包裝部分程式碼的 closure（例如使用 `whenAvailable()`）。

Dusk 還提供了兩種組織工具：page（網頁）與 component（組件）。我們先來看 page。

Page　page 是你將生成的類別，它有兩種功能：首先，一個 URL 與幾個斷言，用來定義你的 app 裡的哪個網頁將被附加至這個 Dusk page；其次，類似我們在行內使用的簡寫（在我們的 HTML 裡由 `dusk="abc"` 屬性生成的 `@abc` 選擇器），但僅供此 page 使用，且不需要編輯我們的 HTML。

假設我們的 app 有個「create package」網頁。我們可以這樣為它生成一個 Dusk page：

```
php artisan dusk:page CreatePackage
```

範例 12-38 是生成的類別。

範例 12-38　生成的 Dusk page

```php
<?php

namespace Tests\Browser\Pages;

use Laravel\Dusk\Browser;

class CreatePackage extends Page
{
    /**
     * 取得 page 的 URL
     *
     * @return string
     */
    public function url()
    {
        return '/';
    }

    /**
     * 斷言瀏覽器在這個 page 上
     *
     * @param  Browser  $browser
     * @return void
     */
    public function assert(Browser $browser)
    {
        $browser->assertPathIs($this->url());
    }

    /**
     * 取得 page 的元素捷徑
     *
     * @return array
     */
    public function elements()
    {
        return [
            '@element' => '#selector',
        ];
```

```
        }
    }
```

url() 方法定義 Dusk 認為這個 page 應該位於何處；assert() 可讓你執行額外的斷言，以確認你位於正確的網頁上，elements() 提供 @dusk 風格的選擇器的捷徑。

我們來快速地修改「create package」網頁，讓它像範例 12-39 一樣。

範例 12-39　簡單的「create package」Dusk 網頁

```
class CreatePackage extends Page
{
    public function url()
    {
        return '/packages/create';
    }

    public function assert(Browser $browser)
    {
        $browser->assertTitleContains('Create Package');
        $browser->assertPathIs($this->url());
    }

    public function elements()
    {
        return [
            '@title' => 'input[name=title]',
            '@instructions' => 'textarea[name=instructions]',
        ];
    }
}
```

有了可運作的 page 之後，我們可以瀏覽它，並操作它定義的元素：

```
// 在測試中
$browser->visit(new Tests\Browser\Pages\CreatePackage)
    ->type('@title', 'My package title');
```

page 經常被用來定義你經常在測試中執行的動作；你可以將它們視為 Dusk 的巨集。你可以在 page 定義一個方法，然後在你的程式中呼叫它，見範例 12-40。

範例 12-40　定義並使用自訂的 page 方法

```
class CreatePackage extends Page
{
    // ... url(), assert(), elements()
```

```php
    public function fillBasicFields(Browser $browser, $packageTitle = 'Best package')
    {
        $browser->type('@title', $packageTitle)
            ->type('@instructions', 'Do this stuff and then that stuff');
    }
}
$browser->visit(new CreatePackage)
    ->fillBasicFields('Greatest Package Ever')
    ->press('Create Package')
    ->assertSee('Greatest Package Ever');
```

component 如果你想要使用 Dusk 網頁提供的功能，但不希望被限制為特定的 URL，你可以試試 Dusk *component*，這些類別很像 page，但它們不綁定一個 URL，而是各自綁定一個選擇器。

在 *NovaPackages.com* 中，我們有一個小型的 Vue 組件用於評分 package 並顯示分數。我們來為它製作一個 Dusk component：

```
php artisan dusk:component RatingWidget
```

範例 12-41 是這段指令產生的程式碼。

範例 12-41 *生成的 Dusk component 的預設原始碼*

```php
<?php

namespace Tests\Browser\Components;

use Laravel\Dusk\Browser;
use Laravel\Dusk\Component as BaseComponent;

class RatingWidget extends BaseComponent
{
    /**
     * 取得組件的根選擇器
     *
     * @return string
     */
    public function selector()
    {
        return '#selector';
    }

    /**
     * 斷言瀏覽器網頁包含此 component
```

```
     *
     * @param  Browser  $browser
     * @return void
     */
    public function assert(Browser $browser)
    {
        $browser->assertVisible($this->selector());
    }

    /**
     * 取得 component 的元素捷徑
     *
     * @return array
     */
    public function elements()
    {
        return [
            '@element' => '#selector',
        ];
    }
}
```

如你所見，它基本上與 Dusk page 一樣，但我們將工作成果封裝至 HTML 元素，而不是
URL。其他的事情基本上一樣。範例 12-42 是 Dusk component 形式的評分 widget 範例。

範例 12-42　評分 widget Dusk component

```
class RatingWidget extends BaseComponent
{
    public function selector()
    {
        return '.rating-widget';
    }

    public function assert(Browser $browser)
    {
        $browser->assertVisible($this->selector());
    }

    public function elements()
    {
        return [
            '@5-star' => '.five-star-rating',
            '@4-star' => '.four-star-rating',
            '@3-star' => '.three-star-rating',
            '@2-star' => '.two-star-rating',
```

```
            '@1-star' => '.one-star-rating',
            '@average' => '.average-rating',
            '@mine' => '.current-user-rating',
        ];
    }

    public function ratePackage(Browser $browser, $rating)
    {
        $browser->click("@{$rating}-star")
            ->assertSeeIn('@mine', $rating);
    }
}
```

使用 component 就像使用 page，見範例 12-43。

範例 12-43　使用 Dusk component

```
$browser->visit('/packages/tightenco/nova-stock-picker')
    ->within(new RatingWidget, function ($browser) {
        $browser->ratePackage(2);
        $browser->assertSeeIn('@average', 2);
    });
```

以上就是關於 Dusk 的用途概述。在 Dusk 文件中（*https://oreil.ly/ZqNtP*）還有很多的內容，包括更多斷言、更多罕見案例、更多陷阱、更多例子，所以如果你打算使用 Dusk，建議你閱讀它。

Pest

Pest 是 Laravel 的第三方測試框架。它是基於 PHPUnit 的軟體層，提供自訂的主控台輸出、簡單的並行測試和代碼覆蓋率、架構測試…等。

Pest 也提供不同的測試語法，其靈感來自 Ruby 的 RSpec。你不必換成 Pest 的獨特測試語法就可以使用它，並獲得它的所有好處，但如果你想嘗試它，範例 12-44 展示語法的樣子。

範例 12-44　Pest 語法範例

```
it('has a welcome page', function () {
    $response = $this->get('/');

    expect($response->status())->toBe(200);
});
```

要進一步瞭解 Pest，請參考 *pestphp.com*。

TL;DR

Laravel 可以搭配任何現代 PHP 測試框架一起使用，但它最適合搭配 PHPUnit（尤其是當你的測試繼承 Laravel 的 `TestCase` 時）。Laravel 的應用測試框架可讓你透過 app 傳送假的 HTTP 與主控台請求，並查看結果。

Laravel 的測試程式可以和資料庫、快取、session、檔案系統、郵件及許多其他系統輕鬆地互動，並對其進行斷言，在這些系統中，有一些內建了 fake，讓它們更容易被測試。你可以用 Dusk 來測試 DOM 和類瀏覽器互動。

如果你需要 mock、stub、spy、dummy，或任何其他東西，Laravel 也有 Mockery 可供使用，但 Laravel 的測試理念是盡可能地使用實際的協作程式。非必要，不要使用仿冒品。

## 第十三章

編寫 API

Laravel 開發人員最常接受的任務是建立 API，來讓第三方與 Laravel 應用程式的資料互動，通常是 JSON 而且是 REST 或類 REST 的 API。

Laravel 可讓你非常輕鬆地使用 JSON，且它的資源 controller 已圍繞著 REST 動詞與模式來建構。在這一章，我們要學習一些基本的 API 編寫概念、Laravel 提供的 API 編寫工具，以及當你編寫第一個 Laravel API 時需要考慮的外部工具與組織系統。

類 REST JSON API 基本知識

表現層狀態轉換（Representational State Transfer，REST）是一種用來建構 API 的架構風格。嚴格來說，REST 可能是幾乎適用於整個 Internet 的廣泛定義，也可能是非常具體，以致於沒人真正使用的東西，所以不必糾結於它的定義，或與堅持己見的人爭論。當我們在 Laravel 領域中提到 RESTful 或類 REST API 時，通常是指具備一些共同特徵的 API：

- 它們圍繞著具有專屬 URI 的「資源」建構，例如 /cats 代表所有的貓，/cats/15 代表 ID 為 15 的一隻貓⋯等。

- 主要使用 HTTP 動詞來與資源互動（GET /cats/15 vs. DELETE /cats/15）。

- 它們是無狀態的，這意味著在不同的請求之間沒有持久的 session 身分認證；每一個請求都必須分別證明自己的身分。

- 它們是可快取的，而且是一致的，這意味著每一個請求（除了少數已驗證的用戶專用的請求之外）都應該回傳相同的結果，無論發出請求的是誰。

- 它們回傳 JSON。

最常見的 API 模式是使用唯一的 URL 結構，以代表每一個作為 API 資源來公開的
Eloquent model，讓用戶以特定的動詞來與那個資源互動，並取回 JSON。範例 13-1 展
示幾個範例。

範例 13-1　常見的 REST API 端點結構

```
GET /api/cats
[
    {
        id: 1,
        name: 'Fluffy'
    },
    {
        id: 2,
        name: 'Killer'
    }
]

GET /api/cats/2
{
    id: 2,
    name: 'Killer'
}

POST /api/cats with body:
{
    name: 'Mr Bigglesworth'
}
(creates new cat)

PATCH /api/cats/3 with body:
{
    name: 'Mr. Bigglesworth'
}
(updates cat)

DELETE /api/cats/2
(deletes cat)
```

從這個例子能看出你可以和 API 進行哪些基本互動。我們來研究如何用 Laravel 來實現
它們。

controller 組織與 JSON 回傳

Laravel 的 API 資源 controller 就像一般的資源 controller（見第 46 頁的「資源 controller」），但經過修改，以配合 RESTful API 路由。例如，它們移除 create() 與 edit() 方法，因為兩者皆與 API 無關。我們由此開始看起，首先，我們要為資源建立一個新的 controller，我們會將它路由至 /api/dogs：

```
php artisan make:controller Api/DogController --api
```

範例 13-2 是 API 資源 controller 的樣子。

範例 13-2　生成的 API 資源 controller

```php
<?php

namespace App\Http\Controllers\Api;

use Illuminate\Http\Request;
use App\Http\Controllers\Controller;

class DogController extends Controller
{
    /**
     * 顯示資訊列表
     */
    public function index()
    {
        //
    }

    /**
     * 將新建立的資源存入儲存體
     */
    public function store(Request $request)
    {
        //
    }

    /**
     * 顯示指定的資源
     */
    public function show(string $id)
    {
        //
    }
```

```
/**
 * 更新儲存體內的特定資源。
 */
public function update(Request $request, string $id)
{
    //
}

/**
 * 將指定的資源從儲存體內移除
 */
public function destroy(string $id)
{
    //
}
}
```

注釋幾乎已經解釋所有事情了。index() 會列出所有的狗，show() 會列出一隻狗，store() 會儲存一隻新狗，update() 會更新一隻狗，而 destroy() 會移除一隻狗。

我們來快速地製作一個 model 與一個 migration 來使用：

```
php artisan make:model Dog --migration
php artisan migrate
```

很好！接下來要編寫 controller 方法。

順利執行這些範例程式的資料庫需求

若要讓這裡的程式碼實際運作，你必須在名為 name 與名為 breed 的 migration 中加入一個 string() 欄位，並且將這些欄位加入 Eloquent model 的 fillable 特性，或將那個 model 的 guarded 特性設為空陣列 （[]）。接下來的範例還需要 weight 與 color 欄位，以及 bones 和 friends 關係。

你可以在此利用 Eloquent 的一種很棒的功能：當你 echo Eloquent 結果集合時，它會自動將自己轉換成 JSON（使用 __toString() 魔術方法）。這意味著，如果你從一個路由回傳一個結果集合，你實際上會回傳 JSON。所以，如範例 13-3 所示，這會是你寫過的最簡單的程式之一。

範例 *13-3 Dog* 實體的 *API* 資源 *controller*

```
...
class DogController extends Controller
{
    public function index()
    {
        return Dog::all();
    }

    public function store(Request $request)
    {
        return Dog::create($request->only(['name', 'breed']));
    }

    public function show(string $id)
    {
        return Dog::findOrFail($id);
    }

    public function update(Request $request, string $id)
    {
        $dog = Dog::findOrFail($id);
        $dog->update($request->only(['name', 'breed']));
        return $dog;
    }

    public function destroy(string $id)
    {
        Dog::findOrFail($id)->delete();
    }
}
```

Artisan 的 make:model 命令還有一個 --api 旗標，你可以傳遞它來產生與上面一樣的 API
專屬 controller：

```
php artisan make:model Dog --api
```

如果你想要用一個命令來生成 migration、種子、工廠、policy 和資源 controller，以及
儲存和更新表單請求，你可以使用 --all 旗標：

```
php artisan make:model Dog --all
```

範例 13-4 展示如何在我們的路由檔案中整合它。如你所見，我們可以使用 Route::
apiResource() 來將所有預設方法自動對映至適當的路由與 HTTP 動詞。

範例 13-4 綁定資源 controller 的路由

```
// routes/api.php
Route::namespace('App\Http\Controllers\Api')->group(function () {
    Route::apiResource('dogs', DogController::class);
});
```

你的第一個 Laravel RESTful API 完成了。當然，你還要處理更多細節：分頁、排序、驗證身分，以及定義更好的回應 header，但它是一切的基礎。

讀取與傳送 header

REST API 通常使用 header 來讀取與傳送無內容的資訊。例如，每一個傳給 GitHub API 的請求都會回傳 header 來說明當下用戶的速率限制狀態：

```
X-RateLimit-Limit:5000
X-RateLimit-Remaining:4987
X-RateLimit-Reset:1350085394
```

X-* Headers

你可能會好奇為什麼 GitHub 速率限制 header 的開頭是 X-，特別是當你在同一個請求回傳的許多 header 之中看到它們時：

```
HTTP/1.1 200 OK
Server: nginx
Date:Fri, 12 Oct 2012 23:33:14 GMT
Content-Type: application/json; charset=utf-8
Connection: keep-alive
Status:200 OK
ETag: "a00049ba79152d03380c34652f2cb612"
X-GitHub-Media-Type: github.v3
X-RateLimit-Limit:5000
X-RateLimit-Remaining:4987
X-RateLimit-Reset:1350085394
Content-Length:5
Cache-Control: max-age=0, private, must-revalidate
X-Content-Type-Options: nosniff
```

名稱開頭為 X- 的 header 都是未被列在 HTTP 規範裡的 header。它可能是完全虛構的（例如 X-How-Much-Matt-Loves-This-Page），或尚未被納入規範的常見慣例的一部分（例如 X-Requested-With）。

許多 API 也允許開發者使用請求 header 來自訂他們的請求。例如，GitHub 的 API 可以讓你輕鬆地使用 Accept header 來定義你想使用的 API 版本：

```
Accept: application/vnd.github.v3+json
```

如果你將 v3 改成 v2，GitHub 會將你的請求改傳到它的第 2 版 API。

我們來快速地看一下如何在 Laravel 中做這兩件事。

在 Laravel 中傳送回應 header

我們已經在第 10 章討論關於這個主題的許多內容了，以下是個簡單的複習。當你有個回應物件時，你可以使用 header($headerName, $headerValue) 來添加 header，見範例 13-5。

範例 13-5　在 Laravel 中加入回應 header

```
Route::get('dogs', function () {
    return response(Dog::all())
        ->header('X-Greatness-Index', 12);
});
```

寫起來既簡單又優雅。

在 Laravel 中讀取請求 header

當你收到請求時，讀取任何 header 也很簡單。見範例 13-6。

範例 13-6　在 Laravel 中讀取請求 header

```
Route::get('dogs', function (Request $request) {
    var_dump($request->header('Accept'));
});
```

現在你可以讀取收到的請求 header，並在你的 API 回應中設定 header 了，我們來看看如何自訂你的 API。

Eloquent 分頁

分頁機制是大多數的 API 可能需要使用特殊指令的主要地方之一。Eloquent 附帶分頁系統，可直接鉤連至任何網頁請求的查詢參數。我們已經在第 6 章介紹分頁組件了，以下是簡單的複習。

任何 Eloquent 呼叫都提供 `paginate()` 方法，你可以用它來傳遞你希望每頁回傳的項目數量。Eloquent 會檢查 URL 裡的網頁查詢參數，如果它被設定，Eloquent 會將它當成「用戶在分頁後的列表裡的位置（多少頁）」的指標。

要讓你的 API 路由可以執行自動化的 Laravel 分頁，你要在路由裡使用 `paginate()` 來呼叫你的 Eloquent 查詢，而不是使用 `all()` 或 `get()`，如範例 13-7 所示。

範例 13-7　分頁的 API 路由

```
Route::get('dogs', function () {
    return Dog::paginate(20);
});
```

我們定義 Eloquent 應從資料庫取得 20 筆結果。Laravel 將根據網頁查詢參數的設定，準確地知道該為我們提取哪 20 個結果：

```
GET /dogs         - Return results 1-20
GET /dogs?page=1 - Return results 1-20
GET /dogs?page=2 - Return results 21-40
```

注意，你也可以對著查詢建構器呼叫使用 `paginate()` 方法，如範例 13-8 所示。

範例 13-8　對著查詢建構器呼叫使用 paginate() 方法

```
Route::get('dogs', function () {
    return DB::table('dogs')->paginate(20);
});
```

有趣的來了，當你將它轉換成 JSON 時，它不會回傳 20 個結果，而是建立一個回應物件，自動將一些有用的分頁相關細節連同分頁資料一起傳給最終用戶。範例 13-9 是我們的呼叫可能的回應，為了節省空間只擷取三筆紀錄。

範例 13-9　使用 paginate 的資料庫呼叫所產生的輸出

```
{
    "current_page": 1,
    "data": [
```

```
        {
            'name': 'Fido'
        },
        {
            'name': 'Pickles'
        },
        {
            'name': 'Spot'
        }
    ]
    "first_page_url": "http://myapp.com/api/dogs?page=1",
    "from": 1,
    "last_page": 2,
    "last_page_url": "http://myapp.com/api/dogs?page=2",
    "links": [
        {
            "url": null,
            "label": "&laquo; Previous",
            "active": false
        },
        {
            "url": "http://myapp.com/api/dogs?page=1",
            "label": "1",
            "active": true
        },
        {
            "url": null,
            "label": "Next &raquo;",
            "active": false
        }
    ],
    "next_page_url": "http://myapp.com/api/dogs?page=2",
    "path": "http://myapp.com/api/dogs",
    "per_page": 20,
    "prev_page_url": null,
    "to": 2,
    "total": 4
}
```

排序與篩選

Laravel 為分頁提供一套規範與一些內建工具，卻沒有為排序提供它們，所以你必須自己解決這個問題。接下來我會提供一個簡單的範例，並將查詢參數設計成 JSON API 規範的風格（見接下來的專欄中的說明）。

JSON API 規範

JSON API（*http://jsonapi.org*）是建構 JSON-based API 的過程中處理許多常見任務的標準，包括篩選、排序、分頁、身分驗證、嵌入、連結、詮釋資料（metadata）…等。

Laravel 的預設分頁並未完全按照 JSON API 規範來運作，但它可以指引你朝著正確的方向前進。JSON API 規範的其餘內容大都是你必須選擇（或不選擇）手動實作的。

例如，下面是 JSON API 規範的一部分，有助於處理資料結構化與錯誤回傳：

一份文件**至少**必須包含以下的一個頂級成員：

- data：文件的「主要資料」
- errors：錯誤物件陣列
- meta：詮釋物件（meta object），包含非標準的詮釋資訊。

data 與 errors 成員**不能**共存於同一個文件中。

不過要注意的是，雖然擁有 JSON API 規範的確很棒，但在使用它之前，也需要做很多基礎工作。在這些範例中，我們不會完全使用它，但我會將它的核心概念當成靈感來源。

排序 API 結果

首先，我們來設置排序結果功能。我們從範例 13-10 開始，它只能夠排序一欄，並且只能往單一方向排序。

範例 13-10　最簡單的 API 排序

```
// 處理 /dogs?sort=name
Route::get('dogs', function (Request $request) {
    // 取得 sort 查詢參數（或退而使用預設的排序 "name"）
    $sortColumn = $request->input('sort', 'name');
    return Dog::orderBy($sortColumn)->paginate(20);
});
```

我們在範例 13-11 中加入反向排序的功能（例如 ?sort=-weight）。

範例 13-11　單欄 API 排序，加入方向控制

```
// 處理 /dogs?sort=name 與 /dogs?sort=-name
Route::get('dogs', function (Request $request) {
    // 取得 sort 查詢參數（或退而使用預設的排序 "name"）
    $sortColumn = $request->input('sort', 'name');

    // 使用 Laravel 的 starts_with() 輔助函式，
    // 根據鍵的開頭是否為 - 來設定排序方向
    $sortDirection = str_starts_with($sortColumn, '-') ? 'desc' : 'asc';
    $sortColumn = ltrim($sortColumn, '-');

    return Dog::orderBy($sortColumn, $sortDirection)
        ->paginate(20);
});
```

最後，範例 13-12 可對多個欄位做同一件事（例如 ?sort=name,-weight）。

範例 13-12　JSON API 風格的排序

```
// 處理 ?sort=name,-weight
Route::get('dogs', function (Request $request) {
    // 抓取查詢參數並將其轉換為以逗號分隔的陣列
    $sorts = explode(',', $request->input('sort', ''));

    // 建立查詢
    $query = Dog::query();

    // 逐一加入排序
    foreach ($sorts as $sortColumn) {
        $sortDirection = str_starts_with($sortColumn, '-') ? 'desc' : 'asc';
        $sortColumn = ltrim($sortColumn, '-');

        $query->orderBy($sortColumn, $sortDirection);
    }

    // 回傳
    return $query->paginate(20);
});
```

如你所見，這不是最簡單的過程，你可能想要設計一些輔助工具來處理重複的流程。但我們正在使用一些邏輯和簡單的功能，來逐步建立 API 的可自訂性（customizability）。

篩選你的 API 結果

在建構 API 時，另一個常見的任務是濾除特定資料子集合之外的所有資料。例如，用戶端可能要求一個吉娃娃狗的清單。

對此，JSON API 並未提供關於語法的任何好主意，我們只知道應該使用 `filter` 查詢參數。我們沿著「排序語法」的思路，將所有內容放入單一鍵中 —— 或許是 `?filter=breed:chihuahua`。範例 13-13 示範如何做這件事。

範例 13-13 對 API 結果使用單一 filter

```
Route::get('dogs', function () {
    $query = Dog::query();

    $query->when(request()->filled('filter'), function ($query) {
        [$criteria, $value] = explode(':', request('filter'));
        return $query->where($criteria, $value);
    });

    return $query->paginate(20);
});
```

注意，在範例 13-13 中，我們使用 `request()` 輔助函式，而不是注入一個 `$request` 實例。這兩種做法的工作原理相同，但是當你在 closure 內工作時，有時使用 `request()` 輔助函數可能更簡單，因為你不需要手動傳入變數。

還有，只是為了好玩，在範例 13-14 中，我們允許多個 filter，如 `?filter=breed:chihuahua,color:brown`。

範例 13-14 對 API 結果使用多個 filter

```
Route::get('dogs', function (Request $request) {
    $query = Dog::query();

    $query->when(request()->filled('filter'), function ($query) {
        $filters = explode(',', request('filter'));

        foreach ($filters as $filter) {
            [$criteria, $value] = explode(':', $filter);
            $query->where($criteria, $value);
        }

        return $query;
```

```
    });

    return $query->paginate(20);
});
```

轉換結果

我們已經介紹了如何對結果集合進行排序與篩選。但我們現在依賴 Eloquent 的 JSON 序列化，這意味著我們會回傳每一個 model 的每一個欄位。

Eloquent 提供一些方便的工具來讓你在序列化陣列時定義要顯示哪些欄位。你可以在第 5 章瞭解更多細節，重點在於，如果你在 Eloquent 類別內設置一個 $hidden 陣列特性，在那個陣列內的任何欄位都不會被顯示在序列化的 model 輸出中。你也可以設置一個 $visible 陣列來定義哪些欄位可被顯示出來，或是在 model 中複寫或模仿 toArray() 函式，以自訂輸出格式。

另一種常見的模式是為每一個資料型態建立一個轉換器（*transformer*）。轉換器很有用，因為它們給你更多控制權，可將 API 專用的邏輯與 model 本身分開，並讓你提供更一致的 API，即使 model 和它們之間的關係發生變化。

就這方面而言，Fractal（*https://oreil.ly/pso1E*）是一種很棒但複雜的程式包，它設置了一系列方便的結構與類別來轉換你的資料。

API 資源

在以前，使用 Laravel 來開發 API 時的第一個挑戰是如何轉換我們的資料。最簡單的 API 可以將 Eloquent 物件直接轉換成 JSON 回傳，但這種結構很快就無法滿足大多數 API 的需求。我們該如何將 Eloquent 結果轉換成正確的格式？如果我們想要嵌入其他資源，或只想選擇性地這麼做，或添加計算後的欄位，或在 API 回應中隱藏某些欄位，但不隱藏其他 JSON 輸出呢？此時可以使用 API 專用的轉換器。

我們現在可以使用一個名為 *Eloquent API resources* 的功能，它是一些結構，定義了如何將特定類別的 Eloquent 物件（或 Eloquent 物件集合）轉換成 API 結果。例如，你的 Dog Eloquent model 有個 Dog 資源，負責將每個 Dog 實例轉換成適當的 Dog 外形的 API 回應物件。

建立資源類別

我們將透過這個 Dog 例子來看看轉換 API 輸出的情況。首先,使用 Artisan 命令 make:resource 來建立你的第一個資源:

```
php artisan make:resource Dog
```

這會在 *app/Http/Resources/Dog.php* 裡面建立一個新類別,它裡面有一個方法: toArray()。範例 13-15 是這個檔案的樣子。

範例 13-15 生成的 API 資源

```php
<?php

namespace App\Http\Resources;

use Illuminate\Http\Request;
use Illuminate\Http\Resources\Json\JsonResource;

class Dog extends JsonResource
{
    /**
     * 將資源轉換成陣列。
     *
     * @return array<string, mixed>
     */
    public function toArray(Request $request): array
    {
        return parent::toArray($request);
    }
}
```

在此使用的 toArray() 方法可以讀取兩個重要的資料。首先,它可以讀取 Illuminate Request 物件,所以我們可以根據查詢參數、header 與其他重要資訊來自訂我們的回應。其次,它可以讀取被轉換的整個 Eloquent object 物件──藉著使用 $this 來呼叫它的特性與方法,如範例 13-16 所示。

範例 13-16 Dog model 的簡單 API 資源

```php
class Dog extends JsonResource
{
    public function toArray(Request $request): array
    {
        return [
            'id' => $this->id,
```

```
            'name' => $this->name,
            'breed' => $this->breed,
        ];
    }
}
```

要使用這個新資源，你要更新回傳單一 Dog 的任何 API 端點，將回應包在你的新資源中，如範例 13-17 所示。

範例 13-17　使用簡單的 Dog 資源

```
use App\Dog;
use App\Http\Resources\Dog as DogResource;

Route::get('dogs/{dogId}', function ($dogId) {
    return new DogResource(Dog::find($dogId));
});
```

資源集合

接著來看看 API 端點回傳不只一個實體的情況。使用 API 資源的 collection() 方法可以產生這種情形，如範例 13-18 所示。

範例 13-18　使用預設的 API 資源 collection 方法

```
use App\Dog;
use App\Http\Resources\Dog as DogResource;

Route::get('dogs', function () {
    return DogResource::collection(Dog::all());
});
```

這個方法將迭代它收到的每一個項目，用 DogResource API 資源來轉換它，然後回傳集合。

對許多 API 來說，這樣做就可以了，但如果你需要自訂任何結構，或在集合回應中加入詮釋資料，你就要建立自訂的 API 資源集合。

為此，我們再次使用 make:resource Artisan 命令。這次我們將它命名為 DogCollection，以指示 Laravel 這是一個 API 資源集合，而非只是一個 API 資源：

```
php artisan make:resource DogCollection
```

這將在 *app/Http/Resources/DogCollection.php* 產生一個非常類似 API 資源檔的新檔案，它同樣有一個方法：toArray()。範例 13-19 是這個檔案的樣子。

範例 13-19　生成的 API 資源集合

```php
<?php

namespace App\Http\Resources;

use Illuminate\Http\Resources\Json\ResourceCollection;

class DogCollection extends ResourceCollection
{
    /**
     * 將資源集合轉換成陣列
     *
     * @return array<int|string, mixed>
     */
    public function toArray(Request $request): array
    {
        return parent::toArray($request);
    }
}
```

就像使用 API 資源一樣，我們可以讀取請求與底層的資料。但與 API 資源不同的是，我們處理的是項目集合，而不是只有一個項目，所以要用 $this->collection 來讀取那個（已經轉換過的）集合。見範例 13-20 的例子。

範例 13-20　Dog model 的簡單的 API 資源集合

```php
class DogCollection extends ResourceCollection
{
    public function toArray(Request $request): array
    {
        return [
            'data' => $this->collection,
            'links' => [
                'self' => route('dogs.index'),
            ],
        ];
    }
}
```

嵌套的關係

對任何 API 來說，關係該如何嵌套是比較複雜的層面之一。在使用 API 資源時，最簡單的做法是在回傳的陣列中加入一個鍵，並將它設為 API 資源集合，見範例 13-21。

範例 13-21　一個簡單的包含（included）API 關係

```php
public function toArray(Request $request): array
{
    return [
        'name' => $this->name,
        'breed' => $this->breed,
        'friends' => Dog::collection($this->friends),
    ];
}
```

> 如果你執行範例 13-21 的程式後收到 502 錯誤，那是因為你沒有先載入父資源的「friends」關係。請繼續閱讀以瞭解如何解決這個問題，但以下是在使用此資源時，以 with() 方法來積極（eager）載入該關係的方式：
>
> ```php
> return new DogResource(Dog::with('friends')->find($dogId));
> ```

你可能希望這是一個條件特性，你可以在請求要求時嵌入，或關係已經從 Eloquent 物件積極載入時嵌入。見範例 13-22。

範例 13-22　有條件地載入 API 關係

```php
public function toArray(Request $request): array
{
    return [
        'name' => $this->name,
        'breed' => $this->breed,
        // 僅在此關係被積極載入時才載入它
        'bones' => BoneResource::collection($this->whenLoaded('bones')),
        // 或者，僅在 URL 要求這個關係時才載入它
        'bones' => $this->when(
            $request->get('include') == 'bones',
            BoneResource::collection($this->bones)
        ),
    ];
}
```

使用 API 資源來分頁

如同你可以將 Eloquent model 集合傳給資源，你也可以傳遞分頁器（paginator）實例。見範例 13-23。

範例 13-23　傳遞分頁器實例給 API 資源集合

```
Route::get('dogs', function () {
    return new DogCollection(Dog::paginate(20));
});
```

如果你傳遞分頁器實例，轉換後的結果會有額外的連結，那些連結包含分頁資訊（first 頁、last 頁、prev 頁、next 頁），以及關於整個集合的詮釋資訊。

範例 13-24 是這項資訊的樣子。在這個範例中，我藉著呼叫 Dog::paginate(2) 來將每一個網頁的項目數量設為 2，以方便你觀察連結如何運作。

範例 13-24　包含分頁連結的資源回應

```
{
  "data": [
    {
      "name": "Pickles",
      "breed": "Chorkie"
    },
    {
      "name": "Gandalf",
      "breed": "Golden Retriever Mix"
    }
  ],
  "links": {
    "self": "http://gooddogbrant.com/api/dogs",
    "first": "http://gooddogbrant.com/api/dogs?page=1",
    "last": "http://gooddogbrant.com/api/dogs?page=3",
    "prev": null,
    "next": null
  },
  "meta": {
    "current_page": 1,
    "data": [
      {
        "name": "Pickles",
        "breed": "Chorkie",
      },
```

```
        {
            "name": "Gandalf",
            "breed": "Golden Retriever Mix",
        }
    ],
    "first_page_url": "http://gooddogbrent.com/api/dogs?page=1",
    "from": 1,
    "last_page": 3,
    "last_page_url": "http://gooddogbrent.com/api/dogs?page=3",
    "links": [
        {
            "url": null,
            "label": "&laquo; Previous",
            "active": false
        },
        {
            "url": "http://gooddogbrent.com/api/dogs?page=1",
            "label": "1",
            "active": true
        },
        {
            "url": "http://gooddogbrent.com/api/dogs?page=2",
            "label": "Next &raquo;",
            "active": false
        }
    ],
    "next_page_url": null,
    "path": "http://gooddogbrent.com/api/dogs",
    "per_page": 3,
    "to": 3,
    "total": 9
  }
}
```

有條件地套用屬性

你還可以指定在你的回應中,有一些屬性只在滿足特定條件時套用,如範例 13-25 所示。

範例 13-25 有條件地套用屬性

```
public function toArray(Request $request): array
{
    return [
        'name' => $this->name,
        'breed' => $this->breed,
```

```
            'rating' => $this->when(Auth::user()->canSeeRatings(), 12),
        ];
    }
```

其他的 API 資源自訂選項

你可能不喜歡 data 特性的預設包裝方式,或者,你可能需要為回應加入或自訂詮釋資料,你可以查看資源文件(*https://oreil.ly/LJ3Ie*)來瞭解如何自訂 API 回應的每一個層面。

API 身分驗證

Laravel 提供兩項驗證 API 請求的主要工具:Sanctum(最推薦的)和 Passport(雖功能強大但非常複雜,通常不需要用到它)。

使用 Sanctum 來進行身分驗證

Sanctum 是 Laravel 的一種 API 身分驗證系統,它專為兩項任務而設計:為你的高級用戶生成簡單的權杖,讓高級用戶用來和你的 API 進行互動,以及允許 SPA 和行動應用程式連接到你的現有身分驗證系統。雖然它可配置的選項不像 OAuth 2.0 那麼多,但也相去不遠,而且設定和配置它的成本低很多。

Sanctum 有幾種用法。你可以允許高級用戶直接在你的管理面板中為你的 API 產生權杖,類似於以開發者為中心的 SaaS 服務的做法。你可以允許用戶造訪特殊的登入頁面,以直接接收一個權杖,這很適合用來驗證連到你的 API 的行動應用程式。你還可以和 SPA 整合,使用 Sanctum 的一些特殊功能來將 SPA 直接連接到 Laravel 的 cookie-based 身分驗證 session,讓你完全不需要管理權杖。

我們來看看如何安裝 Sanctum,以及如何在這些情境中使用它。

安裝 Sanctum

Sanctum 已預先安裝在新的 Laravel 專案中。如果你的專案中沒有它,你必須手動安裝它,並發布(publish)它的組態檔案。

```
composer require laravel/sanctum
php artisan vendor:publish --provider="Laravel\Sanctum\SanctumServiceProvider"
php artisan migrate
```

為你想用 Sanctum 保護的路由附加 auth:sanctum 中介層：

```
Route::get('clips', function () {
    return view('clips.index', ['clips' => Clip::all()]);
})->middleware('auth:sanctum');
```

手動發行 Sanctum 權杖

如果你想在應用程式中建立工具，以提供權杖給用戶，讓他們對你的 API 進行身分驗證，以下是你要採取的步驟。

首先，確保你的 User model 使用了 HasApiTokens trait（新專案已內建）：

```
use Laravel\Sanctum\HasApiTokens;

class User extends Authenticatable
{
    use HasApiTokens, HasFactory, Notifiable;
}
```

接著，建立一個使用者介面來讓用戶產生權杖。你可以在他們的設定頁面中製作一個按鈕，寫著「產生新權杖」，彈出一個視窗，詢問該權杖的暱稱，然後將結果發布到這個表單：

```
Route::post('tokens/create', function () {
    $token = auth()->user()->createToken(request()->token_name);

    return view('tokens.created', ['token' => $token->plainTextToken]);
});
```

你也可以引用 user 物件的 tokens 特性，列出用戶擁有的所有權杖：

```
Route::get('tokens', function () {
    return view('tokens.index', ['tokens' => auth()->user()->tokens]);
});
```

Sanctum 權杖的能力

使用權杖來進行身分驗證的 API 有一個常見的安全模式：只允許用戶生成具備特定權限的權杖來將權杖被盜用時的損害降到最低。

如果你想要建立這樣的系統，你可以定義（基於商業邏輯或使用者偏好）權杖被建立時有哪些「能力」。你可以將字串陣列傳給 createToken() 方法，其中的每一個字串代表該權杖的一種能力。

```
$token = $user->createToken(
    request()->token_name, ['list-clips', 'add-delete-clips']
);
```

然後，你的程式碼可以直接（如範例 13-26）或透過中介層（如範例 13-27）來檢查經過身分驗證的使用者權杖。

範例 13-26　根據權杖能力，手動檢查用戶的訪問權限

```
if (request()->user()->tokenCan('list-clips')) {
    // ...
}
```

範例 13-27　根據權杖權限範圍，使用中介層來限制訪問權限

```
// routes/api.php
Route::get('clips', function () {
    // 訪問權杖有 "list-clips" 與 "add-delete-clips" 能力
})->middleware(['auth:sanctum','abilities:list-clips,add-delete-clips']);

// 或

Route::get('clips', function () {
    // 訪問權杖至少有一個所列的能力
})->middleware(['auth:sanctum','ability:list-clips,add-delete-clips'])
```

 如果你想要使用 Sanctum 的中介層檢查，你要在 App\Http\Kernel 的 middlewareAliases 特性中加入以下兩行。

```
'abilities' => \Laravel\Sanctum\Http\Middleware\
    CheckAbilities::class,
'ability' => \Laravel\Sanctum\Http\Middleware\
    CheckForAnyAbility::class,
```

SPA 身分驗證

如果你打算使用 Sanctum 來進行 SPA 身分驗證，你要先執行一些步驟來設定你的 Laravel 應用程式和你的 SPA。

Laravel APP 準備　首先，在 *app/Http/Kernel.php* 的 api 中介層群組中，取消注釋 EnsureFrontendRequestsAreStateful 類別。

```
'api' => [
    \Laravel\Sanctum\Http\Middleware\EnsureFrontendRequestsAreStateful::class,
    // 此為其他的 API 中介層
],
```

其次，更新 Sanctum 組態中的「stateful（有狀態）」域名清單。它們是你的 SPA 可以對著發出請求的所有域名。你可以直接在 *config/sanctum.php* 裡修改它們，或在你的 *.env* 檔案裡的 `SANCTUM_STATEFUL_DOMAINS` 鍵加入一個以逗號分隔的域名清單。

SPA app 準備 在允許用戶登入你的應用程式之前，你的 SPA 要請求 Laravel 設置 CSRF cookie，大多數的 JavaScript HTTP 用戶端（例如 Axios）將連同每一個請求一起傳遞它。

```
axios.get('/sanctum/csrf-cookie').then(response => {
    // 處理登入
});
```

你可以登入你的 Laravel 登入路由，無論是你自己建立的路由，還是 Fortify 等現有工具提供的路由。未來的請求將透過 Laravel 為你設定的 session cookie 來維持已驗證身分狀態。

行動 app 身分驗證

以下是讓你的行動 app 用戶對基於 Sanctum 的 app 進行身分驗證的工作流程：在你的行動 app 中要求用戶輸入的 email（或使用者名稱）和密碼。將這些資料連同他們的設備名稱（從設備的作業系統中讀取，例如「Matt's iPhone」）一起發送到你在後端建立的路由以驗證他們的登入資訊，並（假設驗證有效）建立並回傳一個權杖，如範例 13-28 所示，這個範例直接摘自文件。

範例 13-28　接受行動 app 登入至 Sanctum-based app 的路由

```
Route::post('sanctum/token', function (Request $request) {
    $request->validate([
        'email' => 'required|email',
        'password' => 'required',
        'device_name' => 'required',
    ]);

    $user = User::where('email', $request->email)->first();

    if (! $user || ! Hash::check($request->password, $user->password)) {
        throw ValidationException::withMessages([
            'email' => ['The provided credentials are incorrect.'],
        ]);
```

```
    }

    return $user->createToken($request->device_name)->plainTextToken;
});
```

以後傳至 API 的請求必須在 `Authorization header` 裡傳遞 `Bearer` 類型權杖。

後續的組態配置與偵錯

如果你在安裝 Sanctum 時遇到任何問題，或想自訂 Sanctum 的任何功能，請查閱
Sanctum 文件（*https://oreil.ly/lIpkq*）以進一步瞭解。

使用 Laravel Passport 來進行 API 身分驗證

Passport（一種必須透過 Composer 來安裝的第一方程式）可讓你在應用程式中設置功能
完整的 OAuth 2.0 伺服器，包括用來管理用戶端和權杖的 API 和 UI 組件。

OAuth 2.0 簡介

OAuth 是 RESTful API 中最常用的身分驗證系統。可惜這個主題過於複雜，無法在此
深入討論。若要進一步瞭解，Matt Frost 寫了一本關於 OAuth 與 PHP 的書籍，名為
《*Integrating Web Services with OAuth and PHP*》(php[architect])。

OAuth 最簡單的概念是：因為 API 是無狀態的，我們不能像在一般的 browser-based
viewing session（透過瀏覽器的視覺對話）裡的做法那樣使用 session-based 身分驗證，
也就是讓用戶登入，並將他們的身分驗證狀態存入 session 以供後續的 view 使用。API
用戶端必須向一個身分驗證端點發出一個呼叫，並執行某種形式的交握（handshake）
來證明自己。然後，它會獲得一個權杖，該權杖必須隨著未來的每一個請求一起發送
（通常透過 `Authorization header`），以證明其身分。

OAuth「授權（grant）」有幾種不同的類型，基本上這意味著有幾種不同的情境和互動
類型可以定義那種身分驗證交握。不同的專案和不同類型的最終用戶需要不同的授權。

Passport 為你的 Laravel 應用程式提供了加入基本 OAuth 2.0 身分驗證伺服器所需的一
切，且具有更簡單且強大的 API 和介面。

安裝 Passport

Passport 是一種獨立的程式包，所以你的第一步是安裝它，接下來會介紹其步驟，但你可以在 Passport 文件中找到更詳細的安裝指南（*https://oreil.ly/N9-eD*）。

首先，使用 Composer 來匯入它：

```
composer require laravel/passport
```

Passport 會匯入一系列的 migration，所以請用 `php artisan migrate` 來執行它們，以建立 OAuth 用戶端、權限範圍和權杖所需的資料表。

接下來，使用 `php artisan passport:install` 來執行安裝程式。這將為 OAuth 伺服器建立加密金鑰（*storage/oauth-private.key* 與 *storage/oauth-public.key*），並將 OAuth 用戶端插入資料庫，以支援個人與密碼授權類型權杖（稍後說明）。

你要將 `Laravel\Passport\HasApiTokens` trait 匯入你的 User model，這會幫每一 User 加入 OAuth 用戶端與權杖關係以及一些權杖輔助方法。

最後，在 *config/auth.php* 中新增一個名為 `api` 的新授權守衛（auth guard），將 provider 設為 `users`，將 driver 設為 `passport`。

現在你有一個功能完整的 OAuth 2.0 伺服器了！你可以使用 `php artisan passport:client` 來建立新的用戶端，而且在 `/oauth` 路由前綴之下，有一個管理用戶端與權杖的 API。

為了保護 Passport 身分驗證系統後面的路由，請將 `auth:api` 中介層加入路由或路由群組，如範例 13-29 所示。

範例 13-29 使用 Passport auth 中介層來保護 API 路由

```
// routes/api.php
Route::get('/user', function (Request $request) {
    return $request->user();
})->middleware('auth:api');
```

為了向這些受保護的路由驗證身分，你的用戶端 app 必須在 `Authorization` header 裡傳遞一個 `Bearer` 權杖（接下來會說明如何取得它）。範例 13-30 展示使用 Laravel 內建的 HTTP 用戶端來發出請求時的情況。

範例 13-30 使用 Bearer *權杖來發出* API *請求*

```
use Illuminate\Support\Facades\Http;

$response = Http::withHeaders(['Accept' => 'application/json'])
    ->withToken($accessToken)
    ->get('http://tweeter.test/api/user');
```

接著來仔細看一下它們如何運作。

Passport 的 API

Passport 在你的應用程式的 /oauth 路由前綴底下公開了一個 API。這個 API 有兩大功能：第一，使用 OAuth 2.0 授權流程來授權用戶（/oauth/authorize 與 /oauth/token），第二，讓用戶管理他們的用戶端與權杖（其餘的路由）。

這是很重要的區別，尤其是當你不熟悉 OAuth 時。每一個 OAuth 伺服器都必須公開讓用戶向你的伺服器進行身分驗證的功能，這是這項服務的核心目的。但 Passport 也公開一個 API，用來管理 OAuth 伺服器的用戶端與權杖的狀態。這意味著你可以輕鬆地建立一個前端，讓用戶在 OAuth 應用程式中管理他們的資訊。Passport 實際上附帶了 Vue-based 管理組件，你可以直接使用它們，或將它們當成靈感來源。

等一下要討論用來管理用戶端與權杖的 API 路由，以及 Passport 附帶的 Vue 組件，但首先，我們來探討用戶向「受 Passport 保護的 API」驗證身分的各種方式。

Passport 的授權類型

Passport 可讓你用四種不同的方式來驗證用戶。其中兩種是傳統的 OAuth 2.0 授權（密碼授權與授權碼授權），另兩種是 Passport 獨特的方便方法（個人權杖與同步權杖）。

密碼授權 雖然密碼授權不如授權碼授權常見，但簡單得多。如果你希望用戶能夠使用他們的帳號與密碼來向 API 驗證（例如，如果你為公司建立了一個使用你自己的 API 的行動 app 的話），你可以使用密碼授權。

建立密碼授權 client

要使用密碼授權流程，你要在資料庫裡設置一個 password grant client（密碼授權用戶端）。因為發給 OAuth 伺服器的每一個請求都要由 client 發送。通常 client 會識別用戶正在對哪個應用程式或網站進行身分驗證，例如當你用 Facebook 來登入第三方網站時，該網站將是 client。

但是在密碼授權流程中，不會有 client 隨著請求一起送來，所以你必須建立一個，它就是 password grant client。當你執行 php artisan passport:install 時會加入一個，但如果你因為任何原因需要生成新的 password grant client，你可以按照以下的方式操作：

```
php artisan passport:client --password

 What should we name the password grant client?
   [My Application Password Grant Client]:
 > Client_name

Which user provider should this client use to retrieve users? [users]:
   [0] users:
 > 0

Password grant client created successfully.
Client ID: 3
Client Secret: Pg1EEzt18JAnFoUIM9n38Nqewg1aekB4rvFk2Pma
```

在使用密碼授權類型時，取得權杖的步驟只有一個：傳送用戶的憑證至 /oauth/token 路由，見範例 13-31。

範例 13-31 使用密碼授權類型來發出請求

```php
// 在 *使用方 app* 裡的 Routes/web.php
Route::get('tweeter/password-grant-auth', function () {
    // 向 Passport 支援的 OAuth 伺服器「Tweeter」發出請求
    $response = Http::post('http://tweeter.test/oauth/token', [
        'grant_type' => 'password',
        'client_id' => config('tweeter.id'),
        'client_secret' => config('tweeter.secret'),
        'username' => 'matt@mattstauffer.co',
        'password' => 'my-tweeter-password',
        'scope' => '',
    ]);
```

```
    $thisUsersTokens = $response->json();
    // 使用權杖來做想做的事情
});
```

這個路由會回傳一個 access_token、一個 refresh_token，以及兩個詮釋資料：token_type 和 expires_in（稍後會討論）。你現在可以儲存這些權杖，以便用來向 API 進行驗證（access token）以及請求更多權杖（refresh token）。

請注意，我們在密碼授權類型中使用的 ID 和密碼將是 Passport app 的 oauth_clients 資料庫表中名稱與 Passport 授權用戶端相符的那一列的 ID 和密碼。在這張表中，你也可以看到在執行 passport:install 時預設產生的兩個用戶端的項目：「Laravel Personal Access Client」與「Laravel Password Grant Client」。

授權碼授權　這是最常見的 OAuth 2.0 授權流程，也是 Passport 支援的類型中最複雜的一種。假設我們開發一個類似 Twitter 的應用程式來分享音效片段，我們稱它為 Tweeter。我們也假設有另一個科幻迷的社交網站，稱為 SpaceBook。SpaceBook 的開發者希望讓用戶將他們的 Tweeter 資料嵌入他們的 SpaceBook 新聞動態中。我們要在 Tweeter 應用程式中安裝 Passport，以便讓其他應用程式（例如 SpaceBook）可以讓他們的用戶使用他們的 Tweeter 資訊進行驗證。

在授權碼授權類型中，每一個使用服務的網站（在此是 SpaceBook）都需要在以 Passport 支援的 app 裡建立一個 client。在多數情況下，其他網站的管理員有 Tweeter 帳號，我們將建立一套工具來讓他們在那裡建立 client。但首先，我們為 SpaceBook 的管理員手動建立一個 client：

```
php artisan passport:client
Which user ID should the client be assigned to?:
 > 1

What should we name the client?:
 > SpaceBook
Where should we redirect the request after authorization?
  [http://tweeter.test/auth/callback]:
 > http://spacebook.test/tweeter/callback

New client created successfully.
Client ID: 4
Client secret: 5rzqKpeCjIgz3MXpi3tjQ37HBnLLykrgWgmc18uH
```

為了回答例子中的第一個問題，有一件事情你必須知道：在 app 裡的每一個 client 都必須被指派給一位用戶。如果用戶 #1 正在撰寫 SpaceBook，他們將是我們建立的 client 的「擁有者」。

執行這個指令後，我們就會得到 SpaceBook client 的 ID 和密碼。此時，SpaceBook 可以使用這個 ID 與密碼來建立工具，讓 SpaceBook 的個別用戶（也是 Tweeter 用戶）從 Tweeter 取得身分驗證權杖，以便在 SpaceBook 代表該用戶向 Tweeter 發出 API 呼叫時使用。見範例 13-32 的說明（這個範例與後續的範例都假設 SpaceBook 也是一個 Laravel app，並假設 SpaceBook 的開發者在 *config/tweeter.php* 建立了一個檔案，它會回傳我們剛才建立的 ID 與密碼）。

範例 *13-32* 　使用方 *app* 將用戶轉址到我們的 *OAuth* 伺服器

```
// 在 SpaceBook 的 routes/web.php 裡面：
Route::get('tweeter/redirect', function () {
    $query = http_build_query([
        'client_id' => config('tweeter.id'),
        'redirect_uri' => url('tweeter/callback'),
        'response_type' => 'code',
        'scope' => '',
    ]);

    // 建立一個這樣的字串：
    // client_id={$client_id}&redirect_uri={$redirect_uri}&response_type=code

    return redirect('http://tweeter.test/oauth/authorize?' . $query);
});
```

當用戶在 SpaceBook 裡按下那個路由時，他們會被轉址到我們的 Tweeter app 的 /oauth/ authorize Passport 路由。此時，他們會看到一個確認頁——你可以藉著執行下面的命令來使用預設的 Passport 確認頁：

```
php artisan vendor:publish --tag=passport-views
```

這會將 view 發布到 *resources/views/vendor/passport/authorize.blade.php*，你的用戶將看到圖 13-1 的頁面。

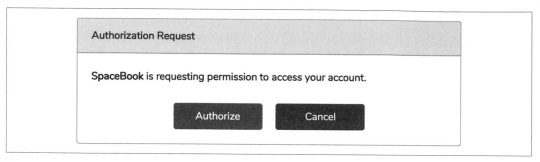

圖 13-1　OAuth 授權碼核准頁面

當用戶選擇接受或拒絕授權時，Passport 會將那位用戶轉址回所提供的 redirect_uri。在範例 13-32 中，我們將 redirect_uri 設為 url('tweeter/callback')，所以用戶會被轉址回 *http://space-book.test/tweeter/callback*。

核准請求（approval request）包含一個代碼，使用方 app 的 callback 路由可以使用它，從 Tweeter（使用了 Passport）那裡取得權杖。拒絕請求（rejection request）包含一個錯誤。SpaceBook 的 callback 路由可能像範例 13-33 這樣。

範例 13-33　使用方 app 裡面的授權 callback 路由

```
// 在 SpaceBook 的 routes/web.php 裡面：
Route::get('tweeter/callback', function (Request $request) {
    if ($request->has('error')) {
        // 處理錯誤條件
    }

    $response = Http::post('http://tweeter.test/oauth/token', [
        'grant_type' => 'authorization_code',
        'client_id' => config('tweeter.id'),
        'client_secret' => config('tweeter.secret'),
        'redirect_uri' => url('tweeter/callback'),
        'code' => $request->code,
    ]);

    $thisUsersTokens = $response->json();
    // 使用權杖來做想做的事情
});
```

SpaceBook 的開發者在這裡使用 Laravel HTTP 用戶端來建立一個 HTTP 請求，將它送到 Tweeter 的 /oauth/token Passport 路由。然後開發者發送一個 POST 請求，裡面有他們在用戶批准訪問時收到的授權碼，Tweeter 將回傳一個包含幾個鍵的 JSON 回應：

access_token

SpaceBook 將為這位用戶儲存的權杖。用戶將用這個權杖來認證送往 Tweeter 的請求（使用 Authorization header）。

refresh_token

如果你決定將權杖設為過期，SpaceBook 將需要這個權杖。在預設情況下，Passport 的訪問權杖可持續一年。

expires_in

access_token 還有幾秒過期（需要更新）。

token_type

你獲得的權杖類型，它將是 Bearer；這意味著以後當你傳送請求時，都要一起傳送一個名為 Authorization，值為 Bearer *YOURTOKENHERE* 的 header。

使用更新權杖

如果你想要強迫用戶更頻繁地重新驗證身分，你要在權杖上設定更短的更新時間，然後在必要時，使用 refresh_token 來請求一個新的 access_token——幾乎就像你從 API 呼叫收到 401（未授權）回應一樣。

範例 13-34 說明如何設定更短的更新時間。

範例 13-34　定義權杖更新時間

```
// AuthServiceProvider 的 boot() 方法
public function boot(): void
{
    Passport::routes();

    // 權杖還有多少時間需要更新
    Passport::tokensExpireIn(
        now()->addDays(15)
    );

    // 更新的權杖還有多少時間需要重新認證
    Passport::refreshTokensExpireIn(
        now()->addDays(30)
    );
}
```

若要使用更新權杖來請求新的權杖，使用方 app 必須先保存範例 13-33 的初始身分驗證回應裡的 refresh_token。在需要更新時，它將發出類似那個範例的呼叫，但略有不同，如範例 13-35 所示。

範例 13-35　用更新權杖來請求新權杖

```
// 在 SpaceBook 的 routes/web.php 裡面：
use Illuminate\Support\Facades\Http;

Route::get('tweeter/request-refresh', function (Request $request) {
    $response = Http::post('http://tweeter.test/oauth/token', [
        'grant_type' => 'refresh_token',
        'client_id' => config('tweeter.id'),
        'client_secret' => config('tweeter.secret'),
        'redirect_uri' => url('tweeter/callback'),
        'refresh_token' => $theTokenYouSavedEarlier,
        'scope' => '',
    ]);

    $thisUsersTokens = $response->json();

    // 使用權杖來做想做的事情
});
```

使用方 app 會在回應中收到一組新的權杖，可存入它的 user。

你已經擁有執行基本授權碼流程的所有工具了。稍後會討論如何為用戶端與權杖建立一個管理面板，但在那之前，我們先來快速地瞭解其他的授權類型。

個人訪問權杖　授權碼授權非常適合你的用戶的 app，而密碼授權很適合你自己的 app，但如果你的用戶想為自己建立權杖來測試你的 API，或是在開發他們的 app 時使用呢？個人權杖就是為此設計的。

建立個人訪問用戶端

要建立個人權杖，你要在資料庫裡加入個人訪問用戶端（personal access client）。執行 php artisan passport:install 即可加入一個，但如果因為某些原因，你想要製作新的個人訪問用戶端，你可以執行 php artisan passport:client --personal：

```
php artisan passport:client --personal

What should we name the personal access client?
  [My Application Personal Access Client]:
> My Application Personal Access Client

Personal access client created successfully.
```

個人訪問權杖不完全是一種「授權」類型，它沒有 OAuth 規定的流程。它們是 Passport 提供的便利方法，可讓你在系統中輕鬆地註冊一個 client，其用途僅僅是為你的開發者用戶建立方便的權杖。

例如，或許你有一位用戶正在開發 SpaceBook 的競爭對手 RaceBook（給馬拉松跑者使用），他們在設計程式之前，想要先摸索一下 Tweeter API 是怎麼運作的。這位開發者能夠使用授權碼流程來建立權杖嗎？還不行──他甚至還沒有寫出任何程式！這就是個人訪問權杖的用途。

你可以透過 JSON API 來建立個人訪問權杖，等一下就會介紹 JSON API，但你也可以在程式中為用戶建立一個：

```
// 建立沒有權限範圍的權杖
$token = $user->createToken('Token Name')->accessToken;

// 建立有權限範圍的權杖
$token = $user->createToken('My Token', ['place-orders'])->accessToken;
```

你的用戶可以像使用授權碼授權流程所建立的權杖一樣使用這些權杖。我們將在第 397 頁的「Passport 權限範圍」中更深入地探討權限範圍。

Laravel session 身分驗證產生的權杖（同步權杖）　讓用戶獲得 API 訪問權杖的最後一種做法也是 Passport 加入的方便方法，但一般的 OAuth 伺服器不提供這種做法。這種方法的使用時機是用戶已經正常登入你的 Laravel 應用程式，因而已經驗證了他們的身分，但你希望你的 app 的 JavaScript 能夠訪問 API。為此重新使用授權碼或密碼授權流程來驗證用戶的身分是繁瑣的工作，所以 Laravel 提供了一個輔助工具。

如果你在 web 中介層群組中加入 Laravel\Passport\Http\Middleware\CreateFreshApiToken 中介層（在 *app/Http/Kernel.php* 裡面），Laravel 傳給已驗證用戶的每一個回應都附有一個名為 laravel_token 的 cookie。這個 cookie 是 JSON Web Token（JWT），裡面有關於 CSRF 權杖的編碼資訊。現在，如果你在發送 JavaScript 請求時，在它的 X-CSRF-TOKEN header 裡傳送一般的 CSRF 權杖，並且在你發出的任何 API 請求中發送 X-Requested-With header，API 會比較你的 CSRF 權杖與這個 cookie，這將對著 API 驗證你的用戶，就像使用任何其他權杖一樣。

JSON Web Tokens（JWT）

JWT 是一種相對較新的格式，在過去幾年中獲得廣泛的關注，其目的是「在兩方之間安全地表達聲明」。JSON Web Token 是一種 JSON 物件，內含確定用戶的身分驗證狀態與訪問權限的所有必要資訊。這個 JSON 使用金鑰雜湊訊息鑑別碼（HMAC）或 RSA 來進行數位簽章，這就是它值得信任的原因。

這個權杖通常會被編碼然後透過 URL 或 POST 請求來傳遞，或在 header 中傳遞。當用戶以某種方式向系統進行身分驗證之後，每一個 HTTP 請求都會包含這個權杖，以描述用戶的身分和授權。

JSON Web Tokens 包含三個 Base64 編碼字串，在這些字串之間以句點分隔，例如 *xxx.yyy.zzz*。它的第一個部分是 Base64 編碼的 JSON 物件，包含關於所使用的雜湊演算法的資訊；第二個部分是一系列關於用戶的授權與身分的「聲明」；第三個部分是簽章，或使用第一個部分指定的演算法來為第一個與第二個部分進行加密與簽章的結果。

要進一步瞭解 JWT，可參考 JWT.IO（*https://jwt.io*）或 jwt-auth Laravel 程式包（*https://oreil.ly/Ig_eu*）。

Laravel 預設的 JavaScript 啟動程序會幫你設定這個 header，但如果你使用不同的框架，你就必須親自設定它。範例 13-36 展示如何使用 jQuery 來設定。

範例 13-36　設定 jQuery 來隨著所有 Ajax 請求一起傳遞 Laravel 的 CSRF 權杖與 X-Requested-With header

```
$.ajaxSetup({
    headers: {
        'X-CSRF-TOKEN': "{{ csrf_token() }}",
```

```
            'X-Requested-With': 'XMLHttpRequest'
        }
    });
```

如果你將 CreateFreshApiTokens 中介層加入 web 中介層群組，並連同每一個 JavaScript 請求一起傳遞這些 header，你的 JavaScript 請求就能夠訪問受 Passport 保護的 API 路由，讓你不必煩惱關於授權碼或密碼授權的複雜細節。

Passport 權限範圍

如果你熟悉 OAuth，你應該已經注意到我們還沒有談到 scope（權限範圍）。我們到目前為止討論的每一件事都可以用權限範圍來自訂——但是在討論這件事之前，我們先簡單地介紹一下什麼是權限範圍。

在 OAuth 裡，權限範圍是定義好的一組權限，但不包括「可以做任何事情」。例如，如果你曾經獲得 GitHub API 權杖，你可能注意到有一些 app 只想要取得你的名稱與 email 地址，有些想要訪問你的所有 repo，有些想要訪問你的 gist，它們都是一種「權限範圍」，可讓用戶與使用方 app 定義使用方 app 需要什麼訪問權限來執行它的工作。

如範例 13-37 所示，你可以在 AuthServiceProvider 的 boot() 方法裡定義你的應用程式的權限範圍。

範例 13-37　定義 Passport 權限範圍

```
// AuthServiceProvider
use Laravel\Passport\Passport;
...
    public function boot(): void
    {
        ...

        Passport::tokensCan([
            'list-clips' => 'List sound clips',
            'add-delete-clips' => 'Add new and delete old sound clips',
            'admin-account' => 'Administer account details',
        ]);
    }
```

定義權限範圍之後，使用方 app 就可以定義它想使用哪一種訪問權限範圍了。你只要在初始 redirect 的 scope 欄位中加入以空格分隔的權杖串列即可，如範例 13-38 所示。

範例 13-38　請求授權訪問特定的權限範圍

```php
// 在 SpaceBook 的 routes/web.php 裡面：
Route::get('tweeter/redirect', function () {
    $query = http_build_query([
        'client_id' => config('tweeter.id'),
        'redirect_uri' => url('tweeter/callback'),
        'response_type' => 'code',
        'scope' => 'list-clips add-delete-clips',
    ]);

    return redirect('http://tweeter.test/oauth/authorize?' . $query);
});
```

當用戶嘗試授權這個 app 時，app 會展示所請求的權限範圍串列，如此一來，用戶就可以知道現在是否「SpaceBook 請求查看你的 email 地址」或「SpaceBook 請求許可，以代表你發布和刪除貼文，以及傳訊息給你的朋友」。

你可以使用中介層或 User 實例來檢查權限範圍。範例 13-39 展示如何用 User 來檢查。

範例 13-39　檢查用戶所認證的權杖是否可以執行特定動作

```php
Route::get('/events', function () {
    if (auth()->user()->tokenCan('add-delete-clips')) {
        //
    }
});
```

此外，scope 與 scopes 這兩種中介層也可以用來做這件事。要在你的 app 中使用它們，請將它們加入 app/Http/Kernel.php 檔案內的 $middlewareAliases：

```php
'scopes' => \Laravel\Passport\Http\Middleware\CheckScopes::class,
'scope' => \Laravel\Passport\Http\Middleware\CheckForAnyScope::class,
```

接下來就可以像範例 13-40 一樣使用這個中介層了。scopes 要求用戶的權杖內必須有所定義的所有權限範圍，才能讓用戶使用路由，scope 則要求用戶的權杖內至少有一個所定義的權限範圍。

範例 13-40　根據權杖權限範圍，使用中介層來限制訪問權限

```php
// routes/api.php
Route::get('clips', function () {
    // 訪問權杖有 "list-clips" 與 "add-delete-clips" 權限範圍
})->middleware('scopes:list-clips,add-delete-clips');
```

```
// 或

Route::get('clips', function () {
    // 訪問權杖至少有一個所列的權限範圍
})->middleware('scopes:list-clips,add-delete-clips');
```

如果你沒有定義任何權限範圍，app 會像它們不存在一樣正常運作。但是，一旦你使用權限範圍，使用方 app 就必須明確地定義它們請求以哪些權限範圍來訪問。唯一的例外是，如果你使用的是密碼授權類型，使用方 app 可以請求 * 權限範圍，它可以讓權杖訪問任何東西。

部署 Passport

當你使用 Passport 來製作 app 並第一次部署它時，你必須為 app 生成金鑰，Passport API 才會生效。你可以在生產伺服器執行 `php artisan passport:keys`，它會產生加密金鑰，讓 Passport 用來生成權杖。

自訂 404 回應

Laravel 為一般的 HTML view 提供可自訂的錯誤訊息頁面，但對於 JSON 內容類型的呼叫，你也可以自訂預設的 404 後備回應，做法是在你的 API 新增 `Route::fallback()` 呼叫，如範例 13-41 所示。

範例 13-41　定義後備路由

```
// routes/api.php
Route::fallback(function () {
    return response()->json(['message' => 'Route Not Found'], 404);
})->name('api.fallback.404');
```

觸發後備路由

如果你想要自訂當 Laravel 抓到「not found」例外時應回傳哪個路由，你可以使用 `respondWithRoute()` 來更新例外處理器（handler），如範例 13-42 所示。

範例 13-42　在抓到「not found」例外時呼叫後備路由

```
// App\Exceptions\Handler
use Illuminate\Support\Facades\Route;
use Symfony\Component\HttpKernel\Exception\NotFoundHttpException;
```

```
use Illuminate\Http\Request;

public function register(): void
{
    $this->renderable(function (NotFoundHttpException $e, Request $request) {
        if ($request->isJson()) {
            return Route::respondWithRoute('api.fallback.404');
        }
    });

}
```

測試

幸運的是，測試 API 幾乎比測試 Laravel 的任何其他東西都要簡單。

我們將在第 12 章更深入說明這個主題，但有一系列的方法可針對 JSON 進行斷言。結合這種功能與簡單的 full-stack 應用測試，可以讓你輕鬆地寫出 API 測試。看一下範例 13-43 這個常見 API 測試模式。

範例 13-43　常見的 API 測試模式

```
...
class DogsApiTest extends TestCase
{
    use WithoutMiddleware, RefreshDatabase;

    public function test_it_gets_all_dogs()
    {
        $dog1 = Dog::factory()->create();
        $dog2 = Dog::factory()->create();

        $response = $this->getJson('api/dogs');

        $response->assertJsonFragment(['name' => $dog1->name]);
        $response->assertJsonFragment(['name' => $dog2->name]);
    }
}
```

注意，我們使用 `WithoutMiddleware` 來避免處理身分驗證。如果需要，你要單獨測試它（關於身分驗證的詳情，請參考第 9 章）。

在這個測試中,我們將兩個 Dog 插入資料庫,然後訪問 API 路由來列出所有 Dog,並確保兩者都出現在輸出中。

讓測試覆蓋所有的 API 路由既簡單且輕鬆,包括修改的動作,例如 POST 與 PATCH…等。

測試 Passport

你可以使用 Passport 靜態介面的 actingAs() 方法來測試權限範圍。範例 13-44 是在 Passport 中測試權限範圍的常見模式。

範例 13-44　測試限定權限範圍的訪問

```
public function test_it_lists_all_clips_for_those_with_list_clips_scope()
{
    Passport::actingAs(
        User::factory()->create(),
        ['list-clips']
    );

    $response = $this->getJson('api/clips');
    $response->assertStatus(200);
}
```

TL;DR

Laravel 是專為建構 API 而設計的框架,它可以讓 JSON 和 RESTful API 用起來很簡單。雖然它有一些規範(例如分頁),但關於你的 API 如何進行排序、驗證身分…等具體細節則由你決定。

Laravel 提供一些身分驗證與測試工具,可讓你輕鬆地處理與閱讀 header 以及使用 JSON,甚至可將所有的 Eloquent 結果自動編碼成 JSON,如果路由直接回傳它們的話。

Laravel Passport 是一種獨立的程式包,可以幫助你在 Laravel app 中建立與管理 OAuth 伺服器。

## 第十四章

儲存與讀取

我們在第 5 章介紹過如何將資料存入關聯式資料庫，但還有許多東西可以儲存，不管是在本地，還是在遠端。在這一章，我們要研究檔案系統與 in-memory（記憶體內的）儲存機制、檔案上傳與操作、非關聯式資料儲存機制、session、快取、log、cookie，與全文搜尋。

本地與雲端檔案管理器

Laravel 透過 `Storage` 靜態介面提供一套檔案處理工具與一些輔助函式。

Laravel 的檔案系統存取工具可以連接本地檔案系統及 S3、Rackspace 與 FTP。S3 與 Rackspace 檔案驅動程式是由 Flysystem（*https://oreil.ly/2lP4P*）提供的，你也可以輕鬆地在 Laravel app 裡面加入額外的 Flysystem 供應商（例如 Dropbox 或 WebDAV）。

設置檔案存取組態

Laravel 在 *config/filesystems.php* 裡定義檔案管理器。每一個連結都稱為一個「磁碟（disk）」，範例 14-1 是現成的磁碟。

範例 14-1　預設的儲存磁碟

```
...
'disks' => [
    'local' => [
        'driver' => 'local',
        'root' => storage_path('app'),
        'throw' => false,
    ],
```

```
    'public' => [
        'driver' => 'local',
        'root' => storage_path('app/public'),
        'url' => env('APP_URL').'/storage',
        'visibility' => 'public',
        'throw' => false,
    ],
    's3' => [
        'driver' => 's3',
        'key' => env('AWS_ACCESS_KEY_ID'),
        'secret' => env('AWS_SECRET_ACCESS_KEY'),
        'region' => env('AWS_DEFAULT_REGION'),
        'bucket' => env('AWS_BUCKET'),
        'url' => env('AWS_URL'),
        'endpoint' => env('AWS_ENDPOINT'),
        'use_path_style_endpoint' => env('AWS_USE_PATH_STYLE_ENDPOINT', false),
        'throw' => false,
    ],
],
```

storage_path() 輔助函式

範例 14-1 使用的 storage_path() 輔助函式會連接到 Laravel 設置的儲存目錄 *storage/*。你傳給它的東西都會被附加至目錄名稱的結尾,所以 storage_path('public') 會回傳字串 storage/public。

local 磁碟連接至你的本地儲存系統,並預設與儲存路徑的 *app* 目錄互動,即 *storage/app*。

public 磁碟也是本地磁碟(但你也可以視情況改變它),用於你想讓 app 提供(serve)的任何檔案,它預設指向 *storage/app/public* 目錄,如果你想要使用這個目錄向公眾提供檔案,你要在 *public/* 目錄裡加入一個符號連結(*symlink*)。幸運的是,有一個 Artisan 命令可以對映(map)*public/storage*,從 *storage/app/public* 提供檔案:

```
php artisan storage:link
```

s3 磁碟展示 Laravel 如何連接雲端檔案儲存系統。如果你曾經連接至 S3 或任何其他雲端儲存服務供應商,你應該很熟悉它;你要將金鑰、密碼以及一些定義你正在使用的「資料夾」(在 S3 裡,它是 region 與 bucket)的資訊傳給它。

所需的 S3、FTP 或 SFTP 驅動程式包

要使用 S3、FTP 或 SFTP 驅動程式，你要先為想用的驅動程式安裝一個 Composer 程式包。

為 S3：

```
composer require -W league/flysystem-aws-s3-v3 "^3.0"
```

為 FTP：

```
composer require league/flysystem-ftp "^3.0"
```

為 SFTP：

```
composer require league/flysystem-sftp-v3 "^3.0"
```

使用 Storage 靜態介面

你可以在 *config/filesystem.php* 裡面設定預設磁碟，它會在你呼叫 Storage 靜態介面卻未指定磁碟時使用。要指定磁碟，請對著靜態介面呼叫 disk('*diskname*')：

```
Storage::disk('s3')->get('file.jpg');
```

所有檔案系統都提供以下的方法：

get('*file.jpg*')

取出位於 *file.jpg* 的檔案

json('*file.json*', $flags)

取出位於 *file.json* 的檔案，並解碼它的 JSON 內容

put('*file.jpg*', $*contentsOrStream*)

將傳入的檔案內容放入 *file.jpg*

putFile('*myDir*', $*file*)

將所提供的檔案（以 Illuminate\Http\File 或 Illuminate\Http\UploadedFile 實例的形式）的內容放至 *myDir* 目錄，但使用 Laravel 來管理整個串流程序以及為檔案命名

exists('*file.jpg*')

    回傳一個布林值來指示 *file.jpg* 是否存在

getVisibility('*myPath*')

    取得路徑的能見性（「公開」還是「私用」）

setVisibility('*myPath*')

    設定路徑的能見性（「公開」還是「私用」）

copy('*file.jpg*', '*newfile.jpg*')

    將 *file.jpg* 複製到 *newfile.jpg*

move('*file.jpg*', '*newfile.jpg*')

    將 *file.jpg* 移到 *newfile.jpg*

prepend('*my.log*', '*log text*')

    將 *log text* 內容加到 *my.log* 的開頭

append('*my.log*', '*log text*')

    將 *log text* 內容加到 *my.log* 的結尾

delete('*file.jpg*')

    刪除 *file.jpg*

size('*file.jpg*')

    回傳 *file.jpg* 的 bytes 大小

lastModified('*file.jpg*')

    回傳 *file.jpg* 上次被修改時的 Unix 時戳

files('*myDir*')

    回傳 *myDir* 目錄內的檔案名稱陣列

allFiles('*myDir*')

    回傳 *myDir* 目錄內的檔案名稱陣列及其所有子目錄

directories('*myDir*')

回傳 *myDir* 目錄內的目錄名稱陣列

allDirectories('*myDir*')

回傳 *myDir* 目錄內的目錄及其所有子目錄的名稱陣列

makeDirectory('*myDir*')

建立新目錄

deleteDirectory('*myDir*')

刪除 *myDir*

readStream('*my.log*')

獲取一個資源以讀取 *my.log*

writeStream('*my.log*', $resource)

使用串流來寫入一個新檔案（*my.log*）

注入實例

如果你比較想要注入實例而不是使用 File 靜態介面，你可以透過 typehint
或注入 Illuminate\Filesystem\Filesystem 來使用以上的所有方法。

增加額外的 Flysystem 供應器

如果你想要加入額外的 Flysystem 供應器（provider），你就要「擴展（extend）」Laravel
原生的儲存系統，在某個服務供應器裡面（也許是在 AppServiceProvider 的 boot() 方
法，但比較好的做法是為每一個新綁定建立一個專屬的服務供應器），使用 Storage 靜態
介面來加入新儲存系統，如範例 14-2 所示。

範例 14-2　加入額外的 Flysystem 供應器

```
// 某個伺服器供應器
public function boot(): void
{
    Storage::extend('dropbox', function ($app, $config) {
        $client = new DropboxClient(
            $config['accessToken'], $config['clientIdentifier']
```

```
        );

        return new Filesystem(new DropboxAdapter($client));
    });
}
```

基本檔案上傳與操作

Storage 靜態介面有一種常見的用途是接收 app 用戶上傳的檔案。我們來看一下它的常見流程,如範例 14-3 所示。

範例 14-3 常見的用戶上傳流程

```
...
class DogController
{
    public function updatePicture(Request $request, Dog $dog)
    {
        Storage::put(
            "dogs/{$dog->id}",
            file_get_contents($request->file('picture')->getRealPath())
        );
    }
}
```

我們 put()(放入)一個名為 *dogs/id* 的檔案,而且從上傳的檔案裡面抓取內容。每一個被上傳的檔案都是 SplFileInfo 類別的後代,它有一個 getRealPath() 方法,可用來取得檔案位置路徑。所以,我們取得用戶上傳檔案的臨時上傳路徑,用 file_get_contents() 來讀取它,並將它傳入 Storage::put()。

因為我們已經取得這個檔案了,我們可以先對它做任何事情再儲存它,如果它是圖像,我們可以使用圖像處理程式來改變它的尺寸、檢驗它,並在它不符合條件時拒絕它,或做其他事情。

如果我們想將這個檔案上傳到 S3,並且已經在 *config/filesystems.php* 裡儲存了憑證,我們可以修改範例 14-3 來呼叫 Storage::disk('s3')->put(),即可上傳至 S3。範例 14-4 是比較複雜的上傳範例。

範例 14-4　較複雜的檔案上傳範例，使用 *Intervention*

```
...
class DogController
{
    public function updatePicture(Request $request, Dog $dog)
    {
        $original = $request->file('picture');

        // 將圖像尺寸改為最大寬度 150
        $image = Image::make($original)->resize(150, null, function ($constraint) {
            $constraint->aspectRatio();
        })->encode('jpg', 75);

        Storage::put(
            "dogs/thumbs/{$dog->id}",
            $image->getEncoded()
        );
    }
}
```

在範例 14-4 中，我使用一種稱為 Intervention 的圖像程式庫（*http://image.intervention.io*），這只為了示範，你可以使用任何程式庫。重點在於，在你儲存檔案之前，你可以隨意操作這些檔案。

使用上傳檔案的 *store()* 與 *storeAs()*

你也可以使用上傳檔案本身來儲存它，詳情見範例 7-18。

簡單的檔案下載

如同 Storage 可協助接收用戶上傳的檔案，它也可以簡化「將檔案傳回去給他們」的工作。見範例 14-5 這個簡單的示範。

範例 14-5　簡單的檔案下載

```
public function downloadMyFile()
{
    return Storage::download('my-file.pdf');
}
```

Session

session 是 web 應用程式在不同的網頁請求之間儲存狀態的主要工具。Laravel 的 session 管理器支援使用檔案、cookie、資料庫、Memcached 或 Redis、DynamoDB，或 in-memory 陣列的 session 驅動程式（in-memory 陣列會在網頁請求之後過期，只適合用來測試）。

你可以在 *config/session.php* 裡設定所有的 session 配置與驅動程式。你可以選擇是否加密 session 資料、選擇想使用的驅動程式（預設為 file），及指定更多連結相關的細節，例如 session 儲存體的長度，以及要使用哪些檔案或資料庫的資料表。請參考 session 文件（*https://oreil.ly/AMp4T*）來瞭解你需要為所選擇的任何驅動程式準備的依賴項目和設定。

session 工具的通用 API 可讓你用個別的鍵來儲存與讀取資料，例如 session()->put('*user_id*') 與 session()->get('*user_id*')。千萬不要將任何東西存入 flash session 鍵，因為 Laravel 在內部使用該鍵來存入（僅適用於下一個網頁請求）session 儲存體。

存取 session

要存取 session，最常見的做法是使用 Session 靜態介面：

```
Session::get('user_id');
```

但你也可以對任何 Illuminate Request 物件使用 session() 方法，見範例 14-6。

範例 14-6 對 Request 物件使用 session() 方法

```
Route::get('dashboard', function (Request $request) {
    $request->session()->get('user_id');
});
```

你也可以注入 Illuminate\Session\Store 實例，見範例 14-7。

範例 14-7 注入 session 的背景類別

```
Route::get('dashboard', function (Illuminate\Session\Store $session) {
    return $session->get('user_id');
});
```

最後，你可以使用全域的 session() 輔助函式，在使用它時不傳入參數會得到一個 session 實例，傳入一個字串參數可從 session「get」資料，傳入一個陣列可「put」 session，見範例 14-8。

範例 14-8　使用 *session()* 全域輔助函式

```
// Get
$value = session()->get('key');
$value = session('key');
// Put
session()->put('key', 'value');
session(['key', 'value']);
```

如果你是 Laravel 新手，不知道該使用哪一個，建議你使用全域輔助函式。

session 實例提供的方法

get() 與 put() 是最常用的兩種方法，我們來看看每一種可用的方法及其參數：

session()->get(*$key, $fallbackValue*)

get() 方法會從 session 中提取所提供的鍵的值。如果該鍵無值，它將回傳後備值 （如果你沒有提供後備值，它會回傳 null）。後備值可以是一個簡單的值或一個 closure，如下所示：

```
$points = session()->get('points');

$points = session()->get('points', 0);

$points = session()->get('points', function () {
    return (new PointGetterService)->getPoints();
});
```

session()->put(*$key, $value*)

put() 會將它收到的值存入 session 中，它收到的鍵之處：

```
session()->put('points', 45);

$points = session()->get('points');
```

session()->push($key, $value)

如果你的任何 session 值是陣列，你可使用 push() 來將值加入陣列：

```
session()->put('friends', ['Saúl', 'Quang', 'Mechteld']);

session()->push('friends', 'Javier');
```

session()->has($key)

has() 會檢查它收到的鍵是否有值：

```
if (session()->has('points')) {
    // 做想做的事情
}
```

你也可以傳遞一個鍵陣列，它會在所有的鍵都存在時回傳 true。

session()->has() 與 null 值

如果 session 值已被設定，但該值是 null，session()->has() 將回傳 false。

session()->exists($key)

exists() 會檢查所提供的鍵是否有值，類似 has()，但與 has() 不同的是，即使值被設為 null，它也回傳 true：

```
if (session()->exists('points')) {
    // 即使 'points' 被設為 null 也回傳 true
}
```

session()->all()

all() 會回傳一個包含 session 內的所有東西的陣列，包括被框架設定的值。或許你會看到 _token（CSRF 權杖）、_previous（上一頁，供 back() 轉址使用），與 flash（flash 儲存系統）這類的鍵的值。

session()->only()

only() 回傳一個陣列，裡面只有你指定的 session 內的值。

session()->forget(*$key*), session()->flush()

> forget() 會移除一個之前設定的 session 值。flush() 會移除每一個 session 值，即使它們是由框架設定的：
>
> ```
> session()->put('a', 'awesome');
> session()->put('b', 'bodacious');
>
> session()->forget('a');
> // a 不再被設值了，b 仍然被設值
> session()->flush();
> // 現在 session 是空的
> ```

session()->pull(*$key, $fallbackValue*)

> pull() 與 get() 差不多，但它會在拉出值之後，將它從 session 裡刪除。

session()->regenerate()

> 這個方法不常用，但如果你需要重新產生 session ID，regenerate() 就是為你準備的。

Flash session 儲存

我們還有三種方法尚未討論，它們都與所謂的 *flash session* 儲存有關。

session 儲存有一種極為常見的模式：設定只在下一個網頁載入時可用的值。例如，你可能想要儲存「成功更新文章」之類的訊息。雖然你可以手動取得那個訊息，並在下一頁載入時清除它，但經常採取這種模式可能導致資源浪費，此時可使用 flash session 儲存：它的鍵只存在一個網頁請求。

Laravel 可以為你處理這項工作，你要做的事情只有將 put() 換成 flash()。實用的方法包括：

session()->flash(*$key, $value*)

> flash() 會將 session 鍵設為所提供的值，僅供下次網頁請求使用。

session()->reflash(), session()->keep(*$key*)

> 如果你想要讓上一個網頁的 flash session 資料多存活一個請求，你可以使用 reflash() 來復原所有資料以供下一個請求使用，或使用 keep(*$key*) 來復原一個 flash 值以供下一個請求使用。keep() 也可以接收鍵陣列來 reflash。

快取

快取的結構與 session 非常相似,你也要提供一個鍵,且 Laravel 會幫你儲存它。兩者之間最大的差異在於,快取內的資料是為各個 app 緩存的,而 session 中的資料是為各個用戶緩存的。這意味著,快取比較可能被用來儲存資料庫查詢、API 呼叫,或其他可能稍微「過期」的慢速查詢的結果。

快取組態設置可在 *config/cache.php* 裡找到。就像 session 一樣,你可以為任何驅動程式設定具體的組態細節,也可以選擇預設的驅動程式。Laravel 預設使用 file 快取驅動程式,但你也可以使用 Memcached 或 Redis、APC、DynamoDB、資料庫,或編寫你自己的快取驅動程式。請參考快取文件(*https://laravel.com/docs/cache*)來進一步瞭解你所選擇的驅動程式的具體依賴項目與設定。

存取快取

如同 session,你有幾種存取快取的做法。你可以使用靜態介面:

```
$users = Cache::get('users');
```

也可以從容器取得一個實例,如範例 14-9 所示。

範例 14-9 注入一個快取實例

```
Route::get('users', function (Illuminate\Contracts\Cache\Repository $cache) {
    return $cache->get('users');
});
```

你也可以使用全域的 cache() 輔助函式,如範例 14-10 所示。

範例 14-10 使用全域的 cache() 輔助函式

```
// 從快取取得
$users = cache('key', 'default value');
$users = cache()->get('key', 'default value');
// 持續放置 $seconds 時間
$users = cache(['key' => 'value'], $seconds);
$users = cache()->put('key', 'value', $seconds);
```

如果你是 Laravel 新手,不知道該選擇哪一種做法,建議你使用全域輔助函式。

Cache 實例提供的方法

我們來看看可以對著 Cache 實例呼叫的方法有哪些：

cache()->get(*$key, $fallbackValue*),
cache()->pull(*$key, $fallbackValue*)

> get() 可以讓你取出任何指定鍵的值。pull() 與 get() 相似，但它會在取出快取值之後移除它。

cache()->put(*$key, $value, $secondsOrExpiration*)

> put() 會將指定鍵的值設為所提供的秒數。如果你想要設定過期日期 / 時間，而不是秒數，你可以將 Carbon 物件當成第三個參數傳入：
>
> ```
> cache()->put('key', 'value', now()->addDay());
> ```

cache()->add(*$key, $value*)

> add() 類似 put()，但若值已存在，add() 不會設定它。此外，這個方法會回傳一個布林，指出該值是否被實際加入：
>
> ```
> $someDate = now();
> cache()->add('someDate', $someDate); // 回傳 true
> $someOtherDate = now()->addHour();
> cache()->add('someDate', $someOtherDate); // 回傳 false
> ```

cache()->forever(*$key, $value*)

> forever() 會將值存入快取的特定鍵，它與 put() 相似，但值絕不過期（在它被 forget() 移除之前）。

cache()->has(*$key*)

> has() 會回傳一個布林值，指出所收到的鍵是否有值。

cache()->remember(*$key, $seconds, $closure*),
cache()->rememberForever(*$key, $closure*)

> remember() 提供一個方法來處理極常見的流程：查詢快取中的某個鍵是否有對應的值，如果沒有，以某種方式獲取該值，將它存入快取，並回傳該值。
>
> remember() 可讓你提供一個用來查詢的鍵、它應該保存多少秒，與一個定義當該鍵未設值時如何尋找值的 closure。rememberForever() 的功能相似，但不需要設定保存秒數。下面的範例是 remember() 常見的使用場景：

```
// 回傳於 "users" 快取的值，或取得 "User::all()"，
// 於 "users" 快取它，並回傳它
$users = cache()->remember('users', 7200, function () {
    return User::all();
});
```

cache()->increment(*$key*, *$amount*), cache()->decrement(*$key*, *$amount*)

increment() 與 decrement() 可讓你遞增與遞減快取中的整數值。如果所指定的鍵沒有值，它會被視為 0，如果你傳入第二個參數來進行遞增或遞減，它會遞增或遞減那個數量，而非 1。

cache()->forget(*$key*), cache()->flush()

forget() 的功能與 Session 的 forget() 方法相似：當你傳入一個鍵時，它會抹除那個鍵的值。flush() 會抹除整個快取。

Cookie

cookie 的運作方式與 session 和快取相同，cookie 也有靜態介面和全域輔助函式，三者的概念基本上是相似的：我們可以用同一種做法來取得或設定它們的值。

但由於 cookie 本質上附著於請求與回應上，所以你要用不同的方式來與 cookie 互動。我們來簡單地看一下 cookie 有哪些獨特之處。

Laravel 的 cookie

cookie 可能存在於 Laravel 的三個地方。它們可能透過請求進入，這意味著用戶在造訪網頁時已擁有該 cookie。你可以使用 Cookie 靜態介面來讀取它，或從請求物件中讀取它。

它們也可以隨著回應一起送出，這意味著回應將指示用戶的瀏覽器將 cookie 保存起來，以備未來的訪問。你可以將 cookie 加到你的回應物件再回傳它。

最後，cookie 可以推入佇列。當你使用 Cookie 靜態介面來設定 cookie 時，你就會將它推入「CookieJar」佇列，它會被 AddQueuedCookiesToResponse 中介層移除並加入回應物件。

使用 cookie 工具

你可以在三個地方取得及設定 cookie：Cookie 靜態介面、cookie() 全域輔助函式，以及請求與回應物件。

Cookie 靜態介面

Cookie 靜態介面是功能最齊全的選項，它不但可以用來讀取與製作 cookie，也可以將 cookie 推入佇列，以便加入回應。它提供以下的方法：

Cookie::get(*$key*)

> 從隨著請求一起傳來的 cookie 中取出值，你可以直接執行 Cookie::get('*cookie-name*')。這是最簡單的選項。

Cookie::has(*$key*)

> 你可以使用 Cookie::has('*cookie-name*') 來檢查是否有 cookie 隨著請求一起傳來，它會回傳一個布林值。

Cookie::make(...*params*)

> 如果你想要製作 cookie，但不想將它推入任何佇列，你可以使用 Cookie::make()。它最常見的用途是製作一個 cookie，然後手動將它附加至回應物件，我們很快就會討論這一點。
>
> 以下是 make() 的參數，依序排列：
>
> - $name 是 cookie 的名稱。
> - $value 是 cookie 的內容。
> - $minutes 是 cookie 應存留幾分鐘。
> - $path 是 cookie 的有效路徑。
> - $domain 列出你的 cookie 適用的網域。
> - $secure 指示 cookie 是否只應在安全（HTTPS）連結上傳送。
> - $httpOnly 指示 cookie 是否只能透過 HTTP 協定來存取。
> - $raw 指示在傳送 cookie 時是否不進行 URL 編碼。
> - $sameSite 指示 cookie 是否可用於跨站請求，選項有 lax、strict 與 null。

```
Cookie::make()
```

回傳 Symfony\Component\HttpFoundation\Cookie 實例。

cookie 的預設設定

Cookie 靜態介面實例所使用的 CookieJar 會從 session 組態讀取它的預設值。所以，如果你改變位於 *config/session.php* 內的 session cookie 的任何組態值，那些預設值都會被套用至你用 Cookie 靜態介面建立的所有 cookie。

```
Cookie::queue(Cookie || params)
```

當你使用 Cookie::make() 時，你要將 cookie 附加到你的回應，我們很快就會討論這一點。Cookie::queue() 的語法與 Cookie::make() 相同，但是它會將所建立的 cookie 推入佇列，以便讓中介層自動將它們附加至回應。

如果你願意，你也可以將自行建立的 cookie 傳入 Cookie::queue()。

以下是在 Laravel 中，將 cookie 加入回應最簡單的做法：

```
Cookie::queue('dismissed-popup', true, 15);
```

已被推入佇列的 cookie 何時不會被設定

cookie 只能作為回應的一部分來回傳。所以，如果你使用 Cookie 靜態介面來將 cookie 推入佇列，然後你的回應未被正確回傳（例如，你使用了 PHP 的 exit() 或其他東西中斷了腳本的執行），你的 cookie 就不會被設定。

cookie() 全域輔助函式

如果你呼叫 cookie() 全域輔助函式時未傳入參數，它將回傳一個 CookieJar 實例。但是，Cookie 最方便的兩種方法（has() 與 get()）只存在於靜態介面，不存在於 CookieJar。所以，在這個場景中，我認為全域輔助函式是最不實用的選項。

唯一適合使用 cookie() 全域輔助函式的任務是建立 cookie。如果你傳遞參數給 cookie()，它們會被直接傳給等效的 Cookie::make()，所以下面的寫法是最快速的 cookie 建立法：

```
$cookie = cookie('dismissed-popup', true, 15);
```

注入實例

你也可以將 Illuminate\Cookie\CookieJar 實例注入 app 內的任何地方，
但你會遇到在此討論的相同限制。

請求與回應物件的 cookie

由於 cookie 被當成請求的一部分傳入，也被設置為回應的一部分，所以這些 Illuminate
物件就是 cookie 實際的立身之處。Cookie 靜態介面的 get()、has() 與 queue() 方法都只
是與 Request 及 Response 物件互動的代理程式。

所以，要與 cookie 互動，最簡單的做法就是從請求拉出 cookie，以及在回應中設定
它們。

從 Request 物件讀取 cookie　當你有個 Request 物件的複本時（如果你不知道如何
取得，試試 app('request')），你可以使用 Request 物件的 cookie() 方法來讀取它的
cookie，如範例 14-11 所示。

範例 14-11　從 Request 物件讀取 cookie

```
Route::get('dashboard', function (Illuminate\Http\Request $request) {
    $userDismissedPopup = $request->cookie('dismissed-popup', false);
});
```

從這個範例可以看到，cookie() 方法有兩個參數：cookie 的名稱與選用的後備值。

設定 Response 物件的 cookie　當你有 Response 物件時，你可以使用它的 cookie() 方法
來將 cookie 加入回應，如範例 14-12 所示。

範例 14-12　設定 Response 物件的 cookie

```
Route::get('dashboard', function () {
    $cookie = cookie('saw-dashboard', true);

    return Response::view('dashboard')
        ->cookie($cookie);
});
```

如果你是 Laravel 新手，不知道該使用哪個選項，我建議你對著 Request 與 Response 物
件設定 cookie，雖然這比較麻煩，但如果將來的開發者不瞭解 CookieJar 佇列，這種做
法比較不會出錯。

Logging

我們在討論容器和靜態介面等觀念時，已經看過一些非常簡短的 logging（日誌紀錄）範例了，接下來要簡單地看看除了 `Log::info('Message')` 之外，logging 還提供哪些選項。

log 的目的是提升「可發現性（*discoverability*）」，或者說，提升你在任何時刻瞭解 app 裡發生了什麼事情的能力。

log 是你的程式碼產生的短訊息，有時以人類可讀的形式嵌入一些資料，目的是為了讓人理解在應用程式執行期間發生了什麼事情。每個被捕獲的 log 都有特定的等級（*level*），那些等級可能是 emergency（發生了很嚴重的事情）或 debug（發生了不太重要的事情）。

在不做任何修改的情況下，你的 app 會將每一個 log 陳述式寫到位於 *storage/logs/laravel.log* 的檔案內，且 log 陳述式都長這樣：

```
[2018-09-22 21:34:38] local.ERROR: Something went wrong.
```

你可以看到日期、時間、環境、錯誤等級，以及訊息，全部都列在同一行裡。但是，Laravel 也（預設）會記錄任何未被抓到的例外，在這種情況下，你會在行內看到整個 stack trace（堆疊追蹤）。

在接下來的小節裡，我們將討論如何進行 log、為何要 log，以及如何 log 別的地方（例如在 Slack 內）。

何時與為何使用 log

log 最常見的用途是作為一種半拋棄式（semidisposable）的紀錄，用來記錄你以後可能關心，但你知道不需要透過程式來讀取的事情。log 比較傾向幫助你瞭解 app 中發生了什麼事，而不是用來建立 app 可使用的結構化資料。

例如，如果你想要用一段程式來讀取每一位用戶的登入（login）紀錄，並對它做一些有趣的事情，它就是 *logins* 資料庫表的用例。但是，如果你只是對這些 login 有一點興趣，但不太確定是否真的關心它們，或不太確定是否需要用程式來處理它們，你只要對它使用一個 debug- 或 info- 等級的 log，就可以暫時忘了它。

如果你需要某件事出錯的那一刻的值，或它在一天中的特定時間的值，或需要在你不在場時獲得某些資料，log 也很常用。你可以在程式碼裡面寫一個 log 陳述式，從 log 取出你需要的資料，再將它保存在程式碼裡面以備後用，或直接刪除它。

寫入 log

要在 Laravel 中寫入 log 項目，最簡單的做法是使用 Log 靜態介面，並根據你想記錄的事情的嚴重程度對著它使用相應的方法，那些嚴重程度與 RFC 5424 定義的相同（*https://oreil.ly/6ODcf*）：

```
Log::emergency($message);
Log::alert($message);
Log::critical($message);
Log::error($message);
Log::warning($message);
Log::notice($message);
Log::info($message);
Log::debug($message);
```

你也可以用第二個參數來傳入連結資料陣列：

```
Log::error('Failed to upload user image.', ['user' => $user]);
```

這個額外的資訊可能被不同的 log 目的地（destination）以不同的方式捕獲，下面的例子是它在預設的本地 log 中的樣子（但它在 log 中只有一行）：

```
[2018-09-27 20:53:31] local.ERROR: Failed to upload user image. {
    "user":"[object] (App\\User: {
        \"id\":1,
        \"name\":\"Matt\",
        \"email\":\"matt@tighten.co\",
        \"email_verified_at\":null,
        \"api_token\":\"long-token-here\",
        \"created_at\":\"2018-09-22 21:39:55\",
        \"updated_at\":\"2018-09-22 21:40:08\"
    })"
}
```

Log 通道

如同 Laravel 的許多其他層面（文件儲存系統、資料庫、郵件…等），你可以設置 log 來使用一種或多種預先定義的 log 類型（type），你可以在組態檔裡面定義它們。在使用每一種類型時，你要將各種組態細節傳給特定的 log 驅動程式。

這些 log 類型稱為通道（*channel*），內建的選項包括 stack、single、daily、slack、stderr、syslog 和 errorlog。每一個通道都連接到一個驅動程式，可用的驅動程式包括 stack、single、daily、slack、syslog、errorlog、monolog 與 custom。

我們將討論最常見的通道：single、daily、slack 與 stack。要進一步瞭解驅動程式與所有的通道，可參考 logging 文件（*https://oreil.ly/vrJvj*）。

single 通道

single 通道會將每一個 log 項目寫入一個檔案，該檔案是在 path 鍵定義的。範例 14-13 是它的預設組態：

範例 14-13　single 通道的預設組態

```
'single' => [
    'driver' => 'single',
    'path' => storage_path('logs/laravel.log'),
    'level' => env('LOG_LEVEL', 'debug'),
],
```

這意味著它只 log debug 等級以上的事件，並將它們全部寫入一個檔案：*storage/logs/laravel.log*。

daily 通道

daily 通道會幫每一天分出一個新檔案。範例 14-14 是它的預設組態。

範例 14-14　daily 通道的預設組態

```
'daily' => [
    'driver' => 'daily',
    'path' => storage_path('logs/laravel.log'),
    'level' => env('LOG_LEVEL', 'debug'),
    'days' => 14,
],
```

它類似 single，但在此我們可以設定 log 保存幾天之後才會被清除，日期將被附加到我們設定的檔名之後。例如，上面的組態會產生一個名為 *storage/logs/laravel-<yyyy-mm-dd>.log* 的檔案。

slack 通道

slack 通道可讓你輕鬆地將多個 log 傳給 Slack（通常只會傳遞一些 log）。

從這個通道可以看出，你可以傳送的對象不是只有 Laravel 附帶的 handler（處理器）。我們稍後會再討論這個主題，但這不是自訂的 Slack 實作，而是 Laravel 建立了一個連接到 Monolog Slack handler 的 log 驅動程式，如果你能夠使用任何一種 Monolog handler，你就有那麼多選項可用。

範例 14-15 是這個通道的預設組態。

範例 *14-15　slack 通道的預設組態*

```
'slack' => [
    'driver' => 'slack',
    'url' => env('LOG_SLACK_WEBHOOK_URL'),
    'username' => 'Laravel Log',
    'emoji' => ':boom:',
    'level' => env('LOG_LEVEL', 'critical'),
],
```

stack 通道

stack 通道是你的應用程式預設啟用的通道。範例 14-16 是它的預設組態。

範例 *14-16　stack 通道的預設組態*

```
'stack' => [
    'driver' => 'stack',
    'channels' => ['single'],
    'ignore_exceptions' => false,
],
```

stack 通道可讓你將所有的 log 傳給不只一個通道（列於 channels 陣列之中的）。因此，雖然這個通道是你的 Laravel app 預設使用的，但因為它的 channels 陣列被預設為 single，所以你的 app 實際上只使用 single log 通道。

但如果你想要將 info 等級以上的東西都存入 daily 檔案，也想要將 critical 以上的 log 訊息送到 Slack 呢？你可以使用 stack 驅動程式，見範例 14-17 的示範。

範例 *14-17　自訂 stack 驅動程式*

```
'channels' => [
    'stack' => [
        'driver' => 'stack',
        'channels' => ['daily', 'slack'],
    ],
```

```
    'daily' => [
        'driver' => 'daily',
        'path' => storage_path('logs/laravel.log'),
        'level' => 'info',
        'days' => 14,
    ],

    'slack' => [
        'driver' => 'slack',
        'url' => env('LOG_SLACK_WEBHOOK_URL'),
        'username' => 'Laravel Log',
        'emoji' => ':boom:',
        'level' => 'critical',
    ],
]
```

寫至特定的 log 通道

有時你想要精確地控制哪些 log 訊息應該發送到哪裡，你可以在呼叫 Log 靜態介面時，藉著指定通道來做到：

```
Log::channel('slack')->info("This message will go to Slack.");
```

> **進階 log 組態**
>
> 如果你想要自訂各個 log 要送往哪個通道，或自訂 Monolog handler，可參考 logging 文件（*https://oreil.ly/vrJvj*）。

使用 Laravel Scout 來進行全文搜尋

Laravel Scout 是一個獨立的程式包，將它匯入你的 Laravel app 可在 Eloquent model 中加入全文搜尋。Scout 可讓你輕鬆地檢索與搜尋 Eloquent model 的內容；它附帶 Algolia、Meilisearch 及各種資料庫（MySQL/PostgreSQL）的驅動程式，但也有一些針對其他供應商的社群程式包。接下來的內容假設你使用的是 Algolia。

安裝 Scout

首先，將程式包匯入 Laravel app：

```
composer require laravel/scout
```

接下來要設定 Scout 組態。執行這個命令：

```
php artisan vendor:publish --provider="Laravel\Scout\ScoutServiceProvider"
```

並將你的 Algolia 憑證貼在 *config/scout.php* 裡面。

最後安裝 Algolia SDK：

```
composer require algolia/algoliasearch-client-php
```

標記你要檢索的 model

在你的 model 內（這個範例使用 Review，代表書評），匯入 Laravel\Scout\Searchable trait。

你可以使用 toSearchableArray() 方法（預設對映 toArray()）來定義哪些特性是可搜尋的，並使用 searchableAs() 方法來定義 model 的索引的名稱（預設使用表格名稱）。

Scout 會訂閱你所標記的 model 的建立、刪除、更新事件。當你建立、更新或刪除任何資料列時，Scout 會將這些改變同步到 Algolia。Scout 會隨著你的更新，同步執行這些改變，或者，如果你設定組態來讓 Scout 使用佇列，它會將更新推入佇列。

搜尋你的索引

Scout 的語法很簡單。舉例來說，若要尋找包含單字 Llew 的 Review：

```
Review::search('Llew')->get();
```

你也可以將查詢改成像使用一般的 Eloquent 呼叫那樣：

```
// 從 Review 取得所有符合 "Llew" 的紀錄，
// 每頁限制為 20 筆，並讀取網頁查詢參數，
// 就像 Eloquent 分頁一樣
Review::search('Llew')->paginate(20);

// 從 Review 取得符合 "Llew" 的所有紀錄
// 並將 account_id 欄位設為 2
Review::search('Llew')->where('account_id', 2)->get();
```

這些搜尋將回傳什麼？使用你的資料庫來重建的 Eloquent model 集合。ID 被儲存在 Algolia 裡，它會回傳符合的 ID；然後 Scout 會讀取這些資料庫紀錄，並以 Eloquent 物件的形式回傳它們。

你無法完全使用 SQL WHERE 命令的所有複雜功能，但它提供一個基本的框架來讓你進行
比較檢查（comparison check），就像你在範例中看到的那樣。

佇列與 Scout

此時，只要有請求修改任何資料庫紀錄，你的 app 都會對 Algolia 發出 HTTP 請求，這
可能迅速減緩 app 的速度，這就是為什麼 Scout 協助你將它的所有操作推入佇列。

在 *config/scout.php* 裡，將 queue 設為 true，來讓這些更新以非同步的方式來檢索
（indexing）。現在你的全文檢索會在「最終一致性（eventual consistency）」之下運
作；你的資料庫紀錄會立即收到更新，針對搜尋索引進行的更新會被排入佇列，更新的
速度取決於佇列工作器的速度。

不使用索引來執行操作

如果你需要執行一組操作並避免觸發回應裡的檢索，你可以將那些操作包在 model 的
withoutSyncingToSearch() 方法裡面：

```
Review::withoutSyncingToSearch(function () {
    // 例如製作一堆評論
    Review::factory()->count(10)->create();
});
```

有條件地檢索 model

有時你只想在紀錄滿足某些條件時檢索它們。你可以使用 model 類別的
shouldBeSearchable() 方法：

```
public function shouldBeSearchable()
{
    return $this->isApproved();
}
```

透過程式碼來手動觸發檢索

如果你想要手動觸發 model 檢索，你可以在 app 裡面或在命令列上使用程式碼做這
件事。

若要用你的程式碼來手動觸發檢索，請在 Eloquent 查詢的結尾加上 searchable()，它會檢索該查詢找到的所有紀錄：

```
Review::all()->searchable();
```

你也可以將查詢的範圍限制為你想要檢索的紀錄。但 Scout 很聰明，它可插入新紀錄並更新舊紀錄，因此你可以選擇重新檢索 model 資料庫的資料表內的所有內容。

你也可以對著關係方法執行 searchable()：

```
$user->reviews()->searchable();
```

如果你想以同一種形式的查詢鏈來取消任何紀錄的索引，只要改用 unsearchable() 即可：

```
Review::where('sucky', true)->unsearchable();
```

透過 CLI 來手動觸發檢索

你也可以使用 Artisan 命令來觸發檢索：

```
php artisan scout:import "App\Review"
```

這會將所有的 Review model 分塊（chunk），並檢索它們。

HTTP 用戶端

Laravel 的 HTTP 用戶端不算是一種儲存機制，而是一種檢索機制，坦白說，除了在這裡介紹它之外，我不知道還能將它擺在哪裡。接著來討論它！

HTTP 用戶端可讓 Laravel app 透過簡潔的介面來呼叫外部網路服務和 API，包括 POST、GET，或其他呼叫。

如果你用過 Guzzle，你就瞭解它能夠做什麼，也應該明白為什麼簡單的介面值得介紹：Guzzle 非常強大，但也非常複雜，而且幾年來它變得越來越複雜。

使用 HTTP 靜態介面

多數情況下，如果你正在使用 HTTP 用戶端，你會依賴它的靜態介面，直接對著靜態介面呼叫 get() 和 post() 之類的方法。看一下範例 14-18 的例子。

範例 14-18　HTTP 靜態介面的基本使用範例

```
use Illuminate\Support\Facades\Http;

$response = Http::get('http://my-api.com/posts');

$response = Http::post('http://my-api.com/posts/2/comments', [
    'title' => 'I loved this post!',
]);
```

使用 HTTP 靜態介面發出呼叫後得到的 $response 是一個 Illuminate\Http\Client\Response 實例，它提供一套方法來讓你檢查回應。你可以在文件中查看完整的清單（*https://oreil.ly/N4XXS*），但範例 14-19 也列出一些常用的方法。

範例 14-19　HTTP Client Response 物件的常用方法

```
$response = Http::get('http://my-api.com/posts');

$response->body(); // 字串
$response->json(); // 陣列
$response->json('key', 'default') // 字串
$response->successful(); // 布林
```

如範例 14-18 所示，你可以連同 POST 請求一起傳送資料，但也有幾種其他的方式可以連同請求一起傳送資料。

同樣地，以下是一些常見的範例，你可以在文件中看到更多範例：

```
$response = Http::withHeaders([
    'X-Custom-Header' => 'header value here'
])->post(/* ... */);

$response = Http::withToken($authToken)->post(/* ... */);

$response = Http::accept('application/json')->get('http://my-api.com/users');
```

處理錯誤、逾時與檢查狀態

在預設情況下，HTTP 用戶端會等待 30 秒，如果請求失敗就不會再嘗試。但你可以自訂用戶端如何回應意外情況。

要定義逾時時間，你可以串接 timeout() 並傳入它應該等待的秒數：

```
$response = Http::timeout(120)->get(/* ... */);
```

如果你的嘗試可能會失敗，你可以使用 retry() 串接方法來定義用戶端應重試每一個請求幾次：

```
$response = Http::retry($retries, $millisecondsBetweenRetries)->post(/* ... */);
```

回應物件有一些方法可用來檢查請求是否成功，和我們得到什麼 HTTP 狀態，包括：

```
$response->successful(); // 200 或 300
$response->failed(); // 400 或 500 錯誤
$response->clientError(); // 400 錯誤
$response->serverError(); // 500 錯誤


// 針對特定狀態碼執行的一些特定的檢查
$response->ok(); // 200 OK
$response->movedPermanently(); // 301 永久移動
$response->unauthorized(); // 401 未授權
$response->serverError(); // 500 內部伺服器錯誤
```

你也可以定義一個在出現錯誤時執行的 callback：

```
$response->onError(function (Response $response) {
    // 處理錯誤
});
```

測試

測試以上的多數功能都很簡單，只要在測試程式中使用它們即可，不需要使用 mock 或 stub。你只要使用預設的組態即可，例如在 *phpunit.xml* 裡面可以看到，你的 session 驅動程式與快取驅動程式已被設為適合測試的值了。

然而，在測試它們之前，你必須瞭解一些方便的方法與一些注意事項。

檔案儲存系統

測試檔案上傳可能有點麻煩，但你可以遵循以下這些容易理解的步驟。

上傳偽造檔案

首先，我們來看看如何手動建立一個 Illuminate\Http\UploadedFile 物件，以便在應用測試中使用（範例 14-20）。

範例 14-20　建立一個測試用的偽造的 *UploadedFile* 物件

```php
public function test_file_should_be_stored()
{
    Storage::fake('public');

    $file = UploadedFile::fake()->image('avatar.jpg');

    $response = $this->postJson('/avatar', [
        'avatar' => $file,
    ]);

    // 斷言檔案已被儲存
    Storage::disk('public')->assertExists("avatars/{$file->hashName()}");

    // 斷言檔案不存在
    Storage::disk('public')->assertMissing('missing.jpg');
}
```

我們建立一個指向測試檔的 `UploadedFile` 新實例了，接著要用它來測試路由。

回傳偽造檔案

如果你的路由預期有一個真實的檔案存在，測試它的最佳辦法應該是讓那個檔案真的存在。假設每一位用戶都必須有一張個人資料圖片。

首先，我們為用戶設定 model 工廠，以使用 Faker 來製作圖片的複本，如範例 14-21 所示。

範例 14-21　使用 *Faker* 來回傳偽造檔案

```php
public function definition ()
{
    return [
        'picture' => fake()->file(
            base_path('tests/stubs/images'), // 來源目錄
            storage_path('app'), // 目標目錄
            false, // 只回傳檔名，而非完整路徑
        ),
        'name' => fake()->name(),
    ];
};
```

Faker 的 file() 方法會從來源目錄隨機挑選一個檔案，將它複製到目標目錄，然後回傳檔名。所以，我們剛才從 *tests/stubs/images* 目錄隨機選出一個檔案，將它複製到 *storage/app* 目錄，並將它的檔名設為 User 的 picture 特性。此時我們可以在測試路由（該路由預期 User 擁有圖片）時使用 User，如範例 14-22 所示。

範例 14-22 斷言圖像的 URL 正確 echo

```
public function test_user_profile_picture_echoes_correctly()
{
    $user = User::factory()->create();

    $response = $this->get(route('users.show', $user->id));

    $response->assertSee($user->picture);
}
```

當然，在許多情況下，你可以在那裡隨機產生一個字串而不需要複製檔案。但如果路由會檢查檔案是否存在，或對檔案執行任何操作，這是最佳做法。

Session

如果你需要斷言 session 裡的某個東西已被設定，你可以在每一個測試裡使用 Laravel 提供的一些方便的方法。在測試中，你可以透過 Illuminate\Testing\TestResponse 來使用這些方法：

assertSessionHas(*$key, $value = null*)

> 斷言 session 的特定鍵有值，若傳入第二個參數，則確認該鍵有特定值：
>
> ```
> public function test_some_thing()
> {
>     // 做一些最後得到 $response 物件的事情⋯
>     $response->assertSessionHas('key', 'value');
> }
> ```

assertSessionHasAll(*array $bindings*)

> 若傳入鍵值陣列，則斷言所有鍵皆等於所有值。如果陣列的一或多個項目只是值（使用 PHP 的預設數字鍵），這個方法將檢查 session 是否存在該值：
>
> ```
> $check = [
>     'has',
>     'hasWithThisValue' => 'thisValue',
> ];
> ```

```
$response->assertSessionHasAll($check);
```

assertSessionMissing($key)

斷言 session 的特定鍵沒有值。

assertSessionHasErrors($bindings = [], $format = null)

斷言 session 有個 errors 值。這是 Laravel 在驗證失敗時用來回傳錯誤的鍵。

如果陣列裡面只有鍵，它將檢查是否使用了這些鍵來設定錯誤：

```
$response = $this->post('test-route', ['failing' => 'data']);
$response->assertSessionHasErrors(['name', 'email']);
```

你也可以傳入這些鍵的值，以及傳入選用的 $format 來檢查這些錯誤的訊息是否按照預期的方式回傳：

```
$response = $this->post('test-route', ['failing' => 'data']);
$response->assertSessionHasErrors([
    'email' => '<strong>The email field is required.</strong>',
], '<strong>:message</strong>');
```

快取

測試使用快取的功能沒什麼特別需要注意的，儘管放心去做就對了：

```
Cache::put('key', 'value', 900);

$this->assertEquals('value', Cache::get('key'));
```

Laravel 在測試環境中預設使用 array 快取驅動程式，它會將你的快取值存入記憶體。

Cookie

在應用測試中，如果需要在測試路由之前設定 cookie 呢？你可以使用 withCookies() 方法在請求裡設置 cookies。詳情請參考第 12 章。

在測試時避免加密 cookie

除非你將 cookie 排除在 Laravel 的 cookie 加密中介層之外，否則它們
在測試程式中沒有作用。你可以指示 EncryptCookies 中介層在看到這些
cookie 時暫時停用自己：

```
use Illuminate\Cookie\Middleware\EncryptCookies;
...

$this->app->resolving(
    EncryptCookies::class,
    function ($object) {
        $object->disableFor('cookie-name');
    }
);

// …執行測試
```

這意味著你可以設置一個 cookie 並使用範例 14-23 的方式來進行檢查。

範例 14-23　對 cookie 進行單元測試

```
public function test_cookie()
{
    $this->app->resolving(EncryptCookies::class, function ($object) {
        $object->disableFor('my-cookie');
    });

    $response = $this->call(
        'get',
        'route-echoing-my-cookie-value',
        [],
        ['my-cookie' => 'baz']
    );
    $response->assertSee('baz');
}
```

如果你想測試一個回應是否設定了 cookie，你可以使用 assertCookie() 來測試 cookie：

```
$response = $this->get('cookie-setting-route');
$response->assertCookie('cookie-name');
```

或使用 assertPlainCookie() 來測試 cookie 並斷言它未被加密。

Log

要檢測某個 log 是否被寫入，最簡單的方法是對 Log 靜態介面進行斷言（詳情請參考第 344 頁的「fake 其他靜態介面」），做法如範例 14-24 所示。

範例 14-24 對 Log 靜態介面進行斷言

```
// 測試檔案
public function test_new_accounts_generate_log_entries()
{
    Log::shouldReceive('info')
        ->once()
        ->with('New account created!');

    // 建立新帳號
    $this->post(route('accounts.store'), ['email' => 'matt@mattstauffer.com']);
}

// AccountController
public function store()
{
    // 建立新帳號

    Log::info('New account created!');
}
```

此外還有一種稱為 Log Fake 的程式包（*https://oreil.ly/TCBMm*），它擴展了以上的靜態介面測試，可讓你自訂更多針對 log 的斷言。

Scout

如果你需要測試使用 Scout 資料的程式碼，你應該不希望測試觸發檢索操作，或讀取 Scout。你只要在 *phpunit.xml* 中加入一個環境變數來停用 Scout 連往 Algolia 的連結即可：

```
<env name="SCOUT_DRIVER" value="null"/>
```

HTTP 用戶端

使用 Laravel 的 HTTP 用戶端有一個很棒的好處──它可以讓你使用最精簡的配置在測試程式中偽裝回應。

最簡單的選項是執行 Http::fake()，它將回傳一個空的成功回應，適用於你發出的每一次呼叫。

然而，你也可以自訂發出 HTTP 用戶端呼叫後收到的特定回應，如範例 14-25 所示。

範例 14-25　用 URL 來自訂傳給 HTTP 用戶端的回應

```
Http::fake([
    // 為特定 API 回傳 JSON 回應
    'my-api.com/*' => Http::response(['key' => 'value'], 200, $headersArray),

    // 為所有其他端點回傳字串回應
    '*' => Http::response('This is a fake API response', 200, $headersArray),
]);
```

如果你需要定義發送給特定端點（或符合特定端點模式的端點）的請求都要按照特定的順序來送出，你可以採取範例 14-26 的做法。

範例 14-26　定義針對特定端點的一系列回應

```
Http::fake([
    // 為針對此 API 的連續呼叫回傳一系列的回應
    'my-api.com/*' => Http::sequence()
        ->push('Initial string response', 200)
        ->push(['secondary' => 'response'], 200)
        ->pushStatus(404),
]);
```

你也可以對應用程式送到特定端點的資料進行斷言，如範例 14-27 所示。

範例 14-27　斷言你的應用程式發出的呼叫

```
Http::fake();

Http::assertSent(function (Request $request) {
    return $request->hasHeader('X-Custom-Header', 'certain-value') &&
        $request->url() == 'http://my-api.com/users/2/comments' &&
        $request['name'] == 'New User';
});
```

TL;DR

Laravel 為許多常見的儲存操作提供了簡單的介面：檔案系統存取、session、cookie、快取和搜尋。無論你使用哪個供應器，這些 API 都相同，Laravel 藉著讓多個「驅動程式」支援相同的公用介面來實現這一點。所以，你可以根據環境的不同或應用程式的需求，輕鬆地切換供應器。

## 第十五章

郵件與通知

透過 email、Slack、SMS 或其他通知系統來傳送 app 用戶通知,是一種常見但出奇複雜的需求。Laravel 的郵件與通知功能提供了一致的 API,將密切關注任何特定供應器(provider)的需求抽象化了。就像第 14 章一樣,你只要編寫一次程式碼,並在組態配置層選擇你想用來發送郵件或通知的供應器即可。

郵件

Laravel 的郵件功能是位於 Symfony Mailer(*https://oreil.ly/ceZ3K*)之上的便利軟體層。Laravel 附帶了 SMTP、Mailgun、Postmark、Amazon SES 和 Sendmail 的驅動程式。

為了使用所有的雲端服務,你要在 *config/services.php* 裡設定身分驗證資訊,但是這個檔案(以及 *config/mail.php*)裡已經有一些鍵了,可讓你在 *.env* 裡使用 MAIL_MAILER 與 MAILGUN_SECRET 等變數來自訂應用程式的郵件功能。

雲端 API 驅動程式依賴項目

如果你使用任何雲端 API 驅動程式,你可能需要匯入外部依賴項目來支援它們。

如果你使用 Mailgun,你需要匯入 Symfony 的 Mailgun Mailer 及其 HTTP 用戶端:

```
composer require symfony/mailgun-mailer \
    symfony/http-client
```

> 如果你使用 Postmark，你需要匯入 Symfony 的 Postmark Mailer 及其 HTTP 用
> 戶端：
>
> ```
> composer require symfony/postmark-mailer \
>     symfony/http-client
> ```
>
> 如果你使用 SES 驅動程式，你要匯入 AWS SDK：
>
> ```
> composer require aws/aws-sdk-php
> ```

基本的「mailable」郵件用法

在現代 Laravel 應用程式中，你發送的每封郵件都是特定的 PHP 類別的實例，該類別代表每封 email，稱為 *mailable*。

你可以使用 Artisan 命令 make:mail 來製作 mailable：

```
php artisan make:mail AssignmentCreated
```

範例 15-2 是那個類別的樣子。

範例 *15-1　自動生成的 mailable PHP 類別*

```php
<?php

namespace App\Mail;

use Illuminate\Bus\Queueable;
use Illuminate\Contracts\Queue\ShouldQueue;
use Illuminate\Mail\Mailable;
use Illuminate\Mail\Mailables\Content;
use Illuminate\Mail\Mailables\Envelope;
use Illuminate\Queue\SerializesModels;

class AssignmentCreated extends Mailable
{
    use Queueable, SerializesModels;

    /**
     * 建立一個新訊息實例。
     */
    public function __construct()
    {
        //
```

```
    }

    /**
     * 取得訊息信封。
     */
    public function envelope(): Envelope
    {
        return new Envelope(
            subject: 'Assignment Created',
        );
    }

    /**
     * 取得訊息內容定義。
     */
    public function content(): Content
    {
        return new Content(
            view: 'view.name',
        );
    }

    /**
     * 取得訊息的附件。
     *
     * @return array<int, \Illuminate\Mail\Mailables\Attachment>
     */
    public function attachments(): array
    {
        return [];
    }
}
```

你應該已經發現 mailable 和 job 有一點相似；這個類別甚至匯入 Queueable trait，用佇列來管理你的郵件和 SerializesModels trait，所以，你傳給建構式的任何 Eloquent model 都會被正確地序列化。

那麼，它是如何運作的？你要將所有資料傳入類別建構式，你在 mailable 類別中設為 public 的任何特性都可以在模板中使用。

在 envelope() 方法中，你將設定關於郵件的組態配置細節，包括寄件人、主題、詮釋資料。

在 content() 方法中,你將定義內容 —— 你使用哪個 view 來算繪、所有 Markdown 內容,和文字參數。

如果你想要附加任何檔案至郵件,你可以使用 attachments() 方法。

範例 15-2 展示如何更新自動生成的 mailable,以便用於我們的具體情境。

範例 15-2 mailable 範例

```php
<?php

namespace App\Mail;

use Illuminate\Bus\Queueable;
use Illuminate\Contracts\Queue\ShouldQueue;
use Illuminate\Mail\Mailable;
use Illuminate\Mail\Mailables\Address;
use Illuminate\Mail\Mailables\Content;
use Illuminate\Mail\Mailables\Envelope;
use Illuminate\Queue\SerializesModels;

class AssignmentCreated extends Mailable
{
    use Queueable, SerializesModels;

    public function __construct(public $trainer, public $trainee) {}

    public function envelope(): Envelope
    {
        return new Envelope(
            subject: 'New assignment from ' . $this->trainer->name,
            from: new Address($this->trainer->email, $this->trainer->name),
        );
    }

    public function content(): Content
    {
        return new Content(
            view: 'emails.assignment-created'
        );
    }

    public function attachments(): array
    {
        return [];
```

```
        }
    }
```

建立 mailable 類別之後，我們要發送它。首先，建立一個 mailable 類別的實例，傳入適當的資料，然後串連 Mail::to($user)->send($mailable) 來發送郵件。你也可以使用部分的行內呼叫鏈來自訂關於郵件的其他細節，像是 CC 和 BCC。範例 15-3 展示幾個例子。

範例 15-3　如何傳送 *mailable*

```
$mail = new AssignmentCreated($trainer, $trainee);

// 簡單的做法
Mail::to($user)->send($mail);

// 連同 CC、BCC…等
Mail::to($user1))
    ->cc($user2)
    ->bcc($user3)
    ->send($mail);

// 連同字串 email 地址和集合
Mail::to('me@app.com')
    ->bcc(User::all())
    ->send($mail)
```

郵件模板

郵件模板就像任何其他的模板。它們可以 extend 其他模板，使用區段（section）、解析變數，放入條件或迴圈指令，以及做你可以在一般的 Blade view 中做的任何事情。

範例 15-4 是適用於範例 15-2 的一個 emails.assignment-created 模板。

範例 15-4　*assignment-created* email 模板

```
<!-- resources/views/emails/assignment-created.blade.php -->
<p>Hey {{ $trainee->name }}!</p>

<p>You have received a new training assignment from <b>{{ $trainer->name }}</b>.
Check out your <a href="{{ route('training-dashboard') }}">training
dashboard</a> now!</p>
```

在範例 15-2 中，$trainer 和 $trainee 都是 mailable 的公用特性，所以它們都可以在模板中使用。如果其中一個是私用的，它就不能使用。

如果你想要明確地定義要將哪些變數傳到模板,你可以在 mailable 的 Content 中使用 with 參數,如範例 15-5 所示。

範例 15-5　自訂模板變數

```
use Illuminate\Mail\Mailables\Content;

public function content(): Content
{
    return new Content(
        view: 'emails.assignment-created',
        with: ['assignment' => $this->event->name],
    );
}
```

> ### HTML vs. 純文字 email
>
> 我們在 new Content() 中使用了 view 參數,期望我們參考的模板回傳 HTML。如果你想要傳遞純文字版本,可使用 text 參數來定義純文字 view:
>
> ```
> public function content(): Content
> {
>     return new Content(
>         html: 'emails.assignment-created',
>         text: 'emails.assignment-created-text',
>     );
> }
> ```

envelope() 提供的方法

之前的內容展示了如何使用 envelope() 方法來自訂主題和「from」地址。注意,我們自訂這些資料的做法是傳遞不同的具名參數給 Envelope 類別的建構式:

```
public function envelope(): Envelope
{
    return new Envelope(
        subject: 'New assignment from ' . $this->trainer->name,
        from: new Address($this->trainer->email, $this->trainer->name),
    );
}
```

下面不是詳盡的清單，但它列出 envelope() 方法允許我們傳給 Envelope 類別來自訂 email 的參數。可以接受 Address 的參數都可以接受字串 email 地址，或包含了 Address 物件和（或）字串的陣列。

from: *Address*

　　設定「from」姓名與地址——代表作者

subject: *string*

　　設定 email 主旨

cc: *Address*

　　設定 CC

bcc: *Address*

　　設定 BCC

replyTo: *Address*

　　設定「回覆至」

tags: *array*

　　設定標籤，如果適用於你的 email 寄件者的話

metadata: *array*

　　設定詮釋資料，如果適用於你的 email 寄件者的話

最後，如果你想要對底層的 Symfony 訊息進行任何手動修改，你可以在 using 參數中這樣做，如範例 15-6 所示。

範例 *15-6　修改底層的 SymfonyMessage 物件*

```
public function envelope(): Envelope
{
    return new Envelope(
        subject: 'Howdy!',
        view: 'emails.howdy',
        using: [
            function (Email $message) {
                $message->setReplyTo('noreply@email.com');
            },
```

```
        ],
    );
}
```

附加檔案和內嵌圖片

要將檔案附加到你的郵件,可從 attachments() 方法回傳一個陣列(其中的每一個項目
都是一個 Attachment),如範例 15-7 所示。

範例 15-7　將檔案或資料附加到 *mailable*

```
use Illuminate\Mail\Mailables\Attachment;

// 使用本地檔名來附加檔案
public function attachments(): array
{
    return [
        Attachment::fromPath('/absolute/path/to/file'),
    ];
}

// 使用儲存磁碟來附加檔案
public function attachments(): array
{
    return [
        // 從預設磁碟附加
        Attachment::fromStorage('/path/to/file'),
        // 從自訂磁碟附加
        Attachment::fromStorageDisk('s3', '/path/to/file'),
    ];
}

// 傳遞原始資料來附加檔案
public function attachments(): array
{
    return [
        Attachment::fromData(fn () => file_get_contents($this->pdf), 'whitepaper.pdf')
            ->withMime('application/pdf'),
    ];
}
```

attachable 郵件物件

如果你有一個 PHP 類別可以代表 email 的附件,或者你想要圍繞著附加至 email 的物件
建立一個 PHP 類別,你可以試試 Laravel 的 attachable(可附加)物件。

只要 PHP 類別實作了 Illuminate\Contracts\Mail\Attachable 介面，就可成為這種物件，該介面要求實作一個 toMailAttachment() 方法，該方法回傳一個 Illuminate\Mail\Attachment 實例。

有一個常見的例子是讓你的 Eloquent model 之一成為 attachable。我們的範例透過 email 來讓用戶收到他們的教練指定的新任務，所以我們來試著讓 Assignment 成為 attachable。見範例 15-8。

範例 15-8　讓 *Eloquent model* 成為 *attachable*

```php
<?php

namespace App\Models;

use Illuminate\Contracts\Mail\Attachable;
use Illuminate\Database\Eloquent\Model;
use Illuminate\Mail\Attachment;

class Assignment extends Model implements Attachable
{
    /**
     * 取得 model 的 attachable 表示法。
     */
    public function toMailAttachment(): Attachment
    {
        return Attachment::fromPath($this->pdf_path);
    }
}
```

如果類別實作了 Attachable，你可以使用該類別的任何實例作為 attachments() 回傳的陣列裡的項目：

```php
public function attachments(): array
{
    return [$this->assignment];
}
```

內嵌圖像

如果你想要在 email 中直接內嵌圖像，Laravel 也提供了這個功能，如範例 15-9 所示。

範例 15-9　在 *email* 中內嵌圖像

```php
<!-- emails/image.blade.php -->
Here is an image:
```

```
<img src="{{ $message->embed(storage_path('embed.jpg')) }}">

Or, the same image embedding the data:

<img src="{{ $message->embedData(
    file_get_contents(storage_path('embed.jpg')), 'embed.jpg'
) }}">
```

Markdown mailable

Markdown mailable 可讓你用 Markdown 來編寫 email 內容，寫好之後，Laravel 內建的響應式 HTML 模板會將它轉換成完整的 HTML（與純文字）email。你也可以調整這些模板，製作自訂的 email 模板，讓你的開發者和非開發者可以輕鬆地建立內容。

首先，執行 make:mail Artisan 命令並使用 markdown 旗標：

```
php artisan make:mail AssignmentCreated --markdown=emails.assignment-created
```

範例 15-10 是生成的郵件檔案的樣子。

範例 15-10　生成的 Markdown mailable

```
class AssignmentCreated extends Mailable
{
    // ...

    public function content(): Content
    {
        return new Content(
            markdown: 'emails.assignment-created',
        );
    }
}
```

如你所見，它幾乎與 Laravel 的一般 mailable 完全相同，兩者之間的主要差異在於，你是將你的模板傳給 markdown 參數，而不是 view 參數。此外也要注意，你所引用的模板應代表 Markdown 模板，不是一般的 Blade 模板。

何謂 Markdown 模板？和產生完整 HTML email 的普通 Blade email 模板（像任何 Blade 檔案一樣使用 include 程式和繼承）不同的是，Markdown 模板僅將 Markdown 內容傳給一些預先定義的組件。

這些組件看起來就像 <x-mail::component-name-here>，因此，你的 Markdown email 的主體應該傳給名為 <x-mail::message> 的組件。範例 15-11 是一個簡單的 Markdown 郵件模板。

範例 15-11　簡單地指派 Markdown email

```
{{-- resources/views/emails/assignment-created.blade.php --}}
<x-mail::message>
# Hey {{ $trainee->name }}!

You have received a new training assignment from **{{ $trainer->name }}**

<x-mail::button :url="route('training-dashboard')">
View Your Assignment
</x-mail::button>

Thanks,<br>
{{ config('app.name') }}
</x-mail::message>
```

範例 15-11 有一個父代的 mail::message 組件，你將 email 的主體傳給它，但你也提供了可以加入 email 的其他小組件。我們在這裡使用 mail::button 組件，它接收內容（「View Your Assignment」），但你也要傳入 url 屬性。

可用的組件有三種：

按鈕（*Button*）

　　產生置中的按鈕連結。按鈕組件需要一個 url 屬性，也可以使用選用的 color 屬性，你可以對它傳遞 primary、success 或 error。

面板（*Panel*）

　　算繪所提供的文本，並使用比訊息其餘部分略淺的背景。

表格（*Table*）

　　用 Markdown 表格語法來轉換它收到的內容。

自訂組件

這些 Markdown 組件也內建於 Laravel 框架的核心，但如果你需要自訂它們的運作方式，你可以 publish 它們的檔案並編輯它們：

```
php artisan vendor:publish --tag=laravel-mail
```

你可以參考 Laravel 文件（*https://oreil.ly/R4Gr9*）來進一步瞭解如何自訂這些檔案與它們的主題。

將 mailable 算繪至瀏覽器

在開發應用程式的 email 功能時能夠預覽它是件好事，你可以使用 Mailtrap 之類的工具來預覽，雖然它們是實用的工具，但如果可以在瀏覽器中直接顯示郵件，立刻觀察你所做的變更也很有幫助。

範例 15-12 是可以加入應用程式來算繪特定 mailable 的路由範例。

範例 15-12　將 mailable 算繪至一個路由

```
Route::get('preview-assignment-created-mailable', function () {
    $trainer = Trainer::first();
    $trainee = Trainee::first();

    return new \App\Mail\AssignmentCreated($trainer, $trainee);
});
```

Laravel 也提供一種快速預覽瀏覽器內的通知的方式：

```
Route::get('preview-notification', function () {
    $trainer = Trainer::first();
    $trainee = Trainee::first();

    return (new App\Notifications\AssignmentCreated($trainer, $trainee))
        ->toMail($trainee);
});
```

佇列

寄送 email 是一項花費時間的工作，可能減緩應用程式的速度，所以經常被移到背景佇列。因為這種做法非常普遍，所以 Laravel 提供一組內建的工具，可讓你輕鬆地將訊息放入佇列，而不需要為每一封 email 編寫佇列 job：

queue()

　　若要將郵件物件放入佇列，而非立刻傳送它，只要將 mailable 物件傳給 Mail::queue() 而非 Mail::send() 即可：

```
Mail::to($user)->queue(new AssignmentCreated($trainer, $trainee));
```

later()

Mail::later() 的運作方式與 Mail::queue() 一樣,但它可讓你指定一個延遲時間(分鐘數,或傳入 DateTime 或 Carbon 實例來指定特定時間)來指定何時將 email 拉出佇列並傳送:

```
$when = now()->addMinutes(30);
Mail::to($user)->later($when, new AssignmentCreated($trainer, $trainee));
```

 設置佇列

你必須正確地設置佇列才能讓這些方法正常運作。第 16 章會教你佇列如何工作,以及如何在應用程式中執行它們。

在使用 queue() 與 later() 時,如果你想要指定要將郵件加入哪一個佇列或佇列連結,你可以對著 mailable 物件使用 onConnection() 與 onQueue() 方法:

```
$message = (new AssignmentCreated($trainer, $trainee))
    ->onConnection('sqs')
    ->onQueue('emails');

Mail::to($user)->queue($message);
```

如果你想要指定某個 mailable 一定要放入佇列,你可以讓 mailable 實作 Illuminate\Contracts\Queue\ShouldQueue 介面。

本地開發

上述的功能很適合在生產環境中寄送郵件,但如何測試它們?你可以考慮兩種主要的工具:Laravel 的 log 驅動程式與測試用的偽收件匣,例如 Mailtrap。

log 驅動程式

Laravel 提供一種 log 驅動程式,可將你嘗試寄出去的每一封 email log 至本地的 *laravel.log* 檔案內(該檔案預設位於 *storage/logs* 內)。

若要使用它,請編輯 *.env*,並將 MAIL_MAILER 設為 log。現在打開或 tail *storage/logs/laravel.log* 並從 app 寄出一封 email,你會看到這樣的訊息:

```
Message-ID: <04ee2e97289c68f0c9191f4b04fc0de1@localhost>
Date: Tue, 17 May 2016 02:52:46 +0000
Subject: Welcome to our app!
```

```
From: Matt Stauffer <matt@mattstauffer.com>
To: freja@jensen.no
MIME-Version: 1.0
Content-Type: text/html; charset=utf-8
Content-Transfer-Encoding: quoted-printable

Welcome to our app!
```

你也可以將所 log 的郵件寄到與其餘的 log 不同的 log 通道，做法是修改 *config/mail.php*，或將 *.env* 檔案內的 MAIL_LOG_CHANNEL 變數設為現有的 log 通道的名稱。

偽收件匣

如果你想在真實收件匣中檢視你的測試 email，你可以使用幾種服務，這些服務可讓你將 email 寄給它們，並在完整的偽收件匣中顯示你的 email。

最常用的兩項服務是 Mailtrap 和 Mailpit。Mailtrap 是一種付費的 SaaS 服務，不需要設置，可讓你和同事及客戶共享你的收件匣；Mailpit 是一項透過 Docker 在本地機器上運行的服務。

Mailtrap　Mailtrap（*https://mailtrap.io*）是一種在開發環境中捕捉與檢查 email 的服務。你將透過 SMTP 來將郵件寄給 Mailtrap 伺服器，但 Mailtrap 不會將這些 email 寄給預定收件人，而是捕捉他們全部，並為你提供一個 web-based email 用戶端，讓你可以檢查 email，無論 to 欄位裡的 email 地址是什麼。

要設定 Mailtrap，請註冊一個免費的帳號，並造訪你的 demo 基本儀表板。複製 SMTP 欄位裡的帳號與密碼。

然後編輯 app 的 *.env* 檔案，並在 mail 段落中設定以下的值：

```
MAIL_MAILER=smtp
MAIL_HOST=mailtrap.io
MAIL_PORT=2525
MAIL_USERNAME=your_username_from_mailtrap_here
MAIL_PASSWORD=your_password_from_mailtrap_here
MAIL_ENCRYPTION=null
```

接下來，從 app 寄出的任何 email 都會顯示在 Mailtrap 收件匣裡面。

Mailpit　如果你喜歡 Mailtrap 的概念，但希望在本地（且免費）運行應用程式，你可以使用 Mailpit（*https://oreil.ly/dPgRK*），這是一款可以在本地 Docker 容器中啟動的 Mailtrap 替代品。

通知

web app 寄出去的郵件大都是為了通知用戶某個特定行動已經發生或需要發生。隨著用戶的通訊偏好越來越多樣化，我們將收集越來越多截然不同的程式包，並透過 Slack、SMS 和其他方式來進行通訊。

為了支援這些偏好，Laravel 引入一個概念，其名稱很適當：*notification*（通知）。如同 mailable，notification 是一種 PHP 類別，代表想要送給用戶的單一通訊。想像我們正在通知體能訓練 app 的用戶：他們有一個新的訓練可用了。

每一個類別都代表使用一個或多個通知通道來將通知傳給用戶所需的所有資訊。通知可能是傳送 email、透過 Vonage 傳送 SMS、傳送 WebSocket ping、在資料庫中加入一筆紀錄、傳送訊息給 Slack 通道⋯等。

我們來建立通知：

```
php artisan make:notification WorkoutAvailable
```

範例 15-13 是我們獲得的東西。

範例 *15-13* 自動生成的通知類別

```php
<?php

namespace App\Notifications;

use Illuminate\Bus\Queueable;
use Illuminate\Notifications\Notification;
use Illuminate\Contracts\Queue\ShouldQueue;
use Illuminate\Notifications\Messages\MailMessage;

class WorkoutAvailable extends Notification
{
    use Queueable;

    /**
     * 建立一個新通知實例。
     */
    public function __construct()
    {
        //
    }

    /**
```

```
 * 取得 notification 的傳遞通道。
 *
 * @return array<int, string>
 */
public function via(object $notifiable): array
{
    return ['mail'];
}

/**
 * 取得 mail 形式的通知。
 */
public function toMail(object $notifiable): MailMessage
{
    return (new MailMessage)
                ->line('The introduction to the notification.')
                ->action('Notification Action', url('/'))
                ->line('Thank you for using our application!');
}

/**
 * 取得陣列形式的通知。
 *
 * @return array<string, mixed>
 */
public function toArray(object $notifiable): array
{
    return [
        //
    ];
}
}
```

這個範例告訴我們一些事情。首先，我們要將相關的資料傳入建構式。其次，有一個 via() 方法可讓你定義特定用戶使用的通知通道（$notifiable 代表你想要在系統內通知的實體，對大多數的 app 而言，它是用戶，但並非都是如此）。第三，每一個通知通道都有獨立的方法可讓你具體定義如何透過該通道來傳送通知。

何時 $notifiable 不是用戶？

雖然用戶是最常見的通知對象，但你可能想要通知其他的對象，這可能是因為你的應用程式有多種用戶類型，所以想要通知「教練」與「學員」。但你也可能想要通知一個群組、一家公司，或一個伺服器。

我們來為 WorkoutAvailable 範例修改這個類別。見範例 15-14。

範例 15-14　我們的 *WorkoutAvailable* 通知類別

```
...
class WorkoutAvailable extends Notification
{
    use Queueable;

    public function __construct(public $workout) {}

    public function via(object $notifiable): array
    {
        // 這個方法在 User 中不存在…我們將製作它
        return $notifiable->preferredNotificationChannels();
    }

    public function toMail(object $notifiable): MailMessage
    {
        return (new MailMessage)
            ->line('You have a new workout available!')
            ->action('Check it out now', route('workout.show', [$this->workout]))
            ->line('Thank you for training with us!');
    }

    public function toArray(object $notifiable): array
    {
        return [];
    }
}
```

為你的 notifiable 定義 via() 方法

從範例 15-14 可以看到，我們要為每一個 notification 與每一個 notifiable 決定將使用哪些通知通道。

你可以使用郵件或 SMS 來傳送所有東西（範例 15-15）。

範例 15-15　最簡單的 *via()* 方法

```
public function via(object $notifiable): array
{
    return 'vonage';
}
```

你也可以讓每一位用戶選擇他們最喜歡的方法,並將該選項存於 User 本身之內(範例 15-16)。

範例 15-16　為每位用戶訂製 via() 方法

```
public function via(object $notifiable): array
{
    return $notifiable->preferred_notification_channel;
}
```

或者,正如我們在範例 15-14 中想像的那樣,你可以在每一個 notifiable 建立一個方法來執行一些複雜的通知邏輯。例如,你可以在工作時段使用某些通道來通知用戶,並在晚上使用其他通道。重點在於,via() 是個 PHP 類別方法,可以在裡面編寫複雜的邏輯。

傳送通知

傳送通知的做法有兩種:使用 Notification 靜態介面,或將 Notifiable trait 加到 Eloquent 類別(可能是你的 User 類別)。

使用 notification 靜態介面來傳送通知

Notification 靜態介面是兩種做法中較不靈活的一種,因為你既要傳遞 notifiable 也要傳遞 notification。但它很有用,因為你可以同時傳遞多個 notifiable,如範例 15-17 所示。

範例 15-17　使用 Notification 靜態介面來傳送通知

```
use App\Notifications\WorkoutAvailable;
...
Notification::send($users, new WorkoutAvailable($workout));
```

使用 notifiable trait 來傳送通知

匯入 Laravel\Notifications\Notifiable trait 的任何 model(App\User 類別預設這麼做),都有一個 notify() 方法可以傳入通知,見範例 15-18。

範例 15-18　使用 Notifiable trait 來傳送通知

```
use App\Notifications\WorkoutAvailable;
...
$user->notify(new WorkoutAvailable($workout));
```

將通知放入佇列

大多數的通知驅動程式都需要使用 HTTP 請求來發送通知，這可能會減緩使用者體驗。為了處理這個問題，你可能想要將通知放入佇列。在預設情況下，所有通知都會匯入 Queueable trait，所以你只要在通知裡加入 implements ShouldQueue，Laravel 就會立即將它移入佇列。

如同任何其他可放入佇列的功能，你必須確保佇列組態被正確配置，並且有一個佇列工作器正在運行。

如果你想要延遲發送通知，你可對著通知執行 delay() 方法：

```
$delayUntil = now()->addMinutes(15);

$user->notify((new WorkoutAvailable($workout))->delay($delayUntil));
```

現成的通知類型

Laravel 提供現成的 email、資料庫、廣播、Vonage SMS 與 Slack 通知驅動程式。我將簡單地介紹上述的各種通知，但建議你參考通知文件（*https://oreil.ly/VzICd*）以獲得關於每種通知的全面介紹。

建立自己的通知驅動程式也很簡單，已經有數十人這樣做了；你可以在 Laravel Notification Channels 網站找到他們（*https://oreil.ly/6d4_L*）。

Email 通知

我們來看看在稍早的範例 15-14 內的 email 是如何建立的：

```
public function toMail(object $notifiable): MailMessage
{
    return (new MailMessage)
        ->line('You have a new workout available!')
        ->action('Check it out now', route('workouts.show', [$this->workout]))
        ->line('Thank you for training with us!');
}
```

圖 15-1 是它的結果。email 通知系統會將應用程式的名稱放在 email 的 header，你可以在 *config/app.php* 的 name 鍵自訂那個 app 名稱。

這個 email 會被自動送到 notifiable 的 email 特性，但你可以自訂這個行為，做法是在 notifiable 類別裡加入 routeNotificationForMail() 方法，並讓該方法回傳你希望將 email 通知送往哪一個 email 地址。

email 的主旨是藉著解析通知類別名稱並將它轉換成單字來設定的，所以，我們的 WorkoutAvailable 通知有一個預設的主旨：「Workout Available」。你也可以在 toMail() 方法裡面，將 subject() 串接至 MailMessage 來自訂主旨。

如果你想要修改模板，你可以 publish 它們並按照你的想法編輯內容：

```
php artisan vendor:publish --tag=laravel-notifications
```

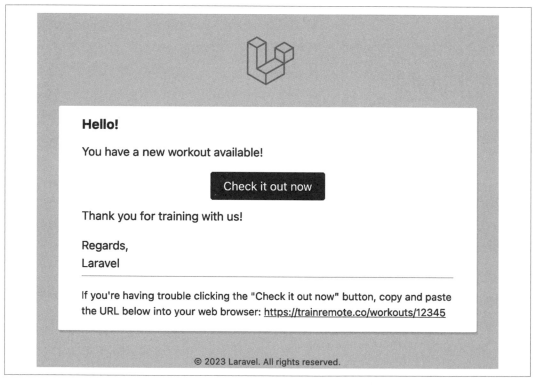

圖 15-1　使用預設的通知模板來傳送 email

Markdown 郵件通知

如果你想要使用 Markdown email（見第 446 頁的「Markdown mailable」），你也可以在通知中使用同一個 markdown() 方法，見範例 15-19：

範例 15-19　在通知中使用 markdown() 方法

```php
public function toMail(object $notifiable): MailMessage
{
    return (new MailMessage)
        ->subject('Workout Available')
        ->markdown('emails.workout-available', ['workout' => $this->workout]);
}
```

你可以將預設模板類型改為「error」訊息，它將使用稍微不同的語言，並將主按鈕改為紅色。為此，你只要對著 toMail() 方法裡面的 MailMessage 呼叫鏈呼叫 error() 方法即可。

資料庫通知

你可以使用 database 通知通道來將通知傳給資料庫內的資料表。首先，使用 php artisan notifications:table 來建立資料表，然後在你的通知中建立一個 toDatabase() 方法，並讓它回傳一個資料陣列。這筆資料會被編碼為 JSON，並存放在資料表的 data 欄位內。

Notifiable trait 會將一個 notifications 關係加到匯入它的 model 裡，讓你可以輕鬆讀取 notifications 表中的紀錄。所以，如果你使用資料庫通知，你可以做類似範例 15-20 的事情：

範例 15-20　迭代用戶的資料庫通知

```php
User::first()->notifications->each(function ($notification) {
    // 做想做的事情
});
```

database 通知通道也有通知是否被「讀取」過的概念。你可以像範例 15-21 一樣，將權限範圍限制為「未讀」通知：

範例 15-21　迭代用戶未讀的資料庫通知

```
User::first()->unreadNotifications->each(function ($notification) {
    // 做想做的事情
});
```

你也可以將一個或所有通知標記為已讀，如範例 15-22 所示：

範例 15-22　將資料庫通知標記為已讀

```
// 單一通知
User::first()->unreadNotifications->each(function ($notification) {
    if ($condition) {
        $notification->markAsRead();
    }
});

// 全部通知
User::first()->unreadNotifications->markAsRead();
```

廣播通知

broadcast 通道使用 Laravel 的事件廣播功能來傳送通知，該功能是由 WebSockets 支援的（我們將在第 484 頁的「透過 WebSocket 與 Laravel Echo 來廣播事件」進一步探討）。

在你的通知裡建立一個 toBroadcast() 方法，並回傳一個資料陣列。如果你的 app 已被設置成可以使用事件廣播，那些資料將在名為 *notifiable.id* 的私用通道上廣播。*id* 是 notifiable 的 ID，而 *notifiable* 是 notifiable 的完整類別名稱，但斜線要改成句點，例如 ID 為 1 的 App\User 的私用通道是 App.User.1。

SMS 通知

SMS 通知透過 Vonage（*https://www.vonage.com*）來發送，所以如果你要發送 SMS 通知，請註冊一個 Vonage 帳戶，並按照通知文件中的說明操作（*https://oreil.ly/VzICd*）。與其他通道一樣，你要設定一個 toVonage() 方法並在那裡自訂 SMS 訊息。

安裝 SMS 通知程式包

在 Laravel 裡，SMS 通知頻道是第一方程式包。若要使用 Vonage SMS 通知，請使用 Composer 來 require 這個程式包：

```
composer require laravel/vonage-notification-channel \
    guzzlehttp/guzzle
```

Slack 通知

slack 通知通道可讓你自訂通知的外觀,甚至將檔案附加到通知。如同其他通道,你要設置一個 toSlack() 方法,並在那裡自訂訊息。

安裝 *Slack* 通知程式包

Laravel 的 Slack 通知通道是第一方程式包。若要使用 Slack 通知,請使用 Composer 來 require 這個程式包:

```
composer require laravel/slack-notification-channel
```

其他的通知

想要使用非現成的通道來傳送通知嗎?有一個強大的社群致力於提供各式通知通道,你可以造訪 Laravel Notifications Channels 網站,看看它提供了什麼(*https://oreil.ly/6d4_L*)。

測試

我們來看看如何測試郵件與通知。

郵件

我們可以針對郵件的兩個層面撰寫斷言:郵件的內容和屬性,以及它是否被實際發送。我們先來針對郵件內容撰寫斷言。

針對郵件撰寫斷言

首先,你可以針對 envelope() 類型的資料進行斷言,如範例 15-23 所示。

範例 15-23 針對 mailable 的 envelope 資料進行斷言

```
$mailable = new AssignmentCreated($trainer, trainee);

$mailable->assertFrom('noreply@mytrainingapp.com');
$mailable->assertTo('user@gmail.com');
$mailable->assertHasCc('trainer@mytrainingapp.com');
$mailable->assertHasBcc('records@mytrainingapp.com');
$mailable->assertHasReplyTo('trainer@mytrainingap.com');
$mailable->assertHasSubject('New assignment from Faith Elizabeth');
$mailable->assertHasTag('assignments');
$mailable->assertHasMetadata('clientId', 4);
```

接下來，你可以針對訊息的內容進行斷言，如範例 15-24 所示。

範例 15-24　針對 *mailable* 的內容進行斷言

```
$mailable->assertSeeInHtml($trainee->name);
$mailable->assertSeeInHtml('You have received a new training assignment');
$mailable->assertSeeInOrderInHtml(['Hey', 'You have received']);

$mailable->assertSeeInText($trainee->name);
$mailable->assertSeeInOrderInText(['Hey', 'You have received']);
```

你也可以對附件進行斷言，見範例 15-25。

範例 15-25　對附件進行斷言

```
$mailable->assertHasAttachment('/pdfs/assignment-24.pdf');
$mailable->assertHasAttachment(Attachment::fromPath('/pdfs/assignment-24.pdf'));
$mailable->assertHasAttachedData($pdfData, 'assignment-24.pdf', [
    'mime' => 'application/pdf',
]);
$mailable->assertHasAttachmentFromStorage(
    '/pdfs/assignment-24.pdf',
    'assignment-24.pdf',
    ['mime' => 'application/pdf']
);
$mailable->assertHasAttachmentFromStorageDisk(
    's3',
    '/pdfs/assignment-24.pdf',
    'assignment-24.pdf',
    ['mime' => 'application/pdf']
);
```

斷言郵件是否被寄出

要檢測郵件是否被寄出，你要先執行 `Mail::fake()` 來捕捉郵件動作以進行檢查，然後執行各種斷言，如範例 15-26 所示。

範例 15-26　斷言郵件是否被寄出

```
Mail::fake();

// 呼叫寄出郵件的程式碼

// 斷言沒有 mailable 被寄出
Mail::assertNothingSent();
```

```
// 斷言有 mailable 被寄出
Mail::assertSent(AssignmentCreated::class);

// 斷言有 mailable 被寄出某個次數
Mail::assertSent(AssignmentCreated::class, 4);

// 斷言一個 mailable 未被寄出
Mail::assertNotSent(AssignmentCreated::class);

// 斷言佇列中的 email
Mail::assertQueued(AssignmentCreated::class);
Mail::assertNotQueued(AssignmentCreated::class);
Mail::assertNothingQueued();
```

Laravel 也可以讓你將 closure 當成斷言的第二個參數傳入，以檢查 email 並確保它們符合預期。見範例 15-27。

範例 15-27 在斷言中檢查 *email* 的特性

```
Mail::assertSent(
    AssignmentCreated::class,
    function (AssignmentCreated $mail) use ($trainer, $trainee) {
        return $mail->hasTo($trainee->email) &&
            $mail->hasSubject('New assignment from ' . $trainer->name);
    }
);
```

你也可以使用 hasCc()、hasBcc()、hasReplyTo() 和 hasFrom()。

通知

Laravel 提供一組內建的斷言來測試你的通知，如範例 15-28 所示。

範例 15-28 斷言通知已被傳送

```
public function test_new_signups_triggers_admin_notification()
{
    Notification::fake();

    Notification::assertSentTo($user, NewUsersSignedup::class,
        function ($notification, $channels) {
            return $notification->user->email == 'user-who-signed-up@gmail.com'
            && $channels == ['mail'];
    });
```

```
    // 斷言 email 已被送給指定的用戶
    Notification::assertSentTo(
        [$user],
        NewUsersSignedup::class
    );

    // 你也可以使用 assertNotSentTo()
    Notification::assertNotSentTo(
        [$userDidntSignUp], NewUsersSignedup::class
    );
}
```

TL;DR

Laravel 的郵件與通知功能為各種訊息傳遞系統提供簡單、一致的介面。Laravel 的郵件系統使用 mailable，這是一種代表 email 的 PHP 類別，可為各種不同的郵件驅動程式提供一致的語法。通知系統可讓你輕鬆地建立通知，並透過各種媒體來傳遞，包括 email、SMS 訊息，甚至實體明信片。

## 第十六章

佇列、Job、事件、廣播與排程器

到目前為止，我們討論了一些驅動 web 應用程式的常見結構，包括資料庫、郵件、檔案系統…等，它們在大多數的應用程式與框架中都很常見。

Laravel 也為一些較不常見的架構模式和應用程式結構提供了工具。在這一章，我們將討論 Laravel 用來實作佇列、佇列中的 job、事件，與 WebSocket 事件發布的工具。我們也會探討 Laravel 的排程器，它讓手動編輯的 cron 排程成為過去式。

佇列

你只要想一下銀行的「排隊」概念就可以瞭解什麼是佇列。雖然銀行有多列排隊隊伍，每一列隊伍每次只有一個人接受服務，而且所有人最終都會抵達最前面接受服務。有些銀行採取嚴格的先進先出政策，但有些銀行不保證不會有人插隊。本質上，人會加入隊伍、提早離開隊伍，或被成功「處理」並離開。有人可能抵達隊伍的最前面，但沒有被正確地服務，於是重新排隊一段時間，然後再次被服務。

程式的佇列非常類似銀行的情況，你的應用程式會將一項「job（工作）」加入佇列，job 是一段程式，告訴應用程式如何執行特定的行為。然後有另一個獨立的應用結構，通常是「佇列工作器」，負責從佇列中取出 job，每次一個，並執行適當的操作。佇列工作器可以刪除 job、延遲一段時間讓 job 回到佇列，或將它們標記為成功處理。

Laravel 可以讓你輕鬆地使用 Redis、*beanstalkd*、Amazon Simple Queue Service（SQS）或資料庫表格來支援佇列。你也可以使用 sync 驅動程式來直接執行 job 而不將它推入佇列，或使用 null 驅動程式來直接捨棄 job；這兩種做法通常在本地開發或測試環境中使用。

為何使用佇列？

你可以輕鬆地使用佇列來將同步呼叫裡的任何昂貴或緩慢的程序移出。最常見的情況是傳送郵件，這個過程可能非常緩慢，你應該不想讓用戶等待郵件傳送之後，才回應他們的操作。你可以觸發佇列裡的「寄送郵件」job，並讓用戶繼續進行操作。有時雖然你不必煩惱如何節省用戶的時間，但有一個類似 cron job 或 webhook 這樣的程序，有大量的工作需要完成，與其讓它們全部一起執行（並可能超過時限），你可以將各個部分排入佇列，讓佇列工作器一次處理一個。

此外，如果你有繁重的工作超出伺服器可以處理的範圍，你也可以啟動多個佇列工作器來處理佇列，讓處理速度比一般的應用程式伺服器快很多。

基本的佇列組態設定

就像 Laravel 的許多其他功能一樣，佇列有自己的專用組態檔案（*config/queue.php*），可以讓你設置多個驅動程式，並定義哪一個是預設的。它也是讓你儲存 SQS、Redis 或 *beanstalkd* 驗證資訊的地方。

Laravel Forge 的簡單 *Redis* 佇列

Laravel Forge（*http://forge.laravel.com*）是 Laravel 創造者 Taylor Otwell 提供的主機管理服務，可以讓你輕鬆地使用 Redis 來驅動佇列。你建立的每一個伺服器都會自動設置 Redis，所以當你造訪任何網站的 Forge 主控台時，你都可以直接前往 Queue 標籤，並按下 Start Worker，這樣就可以使用 Redis 作為佇列驅動程式了；你可以保留所有的預設設定，不需要做其他工作。

在佇列中的 job

還記得銀行的比喻嗎？在程式設計術語中，銀行的佇列（排隊隊伍）中的每一個人就是一個 *job*。在佇列裡的 job 有許多形式，依環境而異，例如資料陣列或簡單的字串。在 Laravel 中，每一個 job 都是資訊的集合，那些資訊包含 job 名稱、實際資料、該 job 已被嘗試處理幾次，及一些簡單的詮釋資料。

但是當你和 Laravel 互動時，你不需要在乎它們。Laravel 提供一種稱為 Job 的結構，其目的是為了封裝單一任務（你的應用程式可被指示執行的事情），讓它可被加入與拉出佇列。Laravel 也有一些簡單的輔助程式可將 Artisan 命令與郵件推入佇列。

我們從一個範例看起，每次有用戶在你的 SaaS app 裡改變他的計畫時，你就要重新計算關於整體利潤的一些數據。

建立 job

一如既往，有一個 Artisan 命令可做這件事：

```
php artisan make:job CrunchReports
```

範例 16-1 是你將獲得的東西。

範例 16-1　Laravel 的預設 job 模板

```php
<?php

namespace App\Jobs;

use Illuminate\Bus\Queueable;
use Illuminate\Contracts\Queue\ShouldBeUnique;
use Illuminate\Contracts\Queue\ShouldQueue;
use Illuminate\Foundation\Bus\Dispatchable;
use Illuminate\Queue\InteractsWithQueue;
use Illuminate\Queue\SerializesModels;

class CrunchReports implements ShouldQueue
{
    use Dispatchable, InteractsWithQueue, Queueable, SerializesModels;

    /**
     * 建立新 job 實例。
     */
    public function __construct()
    {
```

```
        //
    }

    /**
     * 執行 job
     */
    public function handle(): void
    {
        //
    }
}
```

如 你 所 見， 這 個 模 板 匯 入 Dispatchable、InteractsWithQueue、Queueable 與 SerializesModel trait，並實作了 ShouldQueue 介面。

我們也從這個模板獲得兩個方法，一個是建構式，你可以用它來將資料附加到 job，另一個是 handle() 方法，它是 job 的邏輯所在之處（它也是你將用來注入依賴項目的方法簽章）。

trait 與介面讓類別能夠被加入佇列以及和佇列互動。Dispatchable 提供方法來推送（dispatch）它自己；InteractsWithQueue 可讓 job 被處理時控制它與佇列的關係，包括刪除自己，以及將自己重新排入佇列；Queueable 可讓你指定 Laravel 如何將這個 job 放入佇列；而 SerializesModels 賦予 job 序列化與反序列化 Eloquent model 的能力。

序列化 *model*

SerializesModels trait 賦予 job 將所注入的 model 序列化的能力，讓 job 的 handle() 方法可以存取它們。序列化是將 model 轉換平面格式，以便存入資料庫或佇列等資料儲存系統。但是，由於將整個 Eloquent 物件正確地序列化很困難，所以 trait 僅確保 job 被推入佇列時，只將所附加的 Eloquent 物件的主鍵序列化。當 job 被反序列化與處理之後，trait 會用主鍵將新的 Eloquent model 拉出資料庫。這意味著，當 job 執行時，它只會拉出 model 的新實例，而不是當它在 job 被推入佇列時的狀態。

我們來填寫示範類別的方法，如範例 16-2 所示。

範例 *16-2　job 範例*

```
...
use App\ReportGenerator;

class CrunchReports implements ShouldQueue
{
    use Dispatchable, InteractsWithQueue, Queueable, SerializesModels;

    protected $user;

    public function __construct($user)
    {
        $this->user = $user;
    }

    public function handle(ReportGenerator $generator): void
    {
        $generator->generateReportsForUser($this->user);

        Log::info('Generated reports.');
    }
}
```

我 們 預 期 User 實 例 在 建 立 job 時 注 入, 然 後 當 它 被 處 理 時, 我 們 typehint ReportGenerator 類別（假設已經寫好了）。Laravel 會讀取 typehint 並自動注入那個依賴項目。

將 job 推入佇列

你可以用幾種做法來推送 job,包括所有 controller 都提供的一些方法,以及一種全域的 dispatch() 輔助函式。但比較簡單且首選的方法,是對著 job 本身呼叫 dispatch() 方法,所以本章接下來的部分將採取這種做法。

要推送你的 job,你只要建立一個它的實例,然後呼叫它的 dispatch() 方法,並將任何必要的資料直接傳給該方法即可。見範例 16-3 的示範。

範例 *16-3　推送 job*

```
$user = auth()->user();
$daysToCrunch = 7;
\App\Jobs\CrunchReports::dispatch($user, $daysToCrunch);
```

你可以透過三個設定來自訂如何推送 job：連結（connection）、佇列（queue）和延遲（delay）。

自訂連結 如果你有多個佇列連結，你可以在 dispatch() 方法後面串接 onConnection() 來自訂連結：

```
DoThingJob::dispatch()->onConnection('redis');
```

自訂佇列 在佇列伺服器內，你可以指定要將 job 推入哪個具名佇列。例如，你可以根據佇列的重要性來區分它們，將其中一個佇列命名為 low，另一個命名為 high。

你可以使用 onQueue() 方法來指定要將 job 推入哪個佇列：

```
DoThingJob::dispatch()->onQueue('high');
```

自訂延遲 你可以使用 delay() 方法來自訂佇列工作器應先等等多久，再處理 job，這個方法接收一個代表 job 延遲秒數的整數，或 *DateTime/Carbon* 實例：

```
// 延遲一分鐘再將 job 交給佇列工作器
$delay = now()->addMinutes(5);
DoThingJob::dispatch()->delay($delay);
```

注意，Amazon SQS 不允許延遲 15 分鐘以上。

job 串接

如果你要讓一系列的 job 依序執行，你可以將它們「串接」起來，如此一來，每一個 job 都會等待之前的 job 完成才執行，而且如果有 job 失敗，在它後面的都不會執行。

```
$user = auth()->user();
$daysToCrunch = 7;

Bus::chain([
    new CrunchReports($user, $daysToCrunch),
    new SendReport($user),
])->dispatch();
```

你可以在其中一個串接的 job 失敗時執行 catch() 方法：

```
$user = auth()->user();
$daysToCrunch = 7;

Bus::chain([
    new CrunchReports($user, $daysToCrunch),
    new NotifyNewReportsDone($user)
])->catch(function (Throwable $e) {
```

```
        new ReportsNotCrunchedNotification($user)
    })->dispatch($user);
```

job 批次處理

job 批次處理可以讓你一次將一組 job 推入佇列、檢查批次的狀態，以及在批次完成後採取行動。

這個功能需要使用一個資料庫資料表來記錄 job；如你所望，有一個建立它的 Artisan 命令可用：

```
php artisan queue:batches-table
php artisan migrate
```

要讓一個 job 成為 batchable（可批次處理），請 include Illuminate\Bus\Batchable trait，這個 trait 會在你的 job 裡加入一個 batch() 方法，它可以讓你取得關於 job 當下所屬的批次的資訊。

範例 16-4 展示它如何運作。你可以在這個範例中看到，在針對 batchable job 採取的步驟中，最重要的一步是確保當批次被取消時，它不執行任何操作。

範例 16-4　在 Laravel 裡的可批次處理 job

```
...
class SampleBatchableJob implements ShouldQueue
{
    use Batchable, Dispatchable, InteractsWithQueue, Queueable, SerializesModels;

    public function handle(): void
    {
        // 當這個批次被取消時，不執行
        if ($this->batch()->cancelled()) {
            return;
        }

        // 否則，照常執行
        // ...
    }
}
```

推送 batchable job　Bus 靜態介面提供 batch() 方法來讓你推送一個 job 批次。你也可以定義當批次成功執行或失敗之後執行的操作 —— 使用 then()（成功）、catch()（失敗），或 finally()（成功或失敗）方法。

範例 16-5 展示如何呼叫它們。

範例 16-5　推送 *batchable job*

```
use App\Jobs\CrunchReports;
use Illuminate\Support\Facades\Bus;

$user = auth()->user();
$admin = User::admin()->first();
$supervisor = User::supervisor()->first();

$daysToCrunch = 7;

Bus::batch([
    new CrunchReports::dispatch($user, $daysToCrunch),
    new CrunchReports::dispatch($admin, $daysToCrunch),
    new CrunchReports::dispatch($supervisor, $daysToCrunch)
])->then(function (Batch $batch) {
    // 當批次成功完成時執行
})->catch(function (Batch $batch, Throwable $e) {
    // 有任何 job 失敗時執行
})->finally(function (Batch $batch) {
    // 當批次完成時執行
})->dispatch();
```

讓 job 將其他 job 加入批次　如果在批次內的 job 需要負責將 job 加入批次（例如，如果你最初推送了一些「job 推送器」類型的 job），它們可以對著 batch() 回傳的 Batch 物件使用 add() 方法：

```
public function handle(): void
{
    if ($this->batch()->cancelled()) {
        return;
    }

    $this->batch()->add([
        new \App\Jobs\ImportContacts,
        new \App\Jobs\ImportContacts,
        new \App\Jobs\ImportContacts,
    ]);
}
```

取消批次　如果 job 需要取消它的批次，它可以這樣做：

```
public function handle(): void
{
    if (/* 這個批次因為某種原因應該被取消 */) {
```

```
        return $this->batch()->cancel();
    }

    // ...
}
```

批次失敗　在預設情況下，如果在批次內的一個 job 失敗了，該批次將被標記為「取消（canceled）」。如果你想要定義不同的行為，你可以在推送批次時串接 allowFailures()：

```
$batch = Bus::batch([
    // ...
])->allowFailures()->dispatch();
```

清理批次表　批次表不會被自動清理，因此你要安排 app 來「清理（prune）」該表：

```
$schedule->command('queue:prune-batches')->daily();
```

運行佇列工作器

那麼，什麼是佇列工作器？它是如何工作的？在 Laravel 裡，它是一個永久執行的 Artisan 命令（直到被手動停止為止），負責從佇列拉出 job 並執行它們：

```
php artisan queue:work
```

這個命令會啟動一個 daemon 來「監聽」佇列；每當佇列裡有 job 時，它就會拉出第一個 job，處理它、刪除它，然後處理下一個。當沒有 job 時，它會「休眠」一段可設定的時間，再檢查是否有 job。

你可以定義一個 job 可以執行幾秒才會被佇列監聽器停止（--timeout）、沒有 job 時，監聽器應「休眠」幾秒（--sleep）、每一個 job 要嘗試執行幾次才會被刪除（--tries）、工作器應監聽哪一個連結（在 queue:work 之後的第一個參數），以及它應該監聽哪個佇列（--queue=）：

```
php artisan queue:work redis --timeout=60 --sleep=15 --tries=3
  --queue=high,medium
```

你也可以使用 php artisan queue:work 來處理單一 job。

處理錯誤

那麼，當 job 被處理的過程中出問題會怎樣？

在處理時丟出例外

如果有例外被丟出，佇列監聽器會將那個 job 送回佇列。該 job 將被重新釋出以再次處理，直到它被成功處理，或直到它被處理的次數到達佇列監聽器允許的最大嘗試次數為止。

限制嘗試次數

最大嘗試次數是用 queue:listen 或 queue:work Artisan 命令中的 --tries 參數來定義的。

 不限制嘗試次數的風險

如果你沒有設定 --tries，或是將它設為 0，佇列監聽器將允許嘗試無限次，這意味著，在任何情況下，如果有一個 job 永遠無法完成（例如，如果它依賴一個已被刪除的推文），你的 app 將因為永無止盡的重試，而逐漸陷入停滯。

官方文件（ *https://oreil.ly/7BIW-* ）與 Laravel Forge 都建議先將最大重試次數設為 3。所以，如果你有疑慮，可先使用這個數字，再進行調整：

```
php artisan queue:work --tries=3
```

如果你想知道一個 job 已嘗試了幾次，你可以對著 job 本身呼叫 attempts() 方法，如範例 16-6 所示。

範例 16-6 檢查一個 job 已被嘗試幾次

```
public function handle(): void
{
    ...
    if ($this->attempts() > 3) {
        //
    }
}
```

你也可以在 job 類別本身指定該 job 最多可以被重試幾次 —— 藉著定義 $tries 特性。在指定時，這個值的優先順序高於使用 --tries 來設定的值：

```
public $tries = 3;
```

你可以在 job 類別中設定 $maxExceptions 特性，來指定 job 丟出幾次例外（因此會被重試）才會被視為失敗：

```
// 可以嘗試這個 job 10 次。
public $tries = 10;

// 如果 job 因為丟出例外而失敗 3 次，
// 停止嘗試 job 並標記為失敗。
public $maxExceptions = 3;
```

你還可以指定何時該讓 job 逾時，以指示框架在指定的時間範圍內嘗試 job 任意次數。你可以在 job 裡設置 retryUntil() 方法，並在裡面回傳一個 DateTime/Carbon 實例：

```
public function retryUntil()
{
    return now()->addSeconds(30);
}
```

基於 job 的重試延遲

你可以在 job 裡設置一個 $retryAfter 特性來指定應先等待多久，再重試失敗過的 job，它相當於等待的分鐘數。對於更複雜的計算，你可以定義一個 retryAfter 方法，它也要回傳等待的分鐘數：

```
public $retryAfter = 10;

public function retryAfter() {...}
```

job 中介層

你可以透過中介層執行 job，就像透過中介層來執行 HTTP 請求一樣。這是將保護或驗證 job 的邏輯抽象化的絕佳手段，也可以將 job 的執行條件抽象化：

```php
<?php

namespace App\Jobs\Middleware;

use Illuminate\Http\Response;

class MyMiddleware
{
    public function handle($job, $next): Response
    {
        if ($something) {
            $next($job);
        } else {
            $job->release(5);
        }
```

```
    }
}
```

要將中介層指派給一個 job，請在 job 類別中指定一個 middleware() 方法：

```
...
use App\Jobs\Middleware\MyMiddleware;

...
public function middleware()
{
    return [new MyMiddleware];
}
```

你也可以在推送 job 時，使用 through 方法來指定中介層：

```
DoThingJob::dispatch()->through([new MyMiddleware]);
```

job 的速率限制中介層　Laravel 提供現成的 job 速率限制中介層。若要使用它，請在服務供應器的 boot() 內定義 RateLimiter::for()，如範例 16-7 所示。

範例 16-7　job 速率限制中介層

```
// 在服務供應器內
public function boot(): void
{
    RateLimiter::for('imageConversions', function (object $job) {
        return $job->user->paidForPriorityConversions()
            ? Limit::none()
            : Limit::perHour(1)->by($job->user->id);
    });
}
```

job 速率限制中介層的語法與路由速率限制中介層相同（第 294 頁的「速率限制」）。

處理失敗的 job

一旦 job 超過其容許的嘗試次數，它就會被視為「失敗」的 job。在你做任何其他事情之前（即使你只打算限制一個 job 可以嘗試的次數），你必須建立一個「失敗的 job」資料庫表格。

有一種 Artisan 命令可建立 migration（然後你要做 migrate）：

```
php artisan queue:failed-table
php artisan migrate
```

超過最大嘗試次數的 job 都會被丟到那裡。但你也可以對失敗的 job 做一些事情。

首先，你可以在 job 本身定義一個 failed() 方法，它會在 job 失敗時執行（見範例 16-8）。

範例 16-8　定義在 *job* 失敗時執行的方法

```
...
class CrunchReports implements ShouldQueue
{
    ...

    public function failed()
    {
        // 做你想做的事情，例如通知管理員
    }
}
```

接下來，你可以註冊一個全域的處理器來處理失敗的 job。你可以在應用程式的 bootstrap 內的某處（如果你不知道該將它放在哪裡，可將它放在 AppServiceProvider 的 boot() 方法裡），放入範例 16-9 的程式來定義一個監聽器。

範例 16-9　註冊一個全域處理器來處理失敗的 *job*

```
// 某個伺服器供應器
use Illuminate\Support\Facades\Queue;
use Illuminate\Queue\Events\JobFailed;
// ...
    public function boot(): void
    {
        Queue::failing(function (JobFailed $event) {
            // $event->connectionName
            // $event->job
            // $event->exception
        });
    }
```

此外還有一套 Artisan 工具可以和「失敗的 job」表格互動。

queue:failed 可顯示失敗的 job 表格：

```
php artisan queue:failed
```

表格長這樣:

```
+----+------------+---------+----------------------+---------------------+
| ID | Connection | Queue   | Class                | Failed At           |
+----+------------+---------+----------------------+---------------------+
| 9  | database   | default | App\Jobs\AlwaysFails | 2018-08-26 03:42:55 |
+----+------------+---------+----------------------+---------------------+
```

你可以在這個表格裡查到任何失敗的 job 的 ID,並且用 queue:retry 來重試它:

```
php artisan queue:retry 9
```

如果你想要重試所有的 job,可傳入 all 而非 ID:

```
php artisan queue:retry all
```

你可以用 queue:forget 來刪除失敗的 job:

```
php artisan queue:forget 5
```

你可以刪除超過一定壽命(預設為 24 小時,但你也可以使用 --hours=48 傳入自訂的小時數)的所有失敗 job:

```
php artisan queue:prune-failed
```

你也可以使用 queue:flush 來刪除所有的失敗 job:

```
php artisan queue:flush
```

控制佇列

有時候,在處理 job 時,你想要加入一些條件來將 job 重新釋放到佇列中,以供稍後重啟,或永遠刪除該 job。

你可以使用 release() 方法來將 job 重新釋放回佇列,如範例 16-10 所示。

範例 16-10 將 job 送回佇列

```php
public function handle()
{
    ...
    if (condition) {
        $this->release($numberOfSecondsToDelayBeforeRetrying);
    }
}
```

如果你想在處理一個 job 的過程中刪除它，你可以隨時 return，如範例 16-11 所示，它是一種發送給佇列的訊號，代表 job 已被適當地處理，且不應該回到佇列。

範例 16-11　刪除 job

```
public function handle(): void
{
    // ...
    if ($jobShouldBeDeleted) {
        return;
    }
}
```

佇列支援的其他功能

佇列的主要功能是讓 job 被送入，但你也可以使用 Mail::queue 來將郵件放入佇列。你可以在第 448 頁的「佇列」進一步瞭解這個功能。你也可以將 Artisan 命令放入佇列，第 8 章已經介紹過了。

Laravel Horizon

Laravel Horizon 很像我們介紹過的其他工具（Scout、Passport 等），它也是 Laravel 提供、但未與核心綁定的工具。

Horizon 可讓你瞭解在 Redis 佇列中的 job 的狀態。你可以看到哪些 job 失敗了、有多少 job 在佇列中、它們的工作速度多快，甚至可以在任何佇列超載或失敗時收到通知。圖 16-1 是 Horizon 儀表板。

安裝與執行 Horizon 相當簡單，它的文件也很詳盡，所以如果你有興趣，可以參考 Horizon 的文件（*https://oreil.ly/6tpkn*）來瞭解如何安裝、設置與部署它。

請注意，為了運行 Horizon，你要在 *.env* 或 *config/queue.php* 組態檔案中，將佇列連結設為 redis。

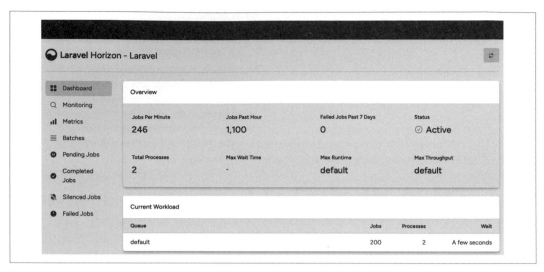

圖 16-1　Horizon 儀表板

事件

在使用 job 時，進行呼叫的程式碼會通知應用程式它應該做某件事情：CrunchReports 或 NotifyAdminOfNewSignup。

在使用事件時，進行呼叫的程式碼會通知應用程式有事情發生了：UserSubscribed、UserSignedUp 或 ContactWasAdded。事件是指出某事已經發生的通知。

有些事件可能是框架本身「觸發」的。例如，Eloquent model 會在它們被儲存、建立或刪除時觸發事件。但有些事件也可以用應用程式碼來手動觸發。

被觸發的事件本身不做任何事情。但是你可以綁定事件監聽器，它唯一的功用是監聽特定事件的廣播，並採取行動來回應事件。任何事件都可以有零到多個事件監聽器。

Laravel 事件的結構類似 observer 或「pub/sub」模式，有許多事件被發射到應用程式中，有些事件可能永遠不會被監聽，有些可能有許多監聽者，事件本身不知道它有沒有被監聽，也不在乎這件事。

觸發事件

觸發事件的方式有三種。你可以使用 Event 靜態介面、注入 Dispatcher，或使用 event() 全域輔助函式，見範例 16-12。

範例 16-12　觸發事件的三種方式

```
Event::fire(new UserSubscribed($user, $plan));
// 或
$dispatcher = app(Illuminate\Contracts\Events\Dispatcher::class);
$dispatcher->fire(new UserSubscribed($user, $plan));
// 或
event(new UserSubscribed($user, $plan));
```

如果你不知道讓該用哪一個，建議你使用全域輔助函式。

你可以使用 make:event Artisan 命令來建立一個事件來觸發：

```
php artisan make:event UserSubscribed
```

這會產生一個類似範例 16-13 的檔案。

範例 16-13　Laravel 事件的預設模板

```php
<?php

namespace App\Events;

use Illuminate\Broadcasting\Channel;
use Illuminate\Broadcasting\InteractsWithSockets;
use Illuminate\Broadcasting\PresenceChannel;
use Illuminate\Broadcasting\PrivateChannel;
use Illuminate\Contracts\Broadcasting\ShouldBroadcast;
use Illuminate\Foundation\Events\Dispatchable;
use Illuminate\Queue\SerializesModels;

class UserSubscribed
{
    use Dispatchable, InteractsWithSockets, SerializesModels;

    /**
     * 建立新事件實例。
     */
    public function __construct()
    {
        //
```

```
    }

    /**
     * 取得廣播事件的通道。
     *
     * @return array<int, \Illuminate\Broadcasting\Channel>
     */
    public function broadcastOn(): array
    {
        return [
            new PrivateChannel('channel-name'),
        ];
    }
}
```

我們來看看我們得到了什麼。SerializesModels 的運作方式如同 job，它可讓你用參數來接收 Eloquent model。InteractsWithSockets、ShouldBroadcast 以及 broadcastOn() 方法可在你使用 WebSockets 來廣播事件時提供支援功能，稍後說明。

這裡沒有 handle() 和 fire() 方法有點奇怪，但記住，這個物件的目的不是為了確認特定的操作，它只是為了封裝一些資料。第一部分的資料是它的名稱，UserSubscribed 告訴我們有特定的事件發生了（有用戶訂閱了）。其餘的資料是我們傳入建構式且與這個實體有關的資料。

範例 16-14 示範我們可能對 UserSubscribed 事件做什麼事情。

範例 16-14　將資料注入事件

```
...
class UserSubscribed
{
    use InteractsWithSockets, SerializesModels;

    public $user;
    public $plan;

    public function __construct($user, $plan)
    {
        $this->user = $user;
        $this->plan = $plan;
    }
}
```

現在我們有一個代表已經發生的事件的物件，那個事件是 $event->user 訂閱了 $event->plan 方案。別忘了，你只要使用 event(new UserSubscribed($user, $plan)) 就可以觸發這個事件。

監聽事件

我們有一個事件，也能夠觸發它了，接著來看看如何監聽它。

首先，我們要建立一個事件監聽器。假設我們想在每次有新用戶訂閱時，就向 app 的負責人發送 email：

```
php artisan make:listener EmailOwnerAboutSubscription --event=UserSubscribed
```

這會給我們範例 16-15 的檔案。

範例 16-15　*Laravel 事件監聽器的預設模板*

```php
<?php

namespace App\Listeners;

use App\Events\UserSubscribed;
use Illuminate\Contracts\Queue\ShouldQueue;
use Illuminate\Queue\InteractsWithQueue;

class EmailOwnerAboutSubscription
{
    /**
     * 建立事件監聽器。
     */
    public function __construct()
    {
        //
    }

    /**
     * 處理事件
     */
    public function handle(UserSubscribed $event): void
    {
        //
    }
}
```

handle() 方法的位置是操作發生的地方。這個方法預期接收型態為 UserSubscribed 的事件，並對其做出回應。

我們來讓它寄出 email（範例 16-16）。

範例 16-16　事件監聽器

```
...
use App\Mail\UserSubscribed as UserSubscribedMessage;

class EmailOwnerAboutSubscription
{
    public function handle(UserSubscribed $event): void
    {
        Log::info('Emailed owner about new user: ' . $event->user->email);

        Mail::to(config('app.owner-email'))
            ->send(new UserSubscribedMessage($event->user, $event->plan));
    }
}
```

接下來還有最後一項任務，我們要設定這個監聽器來監聽 UserSubscribed 事件。我們將在 EventServiceProvider 類別的 $listen 特性中進行設定（見範例 16-17）。

範例 16-17　在 EventServiceProvider 內，將監聽器綁定事件

```
class EventServiceProvider extends ServiceProvider
{
    protected $listen = [
        \App\Events\UserSubscribed::class => [
            \App\Listeners\EmailOwnerAboutSubscription::class,
        ],
    ];
```

如你所見，每一個陣列項目的鍵都是事件的類別名稱，值則是監聽器類別名稱陣列。我們可以在 UserSubscribed 鍵之下加入任意多的類別名稱，它們都將監聽並回應每一個 UserSubscribed 事件。

自動事件發現

你也可以要求 Laravel 自動連接事件及其監聽器，而不需要在 EventServiceProvider 中手動綁定它們。這項功能稱為自動事件發現，它是預設停用的，但你可以設置 EventServiceProvider 的 shouldDiscoverEvents() 方法，讓它回傳 true 來啟用：

```
/**
 * 決定是否應自動發現事件和監聽器。
 */
public function shouldDiscoverEvents(): bool
{
    return true;
}
```

如果這項功能被啟用，Laravel 會根據監聽器裡的 typehint 來將事件對映到它們的監聽器。它將在每一次請求時進行比對，這會讓你的 app 稍微延遲，但就像許多速度較慢的功能一樣，你可以使用 php artisan event:cache 來快取這些查詢，並使用 php artisan event:clear 來清除快取。

事件訂閱器

我們還有一種結構可以用來定義事件及其監聽器之間的關係。Laravel 有一種稱為事件訂閱器（*event subscriber*）的概念，它是一個類別，裡面的方法分別是不同事件的監聽器，該類別也有一個定義「由哪個方法處理哪個事件」的對映（mapping）。透過例子比較容易瞭解，見範例 16-18。注意，事件訂閱器並非特別常用的工具。

範例 16-18　事件訂閱器範例

```php
<?php

namespace App\Listeners;

class UserEventSubscriber
{
    public function onUserSubscription($event)
    {
        // 處理 UserSubscribed 事件
    }

    public function onUserCancellation($event)
    {
        // 處理 UserCanceled 事件
    }

    public function subscribe($events)
    {
        $events->listen(
            \App\Events\UserSubscribed::class,
            'App\Listeners\UserEventSubscriber@onUserSubscription'
        );
```

```
        $events->listen(
            \App\Events\UserCanceled::class,
            'App\Listeners\UserEventSubscriber@onUserCancellation'
        );
    }
}
```

訂閱器必須定義一個 subscribe() 方法，它接收一個事件指派器（event dispatcher）實例。我們會用它來配對事件和它的監聽器，但在這個例子裡，它們是這個類別裡的方法，而不是整個類別。

複習一下，當你在行內看到 @ 時，在 @ 左邊是類別名稱，在 @ 右邊是方法名稱。所以，在範例 16-18 中，我們定義了這個訂閱器的 onUserSubscription() 方法，將負責監聽任何 UserSubscribed 事件。

我們還有最後一項工作：在 App\Providers\EventServiceProvider 裡，我們要將訂閱器的類別名稱加入 $subscribe 特性，見範例 16-19。

範例 16-19　註冊事件訂閱器

```
...
class EventServiceProvider extends ServiceProvider
{
    ...
    protected $subscribe = [
        \App\Listeners\UserEventSubscriber::class
    ];
}
```

透過 WebSocket 與 Laravel Echo 來廣播事件

WebSocket（通常稱為 WebSockets）是由 Pusher（一種託管的 WebSocket SaaS）推廣的一種協定，可方便你在 web 設備之間提供近乎即時的通訊。WebSockets 程式庫會在用戶端與伺服器之間開啟直接連結（direct connection），而不是使用 HTTP 請求來傳遞資訊。WebSockets 是 Gmail 和 Facebook 的聊天室等工具的底層技術，在這些工具裡，你不需要等待網頁重新載入，或等待 Ajax 請求接收或傳送資料，而是會即時傳送與接收資料。

WebSockets 最適合在 pub/sub 結構中傳遞少量資料，例如 Laravel 的事件。Laravel 有一組內建的工具，可讓你輕鬆地定義一或多個事件應廣播至 WebSocket 伺服器。例如，你可以在訊息抵達你的應用程式時，直接發布一個 MessageWasReceived 事件到某個用戶的通知框或一組用戶的通知框裡。

Laravel Echo

Laravel 也有一種更強大的工具可進行更複雜的事件廣播。如果你需要通知在線狀態，或希望讓豐富前端資料 model 與你的 Laravel app 保持同步，你可以研究 Laravel Echo，我們會在第 490 頁的「進階廣播工具」中介紹它。Echo 的大部分組件都內建於 Laravel 核心，但有一些組件需要匯入外部的 JavaScript Echo 程式庫，我們會在第 494 頁的「Laravel Echo（JavaScript 端）」討論它。

組態與設定

你可以在 *config/broadcasting.php* 裡找到事件廣播的組態設定。Laravel 提供三種廣播驅動程式：Pusher（一種付費的 SaaS 服務）、Redis（一種在本地運行的 WebSocket 伺服器），及 log（用於本地開發及偵錯）。

佇列監聽器

為了讓事件的廣播迅速移動，Laravel 會將廣播事件的指示推入佇列。這意味著，你需要運行一個佇列工作器（或是在進行本地開發時，使用 sync 佇列驅動程式）。見第 471 頁的「運行佇列工作器」來進一步瞭解如何運行它。

Laravel 建議預設等待三秒再讓佇列工作器尋找新 job。然而，在廣播事件時，可能有一些事件需要花一兩秒來廣播。為了加快速度，請更改佇列設定，在尋找新 job 之前等待一秒即可。

廣播事件

為了廣播事件，你要讓事件實作 Illuminate\Contracts\Broadcasting\ShouldBroadcast 介面來將該事件標記為廣播事件。這個介面規定加入 broadcastOn() 方法，此方法回傳一個陣列，陣列裡可能是字串或 Channel 物件，分別代表一個 WebSocket 通道。

WebSocket 事件的結構

用 WebSockets 來傳送的每一個事件都可能有三個主要的特徵:名稱、通道,與資料。

事件的名稱可能是 user-was-subscribed 之類的東西,但 Laravel 預設使用事件的完整類別名稱,例如 App\Events\UserSubscribed。你可以將名稱傳給事件類別的選用方法 broadcastAs() 來自訂它。

通道是描述哪一些用戶端應接收此訊息的手段,有一種模式極為常見,就是讓每一位用戶都有一個通道(例如 users.1、users.2…等),或許也有一個讓所有用戶使用的通道(例如 users),以及一個只供某帳戶的成員使用的通道(accounts.1)。

如果你的目標通道是私用通道,可在通道名稱前綴 private-,如果它是一個在線(presence)通道,那就在通道名稱前綴 presence-。所以,名為 groups.5 的私用 Pusher 通道應改名為 private-groups.5。如果你在 broadcastOn() 方法內使用 Laravel 的 PrivateChannel 與 PresenceChannel 物件,它們將為你加入這些通道名稱前綴。

如果你還不熟悉公用、私用與在線通道,可參考第 491 頁的「廣播服務供應器」。

資料是與事件有關的資訊酬載(payload),通常是 JSON,那些資訊可能是訊息,或關於用戶的資訊,可讓處理它的 JavaScript 進行操作。

範例 16-20 展示我們的 UserSubscribed 事件,我們修改它,讓它在兩個通道上廣播:一個給用戶(確認用戶的訂閱),另一個給管理員(通知他們有新的訂閱)。

範例 *16-20* 用多個通道來廣播一個事件

```
...
use Illuminate\Contracts\Broadcasting\ShouldBroadcast;

class UserSubscribed implements ShouldBroadcast
{
    use Dispatchable, InteractsWithSockets, SerializesModels;

    public $user;
    public $plan;
```

```php
    public function __construct($user, $plan)
    {
        $this->user = $user;
        $this->plan = $plan;
    }

    public function broadcastOn(): array
    {
        // 字串語法
        return [
            'users.' . $this->user->id,
            'admins'
        ];

        // Channel 物件語法
        return [
            new Channel('users.' . $this->user->id),
            new Channel('admins'),
            // 如果它是個私用通道：new PrivateChannel('admins'),
            // 如果它是個在線通道：new PresenceChannel('admins'),
        ];
    }
}
```

在預設情況下，你的事件的任何公用特性都會被序列化為 JSON，並作為廣播事件的資料來傳送。這意味著，你可能有一個 UserSubscribed 廣播事件的資料長得像範例 16-21 那樣。

範例 16-21　廣播事件資料

```json
{
    'user': {
        'id': 5,
        'name': 'Fred McFeely',
        ...
    },
    'plan': 'silver'
}
```

你可以從事件的 broadcastWith() 方法回傳資料陣列來覆寫它，如範例 16-22 所示。

範例 16-22　自訂廣播事件資料

```php
public function broadcastWith()
{
    return [
```

```
        'userId' => $this->user->id,
        'plan' => $this->plan
    ];
}
```

你可以設定事件類別的 $broadcastQueue 特性來自訂要將事件送到哪個佇列：

```
public $broadcastQueue = 'websockets-for-faster-processing';
```

之所以這樣做，可能是為了避免其他佇列項目減緩事件廣播速度。如果有長時間運行的 job 排在佇列的前面，導致事件無法被及時發出，使用即時 WebSockets 就沒有太大意義了。

你也可以讓事件實作 ShouldBroadcastNow 合約（範例 16-23），來強迫它完全跳過佇列（使用「sync」佇列驅動程式，它是由當下的 PHP 執行緒處理的）。

範例 16-23　強迫事件跳過廣播佇列

```
use Illuminate\Contracts\Broadcasting\ShouldBroadcastNow;

class UserSubscribed implements ShouldBroadcastNow
{
    //
}
```

最後，你可以自訂要不要廣播某個事件，做法是為它提供一個 broadcastWhen() 方法，如範例 16-24 所示：

範例 16-24　有條件地決定一個事件是否該廣播

```
public function broadcastWhen()
{
    // 來自白宮的用戶進行註冊時，才通知我
    return Str::contains($this->user->email, 'whitehouse.gov');
}
```

接收訊息

截至本書出版時，Laravel 開發者最常用的解決方案是 Pusher（*https://pusher.com*）。它的計費方案超過一定的規模就要收費，但也有一個慷慨的免費方案。Pusher 可讓你很輕鬆地設置一個簡單的 WebSocket 伺服器，而且它的 JavaScript SDK 可處理所有的身分驗證與通道管理，幾乎不需要你做任何工作。SDK 適用於 iOS、Android 與許多其他平台、語言及框架。

如果你希望自己託管一個與 Pusher 相容的 WebSockets 伺服器,有兩個很棒的選項可用。首先,你可以嘗試一種 Laravel-based 工具,稱為 Laravel WebSockets(*https://oreil.ly/p8fyJ*)。你可以在當下的 Laravel app(你發出廣播的同一個 app)裡安裝那個程式包,或將它安裝在不同的微服務裡。

其次,如果你使用 Docker(包括 Sail),你可以安裝 Soketi(*https://soketi.app*),它是用 TypeScript 來開發的免費 Pusher 替代品。

如果你決定使用 Pusher 之外的伺服器,你可以按照本書的所有指導進行,就好像你正在使用 Pusher 一樣,但你的組態配置將有些不同。

即使你最終選擇 Echo,瞭解如何在不使用 Echo 的情況下監聽 Laravel 的廣播事件也很有幫助。但是當你使用 Echo 時,在此展示的許多程式碼都不是必需的,所以建議在你先閱讀這一節,然後在開始實作之前,閱讀第 494 頁的「Laravel Echo(JavaScript 端)」;你可以決定適合你的方式,然後從那裡開始設計程式。

首先,匯入 Pusher 的程式庫,從你的 Pusher 帳號取得 API 金鑰,並使用類似範例 16-25 的程式來訂閱任何通道的任何事件。

範例 16-25 *Pusher 的基本用法*

```
...
<script src="https://js.pusher.com/4.3/pusher.min.js"></script>
<script>
// 啟用 Pusher logging——不要在生產版本中加入它
Pusher.logToConsole = true;

// 全域的,或許吧;這只是為了示範如何取得資料
var App = {
    'userId': {{ auth()->id() }},
    'pusherKey': '{{ config('broadcasting.connections.pusher.key') }}'
};

// 本地的
var pusher = new Pusher(App.pusherKey, {
    cluster: '{{ config('broadcasting.connections.pusher.options.cluster') }}',
    encrypted: {{ config('broadcasting.connections.pusher.options.encrypted') }}
});

var pusherChannel = pusher.subscribe('users.' + App.userId);

pusherChannel.bind('App\\Events\\UserSubscribed', (data) => {
    console.log(data.user, data.plan);
```

```
});
</script>
```

JavaScript 的轉義反斜線

因為 \ 在 JavaScript 裡是控制字元,所以你必須在字串中用 \\ 來代表反斜線,因此範例 16-25 的每一個名稱空間區段之間都有兩個反斜線。

要從 Laravel 發布到 Pusher,請從你的 Pusher 帳號儀表板取得你的 Pusher 金鑰、cluster 與 app ID,並在你的 *.env* 檔案的 PUSHER_KEY、PUSHER_SECRET、PUSHER_APP_CLUSTER 與 PUSHER_APP_ID 鍵底下分別設定它們。

運行你的 app,在一個視窗中訪問一個內嵌了範例 16-25 的 JavaScript 碼的頁面,從另一個視窗或終端機推送一個廣播事件,運行一個佇列監聽器,或使用 sync 驅動程式,你的所有身分驗證資訊都會被正確設定,你應該可以在 JavaScript 視窗的主控台看到事件的 log 近乎即時地彈出。

藉由這項功能,你可以讓用戶在使用 app 時隨時掌握他們的資料的最新情況。你可以通知一位用戶其他用戶做了什麼操作、有一個長期執行的程序剛剛完成,或應用程式對於外部操作(例如寄來的 email 或 webhook)的回應。具體的應用有無限的可能性。

需求

如果你想要使用 Pusher 或 Redis 來進行廣播,你必須匯入以下的依賴項目:

- Pusher:pusher/pusher-php-server "~3.0"
- Redis:predis/predis

進階廣播工具

Laravel 還有一些其他的工具,可以讓你在事件廣播的過程中執行更複雜的互動。這些工具包含一系列的框架功能和 JavaScript 程式庫,統稱為 *Laravel Echo*。

當你在 JavaScript 前端使用 Laravel Echo 時(我們將在第 494 頁的「Laravel Echo(JavaScript 端)」進行介紹),這些框架可提供最佳效果,但即使你未使用 JavaScript 組件,你依然可以享受 Echo 的一些好處。Echo 可以和 Pusher 及 Redis 合作,但我將在所有範例中使用 Pusher。

讓當下的用戶不能收到廣播事件

每一個連至 Pusher 的連結都會被指派專屬的「socket ID」，以識別那一個通訊端連結。我們可以輕鬆地指定任何特定的 socket（用戶）不能接收特定的廣播事件。

你可以用這種功能來定義某些事件不應該廣播給觸發它們的用戶。假設用戶建立任務時，團隊的每一位其他用戶都會收到通知，你想收到「你自己剛剛建立了一個任務」的通知嗎？答案是否定的，所以我們有 toOthers() 方法可用。

實作這種機制需要兩個步驟。首先，你要讓 JavaScript 在你的 WebSocket 連結被初始化時，向 /broadcasting/socket 傳送某個特定的 POST。這會將你的 socket_id 附加至 Laravel session。Echo 會幫你執行這個步驟，但你也可以手動處理，具體做法請參考 Echo 資源（*https://oreil.ly/3Ww0U*）。

接下來，你要更新 JavaScript 發送的每個請求，讓它們具有 X-Socket-ID header，且 header 裡面有該 socket_id。範例 16-26 展示如何使用 Axios 或是在 jQuery 裡做這件事。注意，你的事件必須使用 Illuminate\Broadcasting\InteractsWithSockets trait，以便呼叫 toOthers() 方法。

範例 16-26　隨著每一個 Ajax 請求一起傳送 socket ID，使用 Axios 或 jQuery

```
// 在你初始化 echo 之後立即執行這段程式
// 使用 Axios
window.axios.defaults.headers.common['X-Socket-Id'] = Echo.socketId();

// 使用 jQuery
$.ajaxSetup({
    headers: {
        'X-Socket-Id': Echo.socketId()
    }
});
```

完成處理之後，你可以避免任何事件被廣播給觸發它的用戶——使用 broadcast() 全域輔助函式，而非 event() 全域輔助函式，並在它後面串接 toOthers()：

```
broadcast(new UserSubscribed($user, $plan))->toOthers();
```

廣播服務供應器

Echo 提供的其他功能都需要你的 JavaScript 向伺服器驗證身分。你可以在 App\Providers\BroadcastServiceProvider 裡面定義如何授權用戶訪問你的私用與在線通道。

你可以做的操作主要有兩個：定義廣播身分驗證路由使用的中介層，以及定義通道的授權設定。

若要使用這些功能，請將 *config/app.php* 內的 App\Providers\BroadcastServiceProvider:: class 這行註解改為程式碼。

如果你在沒有 Laravel Echo 的情況下使用這些功能，你就要自行發送 CSRF 權杖和身分驗證請求，或是將 /broadcasting/auth 和 /broadcasting/socket 加到 VerifyCsrfToken 中介層的 $except 特性中，以排除 CSRF 保護。

綁定 WebSocket 通道的授權定義　私用或在線的 WebSocket 通道需要 ping 你的 app，以瞭解當下用戶是否有權使用該通道。你要在 *routes/channels.php* 檔案中使用 Broadcast::channel() 方法來定義這個授權的規則。

公用、私用與在線通道

WebSocket 有三種通道：公用（public）、私用（pirvate）與在線（presence）。

公用通道

可被任何用戶訂閱，無論他是否通過身分驗證。

私用通道

最終用戶的 JavaScript 必須向應用程式驗證身分，來證明用戶已被驗證且被授權加入這個通道。

在線通道

一種私用通道，但不允許傳遞訊息，僅追蹤有哪些用戶加入與離開通道，並且讓應用程式的前端可以取得這些資訊。

Broadcast::channel() 接收兩個參數，第一個參數是一個字串，代表你希望匹配的通道，第二個參數是一個 closure，用來定義如何為符合該字串的任何通道授權用戶。closure 的第一個參數是當下用戶的 Eloquent model，其餘參數是相符的 *variableNameHere* 區段。例如，如果你使用字串 teams.*teamId* 來定義通道授權，並且拿它來比對通道 teams.5 的話，$user 會被當成 closure 的第一個參數傳入，5 會被當成 closure 的第二個參數。

如果你定義的是私用通道的規則，你的 Broadcast::channel() closure 應回傳布林，代表該用戶是否有權使用這個通道。如果你為在線通道定義規則，你要讓 closure 回傳一個

資料陣列，裡面是你希望在通道中顯示的任何用戶的資料。範例 16-27 展示為這兩種通
道定義規則的情況。

範例 16-27　為私用和在線 WebSocket 通道定義授權規則

```
...
// routes/channels.php

// 定義如何驗證私用通道
Broadcast::channel('teams.{teamId}', function ($user, $teamId) {
    return (int) $user->team_id === (int) $teamId;
});

// 定義如何認證在線通道；
// 回傳你想讓 app 知道的關於通道內的用戶的任何資料
Broadcast::channel('rooms.{roomId}', function ($user, $roomId) {
    if ($user->rooms->contains($roomId)) {
        return [
            'name' => $user->name
        ];
    }
});
```

你可能好奇這些資訊如何從 Laravel 應用程式傳到你的 JavaScript 前端。Pusher 的
JavaScript 程式庫會傳送一個 POST 到你的 app，在預設情況下，它會被送到 /pusher/
auth，但是你可以修改它（且 Echo 會幫你修改它），讓它被送到 Laravel 的身分驗證路
由，/broadcasting/auth：

```
var pusher = new Pusher(App.pusherKey, {
    authEndpoint: '/broadcasting/auth'
});
```

範例 16-28 展示如何為私用和在線通道修改範例 16-25，而不使用 Echo 的前端組件。

範例 16-28　私用與在線通道的 Pusher 基本用法

```
...
<script src="https://js.pusher.com/4.3/pusher.min.js"></script>
<script>
    // 啟用 Pusher logging——不要在生產版本中加入它
    Pusher.logToConsole = true;

    // 全域的，或許吧；這只是為了示範如何取得資料
    var App = {
```

```
        'userId': {{ auth()->id() }},
        'pusherKey': '{{ config('broadcasting.connections.pusher.key') }}'
    };

    // 本地的
    var pusher = new Pusher(App.pusherKey, {
        cluster: '{{ config('broadcasting.connections.pusher.options.cluster') }}',
        encrypted: {{ config('broadcasting.connections.pusher.options.encrypted') }},
        authEndpoint: '/broadcasting/auth'
    });

    // 私用通道
    var privateChannel = pusher.subscribe('private-teams.1');

    privateChannel.bind('App\\Events\\UserSubscribed', (data) => {
        console.log(data.user, data.plan);
    });

    // 在線通道
    var presenceChannel = pusher.subscribe('presence-rooms.5');

    console.log(presenceChannel.members);
</script>
```

現在可以根據用戶是否符合通道的驗證規則來傳送 WebSocket 訊息給他們了。我們也可以追蹤哪些使用者在特定的群組或網站區域是活躍的（active），並為每一位用戶顯示同群組的其他用戶的資訊。

Laravel Echo（JavaScript 端）

Laravel Echo 包含兩個部分：我們剛才討論的進階框架功能，以及利用那些功能的 JavaScript 程式包，它們可以在你編寫強大的 WebSocket 前端時，為你減少大量的重複程式碼。Echo JavaScript 程式包可讓你輕鬆地處理身分驗證、授權，以及訂閱私用及在線通道。Echo 可以搭配 Pusher（用於 Pusher 或與自訂的 Pusher 相容伺服器）或 socket.io（用於 Redis）的 SDK 一起使用。

將 Echo 匯入專案

要在專案的 JavaScript 裡使用 Echo，請用 npm install --save 來將它加入 *package.json*（也務必匯入適當的 Pusher 或 socket.io SDK）：

```
npm install pusher-js laravel-echo --save
```

假設你有一個基本的 Vite 檔案可以編譯你的 *app.js*，就像 Laravel 的預設安裝設置一樣。

Laravel 預設的 *resources/js/app.js* 結構有一個很棒的例子，展示了初始化 Echo 安裝的最佳做法。範例 16-29 展示它在該檔案和 *resources/js/bootstrap.js* 之間的運作方式。

範例 16-29　在 app.js 與 bootstrap.js 裡初始化 Echo

```
// app.js
require('./bootstrap');

// …許多 Vue 相關程式碼…

// 在此加入你的 Echo 綁定

// bootstrap.js
import Echo from "laravel-echo";

window.Echo = new Echo({
    broadcaster: 'pusher',
    key: process.env.MIX_PUSHER_APP_KEY,
    cluster: process.env.MIX_PUSHER_APP_CLUSTER
});
```

為了進行 CSRF 保護，你也要在 HTML 模板中加入一個 csrf-token `<meta>` 標籤：

```
<meta name="csrf-token" content="{{ csrf_token() }}">
```

當然，別忘了在 HTML 模板中連接編譯好的 *app.js*：

```
<script src="{{ asset('js/app.js') }}"></script>
```

現在我們已經就緒了。

> **在使用 *Laravel WebSockets Server* 程式包時改變組態**
>
> 如果你使用 Laravel WebSockets 伺服器（使用第 488 頁的「接收訊息」所介紹的程式包），範例 16-29 中的組態將有些不同。詳情請參考 Laravel WebSockets 程式包文件（*https://oreil.ly/iL6Yl*）。

使用 Echo 來進行基本的事件廣播

範例 16-30 與之前使用 Pusher JS 來做的事情沒有什麼不同，但這個簡單的程式示範了如何使用 Echo 來監聽公用通道以獲得基本事件資訊。

範例 *16-30　使用 Echo 來監聽公用通道*

```
var currentTeamId = 5; // 可能在其他地方設定

Echo.channel(`teams.${currentTeamId}`)
    .listen('UserSubscribed', (data) => {
        console.log(data);
    });
```

Echo 提供一些方法來訂閱各種類型的通道；channel() 可為你訂閱公用通道。注意，當你使用 Echo 來監聽事件時，你可以忽略完整的事件名稱空間，只監聽事件獨有的名稱。

現在我們可以讀取隨著事件一起傳來的公用資料了，它在 data 物件內。我們也可以串接 listen() 處理器，如範例 16-31 所示。

範例 *16-31　在 Echo 中串接事件監聽器*

```
Echo.channel(`teams.${currentTeamId}`)
    .listen('UserSubscribed', (data) => {
        console.log(data);
    })
    .listen('UserCanceled', (data) => {
        console.log(data);
    });
```

> *記得編譯和 include！*
>
> 當你執行這些範例程式時，是否在瀏覽器裡看不到任何變化？務必執行 npm run dev（如果你在本地執行它的話）或 npm run build（來組建它一次）以編譯你的程式碼。如果還是不行，務必在你的模板中的某處 include *app.js*。

私用通道與基本身分驗證

Echo 也有一個用來訂閱私用通道的方法：private()。它的工作方式與 channel() 一樣，但就像之前提到的，你必須在 *routes/channel.php* 裡設定通道授權定義。此外，與 SDK 不同的是，你不需要在通道名稱前面加上 private-。

範例 16-32 是監聽一個名為 private-teams.5 的私用通道的情形。

範例 16-32　使用 Echo 來監聽私用通道

```
var currentTeamId = 5; // 可能在其他地方設定

Echo.private(`teams.${currentTeamId}`)
    .listen('UserSubscribed', (data) => {
        console.log(data);
});
```

在線通道

Echo 可以讓你非常輕鬆地連接與監聽在線通道內的事件。這次你要使用 join() 方法來綁定通道，如範例 16-33 所示。

範例 16-33　連接在線通道

```
var currentTeamId = 5; // 可能在其他地方設定

Echo.join(`teams.${currentTeamId}`)
    .here((members) => {
        console.log(members);
});
```

join() 可訂閱在線通道，here() 可讓你定義當用戶加入時的行為，以及其他用戶連接或離開在線通道時的行為。

你可以將在線通道想成聊天室的「誰在線上（who's online）」側邊欄。當你第一次連接在線通道時，你的 here() callback 將被呼叫，並被傳入當時的所有成員的名單。有任何成員在任何時候加入或離開時，那個 callback 會被再次呼叫，並同樣被傳入更新過的名單。這個通道不傳遞訊息，但你可以播放聲音、更新網頁上的成員名單，或是做任何其他事情來回應這些操作。

個別的事件也有特定的方法，你可以單獨使用它們，或將它們串連起來（見範例 16-34）。

範例 16-34　監聽特定的在線事件

```
var currentTeamId = 5; // 可能在其他地方設定

Echo.join('teams.' + currentTeamId)
    .here((members) => {
        // 當你加入時執行
        console.table(members);
```

```
})
.joining((joiningMember, members) => {
    // 當其他成員加入時執行
    console.table(joiningMember);
})
.leaving((leavingMember, members) => {
    // 當其他成員離開時執行
    console.table(leavingMember);
});
```

排除當下的用戶

本章稍早已經討論這個主題了，如果你想要排除當下的用戶，你可以使用 broadcast() 全域輔助函式來取代 event() 全域輔助函式，然後在廣播呼叫後面串連 toOthers() 方法。但使用 Echo 時，與 JavaScript 有關的部分已經為你處理好了，它會自動運作。

如你所見，Echo JavaScript 程式庫做的事情都是你自己可以做的，但它可以簡化許多常見的工作，並且為常見的 WebSocket 工作提供更簡潔、更富表現力的語法。

使用 Echo 來訂閱通知

Laravel 的通知內建一種廣播驅動程式，它可將通知當成廣播事件推送出去。你可以使用 Echo，用 Echo.notification() 來訂閱這些通知，見範例 16-35。

範例 16-35　使用 Echo 來訂閱通知

```
Echo.private(`App.User.${userId}`)
    .notification((notification) => {
        console.log(notification.type);
    });
```

用戶端事件

如果你想要在用戶之間快速且有效率地傳送訊息，那些訊息甚至不需要經過你的 Laravel app（例如發送「正在輸入…」通知），你可以使用 Echo 的 whisper() 方法，見範例 16-36。

範例 16-36　使用 Echo 的 whisper() 方法來繞過 Laravel 伺服器

```
Echo.private('room')
    .whisper('typing', {
        name: this.user.name
    });
```

然後使用 listenForWhisper() 來監聽，如範例 16-37 所示。

範例 16-37　用 Echo 監聽 whisper 事件

```
Echo.private('room')
    .listenForWhisper('typing', (e) => {
        console.log(e.name);
    });
```

排程器

如果你寫過 cron job，你應該希望有更好的工具可用，原因不僅是它的語法複雜且難以記憶，也因為這個重要部分無法放入版本管理系統。

Laravel 的排程器可讓你輕鬆地處理定時執行的工作。使用它時，你要用程式碼來編寫定期執行的任務，然後將一個 cron job 指向你的 app：每分鐘執行一次 php artisan schedule:run。每次這個 Artisan 命令執行時，Laravel 就會檢查你的時間表定義，以確定是否應該執行任何定時任務。

以下是定義該命令的 cron job：

```
* * * * * cd /home/myapp.com && php artisan schedule:run >> /dev/null 2>&1
```

你可以設定不同類型的任務的執行時間，也可以使用許多時間範圍（time frames）來安排任務。

app/Console/Kernel.php 有一個 schedule() 方法，你可以在那裡定義你想排程的工作。

可用的任務類型

首先，我們來看一下最簡單的選項：每分鐘執行一次 closure（範例 16-38）。每次 cron job 執行 schedule:run 命令時，它都會呼叫這個 closure。

範例 16-38　讓 closure 每分鐘執行一次

```
// app/Console/Kernel.php
public function schedule(Schedule $schedule): void
{
    $schedule->call(function () {
        CalculateTotals::dispatch();
    })->everyMinute();
}
```

此外還有兩種類型的任務可供排程：Artisan 與 shell 命令。

你可以傳入命令列上的 Artisan 命令語法來排程它們：

```
$schedule->command('scores:tally --reset-cache')->everyMinute();
```

你也可以執行「可用 PHP 的 exec() 方法來執行」的任何 shell 命令：

```
$schedule->exec('/home/myapp.com/bin/build.sh')->everyMinute();
```

可用的時間範圍

排程器的巧妙之處在於你不僅可以在程式碼中定義任務，也可以在程式碼中為它們排程。Laravel 會記錄時間的流逝，並評估是否該運行特定任務。使用 everyMinute() 很簡單，因為答案都很簡單：執行任務。但 Laravel 也簡化了其餘的部分，即使是最複雜的請求也是如此。

我們來看一下你的選項有哪些，首先是一個使用 Laravel 時寫起來很簡單的複雜定義：

```
$schedule->call(function () {
    // 每週的星期日 23:50 執行一次
})->weekly()->sundays()->at('23:50');
```

注意，我們可以將時間串接起來：我們可以定義頻率、指定星期幾與時間，當然也可以做許多其他事情。

表 16-1 是在排程 job 時可以指定的日期 / 時間修飾符清單。

表 16-1　可以搭配排程器一起使用的日期 / 時間修飾符

命令	說明
->timezone('America/Detroit')	設定 schedule 的時區
->cron('* * * * *')	使用傳統的 cron 標記法來定義行程
->everyMinute()	每分鐘執行一次
->everyTwoMinutes()	每 2 分鐘執行一次
->everyThreeMinutes()	每 3 分鐘執行一次
->everyFourMinutes()	每 4 分鐘執行一次
->everyFiveMinutes()	每 5 分鐘執行一次
->everyTenMinutes()	每 10 分鐘執行一次
->everyFifteenMinutes()	每 15 分鐘執行一次

命令	說明
->everyThirtyMinutes()	每 30 分鐘執行一次
->hourly()	每小時執行一次
->hourlyAt(14)	在每小時的 14 分執行
->everyTwoHours()	每 2 小時執行一次
->everyThreeHours()	每 3 小時執行一次
->everyFourHours()	每 4 小時執行一次
->everySixHours()	每 6 小時執行一次
->daily()	在每天的午夜執行
->dailyAt('14:00')	在每天的 14:00 執行
->twiceDaily(1, 14)	在每天的 1:00 與 14:00 執行
->twiceDailyAt(1, 14, 6)	在每天的 1:06 和 14:06 執行（第三個引數是分鐘）
->weekly()	每週執行一次（在星期日的午夜）
->weeklyOn(5, '10:00')	在每週的星期五 10:00 執行
->monthly()	每個月執行一次（在 1 日的午夜）
->monthlyOn(15, '23:00')	每個月的 15 日 23:00 執行
->quarterly()	每季執行一次（在 1 月、4 月、7 月與 10 月的第一天的午夜）
->yearly()	每年執行一次（1 月 1 日的午夜）
->yearlyOn(6)	每年執行一次（6 月 1 日的午夜）
->when(closure)	限制任務在 closure 回傳 true 時執行
->skip(closure)	限制任務在 closure 回傳 false 時執行
->between('8:00', '12:00')	限制任務在指定的時間之間執行
->unlessBetween('8:00', '12:00')	限制任務在指定的時間之間以外的時間執行
->weekdays()	限制為工作日
->sundays()	限制為星期日
->mondays()	限制為星期一
->tuesdays()	限制為星期二
->wednesdays()	限制為星期三
->thursdays()	限制為星期四
->fridays()	限制為星期五

命令	說明
->saturdays()	限制為星期六
->days([1,2])	限制為星期日與星期一
->environments(*staging*)	限制為僅在待命（staging）環境中執行

它們幾乎都可以互相串接，當然，沒意義的組合是無法串接的。

範例 16-39 是一些可以考慮的組合。

範例 16-39　一些排程事件

```
// 兩者都在每週的星期日 23:50 執行
$schedule->command('do:thing')->weeklyOn(0, '23:50');
$schedule->command('do:thing')->weekly()->sundays()->at('23:50');

// 工作日的 8am-5pm 每小時執行一次
$schedule->command('do:thing')->weekdays()->hourly()->when(function () {
    return date('H') >= 8 && date('H') <= 17;
});

// 在工作日的 8am-5pm 每小時執行一次，使用 "between" 方法
$schedule->command('do:thing')->weekdays()->hourly()->between('8:00', '17:00');

// 每 30 分鐘執行一次，除非 SkipDetector 指示不執行
$schedule->command('do:thing')->everyThirtyMinutes()->skip(function () {
    return app('SkipDetector')->shouldSkip();
});
```

定義排程命令的時區

你可以使用 timezone() 定義排程命令的時區：

```
$schedule->command('do:it')->weeklyOn(0, '23:50')->timezone('America/Chicago');
```

你也可以設置一個預設的時區（與應用程式的時區分開），讓所有的排程時間都使用該時區，方法是在 App\Console\Kernel 中定義 scheduleTimezone() 方法：

```
protected function scheduleTimezone()
{
    return 'America/Chicago';
}
```

阻塞與重疊

如果你想要避免任務互相重疊（例如，每分鐘執行一次的任務有時會執行超過一分鐘），你可在 schedule 鏈的結尾接上 withoutOverlapping() 方法。如果一個任務之前的任務實例還在執行，這個方法會跳過它：

```
$schedule->command('do:thing')->everyMinute()->withoutOverlapping();
```

處理任務輸出

有時定時執行的任務產生的輸出很重要，無論是用來 logging、通知，還是確定任務已執行。

如果你想要將任務回傳的輸出寫入檔案（可能覆蓋檔案的既有內容），可使用 sendOutputTo()：

```
$schedule->command('do:thing')->daily()->sendOutputTo($filePath);
```

如果你要將它附加至檔案，可使用 appendOutputTo()：

```
$schedule->command('do:thing')->daily()->appendOutputTo($filePath);
```

如果你想要將輸出 email 給指定的收件者，可先將它寫至檔案，再串接 emailOutputTo()：

```
$schedule->command('do:thing')
    ->daily()
    ->sendOutputTo($filePath)
    ->emailOutputTo('me@myapp.com');
```

請確保你已經在 Laravel 的基本 email 組態中正確地設定 email。

> *closure* 定時事件不能傳送輸出
>
> sendOutputTo()、appendOutputTo() 與 emailOutputTo() 方法僅適用於「使用 command() 來排程的任務」，很遺憾，它們不適用於 closure。

你可能想要將一些輸出送到 webhook 以驗證任務是否正確運行。有一些服務提供這種 uptime（正常運行時間）監視機制，其中最有名的是 Laravel Envoyer（*https://envoyer. io*）（一種零停機（zero-downtime）部署服務，它也提供 cron uptime 監視）與 Dead Man's Snitch（*https://deadmanssnitch.com*），這是一種專為監控 cron job uptime 而設計的工具。

這些服務不透過 email 接收東西，而是接受 HTTP 的「ping」，所以 Laravel 的 pingBefore() 與 thenPing() 很方便：

```
$schedule->command('do:thing')
    ->daily()
    ->pingBefore($beforeUrl)
    ->thenPing($afterUrl);
```

如果你想要使用 ping 功能，你就要用 Composer 來匯入 Guzzle：

```
composer require guzzlehttp/guzzle
```

任務掛勾

說到在任務之前與之後執行某些東西，你可以利用兩種掛勾（hook）：before() 與 after()：

```
$schedule->command('do_thing')
    ->daily()
    ->before(function () {
        // 準備
    })
    ->after(function () {
        // 清理
    });
```

在進行本地開發時執行排程器

由於排程器依賴 cron，因此在伺服器上設定它比在本地機器上更簡單。如果你想要在本地運行排程器，可執行 schedule:work Artisan 命令，它將每分鐘呼叫一次排程器，就像 cron job 一樣：

```
php artisan schedule:work
```

測試

測試佇列中的 job（或是在佇列內的其他東西）很簡單。在測試程式的組態檔 *phpunit. xml* 裡，QUEUE_DRIVER 環境變數的預設值是 sync，這意味著你的測試將在你的程式碼內同步運行 job 或佇列中的其他任務，不需要依賴任何形式的佇列系統。你可以像測試任何其他程式碼一樣測試它。

然而，你可以對具體的 job 本身進行斷言，如範例 16-40 所示。

範例 *16-40* 使用 *closure* 來確認被指派的 *job* 符合特定規則

```
use Illuminate\Support\Facades\Bus;
...
public function test_changing_subscriptions_triggers_crunch_job()
{
    // ...

    Bus::fake();

    Bus::assertDispatched(CrunchReports::class, function ($job) {
        return $job->subscriptions->contains(5);
    });

    // 也可以使用 assertNotDispatched()
}
```

你也可以使用 assertPushedWithChain() 與 assertPushedWithoutChain() 方法。

```
Bus::fake();

Bus::assertPushedWithChain(
    CrunchReports::class,
    [ChainedJob::class],
    function ($job) {
        return $job->subscriptions->contains(5);
    }
);

    // 也可以使用 assertPushedWithoutChain()
    Bus::assertPushedWithChain(CrunchReports::class, function ($job) {
        return $job->subscriptions->contains(5);
    });
```

若要測試事件是否觸發，你有兩個選項。第一，你可以測試預期的行為是否發生，不需要關心事件本身。

第二，你可以針對被觸發的事件執行測試，如範例 16-41 所示。

範例 *16-41* 使用 *closure* 來驗證被觸發的事件是否滿足特定的標準

```
use Illuminate\Support\Facades\Event;
...
public function test_usersubscribed_event_fires()
{
    Event::fake();
```

```
    // ...

    Event::assertDispatched(UserSubscribed::class, function ($e) {
        return $e->user->email = 'user-who-subscribed@mail.com';
    });

    // 也可以使用 assertNotDispatched()
}
```

另一種常見的情況是，你要測試偶爾觸發事件的程式碼，想在測試期間停用事件監聽器。你可以使用 `withoutEvents()` 方法來停用事件系統，見範例 16-42。

範例 *16-42　*在測試期間停用事件監聽器

```
public function test_something_subscription_related()
{
    $this->withoutEvents();

    // ...
}
```

TL;DR

佇列可將部分的 app 程式碼與使用者互動的同步流程分開，使其成為一系列可由「佇列工作器」處理的命令。這可以讓用戶繼續和 app 互動，同時以非同步的方式在幕後執行緩慢的程序。

job 是一種類別，它的結構是為了封裝應用程式的行為，以便推入佇列。

Laravel 的事件系統遵循 pub/sub 或 observer 模式，可讓你在應用程式的某部分送出事件的通知，然後在其他地方綁定監聽器，以定義針對這些事件該做出什麼回應。使用 WebSockets 時，事件也可以廣播至前端用戶端。

Laravel 的排程器可簡化任務的排程。只要將每分鐘執行的 cron job 指向 `php artisan schedule:run`，然後使用排程器來安排你的任務即可。即使是最複雜的時間要求，Laravel 也可以為你處理所有的時間安排。

## 第十七章

輔助函式與集合

我們已經在本書中介紹了許多全域函式:它們是小型的輔助工具,可方便你執行常見的任務,例如用於 job 的 dispatch()、用於事件的 event(),以及用於依賴項目解析的 app()。在第 5 章,我們也稍微討論了 Laravel 的集合(collection),或者說,加強版的陣列。

在這一章,我們要討論一些常見且強大的輔助函式,以及使用集合來設計程式的基本知識。本節的「輔助函式」有一些曾經是全域函式,但現在必須對著靜態介面呼叫,例如,全域函式 array_first() 已被換成 Arr::first()(身分驗證呼叫)。因此,雖然它們在嚴格意義上不是輔助函式,因為它們不再是全域函式,但它們在我們的工具箱裡仍然占有相同的地位。

輔助函式

你可以在 helpers 文件中找到 Laravel 的所有輔助函式(*https://oreil.ly/vssfi*),接下來要討論其中的一些最實用的函式。

陣列

PHP 的原生陣列操作函式提供了很多功能,但有一些標準操作需要使用不靈活的迴圈與邏輯檢查。Laravel 的陣列輔助函式可以方便你進行一些常見的陣列操作:

Arr::first($array, $callback, $default = null)

回傳第一個通過測試的陣列值,該測試是在 callback closure 裡定義的。你可以使用選用的第三個參數來設定預設值。例如:

```
$people = [
    [
        'email' => 'm@me.com',
        'name' => 'Malcolm Me'
    ],
    [
        'email' => 'j@jo.com',
        'name' => 'James Jo'
    ],
];

$value = Arr::first($people, function ($person, $key) {
    return $person['email'] == 'j@jo.com';
});
```

Arr::get(*$array, $key, $default = null*)

方便你從陣列取出值，它有兩項額外好處：當你試著取得不存在的鍵時，它不會丟出錯誤（你可以用第三個參數來提供預設值），以及你可以使用句點語法來遍歷嵌套的陣列。例如：

```
$array = ['owner' => ['address' => ['line1' => '123 Main St.']]];

$line1 = Arr::get($array, 'owner.address.line1', 'No address');
$line2 = Arr::get($array, 'owner.address.line2');
```

Arr::has(*$array, $keys*)

方便你檢查陣列有沒有被設定特定值，可使用句點語法來遍歷嵌套的陣列。$keys 參數可以是單一項目，也可以是項目陣列，此方法會檢查每一個項目有沒有在陣列內：

```
$array = ['owner' => ['address' => ['line1' => '123 Main St.']]];

if (Arr::has($array, 'owner.address.line2')) {
    // 做想做的事情
}
```

Arr::hasAny(*$array, $keys*)

方便你檢查陣列有沒有所指定的鍵之一，使用句點語法來遍歷嵌套陣列。$keys 參數可以是單一鍵，也可以是鍵陣列，此方法將檢查是否有任何鍵存在於陣列中：

```
$array = ['owner' => ['address' => ['line1' => '123 Main St.']]];

if (Arr::hasAny($array, ['owner.address', 'default.address'])) {
```

```
        // 做想做的事情
    }
```

Arr::pluck($array, $value, $key = null)

回傳所提供的鍵對應的值組成的陣列：

```
$array = [
        ['owner' => ['id' => 4, 'name' => 'Tricia']],
        ['owner' => ['id' => 7, 'name' => 'Kimberly']],
    ];

    $array = Arr::pluck($array, 'owner.name');

    // 回傳 ['Tricia', 'Kimberly'];
```

如果你想讓回傳的陣列使用原始陣列的另一個值來作為鍵，你可以在第三個參數使
用句點語法來參考該值並傳入：

```
    $array = Arr::pluck($array, 'owner.name', 'owner.id');

    // 回傳 [4 => 'Tricia', 7 => 'Kimberly'];
```

Arr::random($array, $num = null)

隨機回傳所提供的陣列中的一個項目。如果你提供 $num 參數，它會隨機選擇該數量
的結果並以陣列回傳：

```
    $array = [
        ['owner' => ['id' => 4, 'name' => 'Tricia']],
        ['owner' => ['id' => 7, 'name' => 'Kimberly']],
    ];

    $randomOwner = Arr::random($array);
```

Arr::join($array, $glue, $finalGlue = '')

將 $array 的項目連接成一個字串，並在項目之間加入 $glue。如果你提供
$finalGlue，它會被加到陣列的最後一個元素之前，取代 $glue：

```
    $array = ['Malcolm', 'James', 'Tricia', 'Kimberly'];

    Arr::join($array, ', ');
    // Malcolm, James, Tricia, Kimberly

    Arr::join($array, ', ', ', and');
    // Malcolm, James, Tricia, and Kimberly
```

字串

與陣列一樣,雖然原始的 PHP 函式可以進行一些字串操作與檢查,但用起來很麻煩。
Laravel 的輔助函式可以讓一些常見的字串操作更快速且更簡單:

e(*$string*)

htmlentities() 的別名;準備一個字串(通常是用戶提供的)來安全地 echo 至
HTML 網頁上。例如:

```
e('<script>do something nefarious</script>');

// 回傳 &lt;script&gt;do something nefarious&lt;/script&gt;
```

str(*$string*)

轉換可字串化的內容,它是 Str::of(*$string*) 的別名:

```
str('http') === Str::of('http');
// true
```

Str::startsWith(*$haystack, $needle*), Str::endsWith(*$haystack, $needle*),
Str::contains(*$haystack, $needle, $ignoreCase*)

回傳一個布林值,指示它收到的 $haystack 字串是否以 $needle 字串開頭、結尾,或
位於中間:

```
if (Str::startsWith($url, 'https')) {
    // 做想做的事情
}

if (Str::endsWith($abstract, '...')) {
    // 做想做的事情
}

if (Str::contains($description, '1337 h4x0r')) {
    // 快逃
}
```

Str::limit(*$value, $limit = 100, $end = '...'*)

將字串的長度上限設為所提供的字元數。如果字串小於限制,這個方法將直接回傳
字串,如果字串較長,它會將字串截成所傳入的字元數量,並附加 ...,或附加所提
供的 $end 字串。例如:

```
$abstract = Str::limit($loremIpsum, 30);
// 回傳 "Lorem ipsum dolor sit amet, co..."

$abstract = Str::limit($loremIpsum, 30, "&hellip;");
// 回傳 "Lorem ipsum dolor sit amet, co&hellip;"
```

Str::words(*$value*, *$words = 100*, *$end = '...'*)

將字串的長度限制為所提供的單字（word）數。如果字串的長度小於單字數，直接回傳字串。如果字串較長，裁成所提供的單字數，並附加 ...，或所提供的 $end 字串。例如：

```
$abstract = Str::words($loremIpsum, 3);
// 回傳 "Lorem ipsum dolor..."

$abstract = Str::words($loremIpsum, 5, " &hellip;");
// 回傳 "Lorem ipsum dolor sit amet, &hellip;"
```

Str::before(*$subject*, *$search*), Str::after(*$subject*, *$search*), Str::beforeLast(*$subject*, *$search*), Str::afterLast(*$subject*, *$search*)

回傳在字串中位於另一個子字串之前或之後的部分，或位於另一個子字串的最後一個實例之前或之後的部分。例如：

```
Str::before('Nice to meet you!', 'meet you');
// 回傳 "Nice to "

Str::after('Nice to meet you!', 'Nice');
// 回傳 " to meet you!"

Str::beforeLast('App\Notifications\WelcomeNotification', '\\');
// 回傳 "App\Notifications"

Str::afterLast('App\Notifications\WelcomeNotification', '\\');
// 回傳 "WelcomeNotification"
```

Str::is(*$pattern*, *$value*)

回傳一個布林，指示所提供的字串是否符合所提供的模式。模式可為 regex 模式，也可以使用星號來代表萬用字元（wildcard）位置：

```
Str::is('*.dev', 'myapp.dev');        // true
Str::is('*.dev', 'myapp.dev.co.uk'); // false
Str::is('*dev*', 'myapp.dev');        // true
Str::is('*myapp*', 'www.myapp.dev'); // true
Str::is('my*app', 'myfantasticapp'); // true
Str::is('my*app', 'myapp');           // true
```

如何將 *Regex* 傳給 *Str::is()*

如果你好奇哪些 regex 模式可被 Str::is() 接受，請參考下面的方法定義
（受限於篇幅僅提供部分內容）來瞭解它如何運作：

```
public function is($pattern, $value)
{
    if ($pattern == $value) return true;

    $pattern = preg_quote($pattern, '#');
    $pattern = Str::replace('\*', '.*', $pattern);
    if (preg_match('#^'.$pattern.'\z#u', $value) === 1) {
        return true;
    }

    return false;
}
```

Str::isUuid(*$value*)

判斷值是不是有效的 UUID：

```
Str::isUuid('33f6115c-1c98-49f3-9158-a4a4376dfbe1'); // 回傳 true
Str::isUuid('laravel-up-and-running'); // 回傳 false
```

Str::random(*$length = n*)

按照所指定的長度，回傳大小寫字母及數字的字元組成的隨機字串：

```
$hash = Str::random(64);
// 範例:J40uNWAvY60wE4BPEWxu7BZFQEmxEHmGiLmQncj0ThMGJK7O5Kfgptyb9ul wspmh
```

Str::slug(*$title, $separator = '-', $language = 'en'*)

將字串改成適合放入 URL 的字串，通常用來建立代表名稱或標題的 URL 區段：

```
Str::slug('How to Win Friends and Influence People');
// 回傳 'how-to-win-friends-and-influence-people'
```

Str::plural(*$value, $count = n*)

將字串轉換成它的複數形式。目前這個函式只支援英文：

```
Str::plural('book');
// 回傳 books

Str::plural('person');
// 回傳 people
```

```
Str::plural('person', 1);
// 回傳 person
```

__($key, $replace = [], $locale = null)

使用你的當地化（localization）檔案來翻譯所收到的翻譯字串或翻譯鍵：

```
echo __('Welcome to your dashboard');
```

```
echo __('messages.welcome');
```

流利的字串操作

雖然 Str 輔助函式是極其強大的工具，但它的缺點之一是會讓你經常發現自己位於四個嵌套呼叫（例如 Str::trim(Str::replace) 等）的中間。

現在，你可以在 Str::of 方法的回應後面串接呼叫式，來流利地使用 Str 輔助函式。看個例子：

```
return (string) Str::of('  Go to town!! ')
    ->trim()
    ->replace('town', 'bed')
    ->slug(); // 回傳 "go-to-bed"
```

應用程式路徑

在處理檔案系統時，為了前往某些目錄以取得檔案及儲存檔案而建立連結，往往是一件麻煩的事情。以下的輔助函式提供了快速前往應用程式的重要目錄的完整路徑。

注意，每一個函式都可以不使用參數來呼叫，但如果你傳入參數，它會被附加到正常目錄字串的結尾，並一起回傳：

app_path($append = '')

回傳 app 目錄的路徑：

```
app_path();
// 回傳 /home/forge/myapp.com/app
```

base_path(*$path = ''*)

回傳 app 的根目錄路徑：

```
base_path();
// 回傳 /home/forge/myapp.com
```

config_path(*$path = ''*)

回傳 app 的組態檔案的路徑：

```
config_path();
// 回傳 /home/forge/myapp.com/config
```

database_path(*$path = ''*)

回傳 app 的資料庫檔案的路徑：

```
database_path();
// 回傳 /home/forge/myapp.com/database
```

storage_path(*$path = ''*)

回傳 app 的 *storage* 目錄的路徑：

```
storage_path();
// 回傳 /home/forge/myapp.com/storage
```

lang_path(*$path = ''*)

回傳 app 的 *lang* 目錄的路徑

```
lang_path();
// 回傳 /home/forge/myapp.com/resources/lang
```

URL

有些前端檔案的路徑是固定的，但有時很難輸入（例如資產的路徑），此時方便的捷徑很有幫助，我們來看一下它們。但有些路徑可能隨路由的定義而異，因此其中的一些輔助函式是確保所有連結和資產都正確運作的關鍵：

action(*$action, $parameters = [], $absolute = true*)

假設一個 controller 方法對映到一個 URL，這個方法會根據 controller 與方法名稱（兩者以 @ 分隔）來回傳正確的 URL，也可以使用 tuple 表示法：

```
<a href="{{ action('PersonController@index') }}">See all People</a>
// 或使用 tuple 表示法：
<a href="{{ action(
    [App\Http\Controllers\PersonController::class, 'index']
    ) }}">
    See all People
</a>

// 回傳 <a href="http://myapp.com/people">See all People</a>
```

如果 controller 方法需要參數，你可以將它們傳入第二個參數（如果需要多個參數，那就使用陣列傳入）。為了讓程式更清晰，你可以為它們指定鍵，但一定要按照正確的順序排列它們：

```
<a href="{{ action(
    'PersonController@show',
    ['id => 3]
    ) }}">See Person #3</a>
// 或
<a href="{{ action(
    'PersonController@show',
    [3]
    ) }}">See Person #3</a

// 回傳 <a href="http://myapp.com/people/3">See Person #3</a>
```

如果你用第三個參數傳入 false，所產生的連結將是相對的（/people/3），而不是絕對的（http://myapp.com/people/3）。

route($name, $parameters = [], $absolute = true)

如果路由有名稱，回傳該路由的 URL：

```
// routes/web.php
Route::get('people', [PersonController::class, 'index'])
    ->name('people.index');

// 某處的 view
<a href="{{ route('people.index') }}">See all People</a>

// 回傳 <a href="http://myapp.com/people">See all People</a>
```

如果路由定義需要參數，你可以用第二個參數來傳入它們（如果需要多個參數，使用陣列）。同樣地，如果你想要讓程式更清晰，可為它們加上鍵，但順序必須正確：

```
<a href="{{ route('people.show', ['id' => 3]) }}">See Person #3</a>
// 或
<a href="{{ route('people.show', [3]) }}">See Person #3</a>

// 回傳 <a href="http://myapp.com/people/3">See Person #3</a>
```

如果你在第三個參數傳入 false，產生的連結將是相對的，而非絕對的。

url(*$string*) 與 secure_url(*$string*)

接收任何路徑字串，將它轉換成完整的 URL（secure_url() 與 url() 相同，但強制使用 HTTPS）：

```
url('people/3');

// 回傳 http://myapp.com/people/3
```

如果沒有傳入參數，它會提供 Illuminate\Routing\UrlGenerator 實例，可讓你串接方法：

```
url()->current();
// 回傳 http://myapp.com/abc

url()->full();
// 回傳 http://myapp.com/abc?order=reverse

url()->previous();
// 回傳 http://myapp.com/login

// UrlGenerator 還有許多方法…
```

雜項

以下還有一些你要熟悉的全域輔助函式。當然，你要查閱完整的清單（*https://oreil.ly/vssfi*），但以下介紹的函式絕對值得瞭解：

abort(*$code*, *$message*, *$headers*), abort_unless(*$boolean*, *$code*, *$message*, *$headers*), abort_if(*$boolean*, *$code*, *$message*, *$headers*)

丟出 HTTP 例外。abort() 會丟出所定義的例外，abort_unless() 會在第一個參數是 false 時丟出例外，而 abort_if() 會在第一個參數是 true 時丟出例外：

```
public function controllerMethod(Request $request)
{
    abort(403, 'You shall not pass');
    abort_unless(request()->filled('magicToken'), 403);
```

```
        abort_if(request()->user()->isBanned, 403);
    }
```

auth()

回傳一個 Laravel 身分驗證器實例。如同 Auth 靜態介面，你可以使用它來取得當下的用戶、檢查登入狀態，以及做其他事情：

```
$user = auth()->user();
$userId = auth()->id();

if (auth()->check()) {
    // 做想做的事情
}
```

back()

產生一個「轉址回去」的回應，將用戶送回之前的位置：

```
Route::get('post', function () {
    // ...

    if ($condition) {
        return back();
    }
});
```

collect($array)

接收一個陣列並回傳相同的資料，將它轉換成集合：

```
$collection = collect(['Rachel', 'Hototo']);
```

等一下會介紹集合。

config($key)

回傳以句點語法表示的組態項目的值：

```
$defaultDbConnection = config('database.default');
```

csrf_field(), csrf_token()

回傳完整的 HTML 隱藏輸入欄位（csrf_field()），或僅回傳適當的權杖值（csrf_token()），用來將 CSRF 驗證加入你的表單提交中：

```
<form>
    {{ csrf_field() }}
</form>
```

```
// 或

<form>
    <input type="hidden" name="_token" value="{{ csrf_token() }}">
</form>
```

dump(*$variable*), dd(*$variable...*)

產生類似對所有參數執行 var_dump() 時得到的輸出；dd() 還會執行 exit() 以退出應用程式（用於偵錯）：

```
// ...
dump($var1, $var2); // 檢查輸出…
// ...
dd($var1, $var2, $state); // 為什麼這無效？？？
```

env(*$key, $default = null*)

回傳所提供的鍵的環境變數：

```
$key = env('API_KEY', '');
```

千萬不要在組態檔以外的地方使用 env()。

dispatch(*$job*)

推送 job：

```
dispatch(new EmailAdminAboutNewUser($user));
```

event(*$event*)

觸發一個事件：

```
event(new ContactAdded($contact));
```

old(*$key = null, $default = null*)

回傳這個表單鍵的舊值（來自上一次的用戶表單提交），如果它存在的話：

```
<input name="name" value="{{ old('value', 'Your name here') }}"
```

redirect(*$path*)

回傳一個前往指定路徑的轉址回應：

```
Route::get('post', function () {
    // ...
```

```
    return redirect('home');
});
```

如果沒有參數，它會產生 `Illuminate\Routing\Redirector` 類別的實例。

response(*$content, $status = 200, $headers*)

如果傳入參數，它會回傳一個預先建立的 Response 實例。如果沒有參數，它會回傳 Response 工廠的實例：

```
return response('OK', 200, ['X-Header-Greatness' => 'Super great']);

return response()->json(['status' => 'success']);
```

tap(*$value, $callback = null*)

呼叫 closure（第二個參數），將第一個引數傳給它，然後回傳第一個引數（而不是 closure 的輸出）：

```
return tap(Contact::first(), function ($contact) {
    $contact->name = 'Aheahe';
    $contact->save();
});
```

view(*$viewPath*)

回傳一個 view 實例：

```
Route::get('home', function () {
    return view('home'); // 取得 /resources/views/home.blade.php
});
```

fake()

回傳一個 Faker 的實例：

```
@for($i = 0; $i <= 4; $i++)
    <td>Purchased by {{ fake()->unique()->name() }}</td>
@endfor
```

集合

在 Laravel 提供的工具中，集合是最強大卻常常被忽視的工具之一。我們已經在第 147 頁的「Eloquent 集合」中稍微介紹它了，接下來要簡單地回顧一下。

集合本質上是具備超能力的陣列。陣列遍歷方法（`array_walk()`、`array_map()`、`array_reduce()` 等）通常需要傳入陣列，這些方法的簽章很混亂且不一致，但每一個集合都以一致、簡潔、可串連的方法來提供它們。你可以嘗試泛函編程，透過 map、reduce 和 filter 來實現更清晰的程式碼。

接下來要介紹 Laravel 的集合和集合管道（pipeline）程式設計的基本知識，若要深入瞭解，請參考 Adam Wathan 的書籍《*Refactoring to Collections*》（Gumroad）。

基本知識

在 Laravel 裡，集合不是新概念。許多語言都可以讓你使用集合風格的語法來處理陣列，但是在 PHP 裡，我們沒有這種小確幸。

我們可以使用 PHP 的 `array*()` 函式，來將範例 17-1 這段醜程式改寫成範例 17-2 這段稍微沒那麼醜的程式。

範例 *17-1　常見但醜陋的 foreach 迴圈*

```
$users = [...];

$admins = [];

foreach ($users as $user) {
    if ($user['status'] == 'admin') {
        $user['name'] = $user['first'] . ' ' . $user['last'];
        $admins[] = $user;
    }
}

return $admins;
```

範例 *17-2　使用原生的 PHP 函式來重構 foreach 迴圈*

```
$users = [...];

return array_map(function ($user) {
    $user['name'] = $user['first'] . ' ' . $user['last'];
    return $user;
}, array_filter($users, function ($user) {
    return $user['status'] == 'admin';
}));
```

我們把一個臨時變數（$admins）拿掉，並將一個令人一頭霧水的 foreach 迴圈改成兩個不同的操作：map 與 filter。

問題在於，PHP 的陣列操作函式設計很糟糕，而且用起來令人困惑。從這個例子就可以看到，array_map() 先接收 closure，再接收陣列，而 array_filter() 卻是先接收陣列，再接收 closure。此外，如果我們加入更複雜的程式，就會讓一個函式包著許多函式，那些函式又包著許多函式，簡直是一團亂。

Laravel 的集合擁有 PHP 陣列操作方法的功能，並提供簡潔、流利的語法，甚至加入 PHP 的陣列操作工具箱中不存在的方法。我們可以像範例 17-3 一樣，使用 collect() 輔助函式來將陣列轉成 Laravel 集合並進行操作。

範例 17-3　使用 Laravel 的集合來重構 foreach 迴圈

```
$users = collect([...]);

return $users->filter(function ($user) {
    return $user['status'] == 'admin';
})->map(function ($user) {
    $user['name'] = $user['first'] . ' ' . $user['last'];
    return $user;
});
```

這不是最極端的例子，此外還有許多更具說服力的例子也藉著減少程式碼行數來提高簡潔性，但這個例子的情況非常普遍。

看看原始的例子有多麼雜亂，你必須瞭解它的每一段程式碼，才能理解整段程式在做什麼。

集合最大好處，就是將陣列的操作分解成簡單、獨立、容易瞭解的任務。你可以這樣子使用它：

```
$users = [...]
$countAdmins = collect($users)->filter(function ($user) {
    return $user['status'] == 'admin';
})->count();
```

或是這樣：

```
$users = [...];
$greenTeamPoints = collect($users)->filter(function ($user) {
    return $user['team'] == 'green';
})->sum('points');
```

接下來的許多範例都會操作這個虛構的 $users 集合。在 $users 陣列內的每一個項目都代表一個人,他們都是可以透過陣列來存取的。每一個 user 的特性隨範例而異,但是當你看到這個 $users 變數時,你要知道我們處理的是它。

一些集合操作

除了我們討論過的函數之外,你還可以做許多事情。你可以參考 Laravel 集合文件(*https://oreil.ly/i83f4*)來瞭解可以使用的所有方法,但為了幫助你上手,接下來要介紹一些核心的方法:

all(), toArray()

你可以使用 all() 或 toArray() 來將集合轉換成陣列。toArray() 不但將集合轉換為陣列,也將它底下的任何 Eloquent 物件展平為陣列。all() 只將集合轉換為陣列,在集合內的 Eloquent 物件將維持 Eloquent 物件形式。舉幾個例子:

```
$users = User::all();

$users->toArray();

/* 回傳
    [
        ['id' => '1', 'name' => 'Agouhanna'],
        ...
    ]
*/

$users->all();

/* 回傳
    [
        Eloquent object { id : 1, name: 'Agouhanna' },
        ...
    ]
*/
```

filter(), reject()

如果你想要使用 closure 來檢查集合的每一個項目,以取得原始集合的子集合,你可以使用 filter()(若 closure 回傳 true 則保留項目)或 reject()(若 closure 回傳 false 則保留項目):

```
$users = collect([...]);
    $admins = $users->filter(function ($user) {
```

```
        return $user->isAdmin;
    });

    $paidUsers = $user->reject(function ($user) {
        return $user->isTrial;
    });
```

where()

使用 where() 可以從原始集合中輕鬆地取得特定鍵等於特定值的子集合。where() 可以做到的事情都可以用 filter() 來做，但 where() 是處理常見情況的捷徑：

```
    $users = collect([...]);
    $admins = $users->where('role', 'admin');
```

whereNull(), whereNotNull()

使用 whereNull() 可以輕鬆地得到原始集合中，特定鍵等於 null 的子集合；whereNotNull() 可得到相反的結果：

```
    $users = collect([...]);
    $active = $users->whereNull('deleted_at');
    $deleted = $users->whereNotNull('deleted_at');
```

first(), last()

如果你只想從集合取得一個項目，你可以使用 first() 來取出串列的開頭，或使用 last() 來取出串列的結尾。

如果你呼叫 first() 或 last() 時沒有傳入參數，它們只會提供集合的第一個或最後一個項目。但如果你傳入 closure，它們將提供使得該 closure 回傳 true 的第一個或最後一個項目。

有時我們會為了取得真正的第一個或最後一個項目而這樣做。但有時這是最容易取出一個項目的做法，即使你認為項目只有一個：

```
    $users = collect([...]);
    $owner = $users->first(function ($user) {
        return $user->isOwner;
    });

    $firstUser = $users->first();
    $lastUser = $users->last();
```

你也可以向這些方法傳入第二個參數作為預設值，在 closure 不提供任何結果時使用。

each()

如果你想要使用集合內的每一個項目來做某件事，但那件事不是修改項目或集合本身，你可以使用 each()：

```
$users = collect([...]);
$users->each(function ($user) {
    EmailUserAThing::dispatch($user);
});
```

map()

如果你想要迭代集合的所有項目，修改它們，並回傳一個包含你的所有修改的新集合，你可以使用 map()：

```
$users = collect([...]);
$users = $users->map(function ($user) {
    return [
        'name' => $user['first'] . ' ' . $user['last'],
        'email' => $user['email'],
    ];
});
```

reduce()

如果你想要從集合取出單一結果，例如一個數量或一個字串，或許你可以使用 reduce()。這個方法的做法是接收一個初始值（稱為 *carry*），然後允許集合的每一個項目以某種方式來改變那個值。你可以定義 carry 的初始值，並定義一個以參數來接收 carry 當下狀態與每個項目的 closure：

```
$users = collect([...]);

$points = $users->reduce(function ($carry, $user) {
    return $carry + $user['points'];
}, 0); // 從 carry 為 0 開始
```

pluck()

如果你想從集合裡的每一個項目內提取出特定鍵的值，你可以使用 pluck()：

```
$users = collect([...]);

$emails = $users->pluck('email')->toArray();
```

chunk(), take()

chunk() 可將集合分成指定大小的群組，take() 可拉出所指定的數量的項目：

```
$users = collect([...]);

$rowsOfUsers = $users->chunk(3); // 分成每組 3 個

$topThree = $users->take(3); // 拉出前 3 個
```

takeUntil(), takeWhile()

takeUntil() 會回傳集合裡的所有項目，直到 callback 回傳 true 為止。takeWhile()
會回傳集合裡的所有項目，直到 callback 回傳 false 為止。如果被傳給 takeUntil()
的 callback 都未回傳 true，或被傳給 takeWhile() 的 callback 都未回傳 false，它們
將回傳整個集合。

```
$items = collect([1, 2, 3, 4, 5, 6, 7, 8, 9]);

$subset = $items->takeUntil(function ($item) {
    return $item >= 5;
})->toArray();
// [1, 2, 3, 4]

$subset = $items->takeWhile(function ($item) {
    return $item < 4;
})->toArray();
// [1, 2, 3]
```

groupBy()

若要根據集合項目的某個特性值來將它們分組，可使用 groupBy()：

```
$users = collect([...]);

$usersByRole = $users->groupBy('role');

/* 回傳：
    [
        'member' => [...],
        'admin' => [...],
    ]
*/
```

你也可以傳入 closure，closure 回傳的東西會被用來為紀錄分組：

```
$heroes = collect([...]);

$heroesByAbilityType = $heroes->groupBy(function ($hero) {
    if ($hero->canFly() && $hero->isInvulnerable()) {
        return 'Kryptonian';
```

```
    }

    if ($hero->bitByARadioactiveSpider()) {
        return 'Spidermanesque';
    }

    if ($hero->color === 'green' && $hero->likesSmashing()) {
        return 'Hulk-like';
    }

    return 'Generic';
});
```

reverse(), shuffle()

reverse() 會將集合項目反過來排列，shuffle() 會隨機排列它們：

```
$numbers = collect([1, 2, 3]);

$numbers->reverse()->toArray(); // [3, 2, 1]
$numbers->shuffle()->toArray(); // [2, 3, 1]
```

skip()

skip() 會回傳一個排除指定數量的項目的新集合：

```
$numbers = collect([1, 2, 3, 4, 5]);

$numbers->skip(3)->values(); // [4, 5]
```

skipUntil()

skipUntil() 會跳過項目，直到 callback 回傳 true 為止。你也可以將一個值傳入 skipUntil，skipUntil 將跳過那個值之前的所有值。如果值一直沒有找到，或 callback 一直沒有回傳 true，那就回傳空集合：

```
$numbers = collect([1, 2, 3, 4, 5]);

$numbers->skipUntil(function ($item) {
    return $item > 3;
})->values();
// [4, 5]

$numbers->skipUntil(3)->values();
// [3, 4, 5]
```

skipWhile()

skipWhile() 會在 callback 回傳 true 時跳過項目。如果 callback 始終不回傳 false，它將回傳一個空集合：

```
$numbers = collect([1, 2, 3, 4, 5]);

$numbers->skipWhile(function ($item) {
    return $item <= 3;
})->toArray();
// [4, 5]
```

sort(), sortBy(), sortByDesc()

如果你的項目是簡單的字串或整數，你可以使用 sort() 來排序它們：

```
$sortedNumbers = collect([1, 7, 6])->sort()->toArray(); // [1, 6, 7]
```

如果它們比較複雜，你可以傳遞字串（代表特性）或 closure 給 sortBy() 或 sortByDesc() 來定義排序行為：

```
$users = collect([...]);

// 根據用戶的 'email' 特性來排序 users 陣列
$users->sort('email');

// 根據用戶的 'email' 特性來排序 users 陣列
$users->sortBy(function ($user, $key) {
    return $user['email'];
});
```

countBy()

countBy 計算集合裡的每個值出現幾次：

```
$collection = collect([10, 10, 20, 20, 20, 30]);

$collection->countBy()->all();

// [10 => 2, 20 => 3, 30 => 1]
```

在結果集合中的每一個鍵都是原始值之一，鍵的對應值是該鍵在原始集合中出現的次數。

countBy 方法也可以接收一個 callback，你可以用該 callback 來定義你想用什麼條件來計數集合裡的每個項目：

```
$collection = collect(['laravel.com', 'tighten.co']);

$collection->countBy(function ($address) {
    return Str::after($address, '.');
})->all();

// all: ["com" => 1, "co" => 1]
```

count(), isEmpty(), isNotEmpty()

你可以使用 count() 來查詢集合有幾個項目，或使用 isEmpty() 或 isNotEmpty() 來查詢是否有項目：

```
$numbers = collect([1, 2, 3]);

$numbers->count();    // 3
$numbers->isEmpty(); // false
$numbers->isNotEmpty() // true
```

avg(), sum()

如果你要處理一個數字集合，avg() 與 sum() 可以執行它們的名稱的那種運算，不需要傳遞任何參數：

```
collect([1, 2, 3])->sum(); // 6
collect([1, 2, 3])->avg(); // 2
```

但如果你正在處理陣列，你可以傳入想從各個陣列中拉出來處理的特性的鍵：

```
$users = collect([...]);

$sumPoints = $users->sum('points');
$avgPoints = $users->avg('points');
```

join

join() 可將集合值接成一個輸出字串，在各個值之間加上所提供的字串（類似於 PHP 的 join() 方法）。你也可以自訂最終的串接運算子：

```
$collection = collect(['a', 'b', 'c', 'd', 'e']);
$collection->join(', ', ', and ');

// 'a, b, c, d, and e'
```

在 Laravel 之外使用集合

你是否已經深深地愛上集合，想要在非 Laravel 專案中使用它們？

你只要使用 `composer require illuminate/collections` 命令，就可以在你的程式中使用 `Illuminate\Support\Collection` 類別了 —— 它還附帶了 `collect()` 輔助函式。

TL;DR

Laravel 提供一套全域輔助函式來簡化各式各樣的任務。它們可讓你輕鬆地操作與檢查陣列與字串、幫助你生成路徑與 URL，並方便你使用一些一致且重要的功能。

Laravel 的集合是一種強大工具，可讓你在 PHP 中使用集合管道（collection pipeline）。

## 第十八章

Laravel 生態系統

隨著 Laravel 的成長，Laravel 團隊建立了一套工具來支援和簡化 Laravel 開發者的生活和工作流程。有許多新工具深植於核心，但也有不少程式包和 SaaS 服務雖然不是核心的一部分，卻依然是 Laravel 體驗的重要成分。

我們已經介紹了其中的一些工具，對於那些工具，我會告訴你該到書中的哪裡進一步瞭解。對於沒有介紹過的工具，我將簡單地介紹它們，並提供相關的網址。

本書介紹過的工具

雖然我們已經看過這些工具了，但接下來要簡單地回顧它們，告訴你它們是什麼，以及如何在書中找到相關資源。

Valet

Valet 是一種本地開發伺服器（適用於 Mac，但也有 Windows 與 Linux 的分支版本），可讓你幾乎毫不費力地將所有專案提供給瀏覽器。Valet 必須用 Composer 在你的本地開發電腦上全域安裝。

你可以用一些命令來讓 Nginx、MySQL、Redis…等在你的機器的 *.test* 網域提供每一個 Laravel app 的服務。

我們於第 13 頁的「Laravel Valet」介紹 Valet。

Homestead

Homestead 是座落於 Vagrant 之上的一層組態，可讓你使用與 Laravel 相容的 Vagrant 配置來輕鬆地提供多個 Laravel app 的服務。

Homestead 的介紹位於第 13 頁的「Laravel Homestead」。

Herd

Herd 是一款原生的 macOS 應用程式，它將 Valet 及其依賴項目包裝成一個單獨的應用程式，讓你可以輕鬆地安裝，而不必和 Docker、Homebrew 或任何其他依賴項目管理器打交道。

Herd 於第 13 頁的「Laravel Herd」介紹。

Laravel 安裝程式

Laravel 安裝程式是在你的本地開發機器上全域安裝的程式包（透過 Composer 來安裝），可讓你輕鬆且快速地設置新的 Laravel 專案。

安裝程式的介紹位於第 14 頁的「使用 Laravel 安裝工具來安裝 Laravel」。

Dusk

Dusk 是一款前端測試框架，其目的是測試整個應用程式、JavaScript 及所有東西。你可以使用 Composer 來將這款強大的程式包匯入你的應用程式，並使用 ChromeDriver 來驅動實際的瀏覽器。

Dusk 的介紹位於第 348 頁的「使用 Dusk 來進行測試」。

Passport

Passport 是一款強大、容易設定的 OAuth 2.0 伺服器，可用來對 API 的用戶端進行身分驗證。你要以 Composer 程式包的形式在應用程式裡安裝它，只要做一點點事情，就可以讓用戶使用完整的 OAuth 2.0 流程。

Passport 的介紹位於第 386 頁的「使用 Laravel Passport 來進行 API 身分驗證」。

Sail

Sail 是 Laravel 的預設本地開發環境，由 Docker 提供技術支援。

Sail 的介紹位於第 12 頁的「Laravel Sail」。

Sanctum

Sanctum 是一個用來支援行動 app、SPA 和採用權杖的簡單 API 的身分驗證系統。它是複雜許多的 OAuth 的替代方案，雖簡單，但仍然非常強大。

Sanctum 的介紹位於第 382 頁的「使用 Sanctum 來進行身分驗證」。

Fortify

Fortify 是一個 headless 身分驗證系統。它提供 Laravel 需要的所有身分驗證功能的路由和 controller，包含登入、註冊、密碼重設…等，可供你選擇的任何前端使用。

Fortify 的介紹位於第 177 頁的「Fortify」。

Breeze

Breeze 是一組精簡的路由和 controller，用於 Laravel 所需的所有身分驗證功能，並與各項功能的前端模板配對。Breeze 可以透過 Blade、Vue、React 或 Inertia 來提供服務。

Breeze 的介紹位於第 174 頁的「Laravel Breeze」。

Jetstream

Jetstream 是一款強大的應用程式入門套件，提供了 Breeze 所提供的所有身分驗證功能，以及 email 驗證、雙因素身分驗證、session 管理、API 身分驗證和團隊管理功能。與 Breeze 不同的是，Jetstream 僅支援兩種前端工具：Livewire 和 Inertia/Vue。

Jetstream 的介紹位於第 175 頁的「Laravel Jetstream」。

Horizon

Horizon 是一種佇列監控程式包，可以透過 Composer 安裝於各個應用程式。它提供完整的用戶介面來監控 Redis 佇列 job 的健康、性能、失敗狀態及紀錄。

Horizon 於第 477 頁的「Laravel Horizon」介紹。

Echo

Echo 是一種 JavaScript 程式庫（隨著 Laravel 通知系統的一系列改善而推出），可讓 Laravel 應用程式輕鬆地透過 WebSockets 來訂閱事件與通道廣播。

Echo 於第 494 頁的「Laravel Echo（JavaScript 端）」介紹。

本書未介紹的工具

有些工具超出本書的討論範疇，所以沒有介紹。在這些工具中，有一些只在特殊情況下使用（用於接受付款的 Cashier、用於社群登入的 Socialite…等），但也有一些是我每天使用的（尤其是 Forge）。

以下是簡單的介紹，從最有機會在你的工作中遇到的工具談起。注意，以下不是詳盡的清單！

Forge

Forge（*https://forge.laravel.com*）是一種付費使用的 SaaS 工具，其功能是在 DigitalOcean、Linode、AWS…等主機上建立與管理虛擬伺服器。它提供了支援 Laravel 伺服器（以及在這些伺服器上的個別網站），以及運行它們所需的所有工具，包含佇列、佇列工作器，以及 Let's Encrypt SSL 憑證。它也可以設定簡單的 shell 腳本，可在你的新程式碼被推送至 GitHub 或 Bitbucket 時，自動部署你的網站。

Forge 可以幫助你快速且輕鬆地啟動網站，但它不是那種無法長期執行應用程式，或無法大規模執行 app 的簡單工具。你可以擴展伺服器規模、加入負載平衡器，並在伺服器之間管理私用網路，完全使用 Forge 來完成。

Vapor

Vapor（*https://vapor.laravel.com*）是一款收費的 SaaS 工具，可將 Laravel 應用程式部署到 AWS 的 Lambda，使用「無伺服器（serverless）」主機模式。它可以管理快取、佇列、資料庫、資產組建、域名方向、自動擴展、內容交付網路、環境管理，以及為了將 Laravel app 遷移至無伺服器部署而需要處理的其他事情。

Envoyer

Envoyer（*https://envoyer.io*）是一款付費使用的 SaaS 工具，號稱提供「零停機 PHP 部署」。與 Forge 不同的是，Envoyer 不會啟動你的伺服器或管理它們。它的主要任務是監聽觸發程式（通常在你推送新程式碼時，但你也可以手動觸發部署，或使用 webhook 來觸發它們），並執行你的部署步驟來做出回應。

Envoyer 在執行這項工作時，有三個方面比 Forge 的 push-to-deploy 工具以及大多數的其他 push-to-deploy 解決方案還要好：

- 它有強大的工具組，可將你的部署管道建構為簡單但強大的多階段程序。

- 它使用 Capistrano 風格的零停機部署來部署你的 app，每一個新部署都建立在它自己的資料夾內，且當組建程序成功完成之後，部署資料夾才會符號連結（symlink）至實際的網頁根目錄。因此，在進行 Composer 安裝或 NPM 組建時，你的伺服器不會崩潰。

- 由於這個系統是以資料夾為基礎，你可以輕鬆地將任何破壞性變更還原成以前的版本。Envoyer 只需要將 symlink 改回之前的部署資料夾，它就可以立刻提供舊版本的服務。

你也可以設置定期健康檢查（ping 你的伺服器，如果 ping 沒有回傳 200 HTTP 回應，就向你報告錯誤）、讓你的 cron job 定期 ping Envoyer、以及使用聊天式通知來回報重大事件。

比起 Forge，Envoyer 更像是一種專業（niche）工具。在我認識的 Laravel 開發者之中，不使用 Forge 並不多，但付費使用 Envoyer 的人所開發的網站通常有這樣的特性：當他們無法立即復原有問題的提交時可能導致大麻煩，或者，網站的流量夠多（或很重要），以致於偶發性的 10 秒停機可能是個大問題。如果你的網站屬於這一類，Envoyer 會讓你有見證奇蹟般的感受。

Cashier

Cashier（*https://oreil.ly/25wiq*）是一種免費的程式包，它為 Stripe 的訂閱計費服務提供一個簡單的介面。Cashier 處理了許多基本功能，如訂閱用戶、更改他們的方案、讓他們讀取發票、處理計費服務的 webhook callback、管理寬限期的取消…等。

如果你想讓用戶使用 Stripe 來訂閱，Cashier 會讓你過得更輕鬆。

Socialite

Socialite（*https://oreil.ly/_fqcc*）是一款免費的程式包，可讓你在 app 中輕鬆地加入社群登入（例如，透過 GitHub 或 Facebook）。

Nova

Nova（*https://nova.laravel.com*）是一款用來建立管理面板的付費程式包。一般複雜度的 Laravel app 可能包含幾個部分：與大眾接觸的網站或顧客 view、用來改變核心資料或顧客名單的管理部分，或許還有一個 API。

Nova 大大地簡化了使用 Vue 和 Laravel API 來建構網站管理面板的過程。它可以為所有資源生成 CRUD（建立、讀取、更新、刪除）網頁，並結合較複雜的自訂 view 及每一項資源的自訂操作和關係，甚至讓你自訂工具，在同一個普通管理空間中加入非 CRUD 功能。

Spark

Spark（*https://spark.laravel.com*）是一種付費程式包，其功能是產生一個接收支付的 SaaS，並幫助你管理用戶、團隊與訂閱。它提供了 Stripe 和 Paddle 整合、發票、基於座位或團體的計費方案，以及一個獨立於應用程式其餘部分的完整計費入口（portal），讓你可以使用 Spark 的預設技術疊之外的方案。

Envoy

Envoy（*https://oreil.ly/kZMy8*）是一種本地任務執行器，可以幫助你定義遠端伺服器運行的常見任務、將這些任務的定義提交至版本管理系統，並以簡單且可預測的方式運行它們。

你可以從範例 18-1 瞭解常見的 Envoy 任務通常長怎樣。

範例 *18-1　常見的 Envoy 任務*

```
@servers(['web-1' => '192.168.1.1', 'web-2' => '192.168.1.2'])

@task('deploy', ['on' => ['web-1', 'web-2']])
    cd mysite.com
    git pull origin {{ $branch }}
```

```
    php artisan migrate
    php artisan route:cache
@endtask
```

要執行範例 18-1，你要在本地終端機執行下面的命令：

```
envoy run deploy --branch=master
```

Telescope

Telescope（*https://oreil.ly/gc78b*）是免費的偵錯工具，可當成程式包在 Laravel 應用程式內安裝。它會產生一個儀表板，讓你在上面檢查 job、佇列工作器、HTTP 請求、資料庫查詢的當下狀態…等資訊。

Octane

Octane（*https://oreil.ly/xCtgq*）是一款免費的工具，可以讓你使用非同步、並行的 PHP 網頁伺服器來讓 Laravel 應用程式提供服務。這種伺服器是為了提升速度和處理能力而設計的，在編寫此書時，這類的工具有三種：Swoole、Open Swoole 和 RoadRunner。使用 Octane 的話，這些工具會將你的應用程式載入記憶體一次，然後利用語言和系統級工具的並行功能，讓應用程式以最高效的方式來處理每一個請求。

Pennant

Pennant（*https://oreil.ly/zAFHa*）是使用 Laravel 內建功能來實現的「功能旗標」，它是一種模式，可幫助你定義每一個請求能否看到應用程式的某個功能 —— 通常根據發出請求的用戶及其訪問權限。Pennant 可讓你一次定義該使用哪些指標來決定是否為請求提供特定的功能。Pennant 提供非常類似 Laravel 的訪問控制列表層（access control list layer）的語法。

Folio

Folio 是一種 Laravel 套件，可讓你根據資料夾內的模板檔案的結構來建構 app 的路由。Folio 類似 Next 和 Nuxt，可讓你建立單獨的模板（例如 */index.blade.php* 顯示於 mysite.com/*，*/about.blade.php* 顯 示 於 mysite.com/about， 而 */users/index.blade.php* 顯 示 於 mysite.com/users）或定義符合 URL 內的占位符的模板（例如，*/users/[id].blade.php* 於 mysite.com/users/14）。

Volt

Volt 擴充了 Livewire，加入編寫單一檔案的泛函組件（functional components）的能力。Volt 還提供了 `@volt` 指令，可以用來指定模板的一部分應使用 Livewire 組件定義來管理，且其餘的部分仍然是普通的 Blade。

Pint

Pint（*https://oreil.ly/AB21w*）是一款程式寫作風格工具，可以在你的 app 裡強制執行 Laravel 的預設程式寫作風格。它建立在 PHP-CS-Fixer 之上，對工具做了一些改良，並提供預設的 Laravel 專屬程式碼規則。

其他資源

以下是經常被用來學習的 Laravel 資源清單，這只是部分的資源，我已經介紹過其中的一些了：

- Laravel Bootcamp（*https://bootcamp.laravel.com*）
- Laravel News（*https://laravel-news.com*）
- Laracasts（*https://laracasts.com*）
- Twitter 上的 @TaylorOtwell（*https://twitter.com/taylorotwell*）與 @LaravelPHP（*https://twitter.com/laravelphp*）
- Adam Wathan 的課程（*https://adamwathan.me*）
- Chris Fidao 的課程（*https://fideloper.com*）
- Laravel Daily（*https://laraveldaily.com*）
- DevDojo（*https://devdojo.com*）
- CodeCourse（*https://codecourse.com*）
- The Laravel Podcast（*http://www.laravelpodcast.com*）

此外還有許多部落格可以參考（我的部落格位於 *mattstauffer.com*，Tighten 的位於 *tighten.com*，以及大量實用的部落格）、許多優秀的 Twitter 用戶、許多傑出的程式包作者，以及太多我所尊敬的 Laravel 從業者，實在無法在此一一列舉。這是一個豐富、多樣、樂於貢獻的社群，到處都有樂於分享一切的開發者；找到好內容並不難，難的是找出時間來消化它們。

我無法列出成為 Laravel 開發者的過程中應該認識的每一個人或每一項資源，但如果你從以上列舉的資源和人物開始學習，你就站在很好的起跑點上，將會快速地上手 Laravel。

術語

存取器（accessor）

於 Eloquent model 定義的方法，用來自訂如何回傳特定的特性。你可以用存取器來定義：當你從 model 取出特定特性時，將會收到和資料庫內的該特性不一樣的值（或更常見地，不一樣的格式）。

ActiveRecord

一種常見的資料庫 ORM 模式，也是 Laravel 的 Eloquent 使用的模式。在 ActiveRecord 中，我們用同一個 model 類別來定義如何取出與保存資料庫紀錄以及如何表示它們。此外，在應用程式裡，每一筆資料庫紀錄皆以單一實體來表示，且應用程式裡的每一個實體都對映至單一資料庫紀錄。

API

嚴格說來，它是指應用程式設計介面，但最常用來代表一系列端點（以及它們的使用說明），那些端點可用來發出 HTTP 呼叫，以便從系統外部讀取與修改資料。有時，API 一詞也用來描述公開給使用方的介面、功能集、特定程式包、程式庫或類別。

應用測試（application test）

通常稱為 acceptance（驗收）或 functional（功能）測試，應用測試會測試應用程式的整體行為，通常在邊界之外進行，透過 DOM crawler 之類的東西（DOM crawler 是 Laravel 的應用測試套件提供的工具）。

引數（argument）（Artisan）

引數是可以傳至 Artisan 主控台命令的參數。引數不以 -- 開頭，也不以 = 結尾，而是只接受單一值。

Artisan

讓你可在命令列與 Laravel 應用程式互動的工具。

斷言（assertion）

在測試中，斷言是測試的核心，你可能斷言某物應該等於（或小於，或大於）另一物，或它應該有指定的數量，或任何其他事情。斷言是可能成功也可能失敗的東西。

身分驗證（authentication）

身分驗證就是正確地證明自己是應用程式的成員或用戶。身分驗證不定義你可以做什麼，僅定義你是（或不是）誰。

授權（authorization）

如果你已經成功或失敗地驗證了自己的身分，授權定義了你的身分可以做的事情。授權與訪問權和控制權有關。

自動裝配（autowiring）

如果依賴注入容器不需要開發者明確地指示它如何解析類別，即可注入可解析類別的實例，這種機制稱為自動裝配。如果容器沒有自動裝配功能，即使是沒有依賴項目的普通 PHP 物件也無法注入，除非你明確地將它綁定至容器。有自動裝配時，如果依賴項目太複雜或太模糊，以致於容器無法自行推斷，你要明確地將它綁定至容器。

beanstalkd

beanstalk 是一種工作佇列。它很簡單且擅長執行多個非同步任務，所以它是 Laravel 佇列的常用驅動程式。*beanstalkd* 是它的 daemon。

Blade

Laravel 的模板引擎。

Carbon

一種 PHP 程式包，可以幫助你用更具表達性的方式處理日期。

Cashier

使用 Stripe 或 Braintree 來進行計費的 Laravel 程式包，尤其是在訂閱的情境下。它很容易使用、更一致，且更強大。

closure

closure 是 PHP 版本的匿名函式。closure 是可以當成物件來傳遞、可以指派給變數、可以當成參數傳給其他的函式或方法，甚至可以序列化的函式。

CodeIgniter

一個舊 PHP 框架，Laravel 受到其啟發。

集合（collection）

一種開發模式的名稱，也是 Laravel 實作該模式的工具。如同加強版的陣列，集合提供 map、reduce、filter，與許多其他 PHP 原生陣列未提供的強大操作。

command

自訂 Artisan 主控台任務的名稱。

Composer

PHP 的依賴項目管理器。類似 RubyGems 和 NPM。

容器（container）

這個名詞有很多含義，在 Laravel 裡，「容器」是負責進行依賴注入的應用程式容器。你可透過 app() 來使用容器，容器也負責解析針對 controller、事件、job 與命令的呼叫，它是將各個 Laravel app 黏在一起的膠水。

合約（contract）

介面的另一種名稱。

controller

一種類別，負責將用戶請求引導至應用程式的服務與資料，並將某種實用的回應回傳給用戶。

CSRF（跨站偽造請求）

一種惡意攻擊，外部的網站藉著劫持用戶的瀏覽器（可能使用 JavaScript），在他們仍然登入你的網站時對你的應用程式發出請求。你可以在網站的每一個表單中添加權杖（並在 POST 側檢查權杖）來防範這種攻擊。

依賴注入（dependency injection）

一種開發模式，從外面注入依賴項目（通常透過建構式），而不是在類別裡實例化它們。

指令（directive）

Blade 語法選項，例如 @if、@unless 等。

句點語法（dot notation）

使用 . 來往繼承樹下方移動，以跳到新階層。假設你有這個陣列：['owner' => ['address' => ['line1' => '123 Main St.']]]，它嵌套了三層，透過句點語法，你可以用「owner.address.line1」來表示「123 Main St.」。

Dusk

Laravel 的前端測試程式包，可以啟動 ChromeDriver 來測試 JavaScript（主要是 Vue）與 DOM 的互動。

積極載入（eager loading）

在第一個查詢加入第二個聰明的查詢來取得一組相關的項目，以避免 $N+1$ 問題。第一個查詢通常用來取得 A 物件的集合。但每一個 A 物件都有許多 B 物件，所以當你想要從 A 物件取得 B 物件時，就要使用一個新的查詢。積極載入的意思是做兩次查詢：先取得所有的 A，然後用一個查詢來取得與全部的 A 有關的所有 B，只要使用兩個查詢即可。

Echo

一種 Laravel 產品，可簡化 WebSocket 身分驗證與資料同步工作。

Eloquent

Laravel 的 ActiveRecord ORM。這是用來定義與查詢 User model 等事物的工具。

環境變數（environment variables）

在 .env 檔案裡面定義的變數，不應該放入版本管理系統。這意味著它們不會在不同的環境之間維持同步，而且它們一定安全。

Envoy

一種 Laravel 程式包，用於編寫在遠端伺服器上執行的常見任務腳本。Envoy 提供定義任務與伺服器的語法，也提供用來運行任務的命令列工具。

Envoyer

Laravel 的 SaaS 產品，用於零停機部署、多伺服器部署，以及伺服器和 cron 健康檢查。

事件（event）

一種用來實作 pub/sub 或 observer 模式的 Laravel 工具，每一個 event 都代表有一個事件發生：事件的名稱描述發生了什麼事情（例如 User Subscribed），你可以用酬載資料來附加相關資訊。它的設計是為了「被觸發」然後「被監聽」（或被發布與被訂閱，如果你比較喜歡 pub/sub 的概念的話）。

靜態介面（facade）

一種讓複雜的工具更容易使用的 Laravel 工具。靜態介面可讓你對 Laravel 核心服務進行靜態訪問。因為每一個靜態介面的背後都有一個容器內的類別支持，你可以將 Cache::put(); 這類的呼叫式換成兩行的呼叫式 $cache = app('cache'); $cache->put();。

Faker

一種協助你產生隨機資料的 PHP 程式包。你可以請求各種類型的資料，例如名字、地址與時戳。

旗標（flag）

一種隨處可見的參數，不是開啟就是關閉（布林值）。

流利（fluent）

可以一個一個串接起來的方法稱為流利。若要提供流利語法，每一個方法都必須回傳實例，以便再次串接。它可以支援像 People::where('age', '>', 14)->orderBy('name')->get() 這樣的操作。

Flysystem

Laravel 用來協助進行本地與雲端檔案存取的程式包。

Forge

一種 Laravel 產品，可協助你在主流雲端供應商（例如 DigitalOcean 與 AWS）上啟動和管理虛擬伺服器。

Fortify

headless 後端身份驗證系統，提供 Laravel 的所有重要身分驗證系統的路由和 controller。

FQCN（完整類別名稱）

任何類別、trait 或介面的名稱空間完整名稱。Controller 是類別名稱，而 Illuminate\Routing\Controller 是 FQCN。

輔助函式（helper）

全域皆可使用的 PHP 函式（或者，在 Laravel 中，有時是指對著全域可用的靜態介面進行的呼叫），可讓其他功能更容易使用。

Homestead

一種包著 Vagrant 的 Laravel 工具，可幫助你啟動 Forge 平行虛擬伺服器以進行本地 Laravel 開發。

Horizon

一種 Laravel 程式包，提供比 Laravel 的預設功能更精密的佇列管理工具，也可以讓你深入瞭解佇列工作器及其 job 的當下和歷史操作狀態。

HTTP 用戶端

Laravel 內建的 HTTP 用戶端，提供了向其他網路應用程式發出請求的能力。

Illuminate

所有 Laravel 組件的頂層名稱空間。

整合測試（integration test）

測試各個單元如何互相合作及傳遞訊息。

IoC（控制反轉）

將如何建立介面的具體實例的「控制權」交給程式包的高階程式碼、而不是低階程式碼的概念。若不使用 IoC，每一個 controller 與類別可能都要決定它該建立哪一種 Mailer 的實例。使用 IoC 的話，低階的程式碼（controller 與類別）只需要請求 Mailer 即可，高階組態程式碼將為每一個應用程式定義該提供哪種實例來滿足請求。

job

一種封裝單一任務的類別。job 的目的是為了被推入佇列，並且非同步地執行。

JSON（JavaScript Object Notation）

一種資料表示語法。

JWT（JSON Web Token）

一種 JSON 物件，裡面有判斷用戶的身分驗證狀態與存取權限的所有必要資訊。這個 JSON 物件會被加上數位簽章，使用 HMAC 或 RSA，這就是它值得信賴的原因。它通常在 header 中傳遞。

mailable

一種架構模式，其設計目的是將郵件寄送功能封裝至單一「sendable（可寄送）」類別裡。

Markdown

一種格式化語言，其目的是將一般文字格式化，並以多種格式輸出。經常用來將可能被腳本處理、或被人類以原始形式閱讀的文字格式化，例如 Git README。

大規模賦值（mass assignment）

一次傳遞許多參數（使用有鍵陣列）來建立或更新 Eloquent model 的功能。

Memcached

一種 in-memory 資料儲存系統，用來提供簡單但快速的資料儲存功能。Memcached 只支援基本的鍵值儲存。

中介層（middleware）

一系列包著應用程式的包裝，其目的是篩選與裝飾應用程式的輸入與輸出。

migration

對資料庫的狀態進行的修改，那些修改被儲存於程式碼中，並藉著執行程式碼來實現。

Mockery

Laravel 附帶的程式庫，可幫助你在測試時模擬 PHP 類別。

model

用來代表系統的特定資料庫的資料表的類別。在 Laravel 的 Eloquent 這樣的 ActiveRecord ORM 裡，這個類別被用來代表系統的一筆紀錄，以及用來和資料庫的資料表互動。

model 工廠（model factory）

這種工具定義了在進行測試或 seeding 時，應用程式如何產生 model 實例。通常與偽資料產生器一起使用，例如 Faker。

多租戶管理（multitenancy）

用一個 app 來服務多個用戶端，每一個用戶端都有它自己的客戶。多租戶通常意味著應用程式的每一個用戶端都有自己的主題和域名，以區分它為客戶提供的服務 vs. 其他用戶端的潛在服務。

mutator

一種 Eloquent 的工具，可讓你先處理即將存入 model 特性的資料，再將它存入資料庫。

Nginx

一種類似 Apache 的 web 伺服器。

通知（notification）

一種 Laravel 框架工具，可讓你透過大量的通知通道（例如 email、Slack、SMS）來將訊息發送給一個或多個接收者。

Nova

一種收費的 Laravel 程式包，可為你的 Laravel app 建立管理面板。

NPM (Node Package Manager)

一種存放 Node 程式包的 web-based 中央存放區，位於 *npmjs.org*；它也是在本地電腦上使用的工具，可根據 *package.json* 的規範，將專案的前端依賴項目安裝至 *node_modules* 目錄。

OAuth

API 最常用的身分驗證框架。OAuth 有多種授權類型，每一種類型都描述當用戶進行初始身分驗證交握之後，如何取得、使用、重新整理用來識別他們的「權杖」。

選項（option）（Artisan）

選項類似引數，它是一種可傳入 Artisan 命令的參數。它們以 -- 開頭，可當成旗標來使用（--force），或用來提供資料（--userId=5）。

ORM（object-relational mapper，物件關係對映器）

一種設計模式，目的是在程式語言中，使用物件來表示資料以及資料在關聯式資料庫內的關係。

Passport

一種 Laravel 程式包，可幫助你在 Laravel app 中加入 OAuth 身分驗證伺服器。

PHPSpec

一種 PHP 測試框架。

PHPUnit

一種 PHP 測試框架。這是最常見的一種，並與 Laravel 的大多數自訂測試程式碼相連。

多型（polymorphic）

在資料庫術語中，多型指能夠和具有相似特徵的多個資料表進行互動。多型關係可讓你用相同的方式來附加多種 model 的實體。

預先處理程式（preprocessor）

一種組建工具，它接收特殊形式的語言（對 CSS 而言，LESS 是特殊形式之一），並產生一般語言的程式碼（CSS）。預先處理程式具備核心語言不提供的工具與功能。

主鍵（primary key）

大部分的資料庫資料表都有一個代表各列的欄位，它就是主鍵，其欄名通常是 id。

佇列（queue）

一種可以放入 job 的堆疊。通常有搭配它的佇列工作器。佇列工作器一次從佇列中拉出一個 job，處理它，然後丟棄它。

React

一種 JavaScript 框架，由 Facebook 創造與維護。

即時靜態介面（real-time facades）

類似靜態介面，但不規定單一類別。即時靜態介面可以讓你將任何類別的方法當成靜態方法來呼叫，做法是在類別的名稱空間前面加上 Facades\ 來匯入它。

Redis

一種類似 Memcached 的資料儲存系統，它比大多數的關聯式資料庫更簡單，功能卻更強大且更快速。Redis 支援的結構和資料型態有限，但換來更好的速度和可擴展性。

REST（Representational State Transfer，表現層狀態轉換）

當今最常見的 API 格式。一般建議，與 API 之間的互動都要獨立驗證身分，而且應該是「無狀態的」，也通常建議使用 HTTP 動詞來區分請求。

route

定義用戶訪問網路應用程式的一種或多種方式。路由是一種模式定義，它是類似 /users/5，或 /users 或 /users/id 之類的東西。

S3（Simple Storage Service）

Amazon 的「物件儲存」服務，可幫助你使用 AWS 的強大計算能力來儲存與提供檔案。

SaaS（Software as a Service，軟體即服務）

一種付費使用的 web-based 應用程式。

Sanctum

一種 API 權杖身分驗證系統，用於單頁應用程式、行動應用程式與採用權杖的簡單 API。

範圍（scope）

在 Eloquent 中，用來定義如何一致且簡單地縮小查詢範圍的工具。

Scout

一種 Laravel 程式包，用來針對 Eloquent model 進行全文搜尋。

序列化（serialization）

將較複雜的資料（通常是 Eloquent model）轉換成較簡單的東西（在 Laravel 中，通常轉換成陣列或 JSON）的程序。

服務供應器（service provider）

一種 Laravel 的結構，用來註冊與啟動類別與容器綁定。

Socialite

一種 Laravel 程式包，可幫助你在 Laravel app 中加入社群身分驗證機制（例如使用 Facebook 來登入）。

虛刪除（soft delete）

將資料庫的一列資料標成「已刪除」但不實際刪除它，通常搭配預設隱藏所有「已刪除」資料列的 ORM。

Spark

一種幫助你啟動新的訂閱式 SaaS app 的 Laravel 工具。

Symfony

一種 PHP 框架，主要功能是建立優秀的組件並且讓它們可供他人使用。Symfony 的 HTTPFoundation 是 Laravel 與所有現代 PHP 框架的核心。

Telescope

一種 Laravel 程式包，可在 Laravel app 中加入偵錯助手。

Tinker

Laravel 的 REPL，即「讀取 – 算值 – 輸出」循環。可讓你使用命令列在 app 的完整背景環境中執行複雜的 PHP 操作。

TL;DR

Too long; didn't read。「摘要」。

型態提示（typehinting）

在方法簽章裡的變數名稱前面加上類別或介面名稱，這將告訴 PHP（與 Laravel，以及其他的開發者）：那一個參數只能傳入特定類別或介面的物件。

單元測試（unit test）

單元測試的目標是小型、相對獨立的單位，通常是一個類別或方法。

Vagrant

一種命令列工具，可幫助你在本地電腦使用預先定義的映像來建立虛擬機器。

Valet

一種 Laravel 程式包（為 macOS 用戶設計，但有 Linux 與 Windows 的分支版本），可幫助你從開發資料夾提供應用程式的服務，而不用煩惱 Vagrant 或虛擬機器。

驗證（validation）

確保用戶的輸入符合預期的模式。

view

一個單獨的檔案，它從後端系統或框架接收資料，並將其轉換為 HTML。

view composer

一種工具，它定義了每當特定的 view 被載入時，該 view 就會收到一組特定的資料。

Vue

一種 JavaScript 框架，Laravel 偏好使用它。創作者是 Evan You。

索引

D

關於作者

Matt Stauffer 是程式設計師、作者、會議主講人、Podcast 主持人、YouTuber，且樂於助人。他是 Tighten 的共同創辦人兼 CEO，Laravel Podcast 主持人，你可以在 *mattstauffer.com* 找到他的部落格、電子報和社交連結。

出版記事

本書封面上的動物是劍羚（*Oryx gazella*）。這種大型羚羊分布於南非、波札那、辛巴威與納米比亞的沙漠地區。牠是納米比亞國徽上的動物。

劍羚的肩高約 5 英尺 7 英寸，體重可達 250 至 390 磅。牠們通常呈淺灰色或褐色，臉部有黑白相間的斑紋，有一條長長的黑尾巴。牠的下巴到頸部下緣有一條黑色斑紋。劍羚顯眼的直角具備防禦功能，平均可達 33 英寸長，被很多文化視為幸運象徵，中世紀的英格蘭經常聲稱它是獨角獸的角。

雖然這對長角導致劍羚成為熱門獵物，但牠們的總數在南非依然保持穩定。劍羚在 1969 年被引入新墨西哥南部，目前大約有 3,000 頭。

劍羚非常適應沙漠環境，可在不喝水的狀態下存活將近一年。為此，牠們不會喘氣與排汗，所以牠們的體溫在炎熱氣候下比平常高幾度。在野外，牠們的壽命大約是 18 年。

在 O'Reilly 封面上的許多動物都是瀕臨滅絕物種，牠們對世界而言非常重要。

封面插圖由 Karen Montgomery 繪製，取材自《*Riverside Natural History*》中的一幅黑白雕刻作品。

Laravel 啟動與運行 第三版

作　　者：Matt Stauffer
譯　　者：賴屹民
企劃編輯：詹祐甯
文字編輯：江雅鈴
設計裝幀：陶相騰
發 行 人：廖文良

發 行 所：碁峰資訊股份有限公司
地　　址：台北市南港區三重路 66 號 7 樓之 6
電　　話：(02)2788-2408
傳　　真：(02)8192-4433
網　　站：www.gotop.com.tw
書　　號：A765
版　　次：2024 年 04 月三版
建議售價：NT$980

國家圖書館出版品預行編目資料

Laravel 啟動與運行 / Matt Stauffer 原著；賴屹民譯. -- 三版. --
　　臺北市：碁峰資訊, 2024.04
　　　面；　　公分
　　譯自：Laravel: up & running, 3rd ed.
　　ISBN 978-626-324-784-0(平裝)
　　1.CST：PHP(電腦程式語言)　2.CST：網路資料庫
　　3.CST：資料庫管理系統
312.754　　　　　　　　　　　　　　　113003048